湖南省精品课程教材、湖南省高等学校优秀教材

冶金设备系列教材

冶金设备基础

——传递原理及物料输送

（第二版）

唐谟堂　主　编

李运姣　副主编

中南大学出版社
www.csupress.com.cn

图书在版编目(CIP)数据

冶金设备基础:传递原理及物料运输/唐谟堂主编.

长沙:中南大学出版社,2013.1

ISBN 978-7-81061-575-4

Ⅰ.冶… Ⅱ.唐… Ⅲ.冶金设备-设计 Ⅳ.TF302

中国版本图书馆 CIP 数据核字(2002)第 013744 号

冶金设备基础
——传递原理及物料运输
(第2版)

主　编　唐谟堂

副主编　李运姣

□责任编辑　史海燕

□责任印制　文桂武

□出版发行　中南大学出版社

　　　　　社址:长沙市麓山南路　　　　邮编:410083

　　　　　发行科电话:0731-88876770　　传真:0731-8710482

□印　　装　国防科技大学印刷厂

□开　　本　730×960 1/16　□印张 21　□字数 386 千字

□版　　次　2013 年 1 月第 2 版　□2013 年 1 月第 1 次印刷

□书　　号　ISBN 978-7-81061-575-4

□定　　价　48.00 元

前　言

　　本教材是根据学校和冶金科学及工程学院对冶金工程专业的教学改革的要求，在本教材试用稿已试用 4 年的基础上而编写的，适于冶金工程专业本科生使用，也可供有关工程技术人员参考。在内容编排上，考虑到本专业以后的发展，书的内容较多，讲授时可酌情删减。

　　冶金设备系列教材共三本，将陆续出版。《冶金设备系列教材之一——冶金设备基础》主要介绍流体力学及传热、传质和动量传递的基本原理和应用基础，流体输送和热平衡计算；另外还讲述流体及颗粒物料输送设备及热交换设备。《冶金设备系列教材之二——火法冶金设备》主要介绍火法冶金设备的分类、结构尺寸、工作原理、应用范围、选择原则及发展趋势等内容；此外，还对耐热及保温材料、燃料与燃烧计算以及燃烧器等作了介绍；还要说明的是，与试用稿比较，本教材补充了炼铁高炉、炼钢转炉及电炉等钢铁冶金设备的内容。《冶金设备系列教材之三——湿法冶金设备》对反应槽、储槽、液固分离设备、水溶液电解设备、萃取及离子交换设备、蒸发及浓缩结晶设备等湿法冶金设备的内容作了详细介绍；并对防腐材料及设备防腐等有关知识给予讲述。书中按章附有习题，以利培养学生运用基本概念和解决实际问题的能力。

　　本教材将《冶金炉》和《化工原理及设备》两本教材合并，内容重组，是冶金工程专业课程体系的一大改革和首次尝试。这对加强冶金工程专业本科生的冶金设备基础和冶金设备工程知识将很有补益。

　　参加教材编写工作的有中南大学唐谟堂（绪论、《火法冶金设备》的第二篇，《湿法冶金设备》的第一、七篇），李运姣（《冶金设备基础》第一、二篇），曹刿（《冶金设备基础》第三篇，《湿法冶金设备》第四、五、六篇），何静（《火法冶金设备》第一篇的第一、二章，第三篇的第二、三章），姚维义（《火法冶金设备》第三篇的第一、四、五章），彭志宏（《火法冶金设备》第一篇的第三章、第四篇，《湿法冶金设备》第二、三篇）；另外曾德文参与了试用稿中篇第一、二章，第五章（部分），下篇第七章的撰写工作。冶金设备系列教材全书由唐谟堂主编，李运姣、何静和曹犁分别担任《冶金设备基础》、《火法冶金设备》和《湿法冶金设备》的副主编。

中南大学梅炽、任鸿九、李洪桂、刘道德、郭遥、彭容秋、张多默、张启修等老教师及冶金学院领导和原冶金系张传福、刘志宏等领导对本教材的编写提供了不少宝贵建议和组织领导工作，编者在此表示衷心感谢。

由于编者水平有限，编写时间仓促，书中错误一定不少，恳请读者批评指正。

编者

2002 年 10 月

目　　录

第二篇　热量传递

第三篇　质量传递

附　　录

绪　　论

0.1　冶金设备的内容

可供开发利用的有 64 种有色金属,加上铁、锰、铬三种黑色金属共六十七种,每种金属的冶炼方法均不相同,而且同一种金属有的有多种生产流程。但从冶炼温度及物料干湿状态看,可归纳为火法(干法)及湿法两类过程。焙烧、煅烧、烧结、熔炼、吹炼、精炼、熔盐电解可视为火法过程,广义地讲,干燥及收尘也属此范畴。而湿法过程则包括搅拌及混合、浸出、沉淀、固液分离、溶液电解、蒸发及浓缩、精馏、萃取、离子交换、吸收及吸附、解吸等单元过程。

以上诸过程所遵循的基本原理只有四种,即流体力学原理、传热原理、传质原理以及化学和物理化学原理,其中化学及物理化学原理在相关课程中已有详细介绍。前三种基本原理简称动量传递、热量传递和质量传递,为冶金设备系列教材之一(《冶金设备基础》)研究的主要内容。火法过程的设备主要是炉窑。冶金炉非常重要,在现代,一种新冶金炉往往就代表着一种新的冶炼方法,如闪速熔炼法、基夫赛特法、悉罗法等等。因此,冶金设备系列教材之二:(《火法冶金设备》)重点研究冶金炉(窑),并对燃料及燃烧、耐火及保温材料、收尘等与火法冶金密切相关的内容亦作系统的介绍。冶金炉(窑)种类繁多,每种炉(窑)均是个大系统,它包括炉(窑)本体和炉(窑)热工辅助系统两大部分。炉(窑)本体包括炉基、耐火砌体(炉顶、炉墙、炉底等)、保温砌体、支撑加固结构、运转机构等。炉(窑)热工辅助系统通常包括供风排烟装置、加料装置、供配电装置、炉体强制冷却与余热利用装置、自动检测与过程控制装置等。冶金设备系列教材之三:(《湿法冶金设备》)研究的重点是湿法过程设备,它包括反应设备、固液分离设备、水溶液电解设备、萃取及离子交换设备、蒸发及浓缩设备、精馏设备等。这些设备的分类及用途、特点及选型、现状及发展、典型设备的结构及工作原理、主要尺寸计算等均作详细介绍。此外,还系统介绍设备腐蚀及防腐的有关知识。

通过上述内容的学习以及做习题、实验和课程设计等教学环节,要求学生达到:

(1)掌握冶金设备的基础理论,学会分析与诊断冶金设备运行过程中出现的有关"三传"、燃烧、耐火及保温、腐蚀及防腐等问题的方法。

（2）学会一般冶金设备的计算方法，初步掌握选用标准设备的方法以及设计非标设备的一般方法和知识。

（3）了解冶金设备节能及环保的基本知识，初步学会对现有冶金设备进行以节能及环保为目的的技术改造。

0.2　国际单位制和单位换算

本书一律采用国家标准局制订的有关量和单位的国家标准。全套标准均用国际单位制（SI）。SI制由7个基本单位和2个辅助单位组成（见表0-1）。与本课程有关的具有专门名称的导出单位见表0-2。我国法定计量单位中还包括了15个非国际单位制单位，如时间单位制中的分（min）、时（h）、天（d）、质量单位中的吨（t）、体积单位中的升（L）、声级单位中的分贝（dB）等。工程计算中必须先将同一算式中所有物理量换算成同一种单位制，然后进行运算。常用单位换算关系见表0-3。

表0-1　SI单位制

物理量		单位名称	单位代号
基本单位	长度	米	m
	质量	公斤、千克	kg
	时间	秒	s
	电流（强度）	安培	A
	温度	开（尔文）	K
	光强	烛光	Cd
	物质的量	摩尔	mol
辅助单位	平面角	弧度	rad
	立体角	球面度	Sr

表 0 - 2　具有专门名称的导出单位

物理量	单位名称	单位代号	定义式
力	牛顿	N	$1\,N = 1\,kg \times 1\,m \cdot s^{-2}$
压强、压力	帕(斯卡)	Pa	$1\,Pa = 1\,N \cdot m^{-2}$
能、功、热量	焦耳	J	$1\,J = 1\,N \times 1\,m$
功率	瓦(特)	W	$1\,W = 1\,J \cdot s^{-1}$
电位	伏(特)	V	$1\,V = 1\,J \cdot A^{-1} \cdot s^{-1}$
电阻	欧(姆)	Ω	$1\,\Omega = 1\,V \cdot A^{-1}$

表 0 - 3　常用单位换算关系

物　理　量	制　外　单　位	对应的国际单位
压力(压强、应力)	1 Bar(巴)	$10^5\,Pa$
	$1\,Dyn \cdot cm^{-2}$	$0.1\,Pa$
	$1\,at\,(=1\,kgf \cdot cm^{-2})$	$98066.5\,Pa$
	1 atm(标准大气压)	$101325\,Pa$
	$1\,mm\,H_2O\,(=1\,kgf \cdot m^{-2})$	$9.80665\,Pa$
	1 mm Hg(= 1 乇)	$133.322\,Pa$
动力粘度	$1\,P(泊)\,(=1\,Dyn \cdot s \cdot cm^{-2})$	$0.1\,Pa \cdot s$
	$1\,kgf \cdot s \cdot m^{-2}$	$9.80665\,Pa \cdot s$
运动粘度	1 st(斯托克斯)	$10^{-4}\,m^2 \cdot s^{-1}$
	$1\,m^2 \cdot h^{-1}$	$277.8 \times 10^{-6}\,m^2 \cdot s^{-1}$
温度	1 ℃	273 K
	1 ℉(华氏度)	5/9 K
比热	$1\,kcal \cdot kg^{-1} \cdot K^{-1}$	$4186.8\,J \cdot kg^{-1} \cdot K^{-1}$
功、能、热量	$1\,kg \cdot m$	$9.80665\,J$
	1 HP·h(马力·小时)	$2.648 \times 10^6\,J$
	1 kW·h	$3.6 \times 10^6\,J$
	1 W·h	$3.6 \times 10^3\,J$
	1 erg(尔格)	$10^{-7}\,J$
	1 Btu(= 0.252 kcal)	$1055.06\,J$

物　理　量	制　外　单　位	对应的国际单位
功率、热流	$1 \text{ kcal} \cdot \text{h}^{-1}$	1.163 W
	$1 \text{ cal} \cdot \text{s}^{-1}$	4.1868 W
	$1 \text{ HP}(马力)$	$735.499 \text{ W} \approx 0.7355 \text{ kW}$
导热系数	$1 \text{ kcal} \cdot (\text{m} \cdot \text{h} \cdot \text{℃})^{-1}$	$1.163 \text{ W} \cdot (\text{m} \cdot \text{K})^{-1}$
	$1 \text{ cal} \cdot (\text{cm} \cdot \text{s} \cdot \text{℃})^{-1}$	$41868 \text{ W} \cdot (\text{m} \cdot \text{K})^{-1}$
	$1 \text{ Btu} \cdot (\text{ft} \cdot \text{h} \cdot \text{℉})^{-1}$	$1.73074 \text{W} \cdot (\text{m} \cdot \text{K})^{-1}$
	$1 \text{ Btu} \cdot (\text{In} \cdot \text{h} \cdot \text{℉})^{-1}$	$20.7689 \text{ W} \cdot (\text{m} \cdot \text{K})^{-1}$
传热系数	$1 \text{ kcal} \cdot (\text{m}^2 \cdot \text{h} \cdot \text{℃})^{-1}$	$1.163 \text{ W} \cdot (\text{m}^2 \cdot \text{K})^{-1}$
	$1 \text{ cal} \cdot (\text{cm}^2 \cdot \text{s} \cdot \text{℃})^{-1}$	$41868 \text{ W} \cdot (\text{m}^2 \cdot \text{K})^{-1}$
	$1 \text{ Btu} \cdot (\text{ft}^2 \cdot \text{h} \cdot \text{℉})^{-1}$	$5.67827 \text{ W} \cdot (\text{m}^2 \cdot \text{K})^{-1}$

第一篇
动量传递与物料输送

　　流体流动及动量传递现象是自然界及工程技术中普遍存在的现象,与大多数金属的提取和精炼过程有着密切的联系。例如湿法冶金中溶液及矿浆的输送、贮槽中液位高度的确定、管路的设计计算,火法冶金中高温炉的供风与水冷装置、炉内气体流动规律、烟道中烟气的流动阻力及烟道设计、流态化反应器床层阻力的计算等等,都与流体的流动有关;冶金中的化学反应,往往也同时伴随着热量的传递和质量的传递,而这些现象都是在物质的流动过程中发生的,也就是说,传热与传质过程与流体流动特性密切相关。而流体流动过程中流速的变化即反映动量的变化,因此,研究流体流动及动量传递,掌握其有关规律性,对冶金设备的设计与改进以及冶金过程的优化与控制具有重要意义。

　　动量传递是研究流体在外界作用下运动规律的科学,即流体力学,它的研究对象是流体(即液体和气体)。之所以称之为动量传递,是因为从传递的观点来看,它与热量传递和质量传递在传递的机理、过程、物理数学模型等方面具有类比性和统一性。用动量传递的观点讨论流体的流动问题,不仅有利于传递理论的和谐,而且可以揭示三传现象类似的本质与内涵。

　　本篇从动量传递的角度研究流体的运动规律及其在冶金中的应用,重点介绍流体静力学基本方程、连续性方程、动量传递方程和柏努利方程,在此基础上,讨论有关管路与烟道计算及物料输送等有关问题。

1　流体的基本性质与流体流动现象

流体与固体的力学性质有许多不同之处:流体具有流动性、可压缩性和粘性,这些性质都是大量流体分子微观行为和作用的宏观表现,正是这些不同于固体的特性使流体在运动过程中表现出与固体不同的力学规律。本章主要讨论流体的力学性质及流体的流动现象。

1.1　流体的概念与连续介质模型

与固体相比,液体和气体分子间引力较小,分子运动较剧烈,因而分子分布松散。其共同特点是自身不能保持一定的形状,具有流动性,故统称为流体。

流体只能抵抗压力,而不能抵抗拉力和切力,在它受到切力作用时,就会产生不断的变形,这就是流动。正因为流体具有流动性,才能实现在外力作用下通过管道或孔隙连续不断地输送到指定地点。例如,熔融金属流入模具中浇铸成锭,溶液经管道流入贮槽中。

一般来说气体分子间距很大,如常温下空气的分子间距达 3×10^{-9} m,而分子的有效直径为 10^{-10} m(数量级)左右,可见气体分子非常分散。液体分子间距虽小,但与其本身的有效直径相比,却差不多相等,故从微观上来看,仍是很分散的。但流体力学的研究对象是流体在外力(如重力、压力差等)作用下引起的宏观机械运动,而不是个别分子的微观运动。流体的宏观力学性质(如压力、速度、密度和粘度等)都是大量分子行为的平均效果与统计数量,均能从实验中直接测出,并不是个别分子的随机运动特征。因此,在流体力学中,通常可忽略流体微观结构的分散性,而将流体视为由无数流体微团所组成的无间隙的连续介质,这就是 1753 年欧拉首先提出的"宏观流体模型"——连续介质模型。连续性的假设首先意味着流体介质是由连续的流体质点所组成的;其次意味着流体质点的运动过程是连续的。这样就可摆脱复杂的微观分子运动,从宏观的角度研究流体的流动规律,即可用空间坐标的连续函数来描述宏观流体的各种物理性质。

但连续性假设并不能在任何情况下都适用,如高度真空下的气体就不再视为连续介质。

1.2 流体的密度和比容

单位体积流体的质量称为密度。对于均质流体,密度可表示为:

$$\rho = \frac{m}{V} \qquad (1-1-1)$$

式中 ρ——流体的密度,$\mathrm{kg \cdot m^{-3}}$;

m——流体的质量,kg;

V——流体的体积,$\mathrm{m^3}$。

不同的流体密度是不相同的,对一定的流体,其密度是压力 p 和温度 T 的函数,可用下式表示:

$$\rho = f(p, T) \qquad (1-1-2)$$

液体的密度随压力和温度的变化甚小,可忽略不计。气体的密度随压力和温度的变化较大,当压力不太高,温度不太低时,气体的密度可近似地按理想气体状态方程式计算,由

$$pV = \frac{m}{M}RT$$

得

$$\rho = \frac{m}{V} = \frac{pM}{RT} \qquad (1-1-3)$$

式中 p——气体的绝对压力,Pa;

T——气体的绝对温度,K;

M——气体的摩尔质量,$\mathrm{kg \cdot mol^{-1}}$;

R——通用气体常数,$R = 8.314 \ \mathrm{J \cdot mol^{-1} \cdot K^{-1}}$。

当压力恒定时,式($1-1-3$)变成

$$\rho T = \frac{pM}{R} = 常数$$

$$\rho_t = \rho_0 \frac{T_0}{T} = \rho_0 / (1 + \beta t) \qquad (1-1-4)$$

式中 $\beta = \frac{1}{T_0} = \frac{1}{273}, \mathrm{K^{-1}}$;

t——气体的摄氏温度,$\mathrm{^{\circ}C}$。

但当气体压力较高,温度较低时,其密度需采用真实气体状态方程计算。

生产中遇到的流体往往不是单一组分,而是若干组分所构成的混合物。对于气体混合物,当其温度和压力接近理想气体时,仍可用式($1-1-4$)计算密度,但式中的 M 应以混合气体的平均摩尔质量 M_m 代替,即

$$M_{\mathrm{m}} = \Sigma(M_i x_i) \tag{1-1-5}$$

式中 M_i——混合气体中某组分的摩尔质量,,kg·mol^{-1};

    x_i——混合气体中某组分的摩尔分数。

对于液体混合物,若混合前后体积不变,则混合液的体积等于各组分单独存在时的体积之和,以 1 kg 混合液体为基准,则混合液体平均密度 ρ_{m} 为:

$$\frac{1}{\rho_{\mathrm{m}}} = \Sigma(a_i/\rho_i) \tag{1-1-6}$$

式中 ρ_{m}——混合液体的密度,kg·m^{-3};

    a_i——混合液体中某组分的质量分数;

    ρ_i——混合液体中某组分的密度,kg·m^{-3}。

单位质量流体的体积称为流体的比容,用符号 ν 表示,单位为 m^3·kg^{-1},则

$$\nu = \frac{V}{m} = \frac{1}{\rho} \tag{1-1-7}$$

亦即流体的比容是密度的倒数。

1.3 流体的压缩性和膨胀性

流体在压力作用下改变自身体积的特性,称为流体的压缩性。因温度变化而引起流体体积变化的特性称为流体的膨胀性。

液体很难被压缩,如在压力为 $(1 \sim 500) \times 10^5$ Pa,温度为 0~20 ℃范围内,压力每增加 1.0×10^5 Pa,水的体积只被压缩二万分之一,其他液体也与此类似。因此,在工程常用压力范围内,可认为液体是不可压缩的。温度升高时液体体积的膨胀很小,实验指出,常压下,在 10~20 ℃范围内,温度每升高 1 ℃,水的体积增加仅万分之一点五,其他液体的膨胀性也很小,故工程计算中通常可不考虑液体的膨胀性。

气体分子间距较大,当压力或温度发生变化时,其体积会发生较明显的变化,对理想气体,可由理想气体状态方程式算出。

通常情况下,在流体力学中,当压力或温度发生变化时密度可视为常数的流体称为不可压缩流体;反之,当流体的压缩性和膨胀性较大,其密度不能看作常数时,则称之为可压缩流体。在工程常用压力、温度条件下,几乎所有的液体都可视为不可压缩流体。对于气体,在压力变化不太大(小于 0.1×10^5 Pa)或流速不太高(小于 70 m·s^{-1})的条件下,其密度变化很小,为了简化起见,工程上也可近似视为不可压缩流体。这种简化处理的概念称为流体的不可压缩模型。

1.4　流体的粘性

1.4.1　牛顿粘性定律

　　从冶金生产过程中,我们可以观察到,对各种不同的流体,其流动性有很大的差异。如水的流动性就比浓碱溶液的流动性好。事实上,在运动着的流体内部两相邻流体层

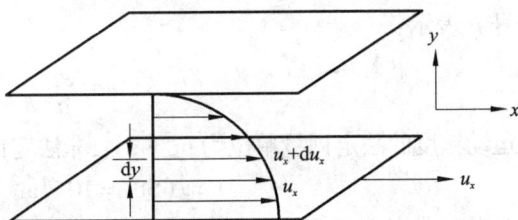

图 1 - 1 - 1　两平行平板间流体速度的变化

之间由于分子的运动而产生内摩擦力(或称粘性力)。内摩擦力的方向,对流速大的流体层而言,与流速方向相反,阻碍液层的运动;对流速小的流体层而言,与流速方向相同,成为拖动其向前加速的力(如图 1 - 1 - 1 所示)。流体的这种粘性力的大小可由牛顿粘性定律(亦称牛顿内摩擦定律)确定:

$$F = -\mu A \frac{\mathrm{d}u_x}{\mathrm{d}y} \qquad (1-1-8)$$

式中的内摩擦力 F 与作用面 A 平行,等式右边的负号表示内摩擦力的方向。内摩擦力的符号恒与速度梯度相反。单位面积上的内摩擦力称为内摩擦应力或切应力,用 τ 表示,于是上式可写成

$$\tau = \frac{F}{A} = -\mu \frac{\mathrm{d}u_x}{\mathrm{d}y} \qquad (1-1-9)$$

式中　$\dfrac{\mathrm{d}u_x}{\mathrm{d}y}$ ——法向速度梯度,s^{-1};

　　　　μ ——流体的粘性系数,简称粘度(viscosity),$\mathrm{N} \cdot \mathrm{s} \cdot \mathrm{m}^{-2}$。

　　由上式可知,当 $\dfrac{\mathrm{d}u_x}{\mathrm{d}y} = 1$ 时,$\mu = \tau$,所以,粘度的物理意义为促使流体流动产生单位法向速度梯度的切应力。显然,在相同的流速下,流体的粘度越大,流动时所产生的内摩擦力也就越大,即流体因克服阻力所损耗的能量越大,这也就表示流体的流动性越差。为了克服这种内摩擦力所造成的阻力而使流体维持运动,必须供给一定的能量,这就是流体运动时造成能量损失的原因之一。而当流体处于静止状态,或各流体层之间没有相对速度时,流体的粘性没有表现出来。流体的粘度性质对于研究流体的流动以及在流体中进行的传热和传质过程都具有重要的意义。

　　由式(1-1-9)可以导出粘度 μ 的法定计量单位为 $\mathrm{N} \cdot \mathrm{s} \cdot \mathrm{m}^{-2}$ 即 $\mathrm{Pa} \cdot \mathrm{s}$。目

前在手册中查得的粘度数据的单位多为泊(P),即 $dyn \cdot s \cdot cm^{-2}$,为非法定单位,换算如下:

$$1 \text{厘泊}(cP) = 10^{-2} \text{泊}(P) = 10^{-3} N \cdot s \cdot m^{-2} = 10^{-2} Pa \cdot s$$

此外,流体粘性的大小还可用粘度 μ 与密度 ρ 的比值来表示,称作运动粘度,以符号 ν 表示:

$$\nu = \frac{\mu}{\rho} \qquad (1-1-10)$$

运动粘度的法定计量单位为 $m^2 \cdot s^{-1}$,非法定计量单位为 $cm^2 \cdot s^{-1}$,简称泡(St),

$$1 \text{泡}(St) = 10^{-4} m^2 \cdot s^{-1}$$

各种流体的粘度除与本身种类有关外,还受温度的影响。因此,液体和气体有着完全不同的特性。因为气体的粘性主要由于分子扩散致使各分子间产生动量交换,当温度升高时,分子热运动加剧,扩散作用及动量交换增强,故粘度增大;对于液体产生粘性的主要原因是分子间的引力(内聚力),温度升高时,分子间的引力减弱,故粘度下降。

压力变化对气体分子的热运动影响不大,因而气体的动力粘度受压力影响很小,通常可不予考虑,只是在极高或极低压力下才需考虑。但必须注意,运动粘度中包含密度的影响。故气体的运动粘度随压力而变。对于液体,在常用压力下,其粘度与压力的关系不明显,但当超过 200×10^5 Pa 时,这种影响逐渐显著起来。

常见流体的粘度及其与温度的关系只能用实验的方法来测定。有关数据列于表 1-1-1,1-1-2 及附录 I 中。

表 1-1-1　水与空气的粘度(标准大气压)

温度/℃	动力粘度 $\mu/(Pa \cdot s \cdot 10^6)$		运动粘度 $\nu/(m^2 \cdot s^{-1} \cdot 10^6)$	
	空气	水	空气	水
0	17.25	1792	13.33	1.792
20	18.20	1007	15.12	1.007
40	19.12	656	16.98	0.661
60	19.97	469	18.80	0.477
80	20.88	357	20.90	0.367
100	21.75	284	23.00	0.296

冶金中常遇到液体或气体的混合物,对于流体混合物,在缺乏实验数据时可选用适当的经验公式进行估算。如对于非缔合液体混合物的粘度可由下式计算:

$$\lg \mu_m = \Sigma (x_i \cdot \lg \mu_i) \qquad (1-1-11)$$

压力不太高时,气体混合物的粘度可用下式估算:

$$\mu_m = \frac{\sum(x_i \cdot \mu_i \cdot M_i^{0.5})}{\sum(x_i \cdot M_i^{0.5})} \qquad (1-1-12)$$

式中 μ_m ——混合物的粘度;

x_i, μ_i ——混合物中某组分的摩尔分数与粘度;

M_i ——混合物中某组分的摩尔质量,$g \cdot mol^{-1}$。

表 1-1-2 冶金中某些液体的粘度范围/Pa·s

粘度范围	0.0001 ~ 0.001	0.001 ~ 0.01	0.01 ~ 0.1	0.1 ~ 10
物料种类	碱金属	熔融盐 重金属(Pd,Zn,Au) 碱土金属(Ca,Mg) 过渡金属(Fe,Co,Ni) 水,煤油	H_2SO_4	$CaO-Al_2O_3-SiO_2$ 炉渣 50% NaOH 水溶液

1.4.2 牛顿流体与非牛顿流体

当流体运动时,切应力与法向速度梯度的关系完全符合牛顿粘性定律的流体称为牛顿型流体(Newtonian fluid)。所有气体和大多数液体,如水、燃料油等均质流体均属于这一类。但冶金过程中还有多种流体,如矿浆、乳状液、悬浮液等,并不服从牛顿粘性定律,这类流体称为非牛顿型流体(non-Newtonian fluid)。对于非牛顿型流体常取切应力与法向速度梯度之比为表观粘度。有关牛顿型流体与非牛顿型流体的特征比较,汇于表 1-1-3。本章主要讨论牛顿型流体,对于非牛顿型流体流动的研究,属流变学的范畴,在此不进行讨论。

表 1-1-3 牛顿型流体与非牛顿型流体的特性

类 型		举 例	特 点	切应力表达式
牛顿型流体		气体、水、大多数流体	切应力正比于法向速度梯度。	$\tau = -\mu \dfrac{du_x}{dy}$
非牛顿型流体	塑性流体	油墨泥浆	切应力超过某临界值τ_c后才能流动,切应力正比于法向速度梯度。	$\tau = \tau_c - \mu \dfrac{du_x}{dy}$
	假塑性流体	高分子溶液、油漆	表观粘度随法向速度梯度的增高而降低。	$\tau = -K\left(\dfrac{du_x}{dy}\right)^n (n<1)$
	涨塑性流体	高固体含量的悬浮液	表观粘度随法向速度梯度的增高而增大。	$\tau = -K\left(\dfrac{du_x}{dy}\right)^n (n>1)$

1.4.3　理想流体模型

　　流体的粘度及其影响因素比较复杂,给实际流体的运动规律的研究带来很大的不便。因此,为把问题简化,正像物理学中引入理想气体,理论力学中引入绝对刚体等概念一样,流体力学中也常采用理想流体(或称无粘性流体)模型,即假设流体在流动时没有摩擦损失,认为内摩擦力为零。在处理实际问题时,先按理想流体来考虑,找出规律后再加以修正,然后应用于实际流体。实际上在某些场合下,粘性并不起主要作用,此时实际流体就可按理想流体来处理。因此,引入理想流体的概念,对解决工程实际问题具有重要意义。

1.5　流体的流动型态

1.5.1　流体的流动型态

　　流体在管内流动时,因条件的不同可呈现出两种性质截然不同的流动型态。

　　1883 年英国物理学家雷诺(O. Reynolds)首先对流体的流动型态进行了实验观察,如图 1 - 1 - 2(a)所示。水在圆形玻璃管内流动,水的流量通过阀门调节。实验时,有色液体经喇叭口中心处的针状细管流入管内,随水流一起向前流动,从有色液体的流动情况并可观察到管内水流中质点的运动情况。

　　当水在管内的流速较小时,管中心的有色液体在管内沿轴线方向呈

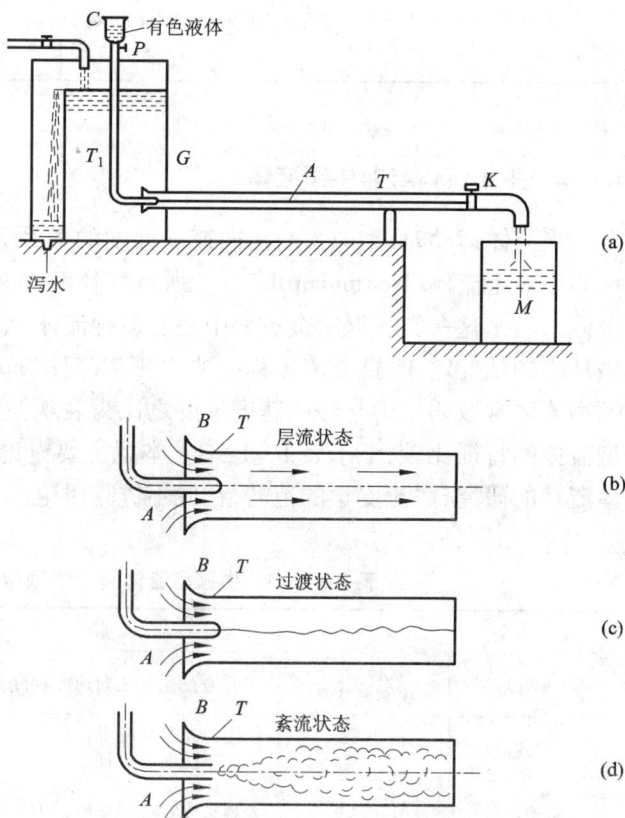

图 1 - 1 - 2　雷诺实验及流体的流动型态

一直线平稳地流过整根玻璃管[图(b)],水流质点有规则、有秩序地向前流动,互相平行,互不干扰。这说明水的质点在管内都是沿着与管轴平行的方向作直线运动。这种流态称为层流(laminar flow)或滞流(viscous flow)。在圆管内作层流流动的流体就如同一层一层的同心圆筒在平行地流动。

当水流速度逐渐增大时,层流状态开始破坏,原来呈直线流动的有色细流开始摆动,弯曲成波浪细流,并发生不规则地波动[图(c)]。流速进一步增大到某一数值时,有色线的波动加剧,然后被冲断而向四周散开,引起水流质点之间互相交叉,剧烈碰撞,产生漩涡,最后使整个玻璃管中的水呈现均匀的颜色[图(d)],这种流态称为紊流或湍流(turbulent flow)。

雷诺通过大量重复实验发现,无论是何种流体流经何种管道都存在上述两种流动型态,且影响流体流动型态的因素除平均流速 u 外,还有管径 d、流体的密度 ρ 和粘度 μ。流体的流动型态可由上述四个因素所组成的复合数群来判断,即

$$Re = \frac{du\rho}{\mu} \qquad\qquad (1-1-13)$$

Re 称为雷诺准数,简称雷诺数。当雷诺数较小时,流动为层流;当雷诺数较大时,流动为紊流。实验证明,两种流动型态的转变存在相应的临界 Re,若将紊流转变成层流的雷诺数 Re_c 称为下临界值;将层流转变成紊流的雷诺数 Re_c' 称为上临界值,则 Re_c' 总是大于 Re_c。由此,流体的流动型态就可通过流体的雷诺数与临界雷诺数的比较来判断,即

当 $Re < Re_c$ 时,流动为层流;

当 $Re > Re_c'$ 时,流动为紊流;

当 $Re_c < Re < Re_c'$ 时,流动为过渡流。

对于光滑圆管,各研究者测得的 Re_c 值比较接近,为 2000~2300;但 Re_c' 的测定值则依实验条件的不同而分歧较大。由于过渡状态很不稳定,易受外界条件干扰而触发变成紊流,故实际当中一般作紊流处理。因此,工程计算中常把 $Re = 2300$(或 2000)作为临界雷诺数,把流体的流动划分为层流和紊流两种流动型态。

雷诺数的量纲式为:

$$Re = \frac{du\rho}{\mu} = \frac{[L][L \cdot T^{-1}][M \cdot L^{-3}]}{[M \cdot L^{-1} \cdot T^{-1}]} = L^0 M^0 T^0$$

可见,雷诺数是一个无量纲数群,即计算时,不论采用何种单位制,所得 Re 数的数值是相同的。

从量纲分析中还可得知,雷诺数实际上是惯性力与粘性力之比,即:

$$Re = \frac{惯性力}{粘性力} = \frac{\rho V \frac{du}{dt}}{\mu A \frac{du}{dt}} = \frac{[\rho][L^3][L \cdot T^{-2}]}{[\mu][L^2][L \cdot T^{-1} \cdot L^{-1}]}$$

$$= \frac{[\rho][L \cdot T^{-1}] \cdot [L]}{[\mu]} = \frac{[\rho] \cdot [u] \cdot [d]}{[\mu]}$$

其物理意义很明确,Re 值小,表明粘性力的作用较惯性力大,能够削弱甚至消除因干扰造成的流体扰动,使流动保持为层流状态;Re 值大,表明粘性力作用小,无法抵抗因干扰而产生的流体扰动,而惯性力则易促使扰动的发展与扩大,使流动呈现紊流状态。

1.5.2 紊流的脉动性和时均化

紊流是工程实际当中最常见的一种流动型态,其特点是流体内部充满了许多可以目测的大小不等的漩涡,这些漩涡除在主流方向随流体运动外,还在各个方向产生无规则的运动,使流场中各质点的运动方向和大小都随时间而波动,形成脉动现象。雷诺数越大,这种脉动越强烈。紊流的这种无规则的随机运动,使得对紊流的研究要比层流复杂得多。虽然从微观上看,紊流实际上是不稳定流动,但大量实验观测结果表明,当外界条件不变时,在足够长的时间内,这种脉动的各运动参数始终在某一平均值上下波动。从实际的角度考虑,人们关心的并不是紊流的瞬时量,而是这些运动参数的统计平均值。因此,通常用紊流在某一段时间内的某参数的统计平均值(称为时均值)来代替相应的脉动参数值,以平均值和脉动值之和来代替瞬时值,这就是"时均化"的概念。引入时均化的概念后,工程当中实际不稳定的紊流脉动现象并可简化为时均意义上的稳定流动来处理,通常测定和使用的紊流运动参数(如流速、流量、压力等)都是时均化意义上的稳定值。

【例1-1-1】 某低速送风管道,内径为 200 mm,风速为 3 m·s⁻¹,空气温度为 40 ℃。求:

(1)风道内气体的流动类型;

(2)该风道内空气保持层流的最大流速。

解 (1)40 ℃空气的运动粘度为 $16.96 \times 10^{-6} \text{m}^2 \cdot \text{s}^{-1}$,管中 Re 为:

$$Re = \frac{du\rho}{\mu} = \frac{du}{\nu} = \frac{0.2 \times 3}{16.96 \times 10^{-6}} = 3.54 \times 10^4$$

$Re \gg 2300$,故为紊流。

(2)空气保持层流的最大流速为:

$$u_{\max} = \frac{\nu Re}{d} = \frac{16.96 \times 10^{-6} \times 2300}{0.2} = 0.2 \text{ m} \cdot \text{s}^{-1}$$

1.6　边界层的概念

实际粘性流体流动中,无论 Re 数有多大,在固体壁面上流速总为零。而在离开壁面仅一小距离处,流体的速度就变到与主流速度 u_0 大体相等。因此壁面附近存在一个垂直于流速方向的速度梯度很大的薄层区域,称之为边界层。流体粘性的影响仅限于边界层。下面以流体均匀流过平板为例来说明边界层的形成与发展。

如图 1－1－3 所示,实际流体以均匀的流速流过平板。到达平板前沿之后,由于固体壁面对流体的吸附作用,使紧贴壁面的流体流速为零。实际流体的粘性力又使靠近壁面的流体相继受阻而减速,并随着离开壁面距离的增大,流速逐渐变大,直到与主流速度(未受阻碍的流速)基本相等。这样在流动的垂直方向产生了速度梯度。

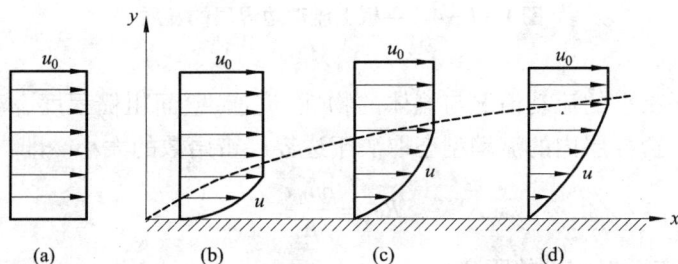

图 1－1－3　平壁上边界层的形成

显然,从壁面的零速变到接近主流速度的这一薄层流体,以存在有规律的速度变化为特征,与主流区截然不同。普朗特认为,无论 Re 数有多大,在固体平板上流动的流体,从横截面上看都可分为两个区域:一是壁面附近存在速度梯度,因而能体现流体粘性影响的区域,称为边界层;二是远离壁面,速度基本不变,其流体粘性的影响可以忽略的区域,称为主流区。主流区的流体可视为理想流体。一般以速度达到主流速度的99%之处规定为两个区域的分界线。

随着流体沿平板向前流动,由于切应力对流体的持续作用,边界层的厚度随离平板前沿的距离的增加而逐渐加厚(如图 1－1－4 所示),这就是边界层的发展过程。

由图 1－1－4 可以看出,在平板的前沿处边界层较薄,流速也较小,流体的流动受壁面的摩擦及流体粘性力的影响较大,边界层内的流体处于层流状态,此时的边界层称为层流边界层。随着离平板前沿的距离 x 的增大,边界层增厚,壁面静止层对边界层内较远部分的影响越来越弱,当该距离 x 达到某一临界距离 x_0 时,边界层内的流动由层流变为紊流,称为紊流中心,靠近固体壁面的一薄层中仍处于层流状态,称为层流底层。层流底层虽然极薄,但对于流体与壁面之间的各种传递却影响甚大。

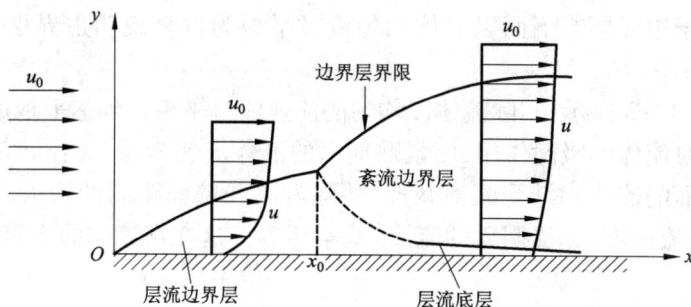

图 1 - 1 - 4 平板上流动边界层的发展

流体在平板上的流动情况与流体的物性、流速、壁面粗糙程度、离前沿的距离等因素有关。边界层内的流动型态取决于边界层雷诺数的大小。即:

$$Re_x = \frac{\rho u_0 x}{\mu} \qquad (1-1-14)$$

式中 x——离平板前沿的距离。

对于光滑平板:

当 $Re_x \leqslant 2 \times 10^5$ 时,边界层为层流;

当 $Re_x \geqslant 3 \times 10^6$ 时,边界层为紊流;

当 $2 \times 10^5 < Re_x < 3 \times 10^6$ 时,边界层为过渡流。

通常取 $Re_x = 5 \times 10^5$ 为边界层由层流转变为紊流的转折点,此雷诺数称为临界雷诺数。

流体在平板上流动,其边界层厚度 δ 可由下式计算:

(1)对层流边界层($Re_x \leqslant 5 \times 10^5$) $\quad \dfrac{\delta}{x} = \dfrac{4.64}{Re_x^{0.5}}$ $\qquad (1-1-15)$

(2)对紊流边界层($Re_x > 5 \times 10^5$) $\quad \dfrac{\delta}{x} = \dfrac{0.376}{Re_x^{0.2}}$ $\qquad (1-1-16)$

(3)紊流边界层的层流底层厚度(δ_b) $\quad \dfrac{\delta_b}{x} = \dfrac{72.4}{Re_x^{0.9}}$ $\qquad (1-1-17)$

由上式看出，δ_b 与 $u_0^{0.9}$ 成反比，这意味着，主流速度增大时，层流底层很快减薄；同时 δ_b 又与 $x^{0.1}$ 成正比，说明 δ_b 沿流程长度的变化不大。这些概念对于传热和传质的强化具有实际意义。

当流体以均匀流速流入管道时，在其入口处开始也形成边界层。其边界层的形成和发展过程与流体均匀流过平板时大体相似。所不同的是，在管流中边界层开始只占据管壁处的环形区域，而管中心主流区呈活塞流状，如图 1 -1-5 所示。

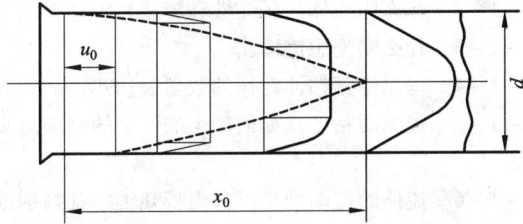

图 1-1-5　圆管中边界层的发展

随着流体的向前流动，边界层逐渐加厚，最终扩大到管中心，汇合占据整个管截面。此时的边界层厚度即为管道半径。从此以后，边界层厚度将不再变化。从管道入口处到边界层汇合处的距离 x_0 称为"入口段"或"初始段"，入口段以后的流动称为"完全发展了的流动"或"定型流动"。只要汇合前边界层内的流动是层流，则完全发展以后的管流也是层流；若汇合前边界层内流动已发展为紊流，则以后的管流也为紊流。只有在入口段之后，管内的速度分布才发展成为稳定流动时管流的速度分布。因此，入口段长度 x_0 的确定是十分重要的，可通过如下经验公式求得：

对于层流　　　　　　　　$\dfrac{x_0}{d} \approx 0.057 Re$　　　　　　　　(1-1-18)

对于紊流　　　　　　　　$\dfrac{x_0}{d} \approx 50$　　　　　　　　(1-1-19)

式中　d——圆管直径，m；

　　　Re——按管截面平均流速计算的雷诺数。

与流体在平板上的流动相似，在管内若形成了紊流边界层，则在靠近管壁处仍有一层极薄的层流底层，其厚度 δ_b 可由下述经验公式估算：

当 $Re < 10^5$ 时，　　　　$\dfrac{\delta_b}{d} = \dfrac{61.5}{Re^{7/8}}$　　　　　　(1-1-20 a)

上式中的 δ_b 也包括缓冲层厚度在内，对于单纯的层流底层厚度 δ_b'，有人导出如下经验公式：

$$\dfrac{\delta_b'}{d} = \dfrac{25.2}{Re^{7/8}}$$　　　　　　(1-1-20 b)

可见，单纯的层流底层厚度 δ_b' 仅为 δ_b 的 40% 左右。

习 题

1-1-1 流体的连续介质模型的含义是什么?

1-1-2 什么叫流体的压缩性和膨胀性?什么叫不可压缩流体?

1-1-3 什么叫理想流体?

1-1-4 写出牛顿粘性定律的数学表达式,说明各符号的意义。

1-1-5 流体的粘度是如何产生的?它的物理意义和单位是什么?动力粘度与运动粘度有何关系?

1-1-6 流体的流动型态可分为哪几种?其判别依据是什么?

1-1-7 紊流有何特点?在什么情况下可以将工程中不稳定的紊流现象简化为稳定流动现象来处理?

1-1-8 50 kg 密度为 1600 kg·m^{-3} 的溶液与 50 kg 25 ℃ 的水混合,问混合后溶液的密度为多少?(设混合前后溶液的体积不变)

1-1-9 如图所示为一平板在油面上作水平运动,已知运动速度 u 为 0.8 m·s^{-1},平板与固定板之间的距离 $\delta = 1$ mm,油的粘度为 1.253 Pa·s,由平板所带动的油运动速度呈现直线分布,问作用在平板单位面积上的粘性力为多少?

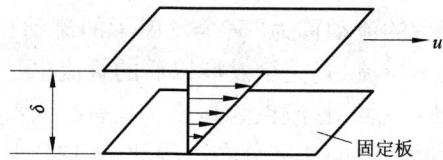

习题 1-1-9 附图

1-1-10 25 ℃ 水在内径为 50 mm 的管内流动,流速为 2 m·s^{-1},试求其雷诺准数为若干?

1-1-11 运动粘度为 4.4 cm^2·s^{-1} 的油在内径为 50 mm 的管道内流动,问:

(1)油的流速为 0.015 m·s^{-1} 时,其流动型态如何?

(2)若油的流速增加 5 倍,其流动型态是否发生变化?

1-1-12 某输水管路,水温为 20 ℃,管内径为 200 mm,试求:

(1)管中流量达到多大时,可使水由层流开始向紊流过渡?

(2)若管内改送运动粘度为 0.14 cm^2·s^{-1} 的某种液体,且保持层流流动,管中最大平均流速为多少?

2　流体静力学基本方程

　　流体静力学是研究流体在外力作用下处于平衡(广义来说,是指相对平衡)时的力学规律及其应用的科学。流体在外力的作用下,如果各力互相平衡,则流体达到静力平衡,处于静止状态。实际流体静止时,由于不运动,其粘性不起作用,没有内摩擦力的存在。亦即当流体处于静止时,既不存在对流动量的传递,也不存在粘性动量的传递,仅处于重力和压力的平衡或位能与静压能的转换。因此,理想流体平衡时的规律对实际流体也适用。

　　流体的平衡规律在冶金、化工等领域中应用很广,如压力计的测量原理,连通器内液体的平衡,设备或管道内压力的变化与测量,溶液贮槽内液位的测量,炉内气体的运动趋势等。本节主要讨论流体静力学的基本原理及其应用。

2.1　作用在流体上的力及流体的静压力

2.1.1　作用在流体上的力

　　流体静止或运动规律除与其本身的物理性质有关外,还与作用于流体的外力有关。作用在流体上的力按其作用方式的不同,可分为质量力和表面力两种。

　　质量力是指作用于流体的每一质点上并与流体的质量成正比的力。对于均质流体,其质量力与体积成正比,故又称作体积力。这种力可分为两种:一种是外界力场对流体的作用力,如重力、电磁力等,常用单位质量力表示;另一种是由于流体作不等速运动而产生的惯性力,如流体作直线加速运动时所产生的直线惯性力,以及流体绕固定轴旋转时所产生的离心力。

　　表面力是指作用于流体的表面上,且与表面积的大小成正比的力。这种力也可分为两种:一种是作用于流体的表面上并与表面垂直的法向力——外力,如压力;另一种是作用在流体表面上并与表面相切的切向力——内力,如粘性力。对静止的流体或流动的理想流体,不存在切向力,只有法向力。

2.1.2　流体的静压力

　　静止流体垂直作用于单位表面上的力,称为流体的静压力,简称压力,物理学中称为压强①,其单位为 $N \cdot m^{-2}$,称为帕斯卡,以 Pa 表示。流体的静压力来源于作用在流体上的力,如前面所述的表面力和质量力。

流体的静压力有两个重要特性:

1)流体静压力的方向与作用面的内法线方向相同。这是由于处于平衡状态(或静止)的流体不能承受拉力和切向力,一旦受到微小切向力的作用即发生变形,从而引起流体质点的相对运动,这就破坏了流体的静力平衡。因此,静止流体只能承受压力,而压力是沿内法线方向作用于流体表面上的。

2)对同一流体质点而言,流体静压力的大小与作用面在空间的方位无关。也就是说,从各个方向上作用于同一流体质点的流体静压力的大小是相等的。

流体的静压力有不同的计量基准,若以绝对零压为基准,则称为绝对压力(absolute pressure)。如海平面的大气压力(标准大气压)为 101325 Pa,即属绝对压力。

在工程中流体各部分同时受到当地大气压的作用,这种力往往是相互抵消的,对流体的运动并不起作用。因此工程中又常以当地的大气压为基准,如此计量的流体静压力称为相对压力或称为表压(gauge pressure)。一般测压仪表测定的都是表压。表压与绝对压力的关系为:

$$p_{表} = p_{绝} - p_{大气}$$

$$(1-2-1)$$

当流体的绝对压力小于当地大气压时,其低于大气压的数值称为真空度(vacuum),即:

$$p_{真} = p_{大气} - p_{绝}$$

$$(1-2-2)$$

在冶金生产中,常常采用正压和负压的概念,所谓正压或负

图 1-2-1　几种压力图示

压是指冶金设备内压力比当地大气稍高或稍低的那部分。绝对压力、表压、真空度、正压和负压之间的关系,如图 1-2-1 所示。

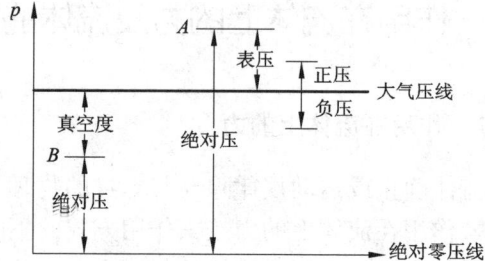

2.2　流体静力学基本方程

2.2.1　流体静力平衡微分方程

在静止流体中取一边长分别为 dx, dy, dz 的微元六面体,其顶角 A 的坐标为

---

　　① 工程流体力学中压力与压强的概念相同。而总的作用力则简称为力。

(x,y,z),如图 1 - 2 - 2 所示。

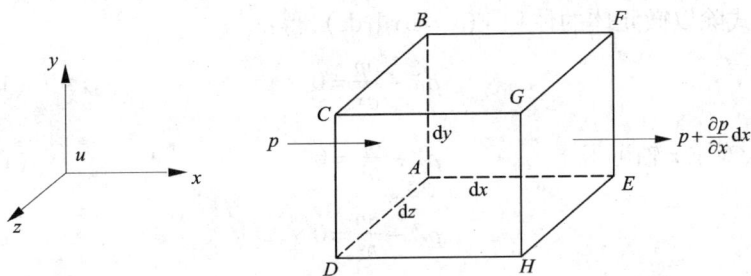

图 1 - 2 - 2　流体平衡微分方程的推导示意图

　　作用于微元体上的力有表面力和质量力。由于流体静止,表面力中没有内摩擦力,只有法向的静压力。首先分析 x 轴方向的受力情况。微元体的左侧面(AB-CD 面)所受静压力为 p;右侧面($EFGH$ 面)所受静压力为 $\left[p + \dfrac{\partial p}{\partial x}\mathrm{d}x\right]$。因此,以静压力形式作用于微元体左侧面和右侧面的力分别为:

$$F_{左} = p\mathrm{d}y\mathrm{d}z$$

$$F_{右} = \left[p + \frac{\partial p}{\partial x}\mathrm{d}x\right]\mathrm{d}y\mathrm{d}z$$

沿 x 轴方向所受静压力的合力为:

$$F_x = F_{左} - F_{右} = p\mathrm{d}y\mathrm{d}z - \left[p + \frac{\partial p}{\partial x}\mathrm{d}x\right]\mathrm{d}y\mathrm{d}z = -\frac{\partial p}{\partial x}\mathrm{d}x\mathrm{d}y\mathrm{d}z$$

同理,沿 y 轴和 z 轴方向所受静压力的合力分别为:

$$F_y = -\frac{\partial p}{\partial y}\mathrm{d}x\mathrm{d}y\mathrm{d}z$$

$$F_z = -\frac{\partial p}{\partial z}\mathrm{d}x\mathrm{d}y\mathrm{d}z$$

　　微元体除受静压力作用外,还受质量力的作用。若用 X,Y,Z 分别表示单位质量流体的质量力在 x,y,z 轴上的投影,设流体的密度为 ρ,则作用于微元体上的质量力在 x,y,z 轴上的分力分别为:

$$F'_x = \rho X\mathrm{d}x\mathrm{d}y\mathrm{d}z$$

$$F'_y = \rho Y\mathrm{d}x\mathrm{d}y\mathrm{d}z$$

$$F'_z = \rho Z\mathrm{d}x\mathrm{d}y\mathrm{d}z$$

　　因流体静止,故作用于微元体上的一切外力在每一坐标轴上投影的合力应等于零。对 x 轴,则有:

$$\Sigma F_x = -\frac{\partial p}{\partial x}dxdydz + \rho X dxdydz = 0$$

将上式除以微元体的体积 $V(V = dxdydz)$，得：

$$\rho X - \frac{\partial p}{\partial x} = 0 \qquad\qquad (1-2-3a)$$

同理，对 y,z 轴可得 $\qquad\qquad \rho Y - \frac{\partial p}{\partial y} = 0 \qquad\qquad (1-2-3b)$

$$\rho Z - \frac{\partial p}{\partial z} = 0 \qquad\qquad (1-2-3c)$$

上式即为流体静力平衡微分方程，又称欧拉平衡方程。

式中各项分别表示单位质量流体的质量力和表面力(静压力)。该式的物理意义为:当流体平衡时，作用在单位质量流体上的质量力与静压力的合力相互平衡，它们沿三个坐标轴的投影之和分别等于零。根据这个方程，可以解决流体静力学中的许多基本问题，它在流体力学中具有重要地位。因推导公式时考虑到质量力的总和是在空间任意方向，因而它既适用于绝对静止也适用于相对静止的流体。此外，推导中并没有考虑整个空间的流体密度 ρ 是否变化和如何变化，因此它不但适用于不可压缩流体，而且也适用于可压缩流体。

将式(1-2-3)中各式分别乘以 dx,dy,dz，并将三式相加，得：

$$\rho(Xdx + Ydy + Zdz) = \frac{\partial p}{\partial x}dx + \frac{\partial p}{\partial y}dy + \frac{\partial p}{\partial z}dz \qquad (1-2-4)$$

一般情况下，流体静压力是坐标 (x,y,z) 的连续函数，即 $p = f(x,y,z)$，其全微分为

$$dp = \frac{\partial p}{\partial x}dx + \frac{\partial p}{\partial y}dy + \frac{\partial p}{\partial z}dz$$

故式(1-2-4)可写为:

$$\rho(Xdx + Ydy + Zdz) = dp \qquad\qquad (1-2-5)$$

2.2.2　流体静力学基本方程

流体平衡微分方程表示一种在任何质量力作用下都适用的普遍规律。当流体在重力场中(即质量力只有重力)处于绝对静止时，单位质量流体所受的质量力在三个坐标轴上的投影分别为:

$$X = 0, Y = 0, Z = -g$$

因重力加速度的方向垂直向下，与 z 轴方向相反，故 g 前加负号。将其代入式(1-2-5)，得

$$dp = -\rho g dz \qquad\qquad (1-2-6)$$

对不可压缩流体,ρ 为常数,对上式进行不定积分,可得

$$\rho g z + p = C \qquad (1-2-7)$$

式中,C——积分常数,可由边界条件确定。

若在静止流体中任取两点 1,2(图 1-2-3),对式(1-2-6)进行定积分,则得

$$\rho g z_1 + p_1 = \rho g z_2 + p_2$$

$$(1-2-8)$$

若已知流体自由表面上任一流体质点相对于基准面的高度为 z_0,压力为 p_0,则对流体中高度为 z,压力为 p 的任一点,有

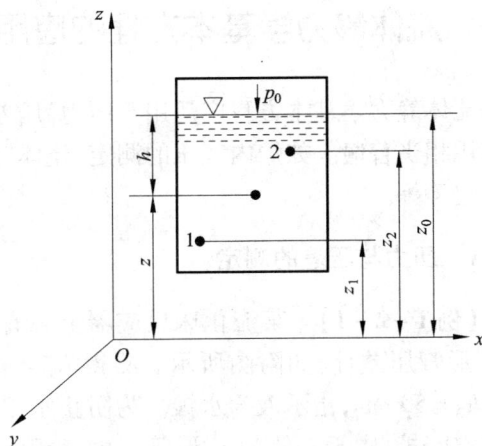

图 1-2-3　流体静压平衡图

$$p = p_0 + \rho g(z_0 - z) = p_0 + \rho g h \qquad (1-2-9)$$

式(1-2-7)、(1-2-8)和(1-2-9)均可称为不可压缩流体静力学基本方程。

由式(1-2-9)可知,当流体表面的压力一定时,流体内部任一点处压力的大小与流体的密度和该点距流体自由表面的深度有关。因此,静止流体中,同一水平面上的各点静压力相等。

下面简单讨论一下流体静力学基本方程式中各项的物理意义。将式(1-2-8)两边同时除以 ρg,则有

$$z_1 + \frac{p_1}{\rho g} = z_2 + \frac{p_2}{\rho g} \qquad (1-2-10)$$

式(1-2-10)中各项单位均为 m。其中第一项 z 表示单位重量流体相对于基准面所具有的位能,称为位压头,用 $h_{位}$ 表示;第二项 $p/\rho g$ 表示单位重量流体在压力 p 的作用下沿抽空测压管上升的高度,即表示单位重量流体所具有的静压能,称为静压头,用 $h_{静}$ 表示。因此,式(1-2-10)又可写成

$$h_{位1} + h_{静1} = h_{位2} + h_{静2} \qquad (1-2-11)$$

上式表明,只受重力作用的静止流体中,各点的静压头与位压头之和相等。

总之,从流体静力学基本方程可知,对不可压缩的静止流体:同一水平面上各点的压力相等(连通器原理);流体中任意一点的压力等于其自由表面上的压力加上该点距自由表面的垂直距离与 ρg 的乘积;流体中各点的静压头与位压头之和为一常数,此常数的值仅与基准面的位置有关。

2.3　流体静力学基本方程的应用

流体静力学基本方程广泛用于压力、压差及液位高度的测定,在冶金化工生产中应用相当普遍。如炉内气压的测定、流体输送管道中压力的测定、高位槽中液位的测定等等。

2.3.1　压力与压差的测定

【例 1 - 2 - 1】　某流化床反应器上装有两个 U 形管压差计,如附图所示。测得 $R_1 = 400$ mm,$R_2 = 50$ mm,指示液为水银。为防止水银蒸气向空间扩散,于右侧的 U 形管与大气相通的玻璃内灌入一段水,其高度 $R_3 = 50$ mm。试求 A、B 两处的表压。

解　根据连通器原理,对左侧 U 形管,取 1 - 1 面为基准面。当气柱的压降忽略不计时,由式(1 - 2 - 9),有:

$$p_B \approx p_1 = p_2 + \rho_{Hg}gR_1 \qquad (1)$$

同理,对右侧 U 形管,以 2 - 2 面为基准面,则有:

$$p_A \approx p_2 = \rho_{H_2O}gR_3 + \rho_{Hg}gR_2 \qquad (2)$$

将已知数代入(2)可得

$p_A = 1000 \times 9.81 \times 0.05 + 13600 \times 9.81 \times 0.05$
$\quad = 7161.3 \text{ Pa}$

则

$$p_B = 7161.3 + 13600 \times 9.81 \times 0.4 = 60527.7 \text{ Pa}$$

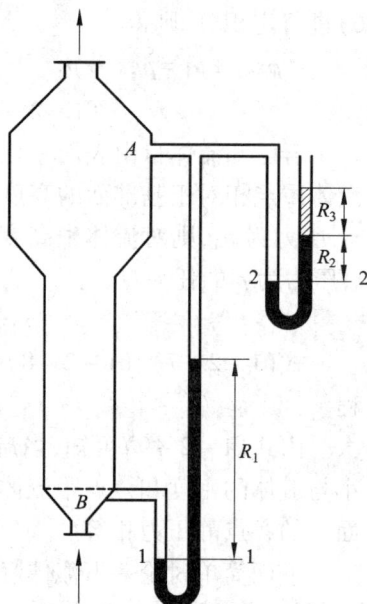

图 1 - 2 - 4　例 1 - 2 - 1 附图

2.3.2　液位的测定

【例 1 - 2 - 2】　采用图 1 - 2 - 5 所示的装置测量某贮罐中液位高度及液体的密度。压缩空气用调节阀 1 调节流量,使其流量控制得很小,只要在鼓泡观察室 2 内有气流缓慢逸出即可。因此,气体通过吹气管 4 的阻力可忽略不计。吹气管内压力用 U 形管压差计来测量,压差计内指示液为汞。

(1)当分别由 a 管和 b 管输送空气时,压差计读数分别为 R_1 和 R_2,试推导 R_1, R_2 分别同 z_1, z_2 的关系。

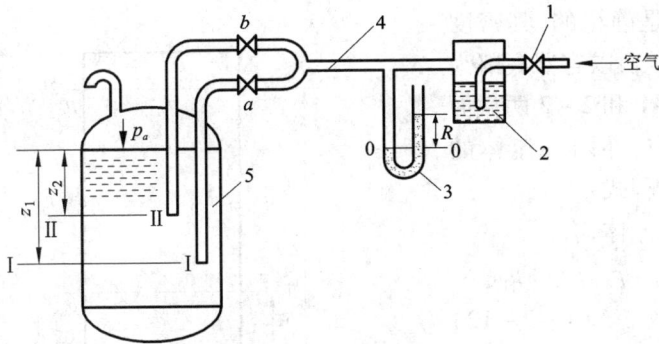

图 1 - 2 - 5　例 1 - 2 - 2 附图

1—调节阀　2—鼓泡观察器　3—U 形管压差计　4—吹气管　5—贮罐

（2）当 $z_1 - z_2 = 1.5$ m，$R_1 = 0.20$ m，$R_2 = 0.08$ m 时，求贮罐内液体的密度 ρ_x 及 z_1。

解　①依题意知，空气鼓入罐内时，鼓泡速度很慢，可近似当作静止流体处理。

用 a 管送气时：

在 0 - 0 面上　　　　　　　　$p_0 = p_a + \rho_{Hg} g R_1$

在 Ⅰ - Ⅰ 面上　　　　　　　$p_1 = p_a + \rho_x g z_1$

相对液体而言，空气柱的压降可忽略不计，即 $p_0 \approx p_Ⅰ$，

亦即　　　　　　　　　　$p_a + \rho_{Hg} g R_1 = p_a + \rho_x g z_1$

故　　　　　　　　　　　$z_1 = \dfrac{\rho_{Hg}}{\rho_x} R_1$　　　　　　　　（1）

同理　　　　　　　　　　$z_2 = \dfrac{\rho_{Hg}}{\rho_x} R_2$　　　　　　　　（2）

②将式（1）减去式（2），并整理得

$$\rho_x = \frac{R_1 - R_2}{z_1 - z_2} \rho_{Hg} = \frac{0.20 - 0.08}{1.5} \times 13600 = 1088 \text{ kg} \cdot \text{m}^{-3}$$

$$z_1 = \frac{13600}{1088} \times 0.20 = 2.5 \text{ m}$$

2.4　双流体静力学基本方程

前面讨论的流体静力学基本方程适用于用一种静止的不可压缩流体。下面讨论一下容器（或炉子）内、外都存在静止流体时，容器（或炉子）内流体的运动趋势。

如图 1 - 2 - 6 所示,假定某容器内、外的流体是静止的,其密度分别为 $\rho_{内}$ 和 $\rho_{外}$,以容器底部为基准面,对 1 - 1 和 2 - 2 两截面可分别列出内、外两种流体的静力学基本方程式:

对容器内流体,有

$$\rho_{内} gz_1 + p_{内1} = \rho_{内} gz_2 + p_{内2}$$
$$(1 - 2 - 12)$$

对容器外流体,有

$$\rho_{外} gz_1 + p_{外1} = \rho_{外} gz_2 + p_{外2}$$
$$(1 - 2 - 13)$$

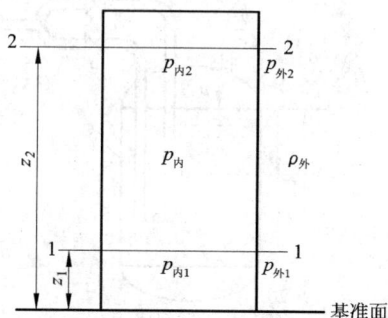

图 1 - 2 - 6　双流体静力学基本方程推导示意图

两式相减,得

$$gz_1(\rho_{内} - \rho_{外}) + (p_{内1} - p_{外1}) = gz_2(\rho_{内} - \rho_{外}) + (p_{内2} - p_{外2})$$

令 $\Delta p_1 = p_{内1} - p_{外1}$,$\Delta p_2 = p_{内2} - p_{外2}$,则

$$gz_1(\rho_{内} - \rho_{外}) + \Delta p_1 = gz_2(\rho_{内} - \rho_{外}) + \Delta p_2 \qquad (1 - 2 - 14)$$

对任意平面可写成

$$gz(\rho_{内} - \rho_{外}) + \Delta p = C \qquad (1 - 2 - 15)$$

式中　C——常数。

式(1 - 2 - 14)和式(1 - 2 - 15)称为双流体静力学基本方程式。$gz(\rho_{内} - \rho_{外})$ 称为过剩位压能,Δp 称为过剩静压能。当容器外的流体为空气时,Δp 即为静压能。双流体静力学基本方程式表明,两静止流体在任一水平面上的过剩位压能和过剩静压能之和为一常数。

冶金生产过程中经常遇到双流体的情况,如高温冶金炉中,炉内气体向外的运动趋势就可运用上述双流体静力学基本方程式进行判断。

【例 1 - 2 - 3】　某高温炉膛内充满了热气体,气体的平均密度为 0.35 kg·m^{-3},炉外为常温空气,其密度为 1.29 kg·m^{-3}。假定炉内热气体静止,并设炉门口中心平面以上 1.0 m 水平面上炉气的静压能(即过剩静压能)为 0。试计算:①炉门口中心平面上的静压能;②炉门口中心平面以上 2.5 m 水平面上的静压能(见附图)。

解　依题意,1 - 1 面为零压面,即炉内、外绝对压力相等,亦即 $\Delta p_1 = p_{内1} - p_{外1} = 0$

以炉门口中心平面 0 - 0 面为基准面,根据式(1 - 2 - 14)有:

$$gz_1(\rho_{内} - \rho_{外}) + \Delta p_1 = gz_0(\rho_{内} - \rho_{外}) + \Delta p_0$$

将 $\Delta p_1 = 0$ 及 $z_0 = 0$ 代入，则得

$$\begin{aligned}\Delta p_0 &= g z_1 (\rho_内 - \rho_外) \\ &= 9.81 \times 1 \times (0.35 - 1.29) \\ &= -9.22 \text{ Pa}\end{aligned}$$

同理，对 $0-0$ 面和 $2-2$ 面，有

$$g z_2 (\rho_内 - \rho_外) + \Delta p_2 = g z_0 (\rho_内 - \rho_外) + \Delta p_0$$

$$\begin{aligned}\Delta p_2 &= \Delta p_0 - g z_2 (\rho_内 - \rho_外) \\ &= -9.22 - 9.81 \times 2.5 (0.35 - 1.29) \\ &= 13.83 \text{ Pa}\end{aligned}$$

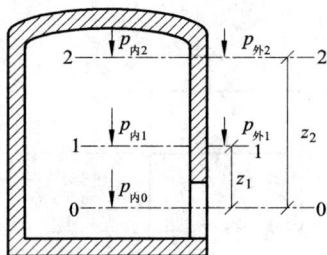

图 1-2-7　例 1-2-3 附图

由计算结果可以看出，高温炉膛内由于热气体的密度比炉外空气的密度小，炉内的静压是随着高度的增加而增大的，在高度方向上使炉内静压均保持为零是不可能的。当零压面位于炉膛中部时，则零压面上部为正压，下部为负压。此时若将下部炉门口与大气相通，则由于炉门口处炉内为负压，将会由炉门口吸入冷空气使炉内温度降低；若在炉子顶部开设小孔，则由于炉顶的正压将使炉内热气喷出，这必然会造成热损失，同时，若炉内含有害气体，如 SO_2，则炉气的喷出还会污染空气。在实际操作中，通常都在炉顶装设烟道闸门，借助于烟道闸门及烟窗的高度来调整炉内压力。

从上例还可看出，热气体内的静压分布特性与水力学中的概念恰恰相反：水面以下位置越深，其正的静压越大，而热气内零压面以下位置越低，则静压负值越大。这是由于一般的热气体的密度都小于空气的密度（$\rho_内 < \rho_外$），而水的密度远大于空气的密度（$\rho_内 \gg \rho_外$）。

习　题

1-2-1　何谓绝对压力、表压和真空度？它们之间有何关系？

1-2-2　写出流体静力学基本方程式，说明方程式中各项的物理意义及方程式的应用条件。

1-2-3　某地区大气压力为 750 mmHg。有一设备需在真空度为 600 mmHg 条件下工作，试求该设备的绝对压力，以 mmHg 和 Pa 表示。

1-2-4　如附图所示，回收罐中盛有密度分别为 1200 $kg \cdot m^{-3}$ 和 1600 $kg \cdot m^{-3}$ 的两种液体，罐上方与大气相通，设大气压力为 100 kPa，其他数据如图所示，试求 M, N 两点所受压力。

1-2-5　如附图所示，在盛有空气的球形密封容器上联有两根玻璃管，一根与水相通，另一根装有水银，若 $h_1 = 0.3$ m，求 $h_2 = ?$

1-2-6　如附图所示，已知容器 A 中水面上的压力 $p_0 = 2.5 \times 10^4$ Pa，$h = 0.5$ m，$h_1 = 0.2$ m，$h_2 = 0.5$ m，$h_3 = 0.22$ m。酒精密度为 800 $kg \cdot m^{-3}$，水银密度为 13600 $kg \cdot m^{-3}$。求空气室 B 中的压力为多少？

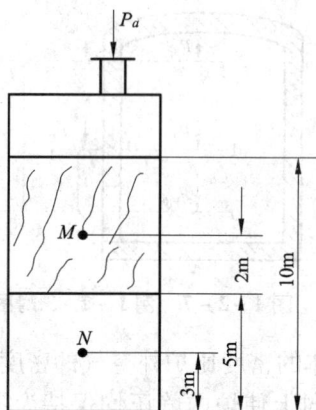

习题 1 - 2 - 4 附图

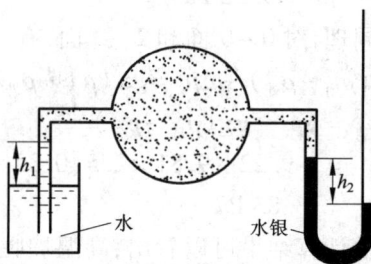

习题 1 - 2 - 5 附图

1 - 2 - 7　如图所示为一真空测试装置。当真空度为零时,杯中液面和测试管中的液面都位于 0 标线处。杯中装有水银,若杯内径为 0.06 m,测试管内径为 6 mm,$h = 0.3$ m。

(1)试确定真空度的计算公式;

(2)求出在上述给定条件下真空度的数值。

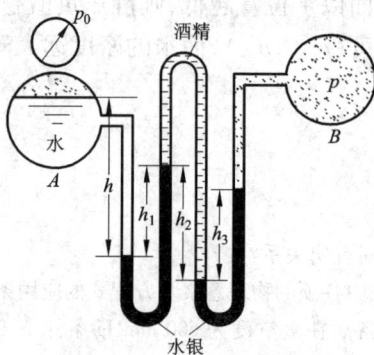

习题 1 - 2 - 6 附图

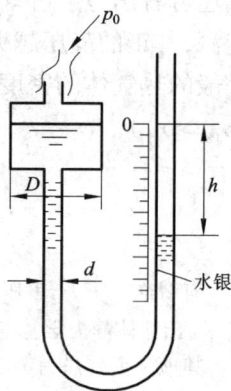

习题 1 - 2 - 7 附图

1 - 2 - 8　常温水在如附图所示的管道中流过,现用一复式 U 形压差计(即两个 U 形压差计串联组成)测定 a,b 两点的压差。指示液为水银,其余充满水。水的密度为 1000 kg · m^{-3},水银的密度为 13600 kg · m^{-3},现测得:$h_1 = 1.2$ m,$h_2 = 0.8$ m,$h_3 = 1.3$ m,$h_4 = 0.6$ m。试计算 a,b 两点间的压差。

1 - 2 - 9　本题附图为远距离测量控制装置示意图,用以测定分相槽内煤油和水的相界面

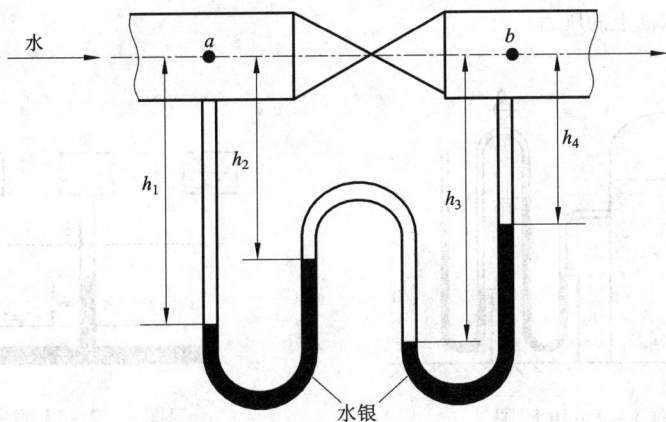

习题 1 - 2 - 8 附图

位置。已知两吹气管出口的距离 $H = 1$ m，U 形管压差计的指示液为水银，煤油的密度为 820 kg·m^{-3}。试求当压差计读数 $R = 68$ mm 时，相界面与油层的吹气管出口距离 h。

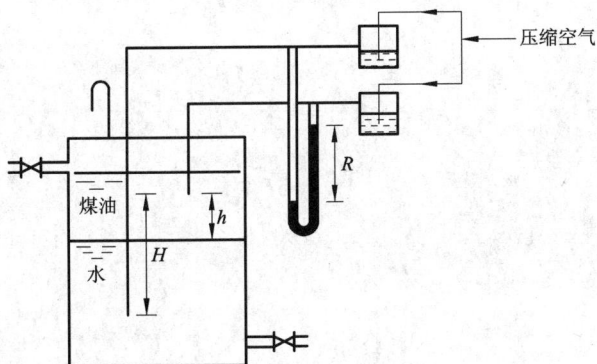

习题 1 - 2 - 9 附图

1 - 2 - 10　用本题附图中的串联 U 形管压差计测量蒸汽锅炉水面上方的蒸汽压，U 形管压差计的指示液为水银，两 U 形管间的连接管内充满水。已知水银面与基准面的垂直距离分别为 $h_1 = 2.3$ m，$h_2 = 1.2$ m，$h_3 = 2.5$ m 及 $h_4 = 1.4$ m。锅炉中水面与基准面间的垂直距离 $h_5 = 3$ m。大气压力 $p_a = 99.3 \times 10^3$ Pa。试求锅炉上方水蒸气的压力 p。

1 - 2 - 11　如图所示的测压管分别与三个设备相通，连通管的上部都是水，下部都是水银，三个设备的水面处于同一水平面上。问：

(1) 1，2，3 处的压力是否相等？

(2) 4，5，6 处的压力是否相等？

（3）若 $h_1 = 100\ mm, h_2 = 200\ mm$，且设备 B 直接与大气相通（大气压力为 $1.013 \times 10^5\ Pa$），求 A, C 两设备水面上的压力。

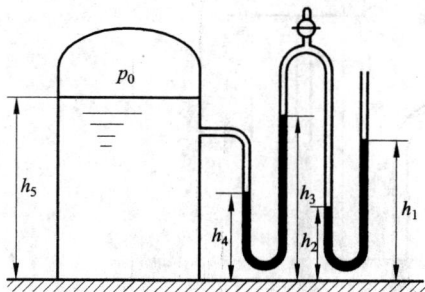

习题 1 – 2 – 10 附图

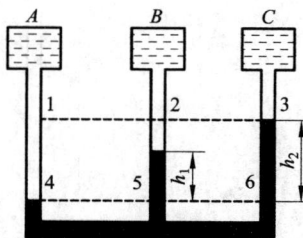

习题 1 – 2 – 11 附图

3 流体动力学基本方程

流体动力学是研究流体在外力作用下的运动规律及其应用的一门科学。前已述及,作用在流体上的力有质量力和表面力,流体静止时,表面力只有压力起作用。而在运动着的实际流体中,由于流体质点间的相对运动,必然存在粘性力,因此,研究流体的流动规律时需考虑流体的粘性。如果再考虑到流体的压缩性,则情况就变得更为复杂。为简化起见,工程流体力学首先用连续介质、不可压缩流体、理想流体这些假设模型来建立流体运动过程的一些基本方程,然后再通过实验观测和检验对这些方程加以修正,使其符合实际情况。事实上,工程中的许多流动问题都可以近似作为不可压缩流体情况来处理,这样可使工程问题大为简化。

本章在阐述流体流动有关基本概念的基础上,重点讨论流体流动过程的质量守恒、动量守恒和机械能守恒的基本方程及其应用。

3.1 流体流动的基本概念

3.1.1 流场的概念及其表示方法

流场是指充满运动流体的空间。运动参数是指用以表示流体运动特征的所有物理量,如速度、密度、压力和粘性力等。流体动力学研究的是流体质点在流场内一切点上的运动参数随时间及空间位置的分布和连续变化的规律。

流体力学中,流场的表示方法通常有两种:一是拉格朗日(Lagrange)法,二是欧拉(Euler)法。

拉格朗日法实际上是力学中质点运动的描述方法在流体力学中的推广,它着眼于流体质点运动的描述,以初始时刻流体质点的坐标作为区分不同流体质点的标志,用不同流体质点的运动参数(流速、压力等)随时间的变化来描述流体的运动。如速度场可描述为:

$$u = u(a,b,c,t) \tag{1-3-1}$$

式中 (a,b,c)——流场中某流体质点的初始坐标,不同的(a,b,c)代表不同的质点。描述流体运动的其他变量也是这同一坐标的函数,也可用类似的方法表示。但拉格朗日研究方法在流体力学中很少采用。

欧拉法则不是着眼于流体质点,而是着眼于空间点,它是用流场空间每一个点上的运动参数随时间的变化来描述流体的运动。如其速度场可表示为空间和时间的函数:

$$u = u(x, y, z, t) \tag{1-3-2}$$

式中,x,y,z 和 t 均为独立变量。对于流场中的特定空间位置(x_1,y_1,z_1)和特定时刻 t_1,式(1-3-2)给出了流体在该空间位置和该时刻的流速。由于不同时刻流体质点经过空间某一固定点的速度等运动参数易于观测得到,因此,流体力学中多采用欧拉法来描述流场的运动。

本书均采用欧拉法进行讨论。

3.1.2　稳定流动与不稳定流动

流体流动时,若任一点上流体的压力和密度等物理参数都不随时间而改变,只与空间位置有关,这种流动称为稳定流动(steady flow),相应的流场称为稳定场。所谓稳定流动并不是指流体在各点的流速等物理参数相同,而是指在任何一点,这些参数都不随时间而变化。

若流动的流体中,任一点上的物理参数,有部分或全部随时间而改变,这种流动则称为不稳定流动(unsteady flow),相应的流场称为不稳定场。一切影响流体流动的诸物理参数中只要有一项随时间发生变化则属于不稳定流动。如溶液自液位随时间变动的高位槽经小孔流出时,其流速、流量等随槽内液位的高低而变化,这就属于不稳定流动。

在冶金生产中,流体的流动大多为稳定流动,有些变化很轻微或很缓慢的流动,为简便起见,通常作稳定流动处理,因为不稳定流动比较复杂。本章着重讨论稳定流动问题。

3.1.3　流量与流速

3.1.3.1　流线与迹线

流动系统中某一流体质点运动的轨迹称为迹线,它表示同一流体质点在不同时刻的运动方向。而流线是这样一种曲线,在给定的某一时刻,位于线上的每一点的流体质点的速度方向都与曲线相切(如图1-3-1),它表示同一瞬间各流体质点的速度方向。

在稳定流中,因空间各点流体质点的速度不随时间而变,故此时各流线也就同时表示各流体质点运动的轨迹。在不稳定流中,流线通常都随时间变化,故流线与迹线一般不会重合。

若从某时刻 t 所划出的流线上取一无穷小段 $\mathrm{d}l$,以 u_x, u_y, u_z 表示速度向量 u

的三个分量,以 dx,dy,dz 表示线段 dl 在坐标轴上的三个分量,则由流线的定义可得出:

$$\frac{dx}{u_x}=\frac{dy}{u_y}=\frac{dz}{u_z}$$

$$(1-3-3)$$

式($1-3-3$)即为流线微分方程。

3.1.3.2 流管与有效截面

通过流场中任一封闭曲线上各点的流线所形成的管状曲面称为流管(如图 $1-3-2$ 所示),流管内所有流体的流线簇称为流束。

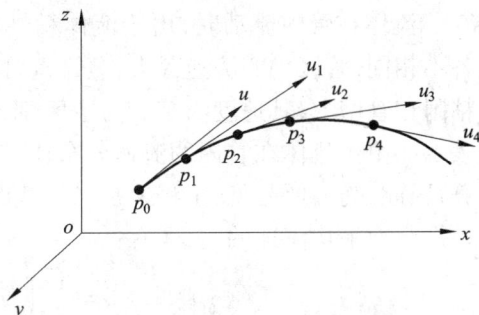

图 $1-3-1$ 流线的概念

在稳定流中,流束与流管的形状不随时间而变;在不稳定流中,两者都随时间而改变。因为它们都是由流线构成的,因而都具有流线的性质。

在流束中,与各流线相垂直的横截面称为有效截面,若流束中各流线都彼此平行,则有效截面为一平面;若各流线不是平行的,有效截面则为一曲面,如图 $1-3-3$ 所示。

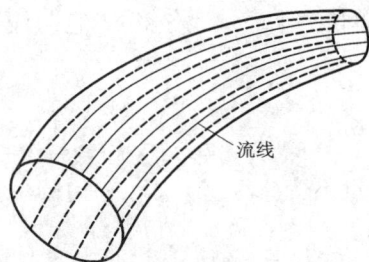

图 $1-3-2$ 流管的概念

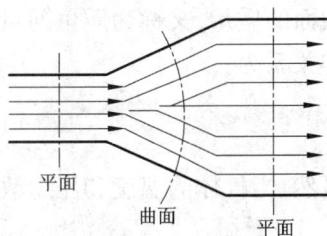

图 $1-3-3$ 有效截面

3.1.3.3 流量与流速

单位时间内通过有效截面的流体量,称为流量,流量的大小若用体积来计,则称为体积流量(volumetric flow rate),用符号 Q 或 Q_V 表示,单位为 $m^3 \cdot s^{-1}$;如果用质量来表示,则叫做质量流量(mass flow rate),以符号 Q_m 表示,单位为 $kg \cdot s^{-1}$。二者之间的关系为:

$$Q_m=\rho \cdot Q \text{ 或 } Q=Q_m/\rho$$

$$(1-3-4)$$

式中 ρ——流体密度,$kg \cdot m^{-3}$。

单位时间内流体质点在流动方向上所流经的距离叫做流速(velocity),单位为 $m \cdot s^{-1}$。流体在管内流动时,由于流体粘性的存在,管道横截面上各流体质点的流速各不相同,管区中心流速最大,愈靠近管壁流速愈小,在紧靠管壁处,由于流体质点粘附在管壁上,其速度为零。为了区别,通常称截面上各点的流速为点流速,用 u 表示。由于流体在管内的流速分布比较复杂,点流速的概念不便于工程运用和计算,因此,为方便起见,工程上常采用截面平均流速,简称流速,用 v 表示。

根据截面平均流速的定义,有:

$$v = \frac{1}{A} \int_A u \mathrm{d}A \qquad (1-3-5)$$

式中　A——流道截面积,m^2。

上述关系具有重要的实际意义。

又根据流量的定义,有

$$Q = \int_A u \mathrm{d}A$$

故　　　　　　　　　　　$v = Q/A \qquad (1-3-6)$

即截面平均流速等于体积流量除以截面积。

由于气体的体积流量随温度和压力而变化,显然其流速也将随之而变。因此,采用质量流速较为方便。质量流速(mass velocity)是指单位时间内流体流过单位有效截面的质量,又称为质量通量,以 G 表示,单位为 $kg \cdot m^{-2} \cdot s^{-1}$。它与流速及流量的关系为:

$$G = \frac{Q_{\mathrm{m}}}{A} = \frac{Q\rho}{A} = v\rho \qquad (1-3-7)$$

显然,当气体的温度和压力改变时,质量流量不变。

3.1.4　流体在管内的速度分布

流体在管内的速度分布是指流体流动时,管截面上质点的轴向速度沿半径的变化,流体的流动型态不同,其速度分布也不相同,无论是层流还是紊流,在管道任一截面上,流体质点的速度都沿管径而变,管壁处速度为零,管中心处速度最大。这种流体在管内的实际速度分布对工程应用当中流量的测量、传热的强化、换热器的设计等具有重要意义。

3.1.4.1　圆管内层流的速度分布

如图 $1-3-4$ 所示,在半径为 R 的水平圆管内取一圆柱形微元体,其半径为 r,长度为 $\mathrm{d}l$,则作用在微元体上的力有:

(1)作用在微元体左右两端的静压力

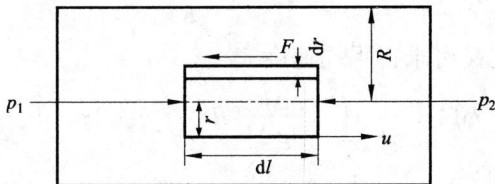

图 1 - 3 - 4　水平圆管内层流速度分布推导示意图

$$F_1 = F_{左} - F_{右} = p\pi r^2 - \left(p + \frac{\partial p}{\partial l}\mathrm{d}l\right)\pi r^2 = -\frac{\partial p}{\partial l}\mathrm{d}l \cdot \pi r^2$$

（2）作用在微元体表面的内摩擦力。按牛顿粘性定律,有

$$F_2 = \tau \cdot A = -\mu\frac{\mathrm{d}u}{\mathrm{d}r} \cdot 2\pi r\mathrm{d}l$$

对水平流动,可不计重力作用。在稳定流动条件下,各力之和应为零,即

$$-\frac{\partial p}{\partial l}\mathrm{d}l \cdot \pi r^2 - \left(-\mu\frac{\mathrm{d}u}{\mathrm{d}r} \cdot 2\pi r\mathrm{d}l\right) = 0$$

整理可得
$$\mathrm{d}u = \frac{1}{2\mu}\frac{\partial p}{\partial l}r\mathrm{d}r \qquad\qquad (\mathrm{a})$$

对截面恒定的直管,静压沿管轴方向的变化率为常数。令 $\Delta p = p_1 - p_2$ 则

$$\frac{\partial p}{\partial l} = -\frac{\Delta p}{\Delta l} = 常数 \qquad\qquad (\mathrm{b})$$

对（a）式积分,可得

$$u = \frac{-\Delta p}{4\mu\Delta l}r^2 + C \qquad\qquad (\mathrm{c})$$

利用边界条件 $r = R$ 时, $u = 0$ 可求得

$$C = \frac{\Delta p}{4\mu\Delta l}R^2$$

代入（c）式,得

$$u = \frac{\Delta p}{4\mu\Delta l}(R^2 - r^2) \qquad\qquad (1 - 3 - 8)$$

上式表明,圆管内层流的速度分布呈抛物线型。当 $r = 0$ 时,管中心处速度最大,即

$$u_{\max} = \frac{\Delta p}{4\mu\Delta l}R^2 \qquad\qquad (1 - 3 - 9)$$

则（1 - 3 - 8）式又可写成

$$u = u_{max}(1 - \frac{r^2}{R^2}) \qquad (1-3-10)$$

由平均速度的定义可求得平均速度

$$v = \frac{1}{A}\int_A u\mathrm{d}A = \frac{1}{\pi R^2}\int_0^R\left[\frac{\Delta p}{4\mu\Delta l}(R^2 - r^2)\cdot 2\pi r\right]\mathrm{d}r = \frac{\Delta p}{8\mu\Delta l}R^2 \quad (1-3-11)$$

比较式(1-3-9)知

$$v = \frac{1}{2}u_{max}$$

即水平圆管中层流流动时,截面平均流速为管中心最大流速的1/2。

3.1.4.2 圆管内紊流的速度分布

与层流流动相比,紊流时的状况要复杂得多,不仅有分子扩散与混合形成的粘性力,而且存在流体微团因脉动、搅混而形成的粘性力。由于紊流时流体运动的复杂性,管内的速度分布一般通过实验研究采用经验公式近似计算。常用的一种经验公式是:

$$u = u_{max}(1 - \frac{r}{R})^{1/n} \qquad (1-3-12)$$

式中 n 值与 Re 的大小有关(见表1-3-1)。

表1-3-1 n 及 v/u_{max} 与 Re 的关系

Re	4×10^3	1.1×10^5	3.2×10^6	1.0×10^7
n	6.0	7.0	10.0	11.0
v/u_{max}	0.791	0.817	0.866	0.877

当 Re 为 1×10^5 左右时, $n=7$,这就是常见的紊流速度分布的1/7次幂近似定律。

根据圆管内平均速度的定义

$$v = \frac{1}{A}\int_A u\mathrm{d}A = \frac{1}{\pi R^2}\int_0^R 2\pi r u\mathrm{d}r$$

将式(1-3-12)代入上式,并令 $y = R - r$,则

$$v = \frac{1}{\pi R^2}\int_R^0\left[-2\pi u_{max}\left(\frac{y}{R}\right)^{1/n}(y-R)\right]\mathrm{d}y = \frac{2n^2}{(n+1)(2n+1)}\cdot u_{max}$$

$$(1-3-13)$$

不同 n 值下的 v/u_{max} 值列入表1-3-1中。可见,管中紊流程度越大,即 Re 值越大,平均流速与最大流速之值越接近。在常见的 Re 数范围内,即 $n=7$ 时,

$$v = 0.817u_{\max}$$

即通常的紊流情况下,平均流速约为最大速度的 0.817 倍。

3.1.5 流体的动量通量

流体具有一定的质量,流动时具有一定的速度,因而具有一定的动量。流体在流动过程中会发生动量的传递,单位时间内传递的动量称为动量率,单位时间内通过单位面积传递的动量称为动量通量。流体的动量通量分为两种,即对流动量通量和粘性动量通量。

3.1.5.1 对流动量通量

对流动量通量是由流体的宏观运动引起的。当流体以一定速度从一处运动到另一处时,就将动量从一处传递到另一处,形成了对流动量的传递过程。对流动量的传递方向与流体的运动方向一致。

若流体沿 x 轴方向流动,速度为 u_x,则单位时间通过单位面积的流体质量为 ρu_x,流体沿 x 轴方向的对流动量通量即为 $\rho u_x u_x$。如果流体沿 x 轴方向运动的同时,在 y 轴和 z 轴方向产生了脉动,则流体除了以速度 u_x 运动产生 x 轴方向的动量传递外,还分别以速度 u_y 和 u_z 沿 y 轴和 z 轴方向运动,所产生的沿 y 轴和 z 轴方向的对流动量通量则分别为 $\rho u_x u_y$ 和 $\rho u_x u_z$。

3.1.5.2 粘性动量通量

(1)层流粘性动量通量

层流粘性动量的传递是流体层流流动过程中,由于流体分子的扩散运动而产生的。当运动着的两相邻流体层之间存在速度梯度时,流速较快的流体层中的分子因不规则运动会有一部分进入流速较慢的流体层中,与流速较慢的流体层分子相互碰撞而使其流速加快,使慢速流体分子的动量增大;与此同时,流速较慢的流体层中的分子也会有一部分进入流速较快的流体层中,与较快流体层中的分子相互碰撞而使其流速减慢,引起快速流体分子的动量减小。这种速度不相同的两相邻流体层在粘性力作用下由于分子运动而产生的动量交换过程即为层流粘性动量传递过程,其动量通量称为层流粘性动量通量,简称为粘性动量通量。

从物理量的量纲来考虑,粘性动量通量即相当于作用在单位面积上的粘性力,亦即切应力,可由牛顿粘性定律来描述。对不可压缩流体,有

$$\tau_{yx} = \tau = -\frac{\mu}{\rho}\frac{d(\rho u_x)}{dy} = -\nu\frac{d(\rho u_x)}{dy} \qquad (1-3-14)$$

式中　ν——运动粘性系数,又称动量扩散系数,$m^2 \cdot s^{-1}$;

　　　$d(\rho u_x)/dy$——单位体积流体的动量梯度,即动量浓度梯度,$kg \cdot m^{-3} \cdot s^{-1}$。

式(1-3-14)表明,粘性动量通量的大小与 y 方向上的动量浓度梯度成正

比,负号表示其方向与动量浓度梯度的方向相反,即从动量高处传向动量低处。

值得指出的是:

①粘性动量传递的方向与流体动量的方向一般是不相同的。如上所述,粘性动量传递的方向为 y 方向,而流体动量的方向为 x 方向,符号 τ_{yx} 的前一个角标 y 指动量传递的方向,后一个角标 x 指动量的方向。

②粘性动量传递的方向与动量浓度梯度的方向相反,即动量由高流速层向低流速层传递,而动量浓度梯度的方向都是从低速指向高速。由于粘性动量传递的方向永远与动量梯度的方向相反,所以式(1-3-14)中的负号是必须的。

牛顿粘性定律所确定的动量传递由流体的分子运动而引起,不包括各流体层之间流体质点(或微团)的横向脉动过程。因此,牛顿粘性定律只适用于流体分子运动引起的层流流动。

(2)紊流粘性动量通量

紊流粘性动量的传递是流体紊流流动过程中,由于流体质点(或微团)的横向脉动而产生的。工程中,描述紊流现象常引入时均化的概念。

如图1-3-5所示,紊流的时均速度 $\bar{u}$ 定义为:

$$\bar{u} = \frac{1}{t} \int_0^t u \mathrm{d}t \qquad (1-3-15)$$

瞬时速度 u 可表示为时均速度 $\bar{u}$ 和脉动速度 u' 之和:

$$u = \bar{u} + u' \qquad (1-3-16)$$

今设一紊流流体沿 x 轴方向运动,时均速度为 $\bar{u}_x$,附加的脉动速度为 u'_x,则其瞬时速度为:

$$u_x = \bar{u}_x + u'_x \qquad (1-3-17)$$

其在 y 轴方向具有不同的速度,如图1-3-6所示。设有一流体质点(微团) B 以 u'_y 的脉动速度沿 y 轴方向向上运动,则流体所传递的动量为:

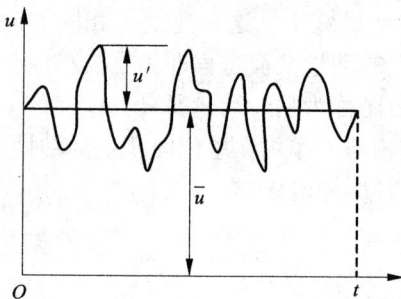

图1-3-5　紊流时时均速度与脉动速度　　图1-3-6　流体微团紊流流动的速度分布

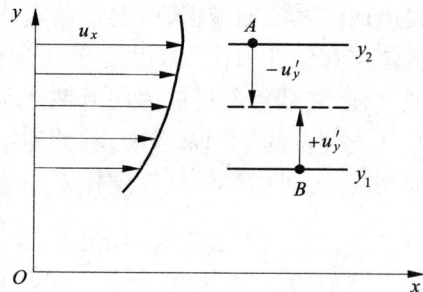

$$\rho u_x u'_y = \rho \bar{u}_x u'_y + \rho u'_x u'_y \tag{1-3-18}$$

对上式在一相当长的时间间隔 t 内进行平均,即

$$\frac{1}{t}\int_0^t \rho u_x u'_y \, \mathrm{d}t = \frac{1}{t}\int_0^t \rho \bar{u}_x u'_y \, \mathrm{d}t + \frac{1}{t}\int_0^t \rho u'_x u'_y \, \mathrm{d}t$$

由于 $\int_0^t \rho u'_y \, \mathrm{d}t = 0$,故

$$\rho u_x u'_y = \rho u'_x u'_y \tag{1-3-19}$$

上式表明,低速流体质点(微团)B 因脉动由低流速区向高流速区转移时,单位时间通过单位面积传递的动量为 $\rho u'_x u'_y$,它等于单位面积上作用一个同样大小的力,即相当于流体的紊流脉动所引起的附加动量通量:

$$\tau_E = -\rho u'_x u'_y \tag{1-3-20}$$

式中,τ_E 称为涡流切应力,负号表示流团自低速区转移至高速区时使高速区的流速降低,引起高速区流体动量的亏损。

式(1-3-20)也可表示为:

$$\tau_E = -\mu_E \frac{\mathrm{d}\bar{u}_x}{\mathrm{d}y} \tag{1-3-20a}$$

式中,$\mu_E = \rho l^2 \dfrac{\mathrm{d}\bar{u}_x}{\mathrm{d}y}$,称为涡流粘度(或紊流粘度),$l$ 为普朗特混合长度,表示流体质点在速度梯度为 $\dfrac{\mathrm{d}\bar{u}_x}{\mathrm{d}y}$ 的两相邻流体层之间沿时均速度的垂直方向移动的距离。μ_E 与 μ 不同,它不是流体的物理特征,而是与局部流动条件和局部几何形状有关的量。

由上可知,紊流时,流体不仅受到粘性力的作用,还受到流体质点(微团)脉动转移而附加的涡流切应力的作用。因此,紊流的总切应力为粘性切应力与涡流切应力之和,即:

$$\tau = -\left(\mu \frac{\mathrm{d}\bar{u}_x}{\mathrm{d}y} + \mu_E \frac{\mathrm{d}\bar{u}_x}{\mathrm{d}y} \right) \tag{1-3-21}$$

由于从量纲考虑,动量通量可以用切应力来表示,因此紊流粘性动量通量即等于粘性动量通量与涡流动量通量之和。

由式(1-3-21)知,当紊流充分发展至雷诺数很大时,μ_E 比 μ 要大得多,涡流切应力远大于粘性切应力,粘性力的影响可忽略,此时总切应力 τ 仅与 $\rho u'_x u'_y$ 有关。这也反映出紊流时的摩擦阻力比层流时要大得多。

3.2 流体质量守恒——连续性方程

根据流体的连续介质模型,可以认为流体流动时连续地充满整个流动空间,不

存在任何空隙。若在一段流道中没有流体的分流和汇入,这段流动可称为连续流动,用数学方程来表述连续流动条件下的质量守恒定律称为流动的连续性方程,它是质量守恒定律在流体运动中的体现。

流体运动中的质量守恒是指流体流过一定空间时流体的总质量保持不变。这有两种可能:

(1)对一定的流动空间而言,流入的流体质量等于流出的流体质量,即空间内没有流体的质量积累:

$$[流体的流入量] = [流体的流出量]$$

(2)对一定的流动空间而言,流体的流入量与流出量不相等,其差值为该流动空间的流体质量积累:

$$[流体的流入量] - [流体的流出量] = [流体的积累量]$$

前者属于稳定流动,后者则属于不稳定流动。

在直角坐标系下,从流场中取一边长分别为 dx, dy, dz 的微元六面体,如图1-3-7所示,其顶角 A 的坐标为 (x, y, z),顶角 A 处的流速 u 在三个坐标轴方向的分量分别为 u_x, u_y 和 u_z。

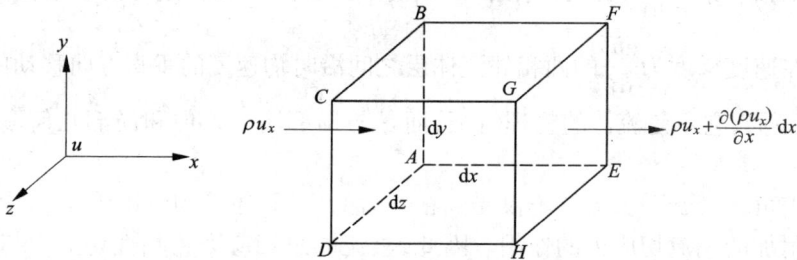

图1-3-7 连续性方程推导示意图

先讨论 x 轴方向的质量平衡。单位时间内由微元体的左侧面流入的流体质量为 $\rho u_x dydz$,由微元体右侧面流出的流体质量为 $\left[\rho u_x + \dfrac{\partial(\rho u_x)}{\partial x}dx\right]dydz$。则单位时间内沿 x 方向的质量积累为:

$$\rho u_x dydz - \left[\rho u_x + \frac{\partial(\rho u_x)}{\partial x}dx\right]dydz = -\frac{\partial(\rho u_x)}{\partial x}dxdydz$$

同理,沿 y, z 轴方向的质量积累分别为:$-\dfrac{\partial(\rho u_y)}{\partial y}dxdydz$ 和 $-\dfrac{\partial(\rho u_z)}{\partial z}dxdydz$。

则该微元体在单位时间内总的质量积累为:

$$-\left[\frac{\partial(\rho u_x)}{\partial x} + \frac{\partial(\rho u_y)}{\partial y} + \frac{\partial(\rho u_z)}{\partial z}\right]\mathrm{d}x\mathrm{d}y\mathrm{d}z$$

而微元体内的质量积累表现为流体的密度随时间的变化,单位时间内积累在微元体内的流体质量为:

$$\frac{\partial\rho}{\partial t}\mathrm{d}x\mathrm{d}y\mathrm{d}z$$

式中,$\frac{\partial\rho}{\partial t}$为单位时间单位体积的质量变量。因此,有

$$\frac{\partial\rho}{\partial t}\mathrm{d}x\mathrm{d}y\mathrm{d}z = -\left[\frac{\partial(\rho u_x)}{\partial x} + \frac{\partial(\rho u_y)}{\partial y} + \frac{\partial(\rho u_z)}{\partial z}\right]\mathrm{d}x\mathrm{d}y\mathrm{d}z$$

即

$$\frac{\partial\rho}{\partial t} + \frac{\partial(\rho u_x)}{\partial x} + \frac{\partial(\rho u_y)}{\partial y} + \frac{\partial(\rho u_z)}{\partial z} = 0 \qquad (1-3-22)$$

写成向量形式为

$$\frac{\partial\rho}{\partial t} + \nabla\cdot(\rho\boldsymbol{u}) = 0 \qquad (1-3-22\mathrm{a})$$

式中,∇称为哈密顿算子,在直角坐标系下表示为:$\nabla = \frac{\partial}{\partial x}\boldsymbol{i} + \frac{\partial}{\partial y}\boldsymbol{j} + \frac{\partial}{\partial z}\boldsymbol{k}$。哈密顿算子具有微分性和矢量性双重性质。

式(1-3-22)即为流体流动的通用连续性方程。由于推导过程没有任何假设,因此它对稳定流动与不稳定流动、理想流体与实际流体、可压缩流体与不可压缩流体、牛顿流体与非牛顿流体都适用。

将式(1-3-22)的后面三项展开,可得到连续性方程的另一种表达形式为:

$$\frac{\partial\rho}{\partial t} + \rho\left(\frac{\partial u_x}{\partial x} + \frac{\partial u_y}{\partial y} + \frac{\partial u_z}{\partial z}\right) + u_x\frac{\partial\rho}{\partial x} + u_y\frac{\partial\rho}{\partial y} + u_z\frac{\partial\rho}{\partial z} = 0 \qquad (1-3-23)$$

由欧拉流场表示法知,密度 ρ 可表示为空间坐标和时间的函数,即

$$\rho = \rho(x,y,z,t)$$

密度 ρ 的全微分可写成:

$$\mathrm{d}\rho = \frac{\partial\rho}{\partial t}\mathrm{d}t + \frac{\partial\rho}{\partial x}\mathrm{d}x + \frac{\partial\rho}{\partial y}\mathrm{d}y + \frac{\partial\rho}{\partial z}\mathrm{d}z \qquad (1-3-24)$$

或写成全导数的形式:

$$\frac{\mathrm{d}\rho}{\mathrm{d}t} = \frac{\partial\rho}{\partial t} + \frac{\partial\rho}{\partial x}\frac{\mathrm{d}x}{\mathrm{d}t} + \frac{\partial\rho}{\partial y}\frac{\mathrm{d}y}{\mathrm{d}t} + \frac{\partial\rho}{\partial z}\frac{\mathrm{d}z}{\mathrm{d}t} \qquad (1-3-25)$$

式中,$\frac{\mathrm{d}x}{\mathrm{d}t}$,$\frac{\mathrm{d}y}{\mathrm{d}t}$ 和 $\frac{\mathrm{d}z}{\mathrm{d}t}$ 表示观测者的运动速度在三个坐标轴方向的分量。当观测者的速度与流体的流动速度完全相同时,则有 $\frac{\mathrm{d}x}{\mathrm{d}t} = u_x$,$\frac{\mathrm{d}y}{\mathrm{d}t} = u_y$,$\frac{\mathrm{d}z}{\mathrm{d}t} = u_z$。因此,有

$$\frac{D\rho}{Dt} = \frac{\partial \rho}{\partial t} + u_x \frac{\partial \rho}{\partial x} + u_y \frac{\partial \rho}{\partial y} + u_z \frac{\partial \rho}{\partial z} \qquad (1-3-25a)$$

式中,$\dfrac{D\rho}{Dt}$表示密度随时间的变化率,它不仅与空间和时间有关,而且与流体的流速有关。物理学上将这种追随流体运动的导数称为随体导数,也称"拉格朗日"导数,记为:

$$\frac{D}{Dt} = \frac{\partial}{\partial t} + u_x \frac{\partial}{\partial x} + u_y \frac{\partial}{\partial y} + u_z \frac{\partial}{\partial z} \qquad (1-3-26)$$

随体导数由区域导数$\dfrac{\partial}{\partial t}$和对流导数$u_x \dfrac{\partial}{\partial x} + u_y \dfrac{\partial}{\partial y} + u_z \dfrac{\partial}{\partial z}$两部分组成,前者表示空间的一个固定点处物理量随时间的变化,后者表示流体质点由一处运动到另一处时物理量的变化。$\dfrac{\partial \rho}{\partial t}$即为密度的区域导数,$(u_x \dfrac{\partial \rho}{\partial x} + u_y \dfrac{\partial \rho}{\partial y} + u_z \dfrac{\partial \rho}{\partial z})$则为密度的对流导数。

因此,连续性方程又可用随体导数改写为:

$$\frac{D\rho}{Dt} + \rho \left(\frac{\partial u_x}{\partial x} + \frac{\partial u_y}{\partial y} + \frac{\partial u_z}{\partial z} \right) = 0 \qquad (1-3-27)$$

写成向量形式即为:

$$\frac{D\rho}{Dt} + \rho (\nabla \cdot \boldsymbol{u}) = 0 \qquad (1-3-27a)$$

对稳定流动,$\dfrac{\partial \rho}{\partial t} = 0$,式(1-3-22)变成

$$\frac{\partial (\rho u_x)}{\partial x} + \frac{\partial (\rho u_y)}{\partial y} + \frac{\partial (\rho u_z)}{\partial z} = 0 \qquad (1-3-28)$$

若流体为不可压缩流体,即ρ为常数,则

$$\frac{\partial u_x}{\partial x} + \frac{\partial u_y}{\partial y} + \frac{\partial u_z}{\partial z} = 0 \qquad (1-3-29)$$

其向量形式为:

$$\nabla \cdot \boldsymbol{u} = 0 \qquad (1-3-29a)$$

式(1-3-29)即不可压缩流体稳定流动的连续性方程。

对于工程中常见的管流,连续性方程可简化为一维流动问题。设管轴为 x 方向(图1-3-8),则$u_y = 0$,$u_z = 0$。对稳定流动,式(1-3-28)简化为

$$\frac{d(\rho u_x)}{dx} = 0$$

将上式对整个管区截面进行积分,

$$\frac{\mathrm{d}}{\mathrm{d}x}\int_A \rho u_x \mathrm{d}A = 0$$

同一截面上，ρ 可视为常数，上式即为

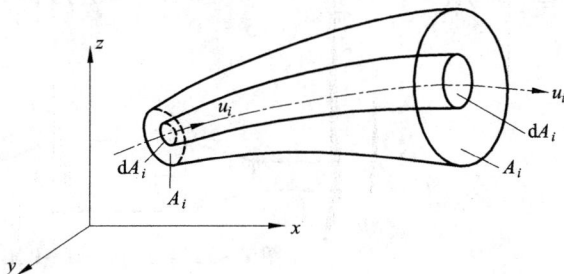

图 1 - 3 - 8　稳定管流中的连续性方程推导示意图

$$\frac{\mathrm{d}}{\mathrm{d}x}(\rho\int_A u_x \mathrm{d}A) = 0\ (\mathrm{a})$$

又由平均流速的定义，

$$v = \frac{1}{A}\int_A u_x \mathrm{d}A$$

知

$$\int_A u_x \mathrm{d}A = vA$$

故

$$\frac{\mathrm{d}}{\mathrm{d}x}(\rho vA) = 0 \tag{b}$$

亦即

$$\rho vA = C \tag{1-3-30}$$

式中　C——常数。

或将式（1 - 3 - 30）写成

$$\rho_1 v_1 A_1 = \rho_2 v_2 A_2 = \cdots = \rho vA \tag{1-3-31}$$

对不可压缩流体，ρ 为常数，式（1 - 3 - 31）成为

$$v_1 A_1 = v_2 A_2 = \cdots = vA \tag{1-3-32}$$

以上两式即为稳定管流条件下的连续性方程。实质上是质量守恒定律在管流中的应用。

式（1 - 3 - 32）说明，对不可压缩流体的稳定管流，通过管道各截面的体积流量不变，即流速与截面积成反比，截面积愈大，流速愈小，反之亦然。

在圆形管道中，对内径分别为 d_1 和 d_2 的两截面，根据式（1 - 3 - 32）有

$$v_1\frac{\pi}{4}d_1^2 = v_2\frac{\pi}{4}d_2^2$$

或

$$\frac{v_1}{v_2} = \left(\frac{d_2}{d_1}\right)^2 \tag{1-3-33}$$

上式说明，不可压缩流体在圆形管道中稳定流动时，其流速与管道内径的平方成反比。

【例 1 - 3 - 1】　如附图所示的输水管道，其内径为 $d_1 = 2.5\ \mathrm{cm}$，$d_2 = 10\ \mathrm{cm}$，$d_3 = 5\ \mathrm{cm}$，计算：

（1）当流量为 $4\ \mathrm{l \cdot s^{-1}}$ 时，各管段的平均流速；

（2）当流量增加一倍或减至 $2\ \mathrm{l \cdot s^{-1}}$ 时，平均流速如何变化？

解 (1) $v_1 = \dfrac{Q}{A_1} = \dfrac{4 \times 10^{-3}}{\dfrac{\pi}{4} \times (2.5 \times 10^{-2})^2} = 8.15 \text{ m} \cdot \text{s}^{-1}$

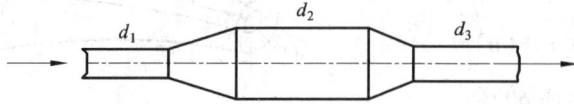

图 1 - 3 - 9 例 1 - 3 - 1 附图

由式(1 - 3 - 33)得

$$v_2 = v_1 \left(\frac{d_1}{d_2}\right)^2 = 8.15 \times \left(\frac{2.5}{10}\right)^2 = 0.51 \text{ m} \cdot \text{s}^{-1}$$

$$v_3 = v_1 \left(\frac{d_1}{d_3}\right)^2 = 8.15 \times \left(\frac{2.5}{5}\right)^2 = 2.04 \text{ m} \cdot \text{s}^{-1}$$

(2)由连续性方程知,流量变化时各截面流速的比例不变,故当流速增加为原来的 2 倍时,各段流速亦增至 2 倍,即

$$v_1 = 16.30 \text{ m} \cdot \text{s}^{-1}, v_2 = 1.02 \text{ m} \cdot \text{s}^{-1}, v_3 = 4.08 \text{ m} \cdot \text{s}^{-1}$$

流量减小至 2 1 · s^{-1},即流量减小 1/2 时,各段流速亦减为原来的 1/2,即

$$v_1 = 4.08 \text{ m} \cdot \text{s}^{-1}, v_2 = 0.26 \text{ m} \cdot \text{s}^{-1}, v_3 = 1.02 \text{ m} \cdot \text{s}^{-1}$$

3.3 理想流体的动量传递——欧拉运动方程

流体的运动方程是牛顿第二运动定律在流体流动现象中的应用。牛顿第二定律用动量来描述,即:$F = \dfrac{\text{d}(m\boldsymbol{u})}{\text{d}t}$,因为作用力与动量率相当,故流体的运动方程也称动量传递方程。

对密度为 ρ 的理想流体,在直角坐标系下从流场中取一微元六面体,其边长分别为 dx、dy 和 dz,顶角 A 的坐标为 (x, y, z),如图 1 - 3 - 10 所示。根据牛顿第二运动定律,对该微元体有

$$\begin{bmatrix} \text{作用在微元体} \\ \text{上的合外力} \end{bmatrix} = \begin{bmatrix} \text{流出微元体} \\ \text{的动量率} \end{bmatrix} - \begin{bmatrix} \text{流入微元体} \\ \text{的动量率} \end{bmatrix} + \begin{bmatrix} \text{微元体内动} \\ \text{量率的积累} \end{bmatrix}$$

$$(1 - 3 - 34)$$

下面首先分析流体沿 x 轴方向流动的动量传递现象。

(1)微元体的受力分析

作用于该微元体上的力有表面力和质量力两种。对理想流体而言,表面力只

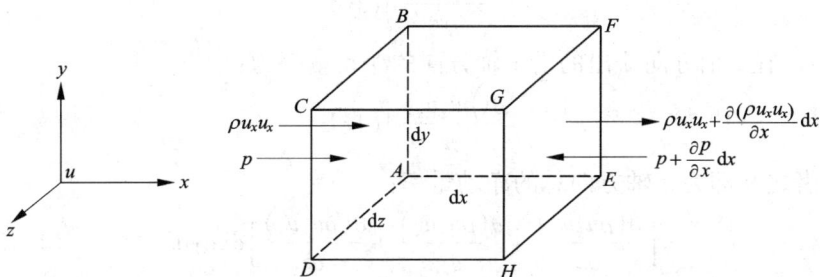

图 1 – 3 – 10　理想流体的动量守恒方程推导示意图

有压力,粘性力为零;质量力有重力、电磁力等。

设微元体顶角 A 处的压力为 p,则单位时间内在 x 方向作用于微元体上的净压力为 $ABCD$ 面和 $EFGH$ 面所受压力之代数和,即

$$\left[p - \left(p + \frac{\partial p}{\partial x}\mathrm{d}x \right) \right]\mathrm{d}y\mathrm{d}z = -\frac{\partial p}{\partial x}\mathrm{d}x\mathrm{d}y\mathrm{d}z \qquad (1-3-35)$$

设单位质量流体的质量力沿 x 轴方向的分量为 X,则微元体在 x 轴方向所受的质量力为

$$\rho X \mathrm{d}x\mathrm{d}y\mathrm{d}z \qquad (1-3-36)$$

x 轴方向微元体所受外力之合力为

$$\left(\rho X - \frac{\partial p}{\partial x} \right)\mathrm{d}x\mathrm{d}y\mathrm{d}z \qquad (1-3-37)$$

(2)微元体的动量分析

设微元体顶角 A 处的流体质点在 x,y,z 轴方向的对流动量通量分别为 $\rho u_x u_x$, $\rho u_x u_y$ 和 $\rho u_x u_z$。

在 x 轴方向,从 $ABCD$ 面流入和从 $EFGH$ 面流出微元体的动量率分别为:

$$\rho u_x u_x \mathrm{d}y\mathrm{d}z \quad 和 \quad \left[\rho u_x u_x + \frac{\partial(\rho u_x u_x)}{\partial x}\mathrm{d}x \right]\mathrm{d}y\mathrm{d}z$$

在 x 轴方向流出微元体的净动量率为二者之差,即

$$\left[\rho u_x u_x + \frac{\partial(\rho u_x u_x)}{\partial x}\mathrm{d}x \right]\mathrm{d}y\mathrm{d}z - \rho u_x u_x \mathrm{d}y\mathrm{d}z = \frac{\partial(\rho u_x u_x)}{\partial x}\mathrm{d}x\mathrm{d}y\mathrm{d}z$$

同样,在 y 轴方向,从 $ADHE$ 面流入和从 $BCGF$ 面流出微元体的沿 x 方向的动量率分别为: $\rho u_x u_y \mathrm{d}x\mathrm{d}z$ 和 $\left[\rho u_x u_y + \frac{\partial(\rho u_x u_y)}{\partial y}\mathrm{d}y \right]\mathrm{d}x\mathrm{d}z$。因此,在 y 轴方向流出的沿 x 轴方向的净动量率为:

$$\frac{\partial(\rho u_x u_y)}{\partial y}\mathrm{d}x\mathrm{d}y\mathrm{d}z$$

同理,在 z 轴方向流出的沿 x 轴方向的净动量率为:

$$\frac{\partial(\rho u_x u_z)}{\partial z}\mathrm{d}x\mathrm{d}y\mathrm{d}z$$

三者之和即为 x 轴方向总的净动量率:

$$\left[\frac{\partial(\rho u_x u_x)}{\partial x}+\frac{\partial(\rho u_x u_y)}{\partial y}+\frac{\partial(\rho u_x u_z)}{\partial z}\right]\mathrm{d}x\mathrm{d}y\mathrm{d}z \qquad (1-3-38)$$

又微元体内动量率的积累为:

$$\frac{\partial(\rho u_x)}{\partial t}\mathrm{d}x\mathrm{d}y\mathrm{d}z \qquad (1-3-39)$$

将式(1-3-37)、(1-3-38)和(1-3-39)代入式(1-3-34),则有

$$\left(\rho X-\frac{\partial p}{\partial x}\right)\mathrm{d}x\mathrm{d}y\mathrm{d}z=\left[\frac{\partial(\rho u_x u_x)}{\partial x}+\frac{\partial(\rho u_x u_y)}{\partial y}+\frac{\partial(\rho u_x u_z)}{\partial z}\right]\mathrm{d}x\mathrm{d}y\mathrm{d}z+\frac{\partial(\rho u_x)}{\partial t}\mathrm{d}x\mathrm{d}y\mathrm{d}z$$

即

$$\rho X-\frac{\partial p}{\partial x}=\frac{\partial(\rho u_x u_x)}{\partial x}+\frac{\partial(\rho u_x u_y)}{\partial y}+\frac{\partial(\rho u_x u_z)}{\partial z}+\frac{\partial(\rho u_x)}{\partial t} \qquad (1-3-40)$$

将上式右端的各项展开

$$\rho X-\frac{\partial p}{\partial x}=u_x\left[\frac{\partial(\rho u_x)}{\partial x}+\frac{\partial(\rho u_y)}{\partial y}+\frac{\partial(\rho u_z)}{\partial z}+\frac{\partial\rho}{\partial t}\right]$$
$$+\rho\left(u_x\frac{\partial u_x}{\partial x}+u_y\frac{\partial u_x}{\partial y}+u_z\frac{\partial u_x}{\partial z}+\frac{\partial u_x}{\partial t}\right)$$

将连续性方程式(1-3-22)代入上式,则有

$$X-\frac{1}{\rho}\frac{\partial p}{\partial x}=\frac{\partial u_x}{\partial t}+u_x\frac{\partial u_x}{\partial x}+u_y\frac{\partial u_x}{\partial y}+u_z\frac{\partial u_x}{\partial z} \qquad (1-3-41\mathrm{a})$$

同理,可导出沿 y,z 轴方向的分动量守恒方程分别为:

$$Y-\frac{1}{\rho}\frac{\partial p}{\partial y}=\frac{\partial u_y}{\partial t}+u_x\frac{\partial u_y}{\partial x}+u_y\frac{\partial u_y}{\partial y}+u_z\frac{\partial u_y}{\partial z} \qquad (1-3-41\mathrm{b})$$

$$Z-\frac{1}{\rho}\frac{\partial p}{\partial z}=\frac{\partial u_z}{\partial t}+u_x\frac{\partial u_z}{\partial x}+u_y\frac{\partial u_z}{\partial y}+u_z\frac{\partial u_z}{\partial z} \qquad (1-3-41\mathrm{c})$$

考虑到速度 u 的随体导数为

$$\frac{\mathrm{D}u}{\mathrm{D}t}=\frac{\partial u}{\partial t}+u_x\frac{\partial u}{\partial x}+u_y\frac{\partial u}{\partial y}+u_z\frac{\partial u}{\partial z}$$

因此,式(1-3-41)可改写为

$$X-\frac{1}{\rho}\frac{\partial p}{\partial x}=\frac{\mathrm{D}u_x}{\mathrm{D}t} \qquad (1-3-42\mathrm{a})$$

$$Y - \frac{1}{\rho} \frac{\partial p}{\partial y} = \frac{\mathrm{D} u_y}{\mathrm{D} t} \qquad\qquad (1-3-42\mathrm{b})$$

$$Z - \frac{1}{\rho} \frac{\partial p}{\partial z} = \frac{\mathrm{D} u_z}{\mathrm{D} t} \qquad\qquad (1-3-42\mathrm{c})$$

上述三式可统一写成向量形式,即

$$\boldsymbol{F} - \frac{1}{\rho} \nabla \cdot p = \frac{\mathrm{D}\boldsymbol{u}}{\mathrm{D}t} \qquad\qquad (1-3-43)$$

式$(1-3-41) \sim (1-3-43)$即为理想流体的运动微分方程,该方程由欧拉于1755 年首先提出,因此,也称为欧拉运动方程。它是研究理想流体运动的基础,对稳定流动与不稳定流动、可压缩流体与不可压缩流体都适用。

若流体在重力场中作稳定流动,质量力只有重力,则 $X = 0, Y = 0, Z = -g, \dfrac{\partial u}{\partial t}$ $= 0$,式$(1-3-41)$可简化为

$$-\frac{1}{\rho} \frac{\partial p}{\partial x} = u_x \frac{\partial u_x}{\partial x} + u_y \frac{\partial u_x}{\partial y} + u_z \frac{\partial u_x}{\partial z} \qquad\qquad (1-3-44\mathrm{a})$$

$$-\frac{1}{\rho} \frac{\partial p}{\partial y} = u_x \frac{\partial u_y}{\partial x} + u_y \frac{\partial u_y}{\partial y} + u_z \frac{\partial u_y}{\partial z} \qquad\qquad (1-3-44\mathrm{b})$$

$$-g - \frac{1}{\rho} \frac{\partial p}{\partial z} = u_x \frac{\partial u_z}{\partial x} + u_y \frac{\partial u_z}{\partial y} + u_z \frac{\partial u_z}{\partial z} \qquad\qquad (1-3-44\mathrm{c})$$

上述方程组$(1-3-44)$存在四个未知数,u_x, u_y, u_z 和 p,已有三个方程,加上连续性方程,则可以求解。若流体为可压缩性气体,则 ρ 将随 p 而变,需联入气体状态方程才能求解。

3.4　实际流体的动量传递——纳维-斯托克斯方程

实际流体具有粘性,故也称为粘性流体。与欧拉方程的推导思路类似,实际流体的运动方程也可从牛顿第二运动定律导出,式$(1-3-34)$仍然适用。所不同的是,实际流体所受到的表面力除法向力外,还有切向力,对单位面积而言,则分别称为法应力和切应力。切应力即流体流动时的粘性应力。从量纲的角度考虑,应力与动量通量相当,因此上述表面应力均可表示为 τ_{ij},其下标 i 表示动量的传递方向,j 表示流体的流动方向,即动量的方向。

下面进行流体的受力分析。

图 $1-3-11$ 为直角坐标系下实际流体中一微元六面体,其边长分别为 $\mathrm{d}x, \mathrm{d}y$ 和 $\mathrm{d}z$。此微元体的每个面上都受到与之毗邻的来自外部流体的表面力的作用,这种表面力表现为:由流体单位元体线变形而产生的法向力和由流体粘性引起的切

向粘性力。图 1 - 3 - 11 示出了微元体在 x 轴方向的受力情况。

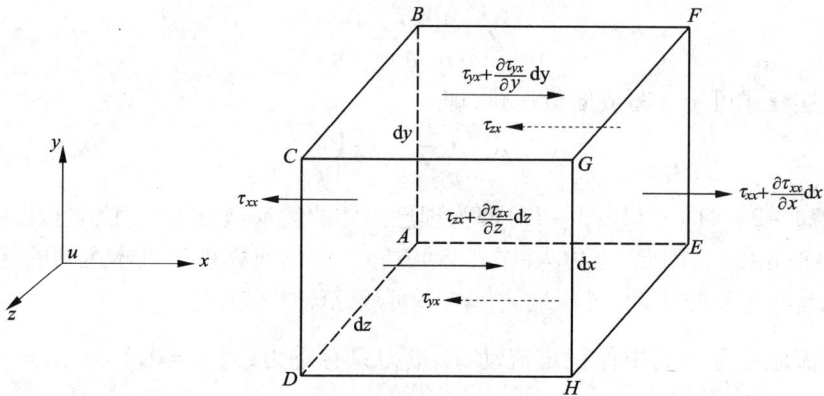

图 1 - 3 - 11 微元体受力示意图

微元体在 x 轴方向所受质量力为：

$$\rho X \mathrm{d}x\mathrm{d}y\mathrm{d}z \qquad (1-3-45)$$

微元体在 x 轴方向所受法向力为左、右两侧面所受法向力之代数和，即

$$\left[\left(\tau_{xx}+\frac{\partial \tau_{xx}}{\partial x}\mathrm{d}x\right)-\tau_{xx}\right]\mathrm{d}y\mathrm{d}z=\frac{\partial \tau_{xx}}{\partial x}\mathrm{d}x\mathrm{d}y\mathrm{d}z$$

在 x 方向所受切向粘性力为上、下和前、后四个面上的 4 个 x 方向之切向粘性力的代数和，即

$$\left[\left(\tau_{yx}+\frac{\partial \tau_{yx}}{\partial y}\mathrm{d}y\right)-\tau_{yx}\right]\mathrm{d}x\mathrm{d}z+\left[\left(\tau_{zx}+\frac{\partial \tau_{zx}}{\partial z}\mathrm{d}z\right)-\tau_{zx}\right]\mathrm{d}x\mathrm{d}y=\left(\frac{\partial \tau_{yx}}{\partial y}+\frac{\partial \tau_{zx}}{\partial z}\right)\mathrm{d}x\mathrm{d}y\mathrm{d}z$$

因此，微元体在 x 轴方向受到的总表面力为：

$$\left(\frac{\partial \tau_{xx}}{\partial x}+\frac{\partial \tau_{yx}}{\partial y}+\frac{\partial \tau_{zx}}{\partial z}\right)\mathrm{d}x\mathrm{d}y\mathrm{d}z \qquad (1-3-46)$$

微元体沿 x 轴方向总的净动量率为：

$$\left[\frac{\partial(\rho u_x u_x)}{\partial x}+\frac{\partial(\rho u_x u_y)}{\partial y}+\frac{\partial(\rho u_x u_z)}{\partial z}\right]\mathrm{d}x\mathrm{d}y\mathrm{d}z \qquad (1-3-47)$$

微元体内动量率的积累为：

$$\frac{\partial(\rho u_x)}{\partial t}\mathrm{d}x\mathrm{d}y\mathrm{d}z \qquad (1-3-48)$$

因此，根据牛顿第二运动定律[式(1 - 3 - 34)]，有

$$\rho X + \left(\frac{\partial \tau_{xx}}{\partial x} + \frac{\partial \tau_{yx}}{\partial y} + \frac{\partial \tau_{zx}}{\partial z} \right) = \frac{\partial(\rho u_x u_x)}{\partial x} + \frac{\partial(\rho u_x u_y)}{\partial y} + \frac{\partial(\rho u_x u_z)}{\partial z} + \frac{\partial(\rho u_x)}{\partial t}$$

$$(1-3-49)$$

将上式右端的各项展开,并运用连续性方程,可得

$$X + \frac{1}{\rho}\left(\frac{\partial \tau_{xx}}{\partial x} + \frac{\partial \tau_{yx}}{\partial y} + \frac{\partial \tau_{zx}}{\partial z} \right) = \frac{\partial u_x}{\partial t} + u_x \frac{\partial u_x}{\partial x} + u_y \frac{\partial u_x}{\partial y} + u_z \frac{\partial u_x}{\partial z} = \frac{\mathrm{D}u_x}{\mathrm{D}t}$$

$$(1-3-49\mathrm{a})$$

即

$$X + \frac{1}{\rho}\left(\frac{\partial \tau_{xx}}{\partial x} + \frac{\partial \tau_{yx}}{\partial y} + \frac{\partial \tau_{zx}}{\partial z} \right) = \frac{\mathrm{D}u_x}{\mathrm{D}t} \qquad (1-3-50\mathrm{a})$$

同理,有

$$Y + \frac{1}{\rho}\left(\frac{\partial \tau_{xy}}{\partial x} + \frac{\partial \tau_{yy}}{\partial y} + \frac{\partial \tau_{zy}}{\partial z} \right) = \frac{\mathrm{D}u_y}{\mathrm{D}t} \qquad (1-3-50\mathrm{b})$$

$$Z + \frac{1}{\rho}\left(\frac{\partial \tau_{xz}}{\partial x} + \frac{\partial \tau_{yz}}{\partial y} + \frac{\partial \tau_{zz}}{\partial z} \right) = \frac{\mathrm{D}u_z}{\mathrm{D}t} \qquad 1-3-50\mathrm{c}$$

式($1-3-50$)即为以应力形式表示的实际流体的运动方程。

对不可压缩流体,上述三个运动微分方程中只有密度 ρ 和质量力的三个分量 X,Y,Z 为已知,尚有 9 个应力分量和 3 个速度分量共 12 个未知数,加上连续性方程也只有四个方程,欲求解 12 个未知数是不可能的,所以还必须设法找出这些未知量之间的其他关系。

对一维流动的牛顿型流体,其切应力与法向速度梯度的关系可用牛顿粘性定律来描述。当流体作三维运动时,情况要复杂得多,每一切应力都与其作用面上两个方向的速度梯度有关,其关系为(推导过程从略):

$$\tau_{xy} = \tau_{yx} = \mu\left(\frac{\partial u_x}{\partial y} + \frac{\partial u_y}{\partial x} \right) \qquad (1-3-51\mathrm{a})$$

$$\tau_{yz} = \tau_{zy} = \mu\left(\frac{\partial u_y}{\partial z} + \frac{\partial u_z}{\partial y} \right) \qquad (1-3-51\mathrm{b})$$

$$\tau_{xz} = \tau_{zx} = \mu\left(\frac{\partial u_x}{\partial z} + \frac{\partial u_z}{\partial x} \right) \qquad (1-3-51\mathrm{c})$$

而法应力则由如下两部分组成:一部分由流体的静压力产生,其结果使流体微元承受压缩应力而发生体积形变;另一部分由粘性应力作用产生,其结果是使流体微元在法线方向上承受拉伸或压缩应力,发生线性变形。各法应力与静压力和速度梯度之间的关系如下:

$$\tau_{xx} = -p + 2\mu \frac{\partial u_x}{\partial x} - \frac{2}{3}\mu\left(\frac{\partial u_x}{\partial x} + \frac{\partial u_y}{\partial y} + \frac{\partial u_z}{\partial z} \right) \qquad (1-3-52\mathrm{a})$$

$$\tau_{yy} = -p + 2\mu \frac{\partial u_y}{\partial y} - \frac{2}{3}\mu\left(\frac{\partial u_x}{\partial x} + \frac{\partial u_y}{\partial y} + \frac{\partial u_z}{\partial z} \right) \qquad (1-3-52\mathrm{b})$$

$$\tau_{zz} = -p + 2\mu\frac{\partial u_z}{\partial z} - \frac{2}{3}\mu\left(\frac{\partial u_x}{\partial x} + \frac{\partial u_y}{\partial y} + \frac{\partial u_z}{\partial z}\right) \qquad (1-3-52c)$$

将方程式(1-3-51)和式(1-3-52a)代入方程式(1-3-50a),得

$$\frac{Du_x}{Dt} = X - \frac{1}{\rho}\frac{\partial p}{\partial x} + 2\nu\frac{\partial^2 u_x}{\partial x^2} - \frac{2}{3}\nu\left(\frac{\partial^2 u_x}{\partial x^2} + \frac{\partial^2 u_y}{\partial x\partial y} + \frac{\partial^2 u_z}{\partial x\partial z}\right)$$
$$+ \nu\left(\frac{\partial^2 u_x}{\partial y^2} + \frac{\partial^2 u_y}{\partial x\partial y}\right) + \nu\left(\frac{\partial^2 u_x}{\partial z^2} + \frac{\partial^2 u_z}{\partial x\partial z}\right)$$

整理后,可得

$$\frac{Du_x}{Dt} = X - \frac{1}{\rho}\frac{\partial p}{\partial x} + \nu\left(\frac{\partial^2 u_x}{\partial x^2} + \frac{\partial^2 u_x}{\partial y^2} + \frac{\partial^2 u_x}{\partial z^2}\right) + \frac{1}{3}\nu\frac{\partial}{\partial x}\left(\frac{\partial u_x}{\partial x} + \frac{\partial u_y}{\partial y} + \frac{\partial u_z}{\partial z}\right)$$
$$(1-3-53a)$$

同理,有

$$\frac{Du_y}{Dt} = Y - \frac{1}{\rho}\frac{\partial p}{\partial y} + \nu\left(\frac{\partial^2 u_y}{\partial x^2} + \frac{\partial^2 u_y}{\partial y^2} + \frac{\partial^2 u_y}{\partial z^2}\right) + \frac{1}{3}\nu\frac{\partial}{\partial y}\left(\frac{\partial u_x}{\partial x} + \frac{\partial u_y}{\partial y} + \frac{\partial u_z}{\partial z}\right)$$
$$(1-3-53b)$$

$$\frac{Du_z}{Dt} = Z - \frac{1}{\rho}\frac{\partial p}{\partial z} + \nu\left(\frac{\partial^2 u_z}{\partial x^2} + \frac{\partial^2 u_z}{\partial y^2} + \frac{\partial^2 u_z}{\partial z^2}\right) + \frac{1}{3}\nu\frac{\partial}{\partial z}\left(\frac{\partial u_x}{\partial x} + \frac{\partial u_y}{\partial y} + \frac{\partial u_z}{\partial z}\right)$$
$$(1-3-53c)$$

将以上三式写成向量形式为:

$$\frac{D\boldsymbol{u}}{Dt} = \boldsymbol{F}_g - \frac{1}{\rho}\nabla \cdot p + \nu\nabla^2 \cdot \boldsymbol{u} + \frac{1}{3}\nu\nabla \cdot (\nabla \cdot \boldsymbol{u}) \qquad (1-3-54)$$

式中 $\nu = \mu/\rho$——流体的运动粘度。

对不可压缩流体,其连续性方程为:

$$\frac{\partial u_x}{\partial x} + \frac{\partial u_y}{\partial y} + \frac{\partial u_z}{\partial z} = 0$$

将其代入方程组(1-3-53)可得

$$\frac{Du_x}{Dt} = X - \frac{1}{\rho}\frac{\partial p}{\partial x} + \nu\left(\frac{\partial^2 u_x}{\partial x^2} + \frac{\partial^2 u_x}{\partial y^2} + \frac{\partial^2 u_x}{\partial z^2}\right) \qquad (1-3-55a)$$

$$\frac{Du_y}{Dt} = Y - \frac{1}{\rho}\frac{\partial p}{\partial y} + \nu\left(\frac{\partial^2 u_y}{\partial x^2} + \frac{\partial^2 u_y}{\partial y^2} + \frac{\partial^2 u_y}{\partial z^2}\right) \qquad (1-3-55b)$$

$$\frac{Du_z}{Dt} = Z - \frac{1}{\rho}\frac{\partial p}{\partial z} + \nu\left(\frac{\partial^2 u_z}{\partial x^2} + \frac{\partial^2 u_z}{\partial y^2} + \frac{\partial^2 u_z}{\partial z^2}\right) \qquad (1-3-55c)$$

写成向量形式为:

$$\frac{D\boldsymbol{u}}{Dt} = \boldsymbol{F}_g - \frac{1}{\rho}\nabla \cdot p + \nu\nabla^2 \cdot \boldsymbol{u} \qquad (1-3-56)$$

式(1-3-55)称为实际不可压缩流体的纳维-斯托克斯方程(N-S方程),即实际不可压缩流体的动量传递方程。由于通常情况下,工程中的流体都可近似按不可压缩流体来处理,因此,式(1-3-55)是牛顿型粘性流体运动所遵循的基本规律。

从推导过程可以看出,式(1-3-55)只适用于层流,而以应力形式表示的方程组(1-3-50)在理论上同时适用于层流和紊流。但由于未知数多于方程数,求得纳维-斯托克斯方程的分析解一般比较困难,往往需通过简化或实验补充条件后才能得到近似解。

下面以平壁间的稳态层流为例,讨论纳维-斯托克斯方程的求解和应用问题。

限于本书的要求和篇幅,有关纳维-斯托克斯方程的其他求解和应用问题,可参考有关工程流体力学的书籍,本书不再详述。

【例1-3-2】 今有一不可压缩流体在两平行平板之间作稳定层流流动(如图1-3-12),试求其间的速度分布。

解 假设平板无限大,两平板之间的垂直距离为$2y_0$,且所考察的部位远离流道进、出口。

若仅考虑x轴方向的流动,由于$u_y = u_z = 0$,前述连续性方程(1-3-29)可简化为

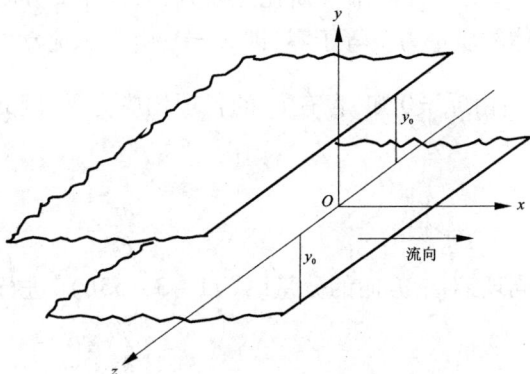

图1-3-12 平壁间稳态层流示意图

$$\frac{\partial u_x}{\partial x} = 0 \tag{1}$$

现在考虑x轴方向的纳维-斯托克斯方程。由于流体沿x轴方向作稳定流动,则

$$\frac{\partial u_x}{\partial t} = 0, \; \frac{\partial u_x}{\partial x} = 0$$

故

$$\frac{\mathrm{D}u_x}{\mathrm{D}t} = 0$$

因此,N-S方程式(1-3-55a)可简化为

$$\frac{1}{\rho}\frac{\partial p}{\partial x}=X+\nu\left(\frac{\partial^2 u_x}{\partial y^2}+\frac{\partial^2 u_x}{\partial z^2}\right) \tag{2a}$$

或
$$\frac{\partial p}{\partial x}=\rho X+\mu\left(\frac{\partial^2 u_x}{\partial y^2}+\frac{\partial^2 u_x}{\partial z^2}\right) \tag{2b}$$

若流道是水平的,x 方向上单位质量流体的质量力 $X=0$。又如图 $1-3-12$ 所示,由于高度为 $2y_0$ 的流道无限宽,因此,可以认为 u_x 不随流道的宽度 z 而变,即 $\frac{\partial^2 u_x}{\partial z^2}=0$。于是式(2b)可进一步简化为

$$\frac{\partial p}{\partial x}=\mu\frac{\partial^2 u_x}{\partial y^2} \tag{3}$$

下面再考虑 y、z 方向的纳维－斯托克斯方程。

对 z 方向的纳维－斯托克斯方程,由于 z 方向也是水平的,故该方向上单位质量流体的质量力也等于零,即 $Z=0$;由稳态流动的条件或 $u_z=0$ 的条件均可推知: $\frac{\partial u_z}{\partial t}=0$;由 $u_z=0$ 知,含有 u_z 的各项均应为零,因此,式($1-3-55$c)中的 $-\frac{1}{\rho}\frac{\partial p}{\partial z}=0$,或

$$\frac{\partial p}{\partial z}=0 \tag{4}$$

同理,对 y 方向的分量[式($1-3-55$b)]进行整理可得

$$\frac{\partial p}{\partial y}=0 \tag{5}$$

由式(4)、(5)知,p 与 y、z 无关。于是式(3)中的偏导数可写成常导数的形式,即

$$\frac{\mathrm{d}p}{\mathrm{d}x}=\mu\frac{\mathrm{d}^2 u_x}{\mathrm{d}y^2} \tag{6}$$

由于 $p=f(x)$,$\frac{\mathrm{d}p}{\mathrm{d}x}$ 不是 y 的函数,因此可以直接对式(6)进行不定积分。式(6)可改写成

$$\frac{\mathrm{d}}{\mathrm{d}y}\left(\frac{\mathrm{d}u_x}{\mathrm{d}y}\right)=\frac{1}{\mu}\frac{\mathrm{d}p}{\mathrm{d}x} \tag{7}$$

将上式分离变量后进行一次不定积分,得

$$\frac{\mathrm{d}u_x}{\mathrm{d}y}=\frac{1}{\mu}\left(\frac{\mathrm{d}p}{\mathrm{d}x}\right)y+C_1 \tag{8}$$

上式分离变量后进行二次不定积分,得

$$u_x = \frac{1}{2\mu}\left(\frac{\mathrm{d}p}{\mathrm{d}x}\right)y^2 + C_1 y + C_2 \tag{9}$$

利用题给边界条件，$y = \pm y_0$ 时，$u_x = 0$，得

$$u_x = -\frac{y_0^2}{2\mu}\left(\frac{\mathrm{d}p}{\mathrm{d}x}\right)\left(1 - \frac{y^2}{y_0^2}\right) \tag{10}$$

利用式（10）可求出最大截面流速。对式（10）进行微分，得

$$\frac{\mathrm{d}u_x}{\mathrm{d}y} = \frac{1}{\mu}\left(\frac{\mathrm{d}p}{\mathrm{d}x}\right)y$$

令 $\dfrac{\mathrm{d}u_x}{\mathrm{d}y} = 0$，可得 $y = 0$。即 $y = 0$ 时，$u_x = u_{\max}$，代入式（10），得

$$u_{\max} = -\frac{y_0^2}{2\mu}\left(\frac{\mathrm{d}p}{\mathrm{d}x}\right) \tag{11}$$

因此，式（10）又可写成

$$u_x = u_{\max}\left(1 - \frac{y^2}{y_0^2}\right) \tag{12}$$

可见，粘性流体在两平行平板间稳定流动时，流速呈抛物线分布。

3.5　流体机械能守恒——柏努利方程

前面导出的欧拉方程是描述理想流体运动的微分方程，这种微分方程在工程应用中很不方便，为此，人们通常将其在有关特定条件下进行积分，得出实际应用较为方便的积分方程，即柏努利方程。

3.5.1　理想流体沿流线稳定流动的柏努利方程

将欧拉方程在稳定条件下沿流线积分，即可导出理想流体沿流线稳定流动的柏努利方程。

当流体在重力场中作稳定流动时，有

$$X = Y = 0, \quad Z = -g, \quad \frac{\partial u_x}{\partial t} = \frac{\partial u_y}{\partial t} = \frac{\partial u_z}{\partial t} = 0,$$

于是，前述欧拉方程式（1-3-41）可改写成如下形式：

$$-\frac{1}{\rho}\frac{\partial p}{\partial x} = u_x\frac{\partial u_x}{\partial x} + u_y\frac{\partial u_x}{\partial y} + u_z\frac{\partial u_x}{\partial z} \tag{1-3-57a}$$

$$-\frac{1}{\rho}\frac{\partial p}{\partial y} = u_x\frac{\partial u_y}{\partial x} + u_y\frac{\partial u_y}{\partial y} + u_z\frac{\partial u_y}{\partial z} \tag{1-3-57b}$$

$$-g - \frac{1}{\rho}\frac{\partial p}{\partial z} = u_x\frac{\partial u_z}{\partial x} + u_y\frac{\partial u_z}{\partial y} + u_z\frac{\partial u_z}{\partial z} \qquad (1-3-57c)$$

又因为理想流体沿流线作稳定流动时,其流线与迹线重合,且满足流线方程(1-3-3):

$$\frac{dx}{u_x} = \frac{dy}{u_y} = \frac{dz}{u_z}$$

将式(1-3-57)的三个方程分别乘以 dx,dy,dz,同时将 $u_y dx$ 用 $u_x dy$ 等代替,经变换整理后可得

$$-\frac{1}{\rho}\frac{\partial p}{\partial x}dx = \frac{\partial u_x}{\partial x}u_x dx + \frac{\partial u_x}{\partial y}u_x dy + \frac{\partial u_x}{\partial z}u_x dz = u_x du_x \qquad (1-3-58a)$$

$$-\frac{1}{\rho}\frac{\partial p}{\partial y}dy = \frac{\partial u_y}{\partial x}u_y dx + \frac{\partial u_y}{\partial y}u_y dy + \frac{\partial u_y}{\partial z}u_y dz = u_y du_y \qquad (1-3-58b)$$

$$-gdz - \frac{1}{\rho}\frac{\partial p}{\partial z}dz = \frac{\partial u_z}{\partial x}u_z dx + \frac{\partial u_z}{\partial y}u_z dy + \frac{\partial u_z}{\partial z}u_z dz = u_z du_z \qquad (1-3-58c)$$

将上述三式相加,并注意到:$\frac{\partial p}{\partial x}dx + \frac{\partial p}{\partial y}dy + \frac{\partial p}{\partial z}dz = dp$,即得

$$-gdz - \frac{1}{\rho}dp = u_x dx + u_y dy + u_z dz$$

即

$$-gdz - \frac{1}{\rho}dp = d\left(\frac{u_x^2 + u_y^2 + u_z^2}{2}\right)$$

故

$$gdz + \frac{1}{\rho}dp + d\left(\frac{u^2}{2}\right) = 0 \qquad (1-3-59)$$

此即重力场中,理想流体沿流线稳定流动的柏努利方程的微分形式,它既适用于不可压缩流体,也适用于可压缩流体。

对不可压缩流体,ρ 为常数,式(1-3-59)变成

$$d\left(gz + \frac{p}{\rho} + \frac{u^2}{2}\right) = 0 \qquad (1-3-60)$$

将上式进行不定积分,得:

$$gz + \frac{p}{\rho} + \frac{u^2}{2} = C\ (常数) \qquad (1-3-61)$$

式(1-3-61)称为不可压缩理想流体沿流线稳定流动的柏努利方程。gz 为单位质量流体的位能,$\frac{p}{\rho}$ 为单位质量流体的静压能,$\frac{u^2}{2}$ 为单位质量流体的动能,它们的单位均为 $J \cdot kg^{-1}$。

式(1-3-61)说明沿流线稳定流动的单位质量的不可压缩理想流体,其位能、静压能和动能可以互相转换,且转换过程中,总机械能保持不变,此即机械能守

恒定律在流体力学中的应用。

将式(1−3−60)在同一流线上的任意两点 1,2 之间进行积分,可得

$$gz_1 + \frac{p_1}{\rho} + \frac{u_1^2}{2} = gz_2 + \frac{p_2}{\rho} + \frac{u_2^2}{2} \qquad (1-3-61a)$$

式(1−3−61)和(1−3−61a)还不能直接用于工程计算,必须在一定条件下推广到一定尺寸的流动空间(如管道)才能解决实际问题。

3.5.2 理想流体沿管道稳定流动的柏努利方程

前面导出了理想流体沿流线稳定流动的柏努利方程(1−3−61)及(1−3−61a),其对管流是否适用,关键在于管道截面上各微小流束的机械能是否相等。

如果截面处于均匀流段,其上各流束相互平行且与截面垂直,即截面上不存在径向流动,则不可压缩流体在截面上任意点的位能与静压能之和都相等。同时,由于是理想流体,粘度为零,故截面上速度分布均匀,即各点的动能相等。因此,对于理想流体,经过截面的各微小流束都具有相同的机械能。于是,对理想流体,上述柏努利方程可用于管道流动。对管流中位于均匀流段的任意两截面 1−1 和 2−2,有

$$gz_1 + \frac{p_1}{\rho} + \frac{v_1^2}{2} = gz_2 + \frac{p_2}{\rho} + \frac{v_2^2}{2} \qquad (1-3-62)$$

3.5.3 实际流体的柏努利方程

对于实际流体沿管道流动时,只要所考察的截面处于均匀流段,且截面上不存在径向流动,则截面上各点的位能与静压能之和仍然相等,但截面上各点的速度却不相等,靠近管壁处速度小,管中心处速度最大,这样截面上各点的动能也不相等。要将柏努利方程应用于实际流体的管道流动,须以截面上的动能积分代替原方程式中的动能项。此外,在流动过程中,由于粘性力的存在会造成能量的损失,故在进行机械能衡算时,须计入损失的能量。

对速度分布不均匀的某截面 A_k 的动能积分为

$$E_k = \int_{A_k} \rho u_k \mathrm{d}A_k \cdot \frac{u_k^2}{2} = \frac{\rho}{2} \int_{A_k} u_k^3 \mathrm{d}A_k$$

u_k 为截面 A_k 上的任意微元截面 $\mathrm{d}A_k$ 上的流速,由于不同的流动型态及不同的雷诺数下,流体沿截面的速度分布各不相同,这就使 E_k 的计算变得十分复杂,工程应用很不方便。因此,为简化起见,工程计算中常以截面上平均速度的动能来计算动能积分,并引入校正系数 α 进行校正。

以截面上的平均速度 v 表示的动能为

$$E = \rho v A \cdot \frac{v^2}{2} = \frac{\rho}{2} v^3 A$$

令
$$\alpha = \frac{E_k}{E} = \frac{\frac{\rho}{2} \int_{A_k} u_k^3 \mathrm{d} A_k}{\frac{\rho}{2} v^3 A}$$

则
$$E_k = \frac{\rho}{2} \alpha v^3 A$$

对单位质量流体而言,其动能为

$$\frac{E_k}{\rho v A} = \frac{\alpha v^2}{2}$$

因此,考虑了实际流体沿截面的速度分布时,柏努利方程(1-3-62)可写为

$$g z_1 + \frac{p_1}{\rho} + \frac{\alpha_1 v_1^2}{2} = g z_2 + \frac{p_2}{\rho} + \frac{\alpha_2 v_2^2}{2} \tag{1-3-63}$$

当同时考虑了外部加入的能量 W_e 和流体流动过程由于流动阻力造成的能量损失 $\sum h_f$ 时,则有

$$g z_1 + \frac{p_1}{\rho} + \frac{\alpha_1 v_1^2}{2} + W_e = g z_2 + \frac{p_2}{\rho} + \frac{\alpha_2 v_2^2}{2} + \sum h_f \tag{1-3-64}$$

式(1-3-64)即为实际不可压缩流体的柏努利方程,亦即实际不可压缩流体的机械能衡算方程式。

校正系数 α 是一个与速度分布有关的大于1的数,它反映了流管截面上速度分布的不均匀性。流速分布越不均匀,α 值越大。α 值可由不同流动型态下截面速度分布式积分求得。

对管内层流流动:$\alpha = 2$;

对管内紊流流动:$\alpha \approx 1$。

事实上,式(1-3-64)中,动能项与其他各项相比,数值小得多,故实际应用中常取 $\alpha = 1$。

值得注意的是,式(1-3-63)的推导过程引入了下述假设:①连续流动;②稳定流动;③质量力只有重力;④不可压缩流体;⑤截面上只有轴向流动,不存在径向流动。因此,该式只适用于满足上述五个前提条件的流动体系。

3.5.4　柏努利方程的讨论

(1)式(1-3-62)表示理想流体在管内作稳定流动而又没有外功输入时,在任意截面上单位质量流体所具有的位能、静压能和动能之和为一常数,称为总机械能,其单位为 $J \cdot kg^{-1}$。此常数意味着每 kg 理想流体在各截面上所具有的总机械

能相等,每一种形式的机械能不一定相等,但各种形式的机械能可以互想转换。例如,某种理想流体在水平管道中稳定流动,若在某处管道的截面积缩小,则流速增大,动能增加,因总机械能为常数,静压能就要相应降低,即一部分静压能转变成动能。式(1-3-62)也表示了理想流体稳定流动过程中各种形式的机械能相互转换的数量关系。

（2）式(1-3-64)表示实际流体在管内流动时,单位质量流体所具有的能量,其各项单位为 J·kg^{-1}。其中前三项 gz,$\dfrac{p}{\rho}$,$\dfrac{\alpha v^2}{2}$ 表示某截面上流体本身所具有的能量,而 W_e 及 Σh_f 则表示流体在两截面之间所获得或所消耗的能量。

W_e 为输送设备对单位质量流体所做的有效功,是选择流体输送设备的重要依据。单位时间输送设备对流体所做的功称为有效功率,以 N_e 表示,即:

$$N_e = W_e Q \rho \tag{1-3-65}$$

式中　Q——流体的流量,m^3·s^{-1};

　　　ρ——流体密度,kg·m^{-3}。

所以 N_e 的单位为 J·s^{-1} 或 W。

（3）若系统中流体是静止的,则 $v=0$;由于没有运动,也就没有阻力,$\Sigma h_f = 0$,也不会有外功输入,$W_e = 0$。于是,式(1-3-64)变成

$$gz_1 + \frac{p_1}{\rho} = gz_2 + \frac{p_2}{\rho}$$

上式与流体静力学基本方程式无异。由此可见,柏努利方程式既可表示流体的流动状态下的规律,又可表示流体静止状态下的规律,而流体的静止状态只不过是流动状态的一种特殊形式。

（4）对于可压缩流体,若所取系统两截面间的相对压力变化小于20%（即 $\dfrac{p_1 - p_2}{p_1} < 20\%$ ）,仍可用式(1-3-62)和(1-3-64)计算,但此时式中的流体密度 ρ 应以两截面间的平均流体密度 ρ_m 来代替。这种处理方法所导致的误差,在工程计算上是允许的。

对于不稳定流动系统的任一瞬间,柏努利方程式仍成立。

（5）如果流体的衡算基准不同,则式(1-3-64)的形式也不相同。

①以单位重量流体为衡算基准时,将式(1-3-64)各项除以 g,则得:

$$z_1 + \frac{p_1}{\rho g} + \frac{\alpha_1 v_1^2}{2g} + \frac{W_e}{g} = z_2 + \frac{p_2}{\rho g} + \frac{\alpha_2 v_2^2}{2g} + \frac{\Sigma h_f}{g}$$

令　$H_e = \dfrac{W_e}{g}$,$\Sigma H_f = \dfrac{\Sigma h_f}{g}$,则

$$z_1 + \frac{p_1}{\rho g} + \frac{\alpha_1 v_1^2}{2g} + H_e = z_2 + \frac{p_2}{\rho g} + \frac{\alpha_1 v_2^2}{2g} + \Sigma H_f \qquad (1-3-64a)$$

上式各项表示单位重量流体所具有的能量,其各项的单位都可简化为 m,它是一个长度单位,其物理意义表示把单位重量流体从基准水平面升举的高度。常把 $z, \dfrac{p}{\rho g}, \dfrac{v^2}{2g}, \Sigma H_f$ 分别称为位压头、静压头、动压头和压头损失,而 H_e 则为输送设备对流体所提供的有效压头。

②以单位体积流体为衡算基准时,将式(1-3-64)各项乘以流体密度 ρ,则

$$\rho g z_1 + p_1 + \frac{\rho \alpha_1 v_1^2}{2} + \rho W_e = \rho g z_2 + p_2 + \frac{\rho \alpha_2 v_2^2}{2} + \rho \Sigma h_f \qquad (1-3-64b)$$

上式各项表示单位体积流体所具有的能量,式中各项的单位均可简化为 $J \cdot m^{-3}$。

不同衡算基准的柏努利方程式(1-3-64a)及(1-3-64b),对后面的流体输送设备的计算是很重要的。

3.6　柏努利方程的应用

柏努利方程式描述了流体各种形式的能量之间的相互转化规律,其在分析和解决流体的平衡、流动、输送等实际问题中应用很广,如流量的确定、流速与流量的测量、压力的测量、流动系统中各容器相对位置的确定、流体输送机械所需压头的计算、炉内气体运动状况的分析等,均以此为依据。

3.6.1　应用柏努利方程的解题要点

(1)作图并确定衡算范围

根据题意画出流动系统的示意图,指明流动方向,定出上、下游截面,以明确衡算范围。

(2)截面的选取

所选择的两截面必须与流动方向垂直,且在两截面间的流体必须作连续流动,所求的未知量必须在所选截面上或两截面之间,且截面上的 z, v, p 等物理量,除所求取的未知量外,都应是已知的或通过其他关系可计算求得。通常两截面可选取在流体的进、出口端。

(3)水平基准面的选取

流体位能的大小用其所处位置距水平基准面的垂直高度确定,原则上,水平基准面可以任意选取,但必须与地面平行。为计算方便,常取所选的两截面中位置较

低者为水平基准面(若该截面与地面垂直,则取水平基准面通过该截面的中心线),这样,在该截面上位能等于零。

(4)单位必须一致

应用柏努利方程式之前,必须把各物理量换算成一致的 SI 单位,再进行计算,方程式两端(或两截面上)的静压力可同时用绝对压力,也可同时用表压表示。

(5)衡算范围内的内部功及阻力损失应完全考虑进去。

3.6.2　柏努利方程的应用

3.6.2.1　流量的测定

【例 1 - 3 - 3】　图 1 - 3 - 13 为一水平放置的文丘里管,管径 $D = 150$ mm,喉管直径 $d_0 = 50$ mm。当水流过时,水银压差计的读数 $h = 250$ mm。若不计流动阻力,求水的流量(取水的密度为 1000 kg·m^{-3},粘度为 1.0×10^{-3} Pa·s)。

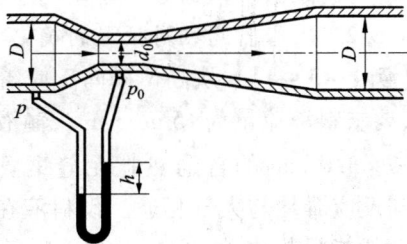

图 1 - 3 - 13　文丘里管示意图

解　取水管中心线平面为基准面,在喉管前后的两测压点之间列柏努利方程式:

$$\frac{p}{\rho} + \frac{\alpha v^2}{2} = \frac{p_0}{\rho} + \frac{\alpha_0 v_0^2}{2} + \sum h_f \tag{a}$$

因不计流动阻力,即 $\sum h_f = 0$

又不知管内流动型态,先暂设为紊流,即设 $\alpha = \alpha_0 = 1$,则上式变成

$$\frac{p}{\rho} + \frac{v^2}{2} = \frac{p_0}{\rho} + \frac{v_0^2}{2} \tag{b}$$

由连续性方程,有 $v_0 = \left(\dfrac{D}{d_0}\right)^2 v$

代入式(b)可得

$$\frac{p - p_0}{\rho} = \frac{v^2}{2}\left[\left(\frac{D}{d_0}\right)^4 - 1\right]$$

令 $\Delta p = p - p_0$,则上式经整理后可得

$$v = \sqrt{\frac{2\Delta p/\rho}{(D/d_0)^4 - 1}}$$

依题意,$\Delta p = 250$ mmHg $= 0.25 \times 13600 \times 9.81$ Pa $= 33354$ Pa

则
$$v = \sqrt{\dfrac{2 \times 33354/1000}{(\dfrac{0.15}{0.05})^4 - 1}} = 0.91 \ \text{m} \cdot \text{s}^{-1}$$

水的流量

$$Q = vA = v \cdot \dfrac{\pi D^2}{4} = 0.91 \times \dfrac{3.14 \times 0.15^2}{4} = 0.016 \ \text{m}^3 \cdot \text{s}^{-1} = 57.86 \ \text{m}^3 \cdot \text{h}^{-1}$$

验算动能修正系数

$$Re = \dfrac{Dv\rho}{\mu} = \dfrac{0.15 \times 0.91 \times 1000}{1.0 \times 10^{-3}} = 1.37 \times 10^5 \gg 2300$$

属于紊流,故原假设 $\alpha = \alpha_0 = 1$ 正确。

3.6.2.2　容器间相对位置的确定

【例 1 − 3 − 4】 从高位槽向反应罐内加料液,要求料液流量为 $15 \ \text{m}^3 \cdot \text{h}^{-1}$,输液管采用 $\phi76 \times 3.0 \ \text{mm}$ 的普通热扎无缝钢管。高位槽与反应罐均与大气相通。设料液在管内流动时的能量损失为 $20 \ \text{J} \cdot \text{kg}^{-1}$,料液密度为 $1200 \ \text{kg} \cdot \text{m}^{-3}$,粘度为 $0.02 \ \text{Pa} \cdot \text{s}$。试求高位槽的液面应比输液管出口高出多少米?

解　取高位槽的液面及输液管出口处分别为 $1 − 1'$ 和 $2 − 2'$ 两截面,并以 $2 − 2'$ 截面为水平基准面,列出柏努利方程,即

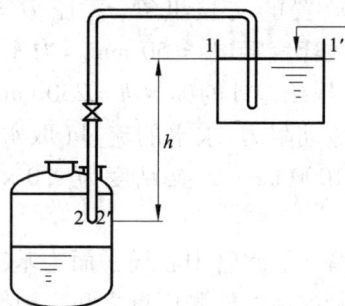

图 1 − 3 − 14　例 1 − 3 − 4 附图

$$gz_1 + \dfrac{p_1}{\rho} + \dfrac{\alpha_1 v_1^2}{2} + W_e = gz_2 + \dfrac{p_2}{\rho} + \dfrac{\alpha_2 v_2^2}{2} + \sum h_f$$

式中　$z_1 = h, z_2 = 0, p_1 = p_2 = 0 (表压), W_e = 0, \sum h_f = 20 \ \text{J} \cdot \text{kg}^{-1}$。

因高位槽截面比管道截面大得多,在流量相同的情况下 $v_2 \gg v_1$,即 $v_1 \approx 0$

$$v_2 = \dfrac{Q}{A_2} = \dfrac{15/3600}{\dfrac{3.14}{4}[(76 - 2 \times 3) \times 10^{-3}]^2} = 1.08 \ \text{m} \cdot \text{s}^{-1}$$

$$Re_2 = \dfrac{d_2 v_2 \rho}{\mu} = \dfrac{0.7 \times 1.08 \times 1200}{0.02} = 4.54 \times 10^4$$

属于紊流,故动能修正系数 $\alpha_2 = 1$。

将上述已知数据代入柏努利方程,得

$$9.81h = \dfrac{1.08^2}{2} + 20$$

$$h = 2.10 \ \text{m}$$

即高位槽液面应比输液管出口高 2. 10 m。

3.6.2.3 流体输送系统功率的确定

【例 1 – 3 – 5】 某湿法冶炼车间需用泵将交前液从溶液贮槽送至离子交换塔塔顶。泵进口管为 $\phi 108 \times 4.0$ mm 钢管,出口管为 $\phi 76 \times 3.0$ mm 钢管。工艺要求,出口管中溶液流速为 1.5 m·s^{-1}。贮液槽中液深为 2.0 m,槽底离塔顶进口截面的距离为 13 m。已知输送系统的压头损失为 2.0 m 溶液柱,出口管与喷头连接处的静压力为 29430 Pa(表压),溶液密度 $\rho = 1100$ kg·m^{-3},试求泵的功率(取泵的效率为 0.65)。

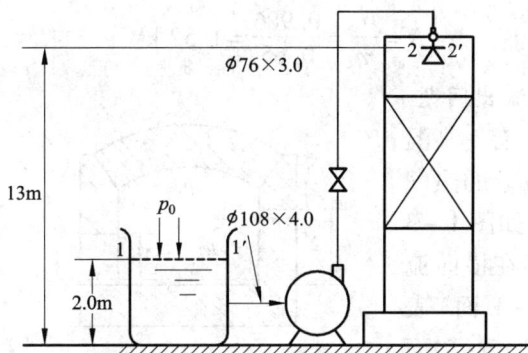

图 1 – 3 – 15 例 1 – 3 – 5 附图

解 依题意画出输送系统示意图,如图 1 – 3 – 15 所示,取贮槽液面 1 – 1′ 和交换塔塔顶上方溶液流出管口截面 2 – 2′ 为两个衡算截面,并以槽底平面作水平基准面,则列柏努利方程:

$$z_1 + \frac{p_1}{\rho g} + \frac{\alpha_1 v_1^2}{2g} + H_e = z_2 + \frac{p_2}{\rho g} + \frac{\alpha_2 v_2^2}{2g} + \sum H_f$$

$z_1 = 2.0$ m,$z_2 = 13$ m,$v_2 = 1.5$ m·s^{-1},$\sum H_f = 2.0$ m 液柱。

贮槽一般与大气相通,故 $p_1 = 0$(表压)

$$p_2 = 29430 \text{ Pa}$$

因贮槽液面比出口管截面大得多,故 $v_1 \approx 0$

暂设动能修正系数 $\alpha_1 = \alpha_2 = 1$,将上述已知数据代入柏努利方程,并整理得

$$H_e = z_2 - z_1 + \frac{p_2}{\rho g} + \frac{v_2^2 - v_1^2}{2g} + \sum H_f$$

$$= 13 - 2 + \frac{29430}{1100 \times 9.81} + \frac{1.5^2 - 0}{2 \times 9.81} + 2.0$$

$$= 15.84 \text{ m 液柱}$$

即泵的压头

$$H = 15.84 \text{ m 液柱}$$

交前液的体积流量为

$$Q = v_2 A_2 = 1.5 \times \frac{3.14}{4} \times (0.07)^2 = 5.77 \times 10^{-3} \text{ m}^3 \cdot \text{s}^{-1}$$

则泵的理论功率

$$N_e = QH\rho g = 5.77 \times 10^{-3} \times 15.84 \times 1100 \times 9.81 = 986 \text{ J} \cdot \text{s}^{-1} = 0.986 \text{ kW}$$

又泵的效率为 0.65,则泵的实际轴功率

$$N = \frac{N_e}{\eta} = \frac{0.986}{0.65} = 1.52 \text{ kW}$$

3.6.2.4　孔口流出问题

【例 1 - 3 - 6】　有一高温
炉膛内充满密度为 $\rho_{内}$ 的热气
体。现取一横截面,如图 1 - 3
- 16,设截面上不存在横向流
动,炉底水平面(1 - 1 面)表
压为零。试计算:(1)2 - 2 面
处小孔中炉气流出速度;(2)

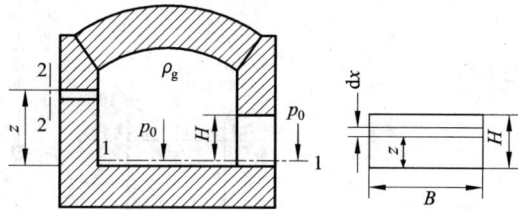

图 1 - 3 - 16　例 1 - 3 - 6 附图

若炉底部有一高度为 H,宽度为 B 的炉门,试计算通过炉门外逸的炉气流量。

　　解　(1)考虑到实际操作中,炉膛内温度及压力一般保持恒定,且除受重力及
空气的浮力作用外,不受其他外力作用,故可视为不可压缩气体的稳定状态。

　　现取炉底 1 - 1 面与小孔出口处的 2 - 2 面为衡算截面,并取位置较低的 1 - 1
面为水平基准面。在两衡算截面之间无外力做功,故 $W_e = 0$。现在两截面之间分
别对炉内热气体和炉外空气列柏努利方程:

　　炉内:

$$\rho_g g z_1 + p_{内1} + \frac{\rho \alpha_1 v_1^2}{2} = \rho_g g z_2 + p_{内2} + \frac{\rho \alpha_2 v_2^2}{2} + \rho_g \sum h_{f内} \qquad (a)$$

炉外:空气静止,$v_1 = v_2 = 0$,也无流动阻力损失,$\sum h_{f外} = 0$。
设空气密度为 ρ_a,则

$$\rho_a g z_1 + p_{外1} = \rho_a g z_2 + p_{外2} \qquad (b)$$

令

$$p_1 = p_{内1} - p_{外1},\ p_2 = p_{内2} - p_{外2}$$

即 p_1, p_2 分别为 1 - 1 面和 2 - 2 面的表压,则上述两柏努利方程相减得

$$(\rho_g - \rho_a) g z_1 + p_1 + \frac{\rho_g \alpha_1 v_1^2}{2} = (\rho_g - \rho_a) g z_2 + p_2 + \frac{\rho_g \alpha_2 v_2^2}{2} + \rho_g \sum h_{f内} \qquad (c)$$

此式即为双流体柏努利方程式。当 $v_1 = v_2 = 0$ 时,此式则变为双流体静力学基本方程式。

本题中 $z_1 = 0, z_2 = z$。题设炉底 $1-1$ 面表压为零,即 $p_1 = 0$,又小孔与大气相通,故其表压也为零,即 $p_2 = 0$。

又由连续性方程知,$v_1 = \dfrac{A_2}{A_1} v_2$。而炉门截面积比小孔大得多,即 $A_2/A_1 \to 0$,故 $v_1 \approx 0$。

若不计炉内气体流动的阻力损失,即 $\Sigma h_{f内} \approx 0$,并假定动能修正系数 $\alpha_1 = 1$,则上述双流体柏努利方程式(c)可简化为

$$0 + 0 + 0 = (\rho_g - \rho_a)gz + 0 + \frac{\rho_g \alpha_2 v_2^2}{2} + 0$$

故

$$v_2 = \sqrt{\frac{2gz(\rho_a - \rho_g)}{\rho_g}} \tag{b}$$

若将小孔堵塞,则 $v_2 = 0$,此时 $2-2$ 面不再与大气相通,p_2 不会等于零。当其他条件不变时,两截面间的双流体柏努利方程变为

$$0 + 0 + 0 = (\rho_g - \rho_a)gz + p_2 + 0 + 0$$

即

$$p_2 = gz(\rho_a - \rho_g)$$

可见,$2-2$ 截面的静压为正值(因热气的 $\rho_g < \rho_a$)。当小孔一旦打开,炉气必向外流出。

(2)因炉门底部为零压,则由上分析知,当炉门敞开时,整个炉门开口处都处于正压范围,因而有炉气逸出。为计算逸出炉气的流速与流量,先在炉门任意水平面上取一厚度为 dx 的微元截面,设此微元截面距炉底距离为 x,通过 dx 截面的流速为 v,则根据本例(1)的分析有

$$v = \sqrt{\frac{2gx(\rho_a - \rho_g)}{\rho_g}} \quad \text{m} \cdot \text{s}^{-1} \tag{e}$$

炉门宽度为 B,通过 dx 炉门的逸气流量为

$$dQ = Bv\,dx$$

则通过整个炉门逸气量

$$Q = \int_0^H B\sqrt{\frac{2gx(\rho_a - \rho_g)}{\rho_g}}\,dx$$

积分后可得

$$Q = \frac{2}{3}BH^{3/2}\left[\frac{2g(\rho_a - \rho_g)}{\rho_g}\right]^{1/2} \quad \text{m}^3 \cdot \text{s}^{-1}$$

式（e）中未计入气体流过炉门时的压头损失，实际流量应小于上式确定的数值。若用 μ 来修正压头损失的影响，则炉门的实际逸气量为

$$Q = \frac{2}{3}\mu B H^{3/2}\left[\frac{2g(\rho_a - \rho_g)}{\rho_g}\right]^{1/2} \quad \mathrm{m^3 \cdot s^{-1}} \tag{f}$$

μ 称为流量系数，通过测定，μ 值约为 $0.6 \sim 0.8$。

例如，某炉门宽 $B = 0.8$ m，高 $H = 0.6$ m，炉气温度 $t_g = 1200\,℃$，设周围空气温度为 $20\,℃$。已知 $0\,℃$ 时，炉气密度 $\rho_{g,0} = 1.320\ \mathrm{kg \cdot m^{-3}}$，空气密度 $\rho_{a,0} = 1.293\ \mathrm{kg \cdot m^{-3}}$，炉膛底部静压为零。求炉门逸气量。

炉气在炉膛内的密度为

$$\rho_g = \frac{\rho_{g,0}}{1 + \beta t_g} = \frac{1.32}{1 + 1200/273} = 0.245 \quad \mathrm{kg \cdot m^{-3}}$$

$20\,℃$ 空气的密度为

$$\rho_a = \frac{\rho_{a,0}}{1 + \beta t_a} = \frac{1.293}{1 + 20/273} = 1.205 \quad \mathrm{kg \cdot m^{-3}}$$

取 $\mu = 0.7$，由式（f）可得

$$Q = \frac{2}{3} \times 0.7 \times 0.8 \times (0.6)^{3/2} \times \left[\frac{2 \times 9.81(1.205 - 0.245)}{0.245}\right]^{1/2} = 1.521 \quad \mathrm{m^3 \cdot s^{-1}}$$

换算成标准状态

$$Q^0 = \frac{Q}{1 + \beta t} = \frac{1.521}{1 + 1200/273} = 0.282 \quad \mathrm{m^3 \cdot s^{-1}}$$

3.6.2.5　不稳定流动问题

【例 1 - 3 - 7】　某反应器每作业周期需从高位槽加入料液 $4.0\ \mathrm{m^3}$，已知高位槽的直径为 1.6 m，其液面距料液出口的垂直距离为 6 m，输液管为 $\phi 57 \times 3.5$ mm 的无缝钢管（如图 1 - 3 - 17 所示）。问：每次加料需多长时间？设输液管内流动为紊流，料液在管内流动的阻力损失为 $36v^2$（v 为管内料液的流速）。

解　本题属于不稳定流动问题，随料液从高位槽不断流出，高位槽的液面不断下降，位压能逐渐降低，导致管内流速不断减小。

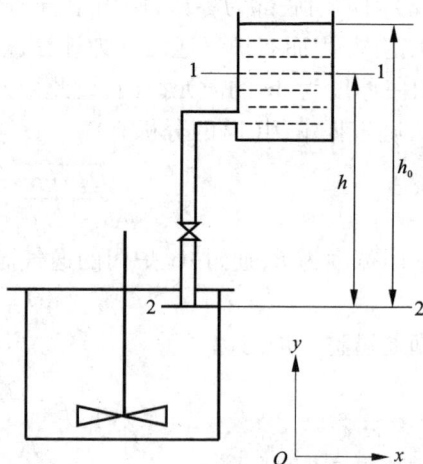

图 1 - 3 - 17　例 1 - 3 - 7 附图

4.0 m³ 料液在高位槽中相当于液面高度为：

$$\Delta h = \frac{4}{\dfrac{3.14}{4} \times 1.6^2} = 2 \text{ m}$$

因此，加料结束时，高位槽的液面高度为：

$$h_t = h_0 - \Delta h = 6 - 2 = 4 \text{ m}$$

加料时间可通过微分时间内的物料衡算式和瞬时柏努利方程求解。

(1)在 dt 时间内对系统作物料衡算。设：

F——瞬时进料率，$m^3 \cdot s^{-1}$；

E——瞬时出料率，$m^3 \cdot s^{-1}$；

dQ——在 dt 时间内的物料积累量，m^3；

D——高位槽直径，m；

d——输液管直径，m。

则在 dt 时间内的物料衡算式为：

$$Fdt - Edt = dQ \tag{1}$$

又设在 dt 时间内，高位槽内液面下降的高度为 dh，液体在管内的瞬时流速为 u。因高位槽未补充料液，故 $F = 0$。

瞬时出料率为：$E = \dfrac{\pi}{4}d^2 u$

物料的积累量为：$dQ = \dfrac{\pi}{4}D^2 dh$（此处 dh 为负值）。

代入式(1)得：

$$-\frac{\pi}{4}d^2 u dt = \frac{\pi}{4}D^2 dh \tag{2}$$

即

$$dt = -\left(\frac{D}{d}\right)^2 \frac{dh}{u} \tag{3}$$

式(3)中瞬时液面高度 h 与瞬时速度 u 的关系可由瞬时柏努利方程式获得。

(2) 在某时刻 t，高位槽的液面下降至高度为 h 处。在高位槽的瞬时液面 1-1 与管子出口内侧截面 2-2 间列瞬时柏努利方程，考虑到 $\alpha_1 = \alpha_2 = 0$，并以 2-2 面为基准面，得

$$gz_1 + \frac{u_1^2}{2} + \frac{p_1}{\rho} = gz_2 + \frac{u_2^2}{2} + \frac{p_2}{\rho} + \sum h_f$$

式中，$z_1 = h$，$z_2 = 0$，$u_1 \approx 0$，$u_2 = u$，$p_1 = p_2$，

代入上式，得　　　　　$9.81h = 36.5u^2$

即　　　　　$u = 0.52\sqrt{h} \tag{4}$

将(4)代入(3)，得

$$dt = -\left(\frac{D}{t}\right)^2 \frac{dh}{0.52\sqrt{h}} = -\left(\frac{1.6}{0.05}\right)^2 \frac{dh}{0.52\sqrt{h}} = -1969\frac{dh}{\sqrt{h}} \tag{5}$$

确定边界条件:$t=0$ 时,$h_0=6$ m;$t=t$ 时,$h_t=4$ m,对式(5)积分得

$$\int_0^t dt = -1969\int_6^4 \frac{dh}{\sqrt{h}}$$

$$t = -1969 \times 2(\sqrt{4}-\sqrt{6}) = 1770 \text{ s}$$

故每次加料需 1770 s,约 0.5 h。

习 题

1-3-1 什么叫稳定流动与不稳定流动?

1-3-2 什么叫流线和流管?

1-3-3 试述体积流量、质量流量和质量流速的概念。

1-3-4 写出欧拉方程的表达式,说明其适用条件。

1-3-5 分别写出理想流体与实际流体的柏努利方程,说明各项的单位及物理意义。

1-3-6 已知流体运动的速度场为:

$$\begin{cases} u_x = 2yt + at^2 \\ u_y = 2xt \\ u_z = 0 \end{cases}$$

式中 a——常数。试求 $t=1$ 时,过 $(0,b)$ 点的流线方程。

1-3-7 证明不可压缩流体的连续性方程式有如下形式:

$$\frac{\partial u_x}{\partial x} + \frac{\partial u_y}{\partial y} + \frac{\partial u_z}{\partial z} = 0$$

并回答:(1)上述方程的物理意义是什么?

(2)该方程式是否适用于不稳定流动?

1-3-8 密度为 1500 kg·m^{-3} 的某液体流经一 $\phi57 \times 3.5$ mm 的管道,若其流速为 0.8 m·s^{-1},求该液体的体积流量(m^3·h^{-1})、质量流量(kg·s^{-1})和质量流速(kg·m^{-2}·s^{-1})。

1-3-9 某列管式换热器的管束由 121 根 $\phi25 \times 2.5$ mm 的钢管组成。空气以 9 m·s^{-1} 的速度在列管内流动。已知空气在管内的平均温度为 50 ℃、压力为 1.96×10^5 Pa(表压),当地大气压为 9.87×10^4 Pa。试求:

(1)空气的质量流量;

(2)操作条件下空气的体积流量;

(3)将(2)的计算结果换算为标准状况下空气的体积流量。

1-3-10 如附图所示,一变径输水管道内径分别为:$d_1=25$ mm,$d_2=80$ mm,$d_3=50$ mm。试求流量为 20 m^3·h^{-1} 时各管道的

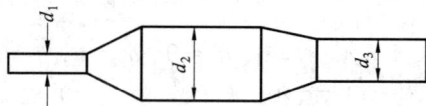

习题 1-3-10 附图

平均流速。

1-3-11　如图所示水平放置的分支管路,已知 $D=100$ mm, $Q=0.015$ m³·s⁻¹, $d_1=d_2=25$ mm, $d_3=50$ mm, $Q_1=3Q_3$, $v_2=4$ m·s⁻¹,求 Q_1,Q_2,Q_3 及 v_1,v_3。

1-3-12　测量流速的皮毛管如附图所示,设被测流体密度为 ρ,测压管内液体密度为 ρ_1,测压管中液面高度差为 h。证明所测管中流速为:

$$v=\sqrt{2gh\left(\frac{\rho_1}{\rho}-1\right)}$$

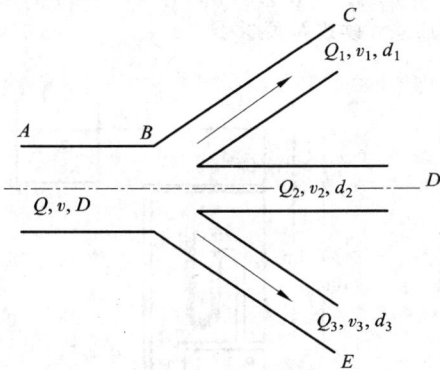

习题 1-3-11 附图

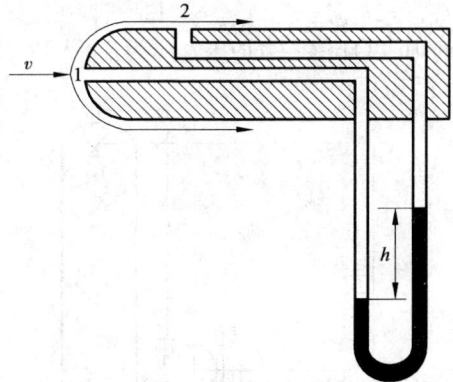

习题 1-3-12 附图

1-3-13　水流过一变径管,细管为 $\phi38\times2.5$ mm 的管子,粗管为 $\phi53\times3$ mm 的管子。水在细管中流速为 2.5 m·s⁻¹,在 A、B 两点各插入一垂直玻璃管,如附图所示。已知两点间的能量损失为 0.343 J·kg⁻¹,问两玻璃管中的水面相差多少?

1-3-14　水在如附图所示的管中流动,截面1处的内径为 200 mm,流速为 0.5 m·s⁻¹,水的压力产生的水柱高度为 1 m,截面2处的内径为 100 mm。若忽略两截面间的能量损失,试计算在两截面处的水柱高度差 h。

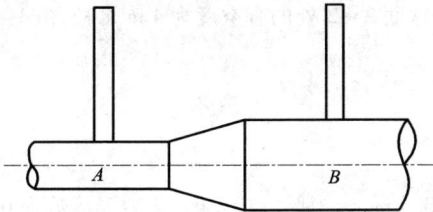

习题 1-3-13 附图

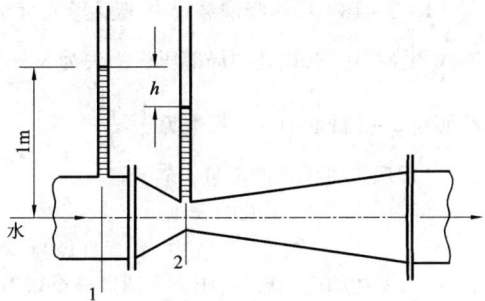

习题 1-3-14 附图

1－3－15 用离心泵把 20 ℃的水从贮槽送至水洗塔顶部,槽内水位维持恒定。各部分相对位置如本题附图所示。管路的直径均为 $\phi76 \times 2.5$ mm,在操作条件下,泵入口处真空表的读数为 24.66×10^3 Pa;水流经吸入管与排出管(不包括喷头)的能量损失可分别按 $\Sigma h_{f,1} = 2v^2$, $\Sigma h_{f,2} = 10v^2$ 计算,由于管径不变,故式中 v 为吸入管与排出管的流速(m · s^{-1})。排水管与喷头连接处的压力为 9.807×10^4 Pa(表压)。试求泵的有效功率。

1－3－16 用压缩空气将密度为 1100 kg · m^{-3}的腐蚀性液体自低位槽送到高位槽,两槽的液面维持恒定。管路尺寸均为 $\phi60 \times 3.5$ mm,其他尺寸见本题附图。各管段的能量损失为 $\Sigma h_{f,AB} = \Sigma h_{f,CD} = v^2, \Sigma h_{f,BD} = 1.18v^2$。两压差计中的指示液均为水银。试求当 $R_1 = 45$ mm, $h = 200$ mm 时:(1)压缩空气的压力 p_1 为若干? (2)U 形管压差计读数 R_2 为多少?

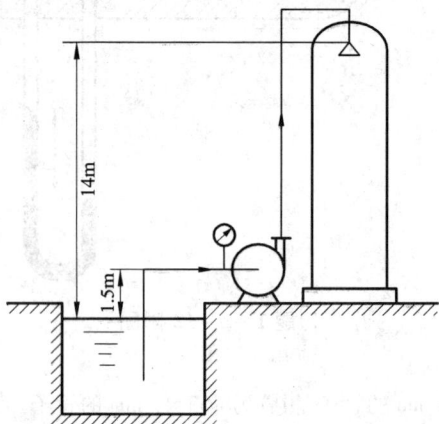

习题 1－3－15 附图

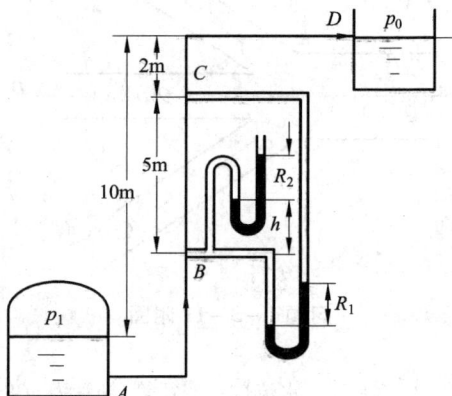

习题 1－3－16 附图

1－3－17 如图所示,某厂用压缩空气压送扬液器中密度为 1840 kg · m^{-3}的浸出料浆,流量为 3 m^3 · h^{-1}。管道采用 $\phi37 \times 3.5$ mm 的无缝钢管,总的能量损失为 1 m 液柱(不包括出口损失),假设两槽中液位恒定,试求压缩空气的压力。

1－3－18 图示吸液装置中,吸入管尺寸为 $\phi32 \times 2.5$ mm,管的下端位于水面下 2 m,并装有底阀及拦污网,该处的局部压头损失为 $8 \dfrac{v^2}{2g}$。若截面 2－2 处的真空度为 4 m 水柱,由 1－1 截面至 2－2 截面的压头损失为 $\dfrac{1}{2} \dfrac{v^2}{2g}$。求:

(1)吸入管中水的流量, m^3 · h^{-1};

(2)吸入口 1－1 处的表压。

1－3－19 在图示装置中,水管直径为 $\phi57 \times 3.5$ mm。当阀门全闭时,压力表读数为 0.3 大气压,而在阀门开启后,压力表读数降至 0.2 大气压,设总压头损失为 0.5 m。求水的流量为若干 m^3 · h^{-1}?

1－3－20 某烟道系统如附图所示,两分烟道完全对称排列,标准状态下烟气总流量 $Q_{VO} = 7200$ Nm^3 · h^{-1},烟气平均温度 $t = 819$ ℃,烟气密度 $\rho = 1.3$ kg · m^{-3},分支烟道断面尺为 0.6 ×

$0.6\,\mathrm{m}^2$,总烟道断面为 $0.72\times1.0\,\mathrm{m}^2$。求自分烟道入口处 I 至烟道底部 II 的总压头损失。

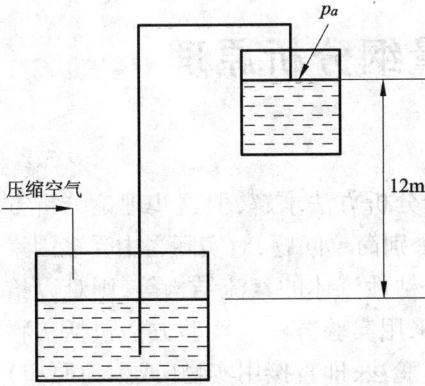

习题 1-3-17 附图

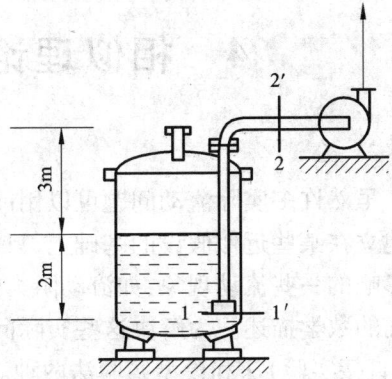

习题 1-3-18 附图

习题 1-3-19 附图

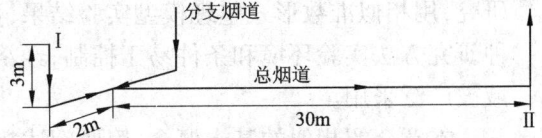

习题 1-3-20 附图

1-3-21　本题附图所示的贮槽内径 D 为 2 m,槽底与内径 d 为 32 mm 的钢管相连,槽内无液体补充,其液面高度 h_1 为 2 m(以管子中心线为基准)。液体在本题管内流动时的全部能量损失可按 $\Sigma h_f=20v^2$ 公式计算,式中 v 为液体在管内的流速(m·s^{-1})。试求当槽内液面下降 1 m 时所需的时间。

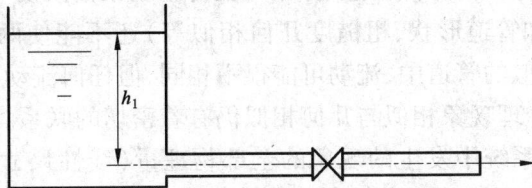

习题 1-3-21 附图

4　相似理论与量纲分析原理

　　虽然许多实际流动问题可以用前述理论分析方法求解,但这些理论分析方法都建立在某些近似假设的基础上,只能解决个别简单问题,对实际当中受多因素复杂影响的一些流动现象,如流动阻力的计算、粘性流体的紊流结构等,则难以给出准确的数学描述。为解决这些实际问题,可采用实验方法。实验方法包括实物实验(直接实验)法和模型实验法两种。实物实验法,即直接用实物(或称为原型)进行实验,由于实际问题的恶劣环境和实验测试手段的限制,进行实验时,往往困难较大,因而实物实验法具有一定的局限性。模型实验法,即在相似理论和量纲分析原理的指导下建立研究模型,使模型现象与原型现象相似,在实验室进行模型实验研究,用相似准数形式整理模型实验结果,再推广应用到原型的实际情况中去。这种研究方法实验环境和条件易于控制,经济性好,风险小,目前在工程技术研究领域被广泛采用。

　　本章介绍相似的基本概念,简要阐述相似理论和量纲分析原理,由此导出流动相似准数。

4.1　相似理论

4.1.1　相似的基本概念

　　物理现象相似是几何相似概念的推广,但物理现象相似较几何相似复杂得多。如只有几何相似(如管道形状、粗糙度几何相似等)还不能使两个流动现象相似,因为在两个几何相似的管道中,流动可能很不相同,但任何流动必须在几何空间内进行。尽管如此,物理现象相似与几何相似仍有着密切的联系。

　　如果描述一个系统中发生的现象的全部物理量(线性尺寸、速度、力、时间间隔等)可以从另一个系统的同类量乘以相应的常数来得到,则这两个系统中所发生的现象称为相似。数学形式为:

$$\frac{l}{l'} = C_l, \quad \frac{u}{u'} = C_u, \quad \frac{t}{t'} = C_t, \quad \frac{F}{F'} = C_F$$

式中　l, u, t, F 分别表示几何尺寸、速度、时间和力。

上述相似定律适用于各种物理现象:力学相似、热力学相似、电相似等。

相似理论的研究对象是发生在几何相似系统中的同一性质的物理现象之间的相似问题,两系统相似,首先要几何相似,即几何相似是现象相似的先决条件,其次是能用同一个关系方程来描述现象的变化过程,即运动相似和动力相似。因此,在流体力学中,两流动现象力学相似必须满足:几何相似、运动相似和动力相似。

4.1.1.1 几何相似

从几何学可知,若两个三角形的对应角相等,对应边成比例,则这两个三角形相似。仿照三角形相似的情况,可以推知:两个系统(或物体)对应角相等,对应的特征长度成同一比例,则这两个系统(物体)称为几何相似,可表示为:

$$\frac{l}{l'} = \frac{d}{d'} = \cdots = C_l \tag{1-4-1a}$$

$$\alpha_1 = \alpha'_1, \alpha_2 = \alpha'_2, \cdots \tag{1-4-1b}$$

式中 C_l 称为几何相似常数,也称为线性比例尺系数。

若两系统几何相似,则对应的面积和体积比应满足:

$$C_A = \frac{A}{A'} = \left(\frac{d}{d'}\right)^2 = C_l^2 \tag{1-4-2}$$

$$C_V = \frac{V}{V'} = \left(\frac{d}{d'}\right)^2 \cdot \frac{l}{l'} = C_l^3 \tag{1-4-3}$$

4.1.1.2 运动相似

若两个流场,在对应瞬间,各对应点上的速度方向相同,速度大小成同一比例,则这两个流场称为运动相似。可表示为:

$$\frac{u_1}{u'_1} = \frac{u_2}{u'_2} = \cdots = C_u \tag{1-4-4a}$$

$$\beta_1 = \beta'_1, \beta_2 = \beta'_2, \cdots \tag{1-4-4b}$$

式中 u——速度的大小;

β——表示速度方向的角度;

C_u——速度相似常数。

在运动相似的条件下,在对应瞬间,有

$$\frac{t_1}{t'_1} = \frac{t_2}{t'_2} = \cdots = \frac{t}{t'} = C_t \tag{1-4-5}$$

在对应点处,有

$$\frac{l_1}{l'_1} = \frac{l_2}{l'_2} = \cdots = \frac{l}{l'} = C_l \tag{1-4-6}$$

式中 C_t——时间相似常数。

根据速度的定义有:

$$C_u = \frac{u}{u'} = \frac{\lim\limits_{\Delta t \to 0}\dfrac{\Delta l}{\Delta t}}{\lim\limits_{\Delta t' \to 0}\dfrac{\Delta l'}{\Delta t'}} = \lim\limits_{\substack{\Delta t \to 0 \\ \Delta t' \to 0}}\frac{\dfrac{\Delta l}{\Delta l'}}{\dfrac{\Delta t}{\Delta t'}} = \frac{C_l}{C_t} \qquad (1-4-7a)$$

或写成：

$$\frac{C_u C_t}{C_l} = 1 \qquad (1-4-7)$$

式(1-4-7)为用相似常数表述的运动相似条件。$C_u C_t / C_l$ 称为相似指标,记为：

$$C = \frac{C_u C_t}{C_l} \qquad (1-4-8)$$

若两现象相似,则其相似指标为 1。对此结论也可采用另一种表示方法,即

$$\frac{ut}{l} = \frac{u't'}{l'} \qquad (1-4-9)$$

上式表明,在运动相似的流场中的任意对应点上,由不同物理量组成的量纲为 1 的综合数群 $\dfrac{ut}{l}$ 的数值都相等,这个量纲为 1 的量称为无量纲量,综合数群叫做相似准数。它是相似理论中一个非常重要的概念。

同理在运动相似的流场中各对应点的加速度应满足：

$$C_a = \frac{a}{a'} = \frac{\lim\limits_{\Delta t \to 0}\dfrac{\Delta u}{\Delta t}}{\lim\limits_{\Delta t' \to 0}\dfrac{\Delta u'}{\Delta t'}} = \lim\limits_{\substack{\Delta t \to 0 \\ \Delta t' \to 0}}\frac{\dfrac{\Delta u}{\Delta u'}}{\dfrac{\Delta t}{\Delta t'}} = \frac{C_u}{C_t} \qquad (1-4-10a)$$

即

$$C = \frac{C_a C_t}{C_u} = \frac{C_a C_t^2}{C_l} = 1 \qquad (1-4-10)$$

式中　C_a——加速度相似常数。

以上表明,在运动相似的流场中,速度场和加速度场必然相似,整个流场的流线谱相似。如图 1-4-1 所示,图(a)与图(b)运动相似,而图(a)与图(c)运动并不相似。

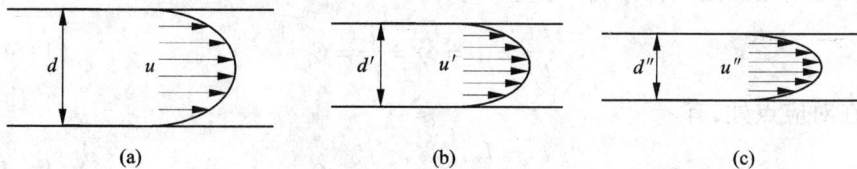

(a)　　　　　　　　　　(b)　　　　　　　　　　(c)

图 1-4-1　流场运动相似示意图

4.1.1.3　动力相似

在几何相似系统中,在对应瞬间,各对应点的作用力方向相同,大小成同一比例,则这些系统称为动力相似。表示为:

$$\frac{F_1}{F_1'} = \frac{F_2}{F_2'} = \cdots = \frac{F}{F'} = C_F \qquad (1-4-11a)$$

$$\gamma_1 = \gamma_1' , \ \gamma_2 = \gamma_2' , \ \cdots \qquad (1-4-11b)$$

式中　F——作用力的大小;

γ——表示作用力方向的角度;

C_F——力相似常数。

上述作用力可以是惯性力、质量力、压力、粘性力或各外力的合力。

由牛顿第二定律,有

$$C_F = \frac{F}{F'} = \frac{ma}{m'a'} = C_m C_a = C_m C_u C_t^{-1}$$

即

$$C = \frac{C_F C_t}{C_m C_u} = 1 \qquad (1-4-12)$$

或

$$\frac{Ft}{mu} = \frac{F't'}{m'u'} = Ne \qquad (1-4-13)$$

式中,无量纲数 Ne 称为牛顿准数。

动力相似包括运动相似,而运动相似又包括几何相似,所以动力相似包括:力、时间和长度三个基本物理量相似,而满足这三者相似条件时,说明两个流场在力学上是相似的。

以上三种相似条件是有联系的。几何相似是运动相似和动力相似的前提和依据。动力相似是决定两个流动系统运动相似的主导因素,运动相似是几何相似和动力相似的表象。三个相似是密切相关的整体,三者缺一不可。

4.1.2　流动相似准数

4.1.2.1　流动相似准数的导出

从流体的运动微分方程(即 N-S 方程)出发,通过相似常数的变换可以导出流体流动过程的相似准数相等的准则,即力学相似准则,也称力学相似判据。由前述3.4 节知,在直角坐标系中,N-S 方程在三个坐标轴方向的形式完全相同,故可从某一个方向的分量出发进行推导。

设有两个流动系统,其一为实物流动系统,其二为模型流动系统,它们都满足不可压缩粘性流体的运动微分方程。对 y 方向的分量,由式(1-3-55b)及随体导数的定义知对实物流动有：

$$\rho \frac{\partial u_y}{\partial t} + \rho \left(u_x \frac{\partial u_y}{\partial x} + u_y \frac{\partial u_y}{\partial y} + u_z \frac{\partial u_y}{\partial z} \right) = \rho Y - \frac{\partial p}{\partial y} + \mu \left(\frac{\partial^2 u_y}{\partial x^2} + \frac{\partial^2 u_y}{\partial y^2} + \frac{\partial^2 u_y}{\partial z^2} \right)$$

$$(1 - 4 - 14)$$

对模型流动有：

$$\rho' \frac{\partial u_y'}{\partial t'} + \rho' \left(u_x' \frac{\partial u_y'}{\partial x'} + u_y' \frac{\partial u_y'}{\partial y'} + u_z' \frac{\partial u_y'}{\partial z'} \right) = \rho' Y' - \frac{\partial p'}{\partial y'} + \mu' \left(\frac{\partial^2 u_y'}{\partial x'^2} + \frac{\partial^2 u_y'}{\partial y'^2} + \frac{\partial^2 u_y'}{\partial z'^2} \right)$$

$$(1 - 4 - 15)$$

若两个流动力学相似，则有

$$\left. \begin{array}{l} \dfrac{x}{x'} = \dfrac{y}{y'} = \dfrac{z}{z'} = C_l, \ \dfrac{u_x}{u_x'} = \dfrac{u_y}{u_y'} = \dfrac{u_z}{u_z'} = C_u, \\[2mm] \dfrac{t}{t'} = C_t, \ \dfrac{p}{p'} = C_p, \ \dfrac{\rho}{\rho'} = C_\rho, \\[2mm] \dfrac{\mu}{\mu'} = C_\mu, \ \dfrac{Y}{Y'} = \dfrac{g}{g'} = C_g \end{array} \right\} \quad (1 - 4 - 16)$$

对同一种流体，C_ρ, C_μ, C_g 均等于 1。

由式（1 - 4 - 16）得，$x = C_l x'$，$y = C_l y'$，…，代入式（1 - 4 - 14）进行相似变换，得

$$\frac{C_\rho C_u}{C_t} \rho' \frac{\partial u_y'}{\partial t'} + \frac{C_\rho C_u^2}{C_l} \rho' \left(u_x' \frac{\partial u_y'}{\partial x'} + u_y' \frac{\partial u_y'}{\partial y'} + u_z' \frac{\partial u_y'}{\partial z'} \right)$$

$$= C_\rho C_g \rho' g' - \frac{C_p}{C_l} \frac{\partial p'}{\partial y'} + \frac{C_\mu C_u}{C_l^2} \mu' \left(\frac{\partial^2 u_y'}{\partial x'^2} + \frac{\partial^2 u_y'}{\partial y'^2} + \frac{\partial^2 u_y'}{\partial z'^2} \right) \quad (1 - 4 - 17)$$

式（1 - 4 - 17）与式（1 - 4 - 15）应该是一致的，因此有

$$\frac{C_\rho C_u}{C_t} = \frac{C_\rho C_u^2}{C_l} = C_\rho C_g = \frac{C_p}{C_l} = \frac{C_\mu C_u}{C_l^2} \quad (1 - 4 - 18)$$

上式为实物流动与模型流动力学相似必须满足的充分与必要条件。

将式（1 - 4 - 18）除以 $\dfrac{C_\rho C_u^2}{C_l}$，得

$$\frac{C_l}{C_u C_t} = \frac{C_g C_l}{C_u^2} = \frac{C_p}{C_\rho C_u^2} = \frac{C_\mu}{C_\rho C_u C_l} = 1$$

将上式写成四个等式，有

$$\frac{C_l}{C_u C_t} = 1 \quad (1 - 4 - 19)$$

$$\frac{C_u^2}{C_g C_l} = 1 \quad (1 - 4 - 20)$$

$$\frac{C_p}{C_\rho C_u^2} = 1 \qquad\qquad (1-4-21)$$

$$\frac{C_\rho C_u C_l}{C_\mu} = 1 \qquad\qquad (1-4-22)$$

将式$(1-4-19) \sim (1-4-22)$中的各相似常数用物理量表示,则有

$$\frac{l}{ut} = \frac{l'}{u't'} = St \qquad\quad 斯特雷哈(Strouhal)数 \qquad (1-4-23)$$

$$\frac{u^2}{gl} = \frac{u'^2}{g'l'} = Fr \qquad\quad 弗劳德(Froude)数 \qquad (1-4-24)$$

$$\frac{p}{\rho u^2} = \frac{p'}{\rho'u'^2} = Eu \qquad\quad 欧拉(Euler)数 \qquad (1-4-25)$$

$$\frac{\rho u l}{\mu} = \frac{\rho'u'l'}{\mu'} = Re \qquad\quad 雷诺(Reynolds)数 \qquad (1-4-26)$$

上述式$(1-4-23) \sim (1-4-26)$中,等号两端的数群均为由流动参数和几何参数组成的无量纲数,统称为相似准数。

由此得出,如果两个流动呈力学相似,则它们的四个相似准数:斯特雷哈数、弗劳德数、欧拉数和雷诺数必须各自相等, 即:

$$\left.\begin{array}{l} St = St' \\ Fr = Fr' \\ Eu = Eu' \\ Re = Re' \end{array}\right\} \qquad\qquad (1-4-27)$$

式$(1-4-27)$称为不可压缩粘性流体流动的力学相似准则。据此判断两个流体是否相似比——检查相似常数C方便得多。

从上述相似准数的导出过程可以看出,从一个物理现象方程导出的相似准数的数目取决于该方程所包含的结构不同的项数,独立相似准数的个数等于方程中不同结构项数减1。

4.1.2.2　相似准数的物理意义

斯特雷哈数$St = \dfrac{l}{ut}$是表示流动的不稳定性的准数,即表示两个不稳定流动在流速对时间的关系上的相似性。对于稳定流动,此相似准数不出现。

弗劳德数$Fr = \dfrac{u^2}{gl} = \dfrac{\rho u^2}{\rho gl}$,其分子为单位体积流体的动能的两倍,分母为单位体积流体的重力位能,它们分别与惯性力和重力有关。因此,Fr数是表示重力影响的相似准数,它表示惯性力与重力的相对大小。

欧拉数$Eu = \dfrac{p}{\rho u^2}$是表示压力影响的准数,显然,它表示压力与惯性力的相对大

小。

在不可压缩流体的管流中,通常需确定的是压力降 Δp,如果压力用压力降代替,则欧拉数变成:

$$Eu = \frac{\Delta p}{\rho u^2} \qquad\qquad (1-4-28)$$

雷诺数 $Re = \dfrac{\rho u l}{\mu} = \dfrac{\rho u^2}{\mu \dfrac{u}{l}}$,是表示粘性力影响的准数,它表示了惯性力与粘性力

的相对大小。

4.1.3　相似理论的应用

相似准则不仅是判断相似的标准,而且也是设计模型的准则。描述流动现象的各物理量之间存在着下述待定的函数关系:

$$f(q_1, q_2, \cdots, q_n) = 0 \qquad\qquad (1-4-29)$$

式中,$q_1, q_2, \cdots, q_n$ 表示流动物理现象的 n 个物理量。

按相似定律,它一定可表示为上述相似准数之间的函数关系,即

$$f_1(Re, Eu, Fr, St, \cdots) = 0 \qquad\qquad (1-4-30)$$
$$Eu = f_2(Re, Fr, St, \cdots) \qquad\qquad (1-4-31)$$

在模型实验中,应当测量的实验变量不是一般的物理量,而是由若干个物理量组成的独立的无量纲的相似准数,这就使得实验变量的个数及实验的工作量大大减少。

如果实物流动与模型流动力学相似,则它们的四个准数分别相等,反之,如果实物流动与模型流动的四个准数相等,则这两个流动必然力学相似。值得指出的是,两个流动力学相似是指两个流动中的对应点上这四个准数相等,而并非每一流动中的各点上的相似准数相等。

事实上,实物流动与模型流动满足四个准数相等是很难做到的。当两个流动都处在重力场中时,有 $g = g'$。若 Fr 数相等,则有

$$\frac{u}{u'} = \sqrt{\frac{l}{l'}} \qquad\qquad (1-4-32)$$

如果两个流动中的流体相同,则 $\rho = \rho', \mu = \mu'$。由 Re 数相等可得

$$\frac{u}{u'} = \frac{l'}{l} \qquad\qquad (1-4-33)$$

显然,式$(1-4-32)$与$(1-4-33)$是矛盾的。

如果两个流动中的流体是不相同的,则由 Re 数相等有

$$\frac{\mu/\rho}{\mu'/\rho'} = \frac{\nu}{\nu'} = \frac{ul}{u'l'}$$

将满足 Fr 数相等的式(1 - 4 - 32)代入上式,得

$$\frac{\nu}{\nu'} = \left(\frac{l}{l'}\right)^{3/2} \qquad (1 - 4 - 34)$$

上式表明若将模型流动的特征长度缩小 10 倍,即 $l/l' = 10$,则 $\nu' = 0.0316\nu$,也即模型流动中流体的运动粘度是实物流动中流体运动粘度的 3.16%。这在实际当中也是很难做到的。

实际上,在流体的流动过程中,并不是每一种力(如重力、粘性力、压力等)都同时起着主要作用,通常只有一、两种力起主要作用,其他力的作用可以忽略。也就是说,对流动相似起决定作用的相似准数通常只有一、两个,只要满足这些主要相似准数相等,则可认为模型流动与实物流动近似力学相似。例如,低速粘性流体流过物体或管道产生的阻力损失等主要是粘性影响的结果,而雷诺数代表惯性力与粘性力之比,因而是考虑流体粘性影响的相似准数。因此,这类流动可认为是雷诺相似,即雷诺数是决定性相似准数。

在工程实际当中,主要相似准数的确定十分重要,须针对具体问题进行具体分析。如果主要相似准数选择得当,模型实验的结果与实际流动可吻合得很好,否则,实验后可能得到与实际流动截然不同的结果。

【例 1 - 4 - 1】 已知 0 ℃的水,$\mu = 1.781 \times 10^{-3}$ Pa·s,$\rho = 998.8$ kg·m^{-3},在管径为 75 mm 的水平直管中以平均流速 3 m·s^{-1} 流动,当管长为 10 m 时,测得的压力降为 14 kPa。20 ℃的汽油,$\mu = 2.9 \times 10^{-4}$ Pa·s,$\rho = 680.3$ kg·m^{-3},在与上述几何相似的管中流动(管径为 25 mm,管长为 10/3 m)。问:汽油需要多大流速才能使其流动与水的流动相似,此时汽油的压力降将为多少?

解 此为管内低速流动,流体的粘性起主要作用,重力的影响可忽略,即 Re 数是决定性相似准数,Fr 数可忽略。

设汽油的流动为"实物",水的流动为"模型",则

$$C_l = \frac{d}{d'} = \frac{25}{75} = \frac{l}{l'} = \frac{10/3}{10} = \frac{1}{3}$$

$$C_\rho = \frac{\rho}{\rho'} = \frac{680.3}{998.8} = 0.681$$

$$C_\mu = \frac{\mu}{\mu'} = \frac{2.9 \times 10^{-4}}{1.781 \times 10^{-3}} = 0.163$$

考虑雷诺相似,按式(1 - 4 - 22),有

$$C_v = \frac{C_\mu}{C_\rho C_l} = \frac{0.163}{0.681 \times 1/3} = 0.718$$

故,汽油的流速为:

$$v = C_v v' = 0.718 \times 3 = 2.15 \text{ m} \cdot \text{s}^{-1}$$

再由欧拉相似,即式(1-4-21),有

$$C_p = C_\rho C_v^2 = 0.681 \times 0.718^2 = 0.351$$

则汽油的压力降为:

$$\Delta p = C_p \Delta p' = 0.351 \times 14 = 4.9 \text{ kPa}$$

4.2 量纲分析原理

从前述相似理论分析知,相似准数是判别两个流动现象或两个其他物理现象相似并进行模型设计的关键。当描述物理现象的数学方程已知时,可从数学方程出发通过相似变换导出相似准数。但是,当描述的物理现象不能建立数学方程时,则需采用其他方法给出相似准数。

量纲分析方法是根据物理方程的量纲和谐原则来建立和研究由各物理量和几何量组合而成的无量纲量之间的函数关系,也即找出相似准数之间的函数关系的一种方法。当所研究的物理现象无法用数学方程描述时,量纲分析方法是获得相似准数的唯一方法,也是工程实际当中普遍采用的一种方法,它同样是模型设计的重要理论基础。

如果确定某一流动现象的几个物理量之间有式(1-4-29)的特定函数关系存在,即:

$$f(q_1, q_2, \cdots, q_n) = 0$$

则不仅通过相似理论分析方法,而且通过量纲分析方法也可正确地组合有关物理量构成无量纲数群,从而获得式(1-4-30)或(1-4-31)所述的待定关系:

$$f_1(Re, Eu, Fr, St, \cdots) = 0$$

或

$$Eu = f_2(Re, Fr, St, \cdots)$$

4.2.1 量纲的基本概念

所谓物理量的量纲是指代表物理量性质或种类的符号,通常也叫做因次。量纲和单位既有联系,又有区别。量纲只反映物理量的性质或种类,与物理量的大小无关,而单位除反映物理量的性质或种类外,还涉及物理量的大小。如质量的量纲只有一个 M,但质量的单位有 mg、g、kg 等;而长度的量纲为 L,但长度的单位有 mm,cm,m,km 等。

物理量可分为基本物理量和导出量两种,基本物理量的量纲称为基本量纲,导出量的量纲则称为导出量纲。

基本量纲的选取必须满足两个要求:① 各基本量纲必须相互独立;② 利用这几个基本量纲应该能导出其他所需一切物理量的量纲。不同的物理现象可以选择不同的基本量纲。流体力学现象所包含的众多物理量中,只有四个基本物理量:长度、质量、时间和温度,对应于四个基本量纲:L,M,T,θ,其他物理量都可按其自身的定义或所遵循的定律由基本物理量导出,所有导出量的量纲都可用上述四个基本量纲的幂的乘积表示,即

$$[q] = M^{n_1} L^{n_2} T^{n_3} \theta^{n_4} \tag{1-4-35}$$

上式称为量纲表达式。

如密度 ρ 的量纲为:$[\rho] = M \cdot L^{-3}$

压力 p 的量纲为:$[p] = \left[\dfrac{F}{A}\right] = \left[\dfrac{m \cdot a}{A}\right] = \dfrac{[M] \cdot [L \cdot T^{-2}]}{[L^2]} = M \cdot L^{-1} \cdot T^{-2}$

粘度 μ 的量纲为:$[\mu] = \left[\dfrac{\tau}{du/dy}\right] = \dfrac{[M \cdot L^{-1} \cdot T^{-2}]}{[L \cdot T^{-1}/L]} = M \cdot L^{-1} \cdot T^{-1}$

研究水力损失和流动阻力时,又常选择线性特征尺寸 l、速度 u 和密度 ρ 为基本物理量。

4.2.2 量纲和谐原则和 Π 定理

4.2.2.1 量纲和谐原则

量纲和谐原则即:根据基本规律导出的物理方程式等号两边的量纲必然一致。

这一原则由傅立叶于 1882 年提出,它既是量纲分析的理论基础,又可用来检验物理方程和经验公式的正确性和完整性,因为只有同类的量才能想加、减。显然,量纲不一致的方程和经验公式肯定是有误或者是不完整的。

4.2.2.2 Π 定理

假设某一物理现象中包含有 n 个物理量 $q_1, q_2, \cdots, q_n$,它们满足下列一般形式:

$$f(q_1, q_2, \cdots, q_n) = 0 \tag{1-4-36}$$

或

$$q_n = f(q_1, q_2, \cdots, q_{n-1}) \tag{1-4-36a}$$

这 n 个物理量中,知有 k 个基本物理量 $q_1, q_2, \cdots, q_k$,对应于 k 个基本量纲 L_1, $L_2, \cdots, L_k (k \leq n)$,则上述函数关系一定能变换成 $m = n - k$ 个无量纲数群 $\pi_1, \pi_2,$ $\cdots, \pi_m$ 之间的函数关系,即

$$F(1, 1, \cdots, 1, \pi_{k+1}, \pi_{k+2}, \cdots, \pi_n) = 0 \tag{1-4-37}$$

或

$$\pi_n = F(1, 1, \cdots, 1, \pi_{k+1}, \pi_{k+2}, \cdots, \pi_{n-1}) \tag{1-4-37a}$$

式中,

$$\pi_m = \frac{q_m}{q_1^{x_{m1}} q_2^{x_{m2}} \cdots q_k^{x_{mk}}}, \quad m = k+1, k+2, \cdots, n \tag{1-4-38}$$

这就是白金汉 1915 年提出的 Π 定理,它表明任何量纲和谐的物理方程都可表示为一组无量纲数群之间的函数,组成的无量纲数群的数目等于影响该过程的物理量的数目减去用于表示这些物理量的基本量纲的数目。这些无量纲数群即相似准数。根据 Π 定理,可以将通常有量纲的物理量之间的函数关系表示为无量纲的相似准数之间的函数关系,通过相似准数来处理和整理实验数据,使许多工程问题的处理大为简化,这正是量纲分析法的优点所在。

4.2.3　量纲分析方法的应用

对于一些较复杂的物理现象,当只靠数学分析无法求解时,或者暂时难以找到确切的方程来加以描述时,量纲分析法中的量纲和谐原则及 Π 定理将为如何由有关物理量组成无量纲数群,即相似准数提供方法,这对模型研究是十分重要的。

量纲分析方法的一般步骤为:

(1)通过实验找出影响某一物理现象的所有独立因素,并按式(1-4-36)写出它们的一般函数关系式;

(2)从影响该现象的 n 个物理量中,确定 k 个基本物理量及其基本量纲;

(3)按式(1-4-38)依次写出其他各物理量分别与该 k 个基本物理量组成的 $n-k$ 个无量纲数群;

(4)根据量纲和谐原则列出量纲和谐方程组,联立求解,确定待定参数 x_{m1}, $x_{m2}, \cdots, x_{mk}$,得出各无量纲数群的具体形式;

(5)根据上述结果,写出准数关联式。

下面以不可压缩流体的等温流动为例,说明量纲分析方法在流体力学中的应用。

【例 1-4-2】　已知不可压缩粘性流体做等温流动,其主要影响因素有 ρ, u, l, p, μ, g, t,试用量纲分析方法导出它们之间的准数关联式。

解　由题意知,不可压缩粘性流体做等温流动的主要影响因素有 ρ, u, l, p, μ, g, t,可写出它们的一般函数关系式如下:

$$f(\rho, u, l, p, \mu, g, t) = 0 \qquad (1)$$

在这 7 个物理量中,可选择 ρ, u, l 三个参数为基本物理量,根据 Π 定理,可写出 7-3=4 个无量纲数群:

即
$$F(1, 1, 1, \pi_1, \pi_2, \pi_3, \pi_4) = 0 \qquad (2)$$

其中,
$$\pi_1 = \frac{p}{\rho^{x_{11}} u^{x_{12}} l^{x_{13}}} \qquad (3)$$

$$\pi_2 = \frac{\mu}{\rho^{x_{21}} u^{x_{22}} l^{x_{23}}} \qquad (4)$$

$$\pi_3 = \frac{g}{\rho^{x_{31}} u^{x_{32}} l^{x_{33}}} \tag{5}$$

$$\pi_4 = \frac{t}{\rho^{x_{41}} u^{x_{42}} l^{x_{43}}} \tag{6}$$

上述式(3)~(6)各物理量的量纲如下：

物理量：$\quad \rho \quad\quad u \quad\quad l \quad\quad p \quad\quad\quad \mu \quad\quad\quad g \quad\quad t$

量 纲：$\quad ML^{-3} \quad LT^{-1} \quad L \quad ML^{-1}T^{-2} \quad ML^{-1}T^{-1} \quad LT^{-2} \quad T$

对式(3)可写出其量纲方程式如下：

$$[\pi_1] = \frac{[ML^{-1}T^{-2}]}{[ML^{-3}]^{x_{11}} [LT^{-1}]^{x_{12}} [L]^{x_{13}}} \tag{7}$$

即 $\qquad [\pi_1] = [M^{1-x_{11}} L^{-1+3x_{11}-x_{12}-x_{13}} T^{-2+x_{12}}]$

式(7)的左边为无量纲量,根据量纲和谐原则,可得出量纲和谐方程组为：

$$\begin{aligned}
对 M: & \quad 1 - x_{11} = 0 \\
对 L: & \quad \left\{ -1 + 3x_{11} - x_{12} - x_{13} = 0 \right. \\
对 T: & \quad -2 + x_{12} = 0
\end{aligned} \tag{8}$$

解上述方程组,可得：$x_{11} = 1, x_{12} = 2, x_{13} = 0$,于是有

$$\pi_1 = \frac{p}{\rho u^2} = Eu \tag{9}$$

同理,可得：

$$\pi_2 = \frac{\mu}{\rho u l} = \frac{1}{Re} \tag{10}$$

$$\pi_3 = \frac{gl}{u^2} = \frac{1}{Fr} \tag{11}$$

$$\pi_4 = \frac{ut}{l} = \frac{1}{St} \tag{12}$$

由上可写出准数关联式为：

$$f(Re, Eu, Fr, St) = 0 \tag{13}$$

此量纲分析法所得结果与相似理论分析法所得结果是一致的。

习 题

1 - 4 - 1 试述几何相似、运动相似、动力相似的概念,并举例说明之。

1 - 4 - 2 什么叫力学相似准则? 试说明各相似准则的物理意义。

1 - 4 - 3 什么叫量纲? 基本量纲的选择有什么要求?

1 - 4 - 4 什么叫量纲分析方法? 量纲分析方法的理论依据是什么?

1 - 4 - 5 用相似准则来描述物理现象有何优点?

1－4－6　测量水管阀门的局部阻力系数,拟用同一管道通过空气的办法进行。已知水和空气的温度均为 20 ℃,管路直径为 50 mm。(1)当水的流速为 2.5 m·s^{-1}时,风速应为多大?(2)通过空气时测得的压力损失应扩大多少倍才是通过水时的压降?

1－4－7　某烟气以 8 m·s^{-1}的速度在烟道中流动,通过烟道的压降为 120 Pa。测得烟气温度为 500 ℃,密度为 0.4 kg·m^{-3},粘度为 3.6×10^{-5} Pa·s。今欲采用 20 ℃的水作为模型进行实验研究,模型与实物的特征尺寸之比为 1/10,试问:

(1)为了保证流动相似,模型中水的流速应为多少?

(2)模型中的压降为多少?

1－4－8　实验研究表明,固体颗粒在流体中匀速沉降速度 v 与固体颗粒的直径 d,密度 ρ_s,及流体的密度 ρ,粘度 μ 和重力速度 g 有关,试用量纲分析方法建立固体颗粒匀速沉降速度公式。

1－4－9　已知不可压缩粘性流体绕球体流动时所受的流动阻力 F 与球体的直径 D,流体的流速 v,流体的密度 ρ 和粘度 μ 有关。试用量纲分析方法推导流动阻力 F 的计算公式。

1－4－10　紊流光滑管单位长度的压头损失 h_f/l 和平均流速 v,管径 d,密度 ρ,粘度 μ 和重力加速度 g 有关,试用量纲分析方法确定 h_f/l 的计算表达式。

1－4－11　某容器中搅拌器所需功率为以下四个变量的函数:

(1)搅拌桨的直径 D;

(2)搅拌桨在单位时间内的转数 n;

(3)液体的粘度 μ;

(4)液体的密度 ρ。

试用量纲分析法导出功率与这四个变量之间的关系。

1－4－12　欲用文丘里流量计测量空气($\nu = 1.57 \times 10^{-5}$ m^2·s^{-1})流量为 $Q_1 = 2.78$ m^3·s^{-1},该流量计的尺寸为 $D_1 = 4.50$ m,$d_1 = 2.25$ m,现设计模型文丘里流量计用 $t = 10$ ℃的水做试验,测得流量为 $Q = 0.1028$ m^3·s^{-1},这时水与空气动力相似,试确定文丘里流量计的尺寸。

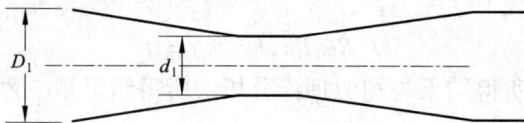

习题 1－4－12 附图

5　流体流动阻力与管路计算

　　自然界中的实际流体都具有粘性,粘性流体在管内流动时,由于始终存在阻碍流体运动的粘性力(内摩擦阻力)以及流体与管壁的摩擦、碰撞等所产生的阻力,必然造成流体的机械能沿程不断损耗,损耗的这部分能量即所谓的能量损失,一般都转化为热能的形式,常称之为流动阻力。管内流体的流动阻力通常可分为沿程阻力(直管阻力)和局部阻力(撞击阻力)两大类。沿程阻力是指流体流经直管时由于流体的内摩擦力而产生的能量损失,局部阻力是指流体流经管路中各类管件(弯头、阀门等)或管道截面发生缩小或扩大等局部地方时,由于速度方向及大小的改变,引起速度重新分布并产生漩涡,使流体质点发生剧烈动量交换而产生的能量损失。实际流体的柏努利方程式中的能量损失项 $\sum h_f$,实际上就是管路系统的沿程阻力 h_f 和局部阻力 h_f' 之和,即

$$\sum h_f = h_f + h_f' \qquad\qquad (1-5-1)$$

5.1　管流沿程阻力

　　流体在管内流动时,存在层流和紊流两种流动型态,不同的流动型态因受到不同切应力的作用而具有不同的流动阻力。层流状态下,流体所受粘性切应力由分子扩散而引起,可由连续性方程和 N-S 方程从理论上推导出流动阻力的计算公式;而紊流状态下,流体不仅受到因分子扩散而产生的粘性切应力的作用,还受到因流体微团的脉动转移所产生的涡流切应力的作用,其总的切应力为粘性切应力与附加切应力之和,通常情况下,附加切应力比粘性切应力大得多(往往大几百倍甚至几千倍)。由于紊流的复杂性,难以从理论上获得分析解,一般采用相似理论的方法或量纲分析方法求解流动阻力。

5.1.1　圆管内层流流动沿程阻力

　　设不可压缩流体在管内作稳定层流流动,所考察的系统远离管道进、出口,圆管水平放置,且管轴与 x 轴重合,从管轴算起的径向坐标为 y 和 z,如图 1-5-1 所示。

　　对这种管内稳定流动,可直接利用连续性方程和 N-S 方程进行分析。

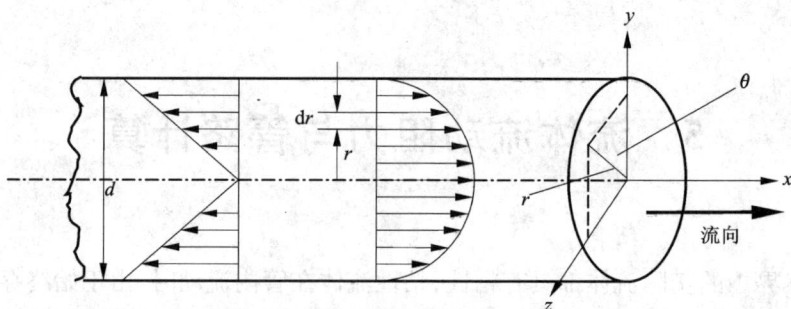

图 1 - 5 - 1　管内层流示意图

设流体沿轴向(x 方向)一维流动,则 $u_y = u_z = 0$。

对不可压缩流体的稳定流动,由连续性方程式(1 - 3 - 29)可得

$$\frac{\partial u_x}{\partial x} = 0 \qquad (1 - 5 - 2)$$

当忽略质量力的作用时,N - S 方程式(1 - 3 - 55)又可简化为

$$\frac{\partial p}{\partial x} = \mu\left(\frac{\partial^2 u_x}{\partial y^2} + \frac{\partial^2 u_x}{\partial z^2}\right) \qquad (1 - 5 - 3a)$$

$$\frac{\partial p}{\partial y} = 0 \qquad (1 - 5 - 3b)$$

$$\frac{\partial p}{\partial z} = 0 \qquad (1 - 5 - 3c)$$

式(1 - 5 - 3)说明,压力 p 只是 x 的函数,而流速 u 则是 y, z 的函数。因此,只有在方程式的两边都等于常数的条件下,式(1 - 5 - 3a)才能成立,故有

$$\frac{\mathrm{d}p}{\mathrm{d}x} = C(常数) \qquad (1 - 5 - 4)$$

这表明粘性流体在管内稳定层流时,压力是沿轴向均匀变化的。

现假设管道长度为 l,两端的压力分别为 p_1 和 p_2,令 $\Delta p = p_1 - p_2$,则有

$$\frac{\mathrm{d}p}{\mathrm{d}x} = \frac{-\Delta p}{l} \qquad (1 - 5 - 5)$$

于是,式(1 - 5 - 3a)可写成

$$\frac{\partial^2 u_x}{\partial y^2} + \frac{\partial^2 u_x}{\partial z^2} = \frac{1}{\mu}\frac{\partial p}{\partial x} = \frac{-\Delta p}{\mu l} \qquad (1 - 5 - 6)$$

对管内流动,将上述方程(1 - 5 - 6)化为柱坐标方程更为简便。设半径为 r 处的点速度为 u,令 $y = r\cos\theta, z = r\sin\theta$,则有

$$\frac{\partial u}{\partial r} = \frac{\partial u}{\partial y}\cos\theta + \frac{\partial u}{\partial z}\sin\theta \tag{1}$$

$$\frac{\partial u}{\partial \theta} = \frac{\partial u}{\partial y}(-r\sin\theta) + \frac{\partial u}{\partial z}r\cos\theta \tag{2}$$

$$\frac{\partial^2 u}{\partial r^2} = \frac{\partial^2 u}{\partial y^2}\cos^2\theta + \frac{\partial^2 u}{\partial z^2}\sin^2\theta \tag{3}$$

$$\frac{\partial^2 u}{\partial \theta^2} = \frac{\partial^2 u}{\partial y^2}r^2\sin^2\theta + \frac{\partial^2 u}{\partial z^2}r^2\cos^2\theta - \frac{\partial u}{\partial y}r\cos\theta - \frac{\partial u}{\partial z}r\sin\theta \tag{4}$$

将式(3)乘以 r^2 并与式(4)相加,得

$$r^2\frac{\partial^2 u}{\partial r^2} + \frac{\partial^2 u}{\partial \theta^2} = \left(\frac{\partial^2 u}{\partial y^2} + \frac{\partial^2 u}{\partial z^2}\right)r^2 - r\frac{\partial u}{\partial r} \tag{5}$$

由于管内流动为轴对称流动,u 与 θ 无关,因此,上式可简化为

$$\frac{d^2 u}{dr^2} + \frac{1}{r}\frac{du}{dr} = \frac{\partial^2 u}{\partial y^2} + \frac{\partial^2 u}{\partial z^2} \tag{1-5-7}$$

比较式(1-5-6)和(1-5-7)可得

$$\frac{d^2 u}{dy^2} + \frac{1}{r}\frac{du}{dr} = \frac{-\Delta p}{\mu l} \tag{1-5-8}$$

式(1-5-8)可变换成

$$\frac{1}{r}\frac{d}{dr}\left(r\frac{du}{dr}\right) = \frac{-\Delta p}{\mu l}$$

将上式分离变量进行定积分,即

$$\int_0^r d\left(r\frac{du}{dr}\right) = -\frac{\Delta p}{\mu l}\int_0^r r dr \tag{1-5-9}$$

故有

$$\frac{du}{dr} = -\frac{\Delta p}{2\mu l}r \tag{1-5-10}$$

已知在管壁 $r=R$ 处,$u=0$;在半径为 r 处速度为 u,将上式进行定积分可得

$$u = \frac{\Delta p}{4\mu l}(R^2 - r^2) \tag{1-5-11}$$

式(1-5-11)与3.1.4节的式(1-3-8)是一致的,此处的 l 即相当于式(1-3-8)中的 Δl。

根据牛顿粘性定律,可得

$$\tau = -\mu\frac{du}{dr} = -\mu\frac{d}{dr}\left[\frac{\Delta p}{4\mu l}(R^2 - r^2)\right] = \frac{\Delta p}{2l}r \tag{1-5-12}$$

可见,τ 与 r 呈线性关系,如图 $1-5-1$ 所示。在壁面上粘性切应力具有最大值,即

$$\tau_{\max} = \frac{\Delta p}{2l} R \qquad (1-5-13)$$

又根据管截面平均流速的定义,可得平均流速为

$$v = \frac{1}{A} \int_0^A u \mathrm{d}A = \frac{1}{\pi R^2} \int_0^R \frac{\Delta p}{4\mu l}(R^2 - r^2) \cdot 2\pi r \mathrm{d}r = \frac{\Delta p}{8\mu l} R^2 \qquad (1-5-14)$$

由此得沿程流动阻力为

$$h_f = \frac{\Delta p}{\rho} = \frac{8\mu l v}{R^2 \rho} = \frac{32\mu l v}{d^2 \rho} \qquad (1-5-15)$$

由上式可以看出,圆管内的层流流动阻力与平均流速及管长的一次方成正比,与管道直径的平方成反比。因此,流体在管内以一定速度流动时,管路越长,管径越小,沿程阻力越大。远距离输送流体时,可适当加大管径,以减少沿程阻力损失。

流体力学中,常将压头损失(Δp)表示成单位质量流体的动压头($\frac{1}{2}v^2$)的倍数,故上式可改写为

$$h_f = \frac{64}{\dfrac{dv\rho}{\mu}} \frac{l}{d} \frac{v^2}{2} = \frac{64}{Re} \frac{l}{d} \frac{v^2}{2}$$

令 $\lambda = \dfrac{64}{Re}$,称为沿程流动阻力系数或摩擦系数,则得

$$h_f = \lambda \frac{l}{d} \frac{v^2}{2} \qquad (1-5-16)$$

式($1-5-16$)即为流体力学中计算层流沿程阻力的达西公式。

事实上,达西公式也可以从式($1-3-11$)直接导出。将式($1-3-11$)中的 Δl 以 l 代替,即可得出式($1-5-16$)。

5.1.2 圆管内紊流流动沿程阻力

紊流因具有随机脉动性,其运动结构及流动情况比层流流动要复杂得多,因而难以象层流流动那样,通过理论分析求得流动阻力,一般需通过实验方法求解。由于此类流动阻力的影响因素极为复杂,单纯的实验研究工作量很大,且实验数据的处理也非常麻烦。因此,常采用相似理论的方法或量纲分析方法进行求解。

下面用量纲分析方法求解紊流流动阻力问题。

理论分析和实验表明,流体在管内紊流流动时,影响压头损失(Δp)的主要因素有管径 d、平均流速 v、流体的密度 ρ、粘度 μ、管长 l 和管壁粗糙度 ε,即

$$\Delta p = f(d,v,\rho,\mu,l,\varepsilon) \qquad (1-5-17)$$

现取 d,v,ρ 为基本物理量,则由 Π 定理可得

$$\pi_4 = F(1,1,1,\pi_1,\pi_2,\pi_3) \qquad (1-5-18)$$

式中,

$$\pi_1 = \frac{\mu}{d^{x_{11}}v^{x_{12}}\rho^{x_{13}}} \qquad (1-5-18\text{a})$$

$$\pi_2 = \frac{l}{d^{x_{21}}v^{x_{22}}\rho^{x_{23}}} \qquad (1-5-18\text{b})$$

$$\pi_3 = \frac{\varepsilon}{d^{x_{31}}v^{x_{32}}\rho^{x_{33}}} \qquad (1-5-18\text{c})$$

$$\pi_4 = \frac{\Delta p}{d^{x_{41}}v^{x_{42}}\rho^{x_{43}}} \qquad (1-5-18\text{d})$$

以上各物理量的量纲如下:

物理量 $\quad d \quad v \quad \rho \quad \mu \quad l \quad \varepsilon \quad \Delta p$

量 纲 $\quad$ L $\quad$ LT^{-1} $\quad$ ML^{-3} $\quad$ ML^{-1}T^{-1} $\quad$ L $\quad$ L $\quad$ ML^{-1}T^{-2}

由式 $(1-5-18\text{a})$ 可得 $\quad \mu = \pi_1 d^{x_{11}}v^{x_{12}}\rho^{x_{13}}$

将各物理量的量纲代入上式可得

$$\text{ML}^{-1}\text{T}^{-1} = \pi_1(\text{L})^{x_{11}}(\text{LT}^{-1})^{x_{12}}(\text{ML}^{-3})^{x_{13}} = \pi_1 \text{M}^{x_{13}}\text{L}^{x_{11}+x_{12}-3x_{13}}\text{T}^{-x_{12}}$$

根据量纲和谐原则,上式等号两边的量纲一致,而 π_1 为无量纲量,因此,有

$$\begin{cases} x_{13} = 1 \\ x_{11} + x_{12} - 3x_{13} = -1 \\ -x_{12} = -1 \end{cases}$$

解上述方程组,可得:$x_{11} = 1, x_{12} = 1, x_{13} = 1$

故 $$\pi_1 = \frac{\mu}{dv\rho} = \frac{1}{Re}$$

同理,对式 $(1-5-18\text{b}) \sim (1-5-18\text{d})$ 可分别求得:

$$x_{21} = 1,\ x_{22} = 0,\ x_{23} = 0,$$
$$x_{31} = 1,\ x_{32} = 0,\ x_{33} = 0,$$
$$x_{41} = 0,\ x_{42} = 2,\ x_{43} = 1$$

相应地,有 $$\pi_2 = \frac{l}{d},\ \pi_3 = \frac{\varepsilon}{d},\ \pi_4 = \frac{\Delta p}{\rho v^2}$$

因此,原方程 $(1-5-18)$ 则变成

$$\frac{\Delta p}{\rho v^2} = f\left(\frac{1}{Re}, \frac{l}{d}, \frac{\varepsilon}{d}\right) \qquad (1-5-19)$$

上式包括四个准数:Re 为惯性力与粘性力之比,反映流动特性;l/d 为管道的

长径比,反映管道的几何特性;ε/d 为管壁的绝对粗糙度与管径之比,称为相对粗糙度;$\Delta p/\rho v^2$ 即欧拉准数(Eu),表示阻力损失引起的压降与惯性力之比。

可见,经过量纲分析之后,式(1-5-17)中的 7 个变量减少为式(1-5-19)中的 4 个无量纲量,这必然使实验及数据处理的工作量大大减少,此即量纲分析方法的优势所在。

又大量实验证明,压头损失与管长 l 成正比,与管径 d 成反比,因此,式(1-5-19)可改写成

$$\frac{\Delta p}{\rho v^2} = f'\left(\frac{1}{Re},\ \frac{\varepsilon}{d}\right)\frac{l}{d}$$

即

$$\frac{\Delta p}{\rho} = 2f'\left(\frac{1}{Re},\ \frac{\varepsilon}{d}\right)\frac{l}{d}\frac{v^2}{2} \qquad (1-5-20)$$

令 $\lambda = 2f'\left(\frac{1}{Re},\frac{\varepsilon}{d}\right)$,称之为沿程流动阻力系数或摩擦系数,则有

$$h_f = \frac{\Delta p}{\rho} = \lambda\frac{l}{d}\frac{v^2}{2} \qquad (1-5-21)$$

此即紊流的沿程流动阻力计算公式,它与计算层流沿程流动阻力的达西公式在形式上完全一致。

摩擦系数 λ 是一个无量纲量,它是 Re 数和 ε/d 的函数,一般需通过实验测定 λ 随 Re 和 ε/d 的变化规律。图1-5-2 为摩狄摩擦系数图,由此图可查得不同流动条件下的 λ 值。

从图1-5-2 可看出有以下 5 个不同区域:

(1)层流区,即 $Re \leq 2000$,此时 λ 与 ε/d 无关,只与 Re 的倒数成正比,即 $\lambda=f(Re)$。对于圆管中的流动,$\lambda=\frac{64}{Re}$。

(2)过渡区,即 $2000<Re<4000$ 时,此区内实现层流向紊流的转变,流态不稳定,可能是层流,也可能是紊流,工程计算中宁可把数据取大一些,按紊流处理。

(3)紊流光滑区(图中的光滑管线),即 $Re \geq 4000$ 时,流动边界层的层流底层厚度 δ_b 大于管壁的绝对粗糙度 ε。此区内的 λ 实际上只随 Re 而变,管壁粗糙程度对 λ 不发生影响。故可视为"流体力学光滑管"。

(4)紊流过渡区,即 $Re \geq 4000$ 以及虚线以下区域,不同的相对粗糙度 ε/d 有对应的 λ 曲线。此时 λ 不仅与 Re 有关,也与 ε/d 有密切关系。

(5)紊流粗糙区,即图中虚线以上区域。此区内,每一条 λ 曲线都趋近于水平线,λ 仅与 ε/d 有关,而与 Re 无关。这是因为 Re 增大很多时,层流底层厚度 δ_b 变薄,$\delta_b \ll \varepsilon$,即粗糙凸起部分的扰动作用已成为紊流核心中惯性阻力的主要原因。

紊流区的 λ 值除可从图1-5-2 查出外,还可根据经验公式进行计算,如布拉

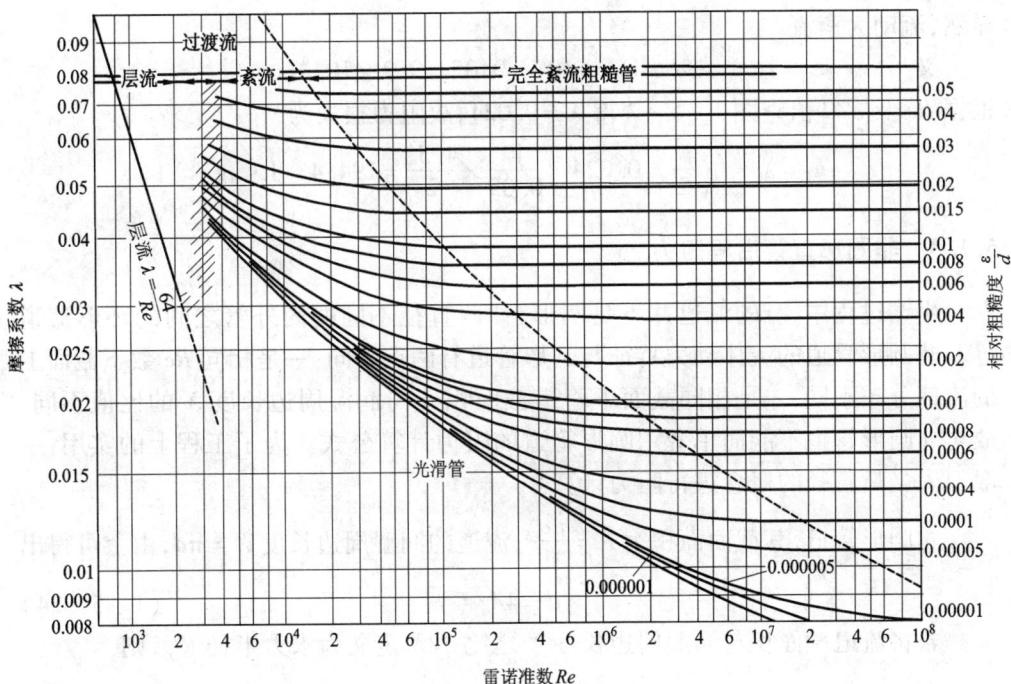

图 1-5-2　λ 与 Re 与 ε/d 的关系

修斯(Blasius)方程式

$$\lambda = \frac{0.3164}{Re^{0.25}} \qquad (1-5-22)$$

适用于 $2.5 \times 10^3 < Re < 10^5$ 的光滑管。

又如考莱布鲁克(Colebrook)式。

$$\frac{1}{\sqrt{\lambda}} = 1.74 - 2\lg\left(\frac{2\varepsilon}{d} + \frac{18.7}{Re\sqrt{\lambda}}\right) \qquad (1-5-23)$$

此式适用于紊流的各个区域,即适用于紊流光滑区、紊流过渡区直至紊流粗糙区。

【例 1-5-1】　某液体以 $4.5\ \mathrm{m \cdot s^{-1}}$ 的流速流经内径为 $0.05\ \mathrm{m}$ 的水平工业钢管,液体的粘度为 $4.46 \times 10^{-3}\ \mathrm{Pa \cdot s}$,密度为 $800\ \mathrm{kg \cdot m^{-3}}$,工业钢管的绝对粗糙度为 $4.6 \times 10^{-5}\ \mathrm{m}$。试计算流体流经 $40\ \mathrm{m}$ 管道的阻力损失。

解　已知 $d = 0.05\ \mathrm{m}, l = 40\ \mathrm{m}, \rho = 800\ \mathrm{kg \cdot m^{-3}}, \mu = 4.46 \times 10^{-3}\ \mathrm{Pa \cdot s}, v = 4.5\ \mathrm{m \cdot s^{-1}}, \varepsilon = 4.6 \times 10^{-5}\ \mathrm{m}$。

$$Re = \frac{dv\rho}{\mu} = \frac{0.05 \times 4.5 \times 800}{4.46 \times 10^{-3}} = 40359$$

显然,流动为紊流。

又 $\qquad\qquad \varepsilon/d = 4.6 \times 10^{-5}/0.05 = 9.2 \times 10^{-4}$

根据 Re 及 ε/d 值查图 1-5-2 得 $\lambda = 0.024$,故阻力损失为

$$h_{\mathrm{f}} = \lambda \frac{l}{d} \cdot \frac{v^2}{2} = 0.024 \times \frac{40}{0.05} \times \frac{4.5^2}{2} = 194.4 \quad \mathrm{J \cdot kg^{-1}}$$

5.1.3　非圆形直管沿程阻力

生产过程中,有的流道并不是圆形,如两直径不同的内外管之间的环形流道等。非圆形管道的流体动力特征与圆形管道有两点不同:一是相同 Re 数下截面上的流速分布不同,二是相同截面下管道截面积 A 与润湿周边长度 X 的比值不同。故对非圆形管道不能简单套用圆形管道的阻力计算公式。为了工程上的实用,一般引入当量直径的概念进行阻力计算。

对圆形管道,其截面面积为 $A = \dfrac{\pi d^2}{4}$,流道的润湿周边长度 $X = \pi d$,由上可得出

$$d = 4A/X \qquad\qquad (1-5-24)$$

若将流道截面积与润湿周边长度 X 之比 A/X 定义为水力半径 $R_{\text{水}}$,则

$$d = 4R_{\text{水}}$$

即圆形管道的直径等于 4 倍水力半径。将此概念类推至非圆形管道,即得出非圆形管道的当量直径等于 4 倍水力半径。

即 $\qquad\qquad\qquad d_{\mathrm{e}} = 4A/X \qquad\qquad (1-5-24\text{a})$

如对边长为 a 的正方形管道,则其当量直径为

$$d_{\mathrm{e}} = \frac{4a^2}{4a} = a$$

对一外径为 d_1 的内管与内径为 d_2 的外管构成的环形通道,则

$$d_{\mathrm{e}} = \frac{4 \times \dfrac{\pi}{4}(d_2^2 - d_1^2)}{\pi(d_1 + d_1)} = d_2 - d_1$$

引入当量直径的概念后,对非圆形管道的阻力计算仍可使用前面的达西公式以及关于 λ 的经验公式和图表,但计算时应以当量直径 d_{e} 代替管径 d。

一些研究结果表明,当量直径 d_{e} 用于紊流流动下阻力的计算,结果比较可靠;用于矩形截面管道时,其截面的长宽比不能超过 3∶1;用于环形截面流道时,可靠性较差。一般而言,对于层流流动,用当量直径进行计算时,除管径用当量直径代替外,摩擦系数应采用下式计算:

$$\lambda = \frac{C}{Re} \qquad\qquad (1-5-25)$$

式中的 C 值由管道截面形状确定,其值列于表 1 – 5 – 1 中。

表 1 – 5 – 1　某些非圆形管道的 C 值

非圆形管的 截面形状	正方形	等边三角形	环　形	长方形	
				长:宽 = 2:1	长:宽 = 4:1
C	57	53	96	62	73

5.2　管流局部阻力

凡流体的运动方向或流速突然变化而引起流体与管道壁的直接撞击增加,以及流体内部涡流加剧所产生的流体机械能损耗称为局部阻力或撞击阻力,这种阻力集中在管件处或管截面突变处,是形体阻力与摩擦阻力之和。但局部阻力主要来源于流道急剧变化,使流体边界层分离造成大量漩涡导致的机械能损失。由于此类阻力种类繁多,影响因素极其复杂,其大小无法用解析法求得,只能通过实验的方法测定。常用的局部阻力计算方法有两种,即阻力系数法和当量长度法。

5.2.1　阻力系数法

阻力系数法认为克服局部阻力所引起的能量损失可用动能的倍数来表示,即

$$h'_f = \xi \frac{v^2}{2} \qquad (1-5-26)$$

式中　ξ——局部阻力系数,一般由实验测定,也可由公式近似计算。

流体流经管路的总阻力为:

$$\Sigma h_f = h_f + h'_f = (\Sigma \lambda \frac{l}{d} + \Sigma \xi) \frac{v^2}{2} \qquad (1-5-27)$$

几种常见的局部阻力的计算方法如下。

5.2.1.1　突然扩大

如图 1 – 5 – 3 所示,当流体从小管流向大管时,由于截面突然扩大,流体极易产生边界层的分离,并产生大量漩涡,导致流体的机械能损失。突然扩大的 ξ 可用下式近似计算:

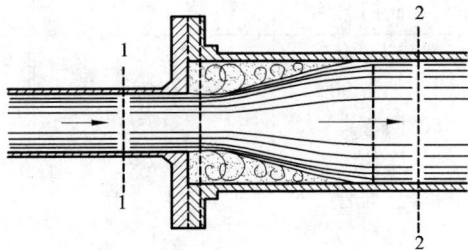

图 1 – 5 – 3　突然扩大

$$\xi = \left(1 - \frac{A_1}{A_2} \right) \tag{1-5-28}$$

从式 1 - 5 - 28 可知,当 $(A_1/A_2) = 1$ 时,$\xi = 0$,即对于直径不变的直管无局部阻力;当 $(A_1/A_2) \approx 0$ 时,$\xi \approx 1$,此即当流体从管出口进入大截面容器或气体从管道排入大气的情形。

5.2.1.2　突然缩小

图 1 - 5 - 4 为流体自大管流至小管时,流道突然缩小的情形。显然,在截面突然缩小处流体直接撞击管壁,由于惯性的作用,主流束从大管流入小管后继续收缩至某个最小截面,然后又重新扩大。突然缩小的阻力系数由实验测得,如表 1 - 5 - 2 所示。可见 ξ 值随 A_1/A_2 的增大而减小。

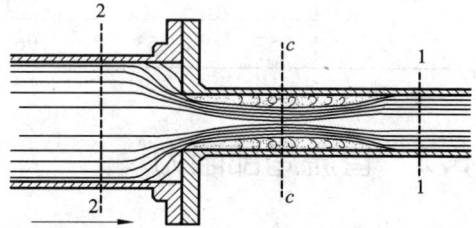

图 1 - 5 - 4　突然缩小

表 1 - 5 - 2　突然缩小的局部阻力系数

A_1/A_2	0	0.1	0.2	0.3	0.4	0.5	0.6	0.7	0.8	0.9	1.0
ξ	0.5	0.47	0.45	0.38	0.34	0.3	0.25	0.20	0.15	0.09	0.0

表中 $A_1/A_2 = 0$,可视为流体从容器流入管道的情形,因为此时 $A_1/A_2 \approx 0$。

值得注意的是用 ξ 计算突然扩大或突然缩小的局部阻力时,A_1 均指较小管道的截面面积,即式(1 - 5 - 26)中流速 v 均为小管中的流速。

5.2.1.3　管件及阀门的局部阻力系数

常用管件及阀门的局部阻力系数见表 1 - 5 - 3。

表 1 - 5 - 3　常见管件及阀门的局部阻力系数

管件和阀门名称	ξ	管件和阀门名称	ξ
标准弯头:45°	0.35	闸阀:全开	0.17
90°	0.75	3/4 开	0.9
180°回弯头	1.5	1/2 开	4.5
活管接	0.04	1/4 开	24
标准三通管	0.4 ~ 1.0	球心截止阀:全开	6.4
水表(盘形)	7	1/2 开	9.5
滤水器	2	旋塞阀:20°	1.56
		40°	17.3

5.2.2　当量长度法

当量长度法即将管路的局部阻力折合成相当于流体流过相同直径、长度为 l_e 的直管阻力,再用达西公式计算。即

$$h_f' = \lambda \frac{l_e}{d} \frac{v^2}{2} \quad J \cdot kg^{-1} \qquad (1-5-29)$$

式中　l_e——管件或阀门的当量长度,m。

管件或阀门的当量长度一般通过实验测定,也可从手册中查得。

当流体的局部阻力采用当量长度法计算时,流经管路的总阻力则为

$$\Sigma h_f = h_f + h_f' = \lambda \left(\Sigma \frac{l}{d} + \Sigma \frac{l_e}{d} \right) \frac{v^2}{2} \qquad (1-5-30)$$

式中　l——直管部分长度,m;

l_e——管件或阀门的当量长度,m。

以下是几种常用管件的当量长度:

管　件	l_e/d	管　件	l_e/d
闸阀:全开	7	单向阀(摇板式,全开)	138
3/4 开	40	标准弯头:45°	15
由容器进管口	20	90°	30～40

5.3　减少流动阻力的途径

通过柏努利方程式的应用及流体阻力的计算可知,由于流体的流动阻力造成的能量损失是无可挽回的,阻力越大,输送流体所消耗的动力也越大。因此进行管路设计时,应尽量减少阻力。

从前面的分析可知,流动系统的总阻力应为各段直管阻力和各局部阻力之和,即

$$\Sigma h_f = h_f + h_f' = \left(\Sigma \lambda \frac{l}{d} + \Sigma \xi \right) \frac{v^2}{2} \qquad (1-5-31)$$

分析上式可知,欲减少流动阻力,可采取如下措施:

(1)尽量缩短管路长度,以减少直管阻力;

(2)管路系统中局部阻力往往占主导地位,因此,在满足生产要求的前提下,应尽量减少管件或阀门的数量,同时尽量减少流道的突然变形,如可用渐扩(或渐缩)代替突扩(突缩),用圆拐弯代替直角拐弯等。

(3)适当增大管径,如将流量与流速的关系式代入式(1-5-31)中,则得

$$\Sigma h_f = (\Sigma \lambda \frac{l}{d} + \Sigma \xi) \frac{Q^2}{2 (\frac{\pi}{4} d^2)}$$

可见,流动阻力约与管径的五次方成反比,若管径增大一倍,即 d 变为 $2d$ 时,则摩擦阻力可减少为原来的 1/32 左右。

5.4   管路与烟道计算

管路与烟道计算是指通过计算求取流体在流动过程的阻力损失、流量或管径,以此作为选用输送设备、管道布置等有关设计的依据。管路与烟道计算的理论依据即前面介绍的连续性方程、柏努利方程及阻力损失计算式。

工程应用中对给定流体及管路进行的计算,一般可分为如下三类:

①已知管径、流量及管件和阀门的设置,计算总的阻力损失以确定输送设备的功率;

②已知管径、管件和阀门的设置及阻力损失,求流体的流量或流速;

③已知流量、管件及阀门的设置及阻力损失,求管径。

第①类管路计算,可按下述步骤进行:

(1)根据管径及流量的不同,将整个管路分段;

(2)由各段管路的流量 Q_i 和管径 d_i 计算各段的流速 v_i;

(3)求各段 Re_i 及 ε/d_i;

(4)根据管道变形处的形状与尺寸,查定各局部阻力系数;

(5)按式(1－5－31)计算 Σh_f。

对①、②、③类情况都存在一个共同性的问题,即由于流速或管径未知,而不能确定 Re,因而无法确定摩擦系数 λ,也就不能求出所要求的未知量(流速及管径)。工程上解决上述问题常采用试差法或迭代法。

5.4.1   已知流量和管径求阻力

【例1－5－2】 某炉子的烟道系统如图1－5－5所示,已知烟气标准流量为 $Q_0 = 2500$ m³·h⁻¹,烟气离炉温度为 732 ℃,烟气流过烟道的平均温降为 4 ℃·m⁻¹,烟气密度 $\rho_0 = 1.3$ kg·m⁻³,烟道断面分别为 $A_1 = 1.0 \times 0.5$ m², $A_2 = 0.4 \times 0.5$ m², $A_3 = 0.5 \times 0.5$ m², $H = 3.0$ m, $L = 30$ m,烟道闸门开启度为80%($\xi_{闸} = 0.39$),三个直角拐弯处的局部阻力系数分别为 $\xi_1 = 2.1$(对 A_1 截面), $\xi_2 = 1.2$, $\xi_3 = 0.85$(对 A_3 截面)。试计算烟道系统的总阻力损失。

解 从图1－5－5可看出,烟气从炉腔进入烟道后,首先经过第一个直角拐弯

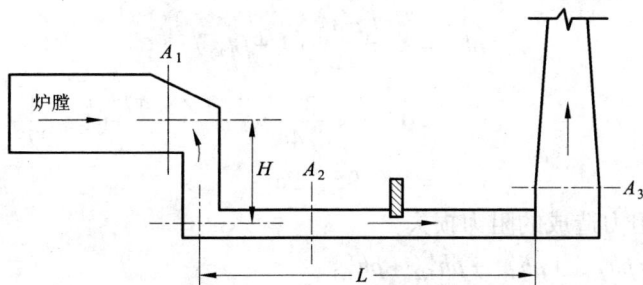

图 1 – 5 – 5　　例 1 – 5 – 2 附图

进入垂直烟道,截面由 A_1 缩小为 A_2;然后再经过 90 ℃ 拐弯进入等截面(A_2)的水平直烟道;最后经过第三次直角拐弯后流向截面为 A_3 的烟囱底部,并从烟囱排出。整个烟道系统的阻力包括直烟道的摩擦阻力和一个闸阀及三个 90 ℃ 拐弯的局部阻力。

(1)烟气在烟道中各段的流速

烟道入口处:$v_{10} = \dfrac{Q_0}{3600A_1} = \dfrac{2500}{3600 \times 1.0 \times 0.5} = 1.39$　m·s^{-1}

直烟道中:$v_{20} = \dfrac{Q_0}{3600A_2} = \dfrac{2500}{3600 \times 0.4 \times 0.5} = 3.47$　m·s^{-1}

烟囱底部:$v_{30} = \dfrac{Q_0}{3600A_3} = \dfrac{2500}{3600 \times 0.5 \times 0.5} = 2.78$　m·s^{-1}

(2)烟道中各拐弯处及闸门处的温度

$$t_1 = 732 \text{ ℃}$$
$$t_2 = 732 - 3 \times 4 = 720 \text{ ℃}$$
$$t_3 = 720 - 30 \times 4 = 600 \text{ ℃}$$

设闸门设置在水平烟道中部,则

$$t_闸 = \frac{t_2 + t_3}{2} = \frac{720 + 600}{2} = 660 \text{ ℃}$$

(3)直烟道的摩擦阻力造成的阻力损失

直烟道的总长度　$l = H + L = 3 + 30 = 33$　m

直烟道的当量直径　$d_e = 4A/X = \dfrac{4 \times 0.4 \times 0.5}{2(0.4 + 0.5)} = 0.44$　m

直烟道的平均温度

$$t_均 = \frac{t_1 + t_3}{2} = \frac{732 + 600}{2} = 666 \text{ ℃}$$

对砖砌管道摩擦系数 λ 可取 0.05,则直烟道的阻力损失为:

$$\rho h_f = \lambda \frac{l}{d_e} \frac{\rho_0 v_{20}^2}{2} (1 + \beta t_{均})^{-1}$$

$$= 0.05 \times \frac{33}{0.44} \times \frac{1.3 \times 3.47^2}{2} (1 + \frac{1}{273} \times 666)^{-1}$$

$$= 100.95 \quad Pa$$

(4)局部阻力造成的阻力损失

$$\Sigma(\rho h_f') = \rho h_{f,闸}' + \rho h_{f,1}' + \rho h_{f,2}' + \rho h_{f,3}'$$

$$= \xi_闸 \frac{\rho_0 v_{20}^2}{2}(1+\beta t_闸)^{-1} + \xi_1 \frac{\rho_0 v_{10}^2}{2}(1+\beta t_1)^{-1} + \xi_2 \frac{\rho_0 v_{20}^2}{2}(1+\beta t_2)^{-1}$$

$$+ \xi_3 \frac{\rho_0 v_{30}^2}{2}(1+\beta t_3)^{-1}$$

$$= \frac{\rho_0}{2} [\xi_闸 v_{20}^2(1+\beta t_闸)^{-1} + \xi_1 v_{10}^2(1+\beta t_1)^{-1}$$

$$+ \xi_2 v_{20}^2(1+\beta t_2)^{-1} + \xi_3 v_{30}^2(1+\beta t_3)^{-1}]$$

$$= \frac{1.3}{2} [0.39 \times 3.47^2 (1+\frac{660}{273})^{-1} + 2.1 \times 1.39^2 (1+\frac{732}{273})^{-1}$$

$$+ 1.2 \times 3.47^2 (1+\frac{720}{273})^{-1} + 0.85 \times 2.78^2 (1+\frac{600}{273})^{-1}]$$

$$= 5.59 \quad Pa$$

(5)烟道系统的总阻力损失

$$\rho \Sigma h_f = \rho h_f + \Sigma(\rho h_f') = 100.95 + 5.59 = 106.54 \quad Pa$$

5.4.2　已知阻力和流量求管径

【例 1-5-3】　某车间拟用普通钢管输送溶液,要求流量为 15 m³·h⁻¹,管路总长 150 m,管路中允许阻力损失为 0.015 MPa,试选择管径。已知溶液的密度为 1100 kg·m⁻³,粘度为 5×10⁻³ Pa·s,钢管的绝对粗糙度为 0.2 mm。

解　由题意知,$l = 150$ m,$\Delta p = 0.015$ MPa $= 1.5 \times 10^4$ Pa

$$Q = 15 \text{ m}^3 \cdot \text{h}^{-1} = 4.17 \times 10^{-3} \quad \text{m}^3 \cdot \text{s}^{-1}$$

则

$$h_f = \Delta p / \rho = 1.5 \times 10^4 / 1100 = 13.64 \quad \text{J} \cdot \text{kg}^{-1}$$

$$v = \frac{Q}{A} = \frac{Q}{\frac{\pi}{4}d^2} = \frac{4.17 \times 10^{-3}}{\frac{3.14}{4}d^2} = \frac{0.0053}{d^2}$$

由于 v,d 均未知,无法求得 Re 及 λ,故采用试差法求解。假设 $\lambda = 0.025$,则由

$$h_f = \lambda \frac{l}{d} \frac{v^2}{2}$$

得
$$h_f = \lambda \frac{l}{d} \cdot \frac{1}{2} \left(\frac{0.0053}{d^2} \right)^2 = \frac{1.4 \times 10^{-5} \lambda l}{d^5}$$

故
$$d = \left(\frac{1.4 \times 10^{-5} \lambda l}{h_f} \right)^{1/5} = 0.083 \quad \text{m}$$

$$v = \frac{0.0053}{0.083^2} = 0.77 \quad \text{m} \cdot \text{s}^{-1}$$

$$Re = \frac{dv\rho}{\mu} = \frac{0.083 \times 0.77 \times 1100}{5 \times 10^{-3}} = 1.4 \times 10^4$$

又
$$\varepsilon/d = \frac{0.2}{83} = 0.0024$$

由 Re 及 ε/d 查图 1-5-2,得 $\lambda = 0.034$。此 λ 值与假设不符,故需以此 λ 值重新试算:

$$d = \left(\frac{1.4 \times 10^{-5} \times 0.034 \times 150}{13.64} \right)^{1/5} = 0.088 \quad \text{m}$$

按此 d 值解得 $v = 0.68 \ \text{m} \cdot \text{s}^{-1}$, $Re = 1.3 \times 10^4$, $\varepsilon/d = 0.0023$。

查图 1-5-2 得 $\lambda = 0.034$,试差正确。

故根据钢管规格可选用 $\phi 95 \times 3.5$ mm 的普通钢管。

5.4.3 并联管路的计算

【例 1-5-4】 在图 1-5-6 中,已知总管输水流量 Q,各支管的内径和长度分别为 d_1, l_1, d_2, l_2 和 d_3, l_3,试计算 $A-A$ 与 $B-B$ 两截面间的阻力及各支管的流量。

解 在 $A-A$ 与 $B-B$ 两截面之间列柏努利方程式,即:

对总管,可写成:

$$gz_A + \frac{p_A}{\rho} + \frac{v_B^2}{2} = gz_B + \frac{p_B}{\rho} + \frac{v_B^2}{2} + \sum h_{f,AB}$$

对支管 1,可写成:

$$gz_A + \frac{p_A}{\rho} + \frac{v_A^2}{2} = gz_B + \frac{p_B}{\rho} + \frac{v_B^2}{2} + \sum h_{f,1}$$

对支管 2,可写成:

$$gz_A + \frac{p_A}{\rho} + \frac{v_A^2}{2} = gz_B + \frac{p_B}{\rho} + \frac{v_B^2}{2} + \sum h_{f,2}$$

对支管 3,有:

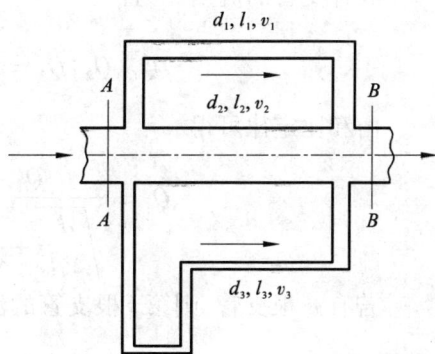

图 1-5-6 例 1-5-4 附图

$$gz_A + \frac{p_A}{\rho} + \frac{v_A^2}{2} = gz_B + \frac{p_B}{\rho} + \frac{v_B^2}{2} + \sum h_{f,3}$$

比较以上四式,得

$$\sum h_{f,AB} = \sum h_{f,1} = \sum h_{f,2} = \sum h_{f,3} \tag{a}$$

上式说明并联管路中各支管中的阻力相等,也即各支管中的压降 Δp_i 相等。这与并联电路中各支路的电压降相等的概念相似。因此在计算并联管路的阻力时,只需计算一根支管的阻力即可。

此外,主管中的流量等于各支管的流量之和,即

$$Q = Q_1 + Q_2 + Q_3 \tag{b}$$

因

$$v = \frac{Q}{A} = \frac{Q}{\frac{\pi}{4}d^2} = \frac{4Q}{\pi d^2}$$

故

$$h_f = \lambda \frac{l}{d} \cdot \frac{v^2}{2} = \frac{8\lambda l Q^2}{\pi^2 d^5} \tag{C}$$

将(c)代入(a)式得

$$\frac{8\lambda_1 l_1 Q_1^2}{\pi^2 d_1^5} = \frac{8\lambda_2 l_2 Q_2^2}{\pi^2 d_2^5} = \frac{8\lambda_3 l_3 Q_3^2}{\pi^2 d_3^5}$$

故各支管的流量比为:

$$Q_1 : Q_2 : Q_3 = \sqrt{\frac{d_1^5}{\lambda_1 l_1}} : \sqrt{\frac{d_2^5}{\lambda_2 l_2}} : \sqrt{\frac{d_3^5}{\lambda_3 l_3}}$$

由和比定律可得

$$Q_1 = \frac{Q_1 + Q_2 + Q_3}{\sqrt{\frac{d_1^5}{\lambda_1 l_1}} + \sqrt{\frac{d_2^5}{\lambda_2 l_2}} + \sqrt{\frac{d_3^5}{\lambda_3 l_3}}} \cdot \sqrt{\frac{d_1^5}{\lambda_1 l_1}}$$

若有 n 根支管,则第 i 根支管的流量为:

$$Q_i = \frac{Q\sqrt{\frac{d_i^5}{\lambda_i l_i}}}{\sum_{i=1}^{n} \sqrt{\frac{d_i^5}{\lambda_i l_i}}} \tag{d}$$

上式中,由于流量 Q_i 未知,即 v_i 未知,无法计算 Re_i,也就不能确定 λ_i,需用试差法计算,也可采用迭代法编程计算。

习　题

1-5-1　何谓流体的流动阻力？流体的流动阻力如何计算？

1-5-2　某输水管路,水温为 10 ℃,求:

(1)当管长为 6 m,管径为 $\phi76\times3.5$ mm,输水量为 0.08 l·s^{-1}时的阻力损失;

(2)当管径减小为原来的 1/2 时,若其他条件不变,则阻力损失又为多少？

1-5-3　求常压下 35 ℃的空气以 12 m·s^{-1}的流速流经 120 m 长的水平通风管的能量损失,管道截面为长方形,高 300 mm,宽 200 mm(设 $\varepsilon/d=0.0005$)。

1-5-4　某油品的密度为 800 kg·m^{-3},粘度为 41 cP,由附图所示的 A 槽送至 B 槽,A 槽的液面比 B 槽的液面高 1.5 m。输送管径为 $\phi89\times3.5$ mm、长 50 m(包括阀门的当量长度),进、出口损失可忽略。试求:

(1)油的流量(m^3·h^{-1});

(2)若调节阀门的开度,使油的流量减少 20%,此时阀门的当量长度为若干(m)？

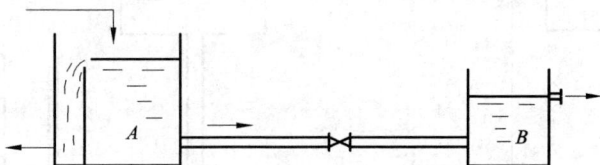

习题 1-5-4 附图

1-5-5　流体通过圆管紊流流动时,管截面的速度分布可用下面的经验公式来表示:

$$u=u_{\max}\left(1-\frac{r}{R}\right)^{1/7}$$

试求其平均速度 v 与最大速度 $u_{\max}$ 的比值。

1-5-6　内截面为 1000 mm×1200 mm 的矩形烟囱的高度为 30 m。平均分子量为 30 kg·kmol^{-1}、平均温度为 400 ℃的烟道气自下而上流动。烟囱下端维持 49 Pa 的真空度。在烟囱高度范围内大气的密度可视为定值,大气温度为 20 ℃,地面处的大气压力为 1.013×10^5 Pa。流体经烟囱时的摩擦系数可取为 0.05,试求烟道气的流量为若干 kg·h^{-1}？

1-5-7　某冶金炉每小时产生 20×10^4 m^3(标准)的烟道气,通过烟囱排至大气,烟囱由砖砌成,内径为 3.5 m,烟道气在烟囱中的平均温度为 260 ℃,密度为 0.6 kg·m^{-3},粘度为 0.028×10^{-3} Pa·s。要求在烟囱下端维持 160 Pa 的真空度,试求烟囱高度。已知在烟囱高度范围内,大气的平均密度为 1.10 kg·m^{-3},地面处大气压力为常压(砖砌烟囱内壁粗糙度较大,其摩擦阻力系数约为光滑管的 4 倍。)

1-5-8　水塔每小时供给车间 90 m^3 的水。输水管路为 $\phi114\times4$ mm 的有缝钢管,总长为 160 m(包括各种管件及阀门的当量长度,不包括进出口损失)。水温为 25 ℃,水塔液面上方及

出水口均为常压。问水塔液面应高出管路出水口若干米
才能保证车间用水量。设水塔液面恒定不变,管壁粗糙度
ε 为 0.1 mm。

1-5-9　有一溶液输送系统如本题附图所示。输液
管直径为 $\phi45 \times 2.5$ mm,已知管路摩擦损失 $\sum h_f$ 为 $3.2 \dfrac{v^2}{2}$
(v 指管路内水的流速),求溶液的流量。又欲使溶液的流
量增加 20%,管路摩擦损失仍可用前述公式计算,问应将
高位槽的水面升高多少 m?

1-5-10　为测定 90°弯头的局部阻力系数 ξ,可采用
如本题附图所示的装置。已知 AB 段总管长 l 为 10 m,管内
径 d 为 50 mm,摩擦系数 λ 为 0.03,水箱液面恒定。实测数据为:A,B 两截面测压管水柱高差 Δh
为 0.425 m;水箱流出的水量为 0.135 m³·min⁻¹。求弯头的局部阻力系数 ξ。

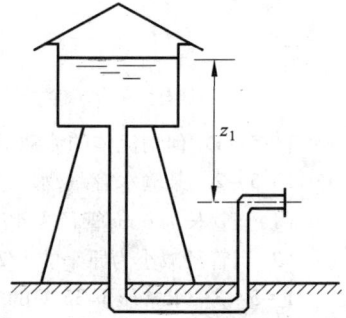

习题 1-5-8 附图

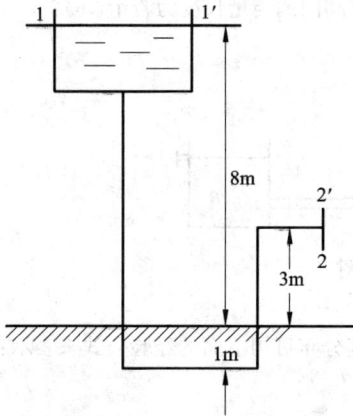

习题 1-5-9 附图

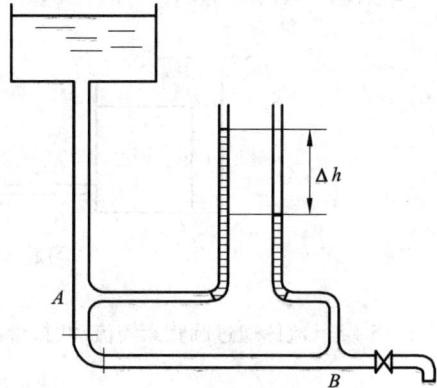

习题 1-5-10 附图

1-5-11　从设备送出的废气中含有少量
可溶物质,在放空之前令其通过一个洗涤器,以
回收这些物质进行综合利用,并避免环境污染。
气体流量为 3600 m³·h⁻¹(在操作条件下),其物
理性质与 50 ℃的空气基本相同。如本题附图所
示,气体进入鼓风机前的管路上安装有指示液为
水银的 U 形管压差计,其读数为 30 mm。输气管
与放空管的内径均为 250 mm,管长与管件、阀门
的当量长度之和为 50 m(不包括进、出塔及管出
口阻力),放空口与鼓风机进口的垂直距离为 20

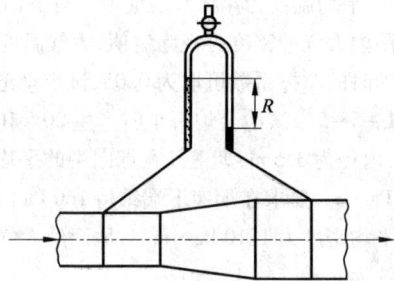

习题 1-5-11 附图

m,已估计气体通过塔内填料层的压力降为 1.96×10^3 Pa。管壁的绝对粗糙度 ε 可取为 0.15 mm,大气压力为 1.013×10^5 Pa。求鼓风机的有效功率。

6　流体输送机械

6.1　概述

　　工程实际当中,常常需将流体从低处输送到高处,或从低压区输送到高压区,或沿管道输送到远处。这些过程都不能自动发生,必须对流体加入外功,以克服流体的流动阻力,补充输送流体时所损耗的能量。这种为流体提供能量的机械称为流体输送机械。

　　冶金及化工生产过程中,输送的流体种类很多。流体的性质(如粘性、腐蚀性、是否含悬浮固体等)、流体的温度、压力、流量以及所需提供的能量都有很大的不同。为适应不同情况下流体输送的要求,需要不同结构和特性的流体输送机械。

　　流体输送机械按工作原理的不同可分为三大类:

　　(1)叶轮式(动力式)　利用叶轮高速旋转时产生的离心力作用将流体吸入和压出,包括离心式、轴流式和漩涡式输送机械;

　　(2)容积式(正位移式)　利用活塞的往复运动或转子的旋转运动所产生的挤压作用使流体升压获得能量,包括往复式和旋转式输送机械;

　　(3)其他类型　不属于上述两种类型的其他输送机械,如喷射泵等。

　　由于气体与液体不同,气体具有压缩性,因此,气体输送机械与液体输送机械在结构和特性上往往不尽相同。通常把输送液体的机械称为泵,把输送气体的机械按不同的情况分别称为通风机、鼓风机、压缩机和真空泵。

　　本章的目的在于结合冶金生产的特点,讨论流体输送机械的工作原理、基本结构、性能、操作以及有关计算。由于篇幅所限,将重点介绍应用广泛的离心式泵、离心式通风机、鼓风机和压缩机等。

6.2　离心泵

　　离心泵是冶金生产中最常用的一种流体输送机械,它具有结构简单,流量大而均匀,操作方便等优点,约占冶金用泵的80%。

　　离心泵有单吸、双吸、单级、多级、卧式、立式及低速、高速之分。目前高速离心泵的转速已达 24 700 r·min^{-1},单级扬程达 1700 m。我国单吸泵的流量为 5.5 ~ 300 m^3·h^{-1},双吸泵的流量为 120 ~20 000 m^3·h^{-1}。

6.2.1 离心泵的工作原理及主要构件

6.2.1.1 离心泵的工作原理

图 1 – 6 – 1 为简单离心泵的工作原理示意图。在蜗壳形泵壳内,有一固定在泵轴上的工作叶轮。叶轮上有 4 ~ 12 片略向后弯曲的叶片,叶片之间形成了使液体通过的流道。泵壳中央有一个液体吸入口与吸入管连接。液体经底阀和吸入管进入泵内。泵壳上的液体压出口与压出管连接,泵轴用电机或其他装置驱动。启动前,先将泵壳内灌满被输送的液体。启动后,泵轴带动叶片旋转,叶片之间的液体随叶轮一起旋转,在离心力的作用下,液体沿着叶片间的流道从叶轮中心进口处被甩到叶轮外

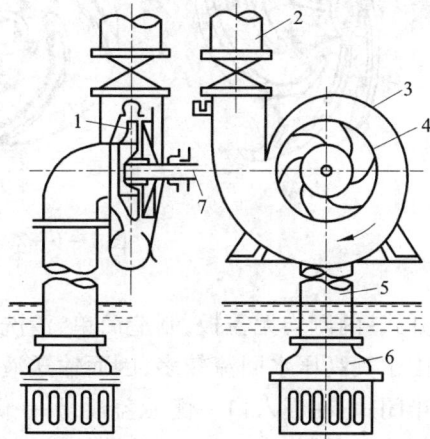

图 1 – 6 – 1 离心泵的构造和装置
1—叶轮 2—压出管 3—泵壳 4—叶片
5—吸入管 6—底阀 7—泵轴

围,以很高的速度流入泵壳内的蜗形流道后,由于截面逐渐扩大,大部分动能转变为静压能,于是液体以较高的压力,从压出口进入压出管,输送到所需场所。

当叶轮中心的液体被甩出后,泵壳的吸入口就形成了一定的真空,外面的大气压力迫使液体经底阀、吸入管进入泵内,填补了液体排出后的空间。这样,只要叶轮旋转不停,液体就源源不断地被吸入与排出。

离心泵若在启动前未充满液体,则泵壳内存在空气。由于空气密度很小,所产生的离心力也很小。此时,在吸入口处所形成的真空不足以将液体吸入泵内。虽启动离心泵,但不能输送液体。此现象称为"气缚"(air binding)。为便于使泵内充满液体,在吸入管底部安装带吸滤网的底阀(止逆阀),滤网用于防止固体物质进入泵内损坏叶轮的叶片或妨碍泵的正常操作。

6.2.1.2 离心泵的主要构件

离心泵的主要构件有叶轮、泵壳、泵轴等,叶轮通过轴由马达带动(图 1 – 6 – 1)。

(1)叶轮

叶轮是离心泵的重要构件,通常由 4 ~ 12 片向后弯曲的叶片组成。叶轮有单吸式和双吸式之分,按其机械结构形式分为开式、半闭式和闭式,如图 1 – 6 – 2 所示。

开式　　　　　　　　半闭式　　　　　　　　闭式

图 1 - 6 - 2　叶轮的类型

开式:两侧均无盖板,制造简单,清洗方便,适宜于输送悬浮液及某些腐蚀性液体。由于其高压水回流较多,因而输送液体效率较低。

半闭式:在吸入口一侧无盖板,另一侧有盖板,它也适用于输送悬浮液。

闭式:两侧都有盖板,这种叶轮效率较高,适用于输送洁净的液体。

叶轮安装在泵轴上,在电动机带动下快速旋转。液体从叶轮中央的入口进入叶轮后,随叶轮高速旋转而获得动能,同时由于液体沿叶轮径向运动,且叶片与泵壳间的流区不断扩大,液体的一部分动能转变为静压能。

(2)泵壳

离心泵的外壳常做成蜗形壳,其内有一截面逐渐扩大的蜗形流道(图 1 - 6 - 3),由于流道截面积逐渐增大,使由叶轮四周抛出的高速流体的速度逐渐降低,而其位置变化很小,因而使部分动能有效地转化为静压能。

有时还可以在叶轮和泵壳之间装设一固定不动的导轮。导轮的叶片间形成了多个逐渐转向的流道,可以减少由叶轮外缘抛出的液体与泵壳的碰撞,从而减少能量损失,使动能向静压能的转换更为有效。

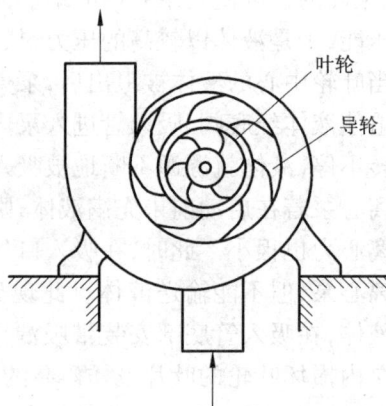

叶轮

导轮

图 1 - 6 - 3　蜗形壳和导轮

6.2.2　离心泵的主要性能参数

离心泵的主要性能参数包括流量、扬程、有效功率和效率。

6.2.2.1　流量

泵的流量即单位时间内泵所输送的液体体积。用符号 Q 表示,其单位为 $\mathrm{m^3 \cdot s^{-1}}$。

6.2.2.2　扬程

泵的扬程又叫做泵的压头,指单位重量流体流经泵所获得的能量,用符号 H 表示,单位为 m。扬程的大小取决于泵的结构(叶轮直径的大小,叶片弯曲程度等)、转速及流量。

由于液体在泵内的运动十分复杂,所以泵的扬程常用实验方法测定。如图 1 - 6 - 4 所示,在泵的入口和出口处分别安装真空表和压力计,在管道中装一流量计。在真空表和压力计所在两截面之间列柏努利方程,得

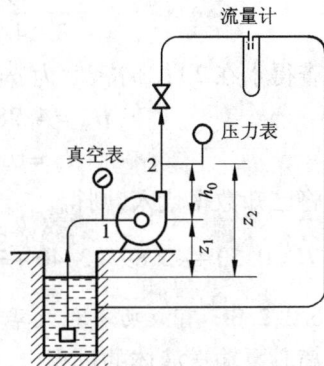

图 1 - 6 - 4　泵的扬程测定示意图

$$0 + \frac{p_a - p_V}{\rho g} + \frac{v_1^2}{2g} + H = h_0 + \frac{p_a + p_M}{\rho g} + \frac{v_2^2}{2g} + \sum H_f$$

或

$$H = h_0 + \frac{p_M + p_V}{\rho g} + \frac{v_2^2 - v_1^2}{2g} + \sum H_f \qquad (1 - 6 - 1)$$

式中　p_a——当地大气压,Pa;

　　　p_M——压力表读出的压力(表压),Pa;

　　　p_V——真空表读出的真空度,Pa;

　　　v_1,v_2——吸入管、压出管中液体的流速,$\mathrm{m \cdot s^{-1}}$;

　　　$\sum H_f$——两截面间的阻力损失,m。

由于两截面之间管路很短,其阻力损失 $\sum H_f$ 可忽略不计。若以 H_M 及 H_V 分别表示压力表和真空表上的读数,以米液柱计,则式(1 - 6 - 1)可改写为

$$H = h_0 + H_M + H_V + \frac{v_2^2 - v_1^2}{2g} \qquad (1 - 6 - 2)$$

【例 1 - 6 - 1】　某离心泵以 20 ℃ 水进行性能实验,测得体积流量为 960 $\mathrm{m^3 \cdot h^{-1}}$,压出口压力表读数 4.28 $\mathrm{kgf \cdot cm^{-2}}$,吸入口真空表读数 250 mmHg,压力表和真空表之间的垂直距离为 500 mm,吸入管和压出管内径分别为 300 mm 及 350 mm。试求泵的扬程。

解　根据式(1 - 6 - 2),有

$$H = h_0 + H_M + H_V + \frac{v_2^2 - v_1^2}{2g}$$

$$v_1 = \frac{960/3600}{3.14/4 \times (0.35)^2} = 2.77 \quad \text{m} \cdot \text{s}^{-1}$$

$$v_2 = \frac{960/3600}{3.14/4 \times (0.30)^2} = 3.77 \quad \text{m} \cdot \text{s}^{-1}$$

查得水在 20 ℃时密度为 $\rho = 998 \text{ kg} \cdot \text{m}^{-3}$，则

$$H_M = 4.28 \times 10^4/998 = 42.89 \quad \text{m H}_2\text{O}$$

$$H_V = 0.25 \times 13.6 = 3.40 \quad \text{m H}_2\text{O}$$

将已知数据代入，则得

$$H = 0.50 + 42.89 + 3.40 + \frac{3.77^2 - 2.77^2}{2 \times 9.81} = 46.79 + 0.33 = 47.12 \quad \text{m H}_2\text{O}$$

6.2.2.3　有效功率和效率

离心泵输送液体的过程中，由于泵内存各种能量损失，泵轴转动所做的功并不能全部转换为液体的能量。

离心泵的有效功率 N_e，可表示为

$$N_e = QH\rho g \quad \text{W}$$

$$= \frac{QH\rho}{\dfrac{1000}{9.81}} \approx \frac{QH\rho}{101} \quad \text{kW} \tag{1-6-3}$$

式中　N_e——离心泵的有效功率，W 或 kW；

　　　Q—泵的流量，$\text{m}^3 \cdot \text{s}^{-1}$；

　　　H——泵的扬程，m；

　　　ρ—被输送液体的密度，$\text{kg} \cdot \text{m}^{-3}$。

由电机输入离心泵的功率称为轴功率，以 N 表示。有效功率与轴功率之比就是离心泵的效率：

$$\eta = \frac{N_e}{N} \tag{1-6-4}$$

显然，效率 η 反映了离心泵运转过程中能量损失的大小。泵内部的能量损失主要有三种：

（1）容积损失

容积损失由泵的泄漏造成。离心泵在运转过程中，一部分获得能量的高速液体从叶轮与泵壳间的缝隙流回吸入口，导致泵的流量减小。从泵排出的实际流量与理论排出流量之比称为容积效率 η_1。对于闭式叶轮，η_1 一般为 0.85~0.95。

（2）水力损失

　　水力损失是指液体流过叶轮、泵壳时,由于流速的大小和方向要改变,且发生冲击而造成的能量损失。水力损失的结果使泵的实际扬程低于理论扬程,二者之比即为水力效率 η_2。在离心泵的设计中,一般应保证其在额定流量下水力损失最小,η_2 值一般为 0.8 ~ 0.9。

　　(3)机械损失

　　机械损失主要来源于变速旋转的叶轮盘面与液体间的摩擦损失,以及轴承、轴封装置等处的机械摩擦损失。泵的轴功率通常大于泵的理论功率(即理论扬程与理论流量所对应的功率),理论功率与轴功率之比称为机械效率 η_3,η_3 值约为 0.96 ~ 0.99。

　　离心泵的总效率(简称效率)等于上述三种效率的乘积,即

$$\eta = \eta_1 \cdot \eta_2 \cdot \eta_3 \qquad (1-6-5)$$

故离心泵的轴功率为

$$N = \frac{N_e}{\eta} = \frac{QH\rho}{101\eta} \quad kW \qquad (1-6-6)$$

　　根据泵的轴功率,可选用电机功率。但实际生产中为了避免电机烧毁,在选取电机功率时,要用求出的轴功率乘上一安全系数,常取的安全系数如表 1-6-1 所示。

表 1-6-1　泵的轴功率与安全系数

泵的轴功率/kW	0.5 ~ 3.75	3.75 ~ 37.5	>37.5
安全系数	1.2	1.15	1.1

6.2.3　离心泵的特性及操作调节

　　由前面的公式可以看出,泵的扬程是随流量而变化的,流量增大时扬程就会变小,所以泵可以在一个很广的流量范围内操作。因此,必须根据实际送液系统对 Q 和 H 的要求选择一台泵,使它在较高的效率下操作,以达到最经济的目的。

　　流量、扬程、效率和功率是离心泵的主要性能参数。这些参数之间的关系,可通过实验测定。工厂生产的泵都有一定的牌号,其扬程、流量、功率、转速都有一定值,且生产厂家已将其产品性能参数用曲线表示出来,这就是离心泵的特性曲线。

6.2.3.1　离心泵的特性曲线

　　对于一定转速的泵,存在以下三种关系曲线:

$$H = f_1(Q), \quad N = f_2(Q), \quad \eta = f_3(Q)$$

它们分别表示扬程、轴功率和效率与流量的关系。

图 1 - 6 - 5 为 4B20 型离心水泵在 $n = 2900$ r · min^{-1} 下的特性曲线, 这些曲线都是由实验测出的。

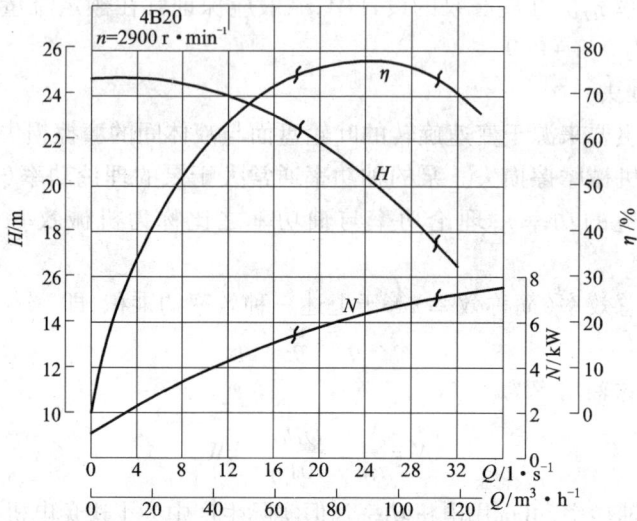

图 1 - 6 - 5　4B20 型离心泵的特性曲线

$H - Q$ 曲线表明在较大的流量范围内, 泵的扬程随流量的增大而平稳地下降; $N - Q$ 曲线则表明泵的轴功率随流量的增加而平稳地上升, 当 $Q = 0$ 时, 泵的轴功率最小, 故启动离心泵时, 应将出口阀关闭, 以减小启动功率; $\eta - Q$ 曲线则有一最高点, 即泵在该点下操作效率最高, 所以, 该点为离心泵的设计点, 与此最高效率点相对应的 Q, H, N 值称为最佳工况参数, 或叫设计点参数。

选泵时, 总是希望泵在最高效率下工作, 因为在此条件下操作最为经济合理。但实际上泵往往不可能正好在该条件下运转, 因此, 一般只能规定一个工作范围, 称为泵的高效率区, 如图 1 - 6 - 5 波折线所示区域。高效率区的效率应不低于最高效率的 92% 左右。泵的铭牌上所标明的都是最高效率点的工况参数。离心泵产品目录和说明书上还常常注明最高效率区的流量、扬程和功率的范围等。

6.2.3.2　管路特性曲线

离心泵的特性曲线是泵本身固有的特性, 它与外界使用情况无关。但是, 一旦泵被安排在一定的管路系统中工作时, 其实际工作扬程和流量不仅与离心泵本身的特性有关, 而且还取决于管路的工作特性。

图 1 - 6 - 6 为一简单管路, 在 1 - 1 与 2 - 2 截面间列柏努利方程, 即:

$$z_1 + \frac{p_1}{\rho g} + \frac{v_1^2}{2g} + H_e = z_2 + \frac{p_2}{\rho g} + \frac{v_2^2}{2g} + \sum H_f$$

或
$$H_e = \Delta z + \frac{\Delta p}{\rho g} + \frac{\Delta v^2}{2g} + \Sigma H_f$$

式中　H——泵向液体提供的有效扬程,m;

　　　ΣH_f——液体在管路中的阻力损失,m。

$$\Sigma H_f = \lambda \left(\frac{l + \Sigma l_e}{d} \right) \frac{v^2}{2g} = \lambda \left(\frac{l + \Sigma l_e}{d} \right) \left[\frac{Q}{\frac{\pi}{4}d^2} \right]^2 \frac{1}{2g}$$

$$= \lambda \left(\frac{8}{\pi^2 g} \right) \left(\frac{l + \Sigma l_e}{d^5} \right) Q^2 \qquad (1-6-7)$$

式中,Σl_e 表示管路中所有局部阻力的当量长度之和。

在特定的管路中,式(1-6-7)中除了 λ 和 Q 之外均为固定值,且:

$$\lambda = f(Re) = f'(Q_e)$$

则
$$\Sigma H_f = \phi(Q_e)$$

故
$$H_e = \Delta z + \frac{\Delta p}{\rho g} + \phi(Q_e) \qquad (1-6-8)$$

图 1-6-6　简单管路系统

对一定的管路系统,Δz 和 $\dfrac{\Delta p}{\rho g}$ 为一定值,所以式(1-6-8)表示了管路特性方程。将此关系绘于坐标图上,即得图 1-6-7 所示 $H_e - Q_e$ 曲线,称为管路特性曲线。此线的形状与管路布置和操作条件有关,而与泵的性能无关。从图 1-6-7 可以看出:

$$Q_e = 0 \text{ 时,} \quad H_e = \Delta z + \frac{\Delta p}{\rho g}$$

Q_e 增大时,由于流动阻力增加,管路所需扬程也随之增大。

6.2.3.3　离心泵的工作点及流量调节

上述管路特性曲线和离心泵的特性曲线并不相同,管路特性曲线是指在整个管路系统的不同流量下,要求离心泵提供实际扬程的大小;而离心泵的扬程与流量的特性曲线仅表示泵本身在不同流量下所提供的实际扬程。如果把离心泵的特性曲线与管路特性曲线绘于同一坐标图内(图 1-6-7),两曲线的交点 A 即为离心泵在该管路中的工作点。A 点所对应的流量 Q_A 和扬程 H_A 就是泵在此管路中运转的实际流量和扬程。当 A 点所对应的效率较高时,说明泵选择得较好;反之,则不好。

泵在实际操作过程中,常常需根据生产任务的要求改变流量。从泵的工作点可知,流量的调节实质上就是改变离心泵的特性曲线或管路特性曲线,从而改变工作点 A 的位置。因此离心泵的流量调节不外乎从两方面考虑,其一是在离心泵的

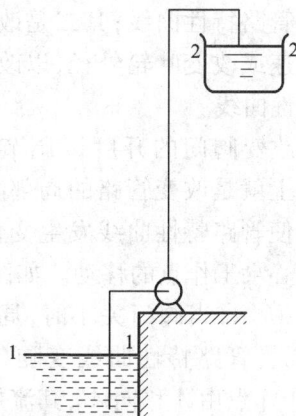

出口管路上安装适当的调节阀,以
改善管路特性曲线;其二是改变泵
的转速或改变叶轮外径,以改变泵
的特性曲线。

图 1 -
6 - 7　管路特性曲线与泵的工作点 A

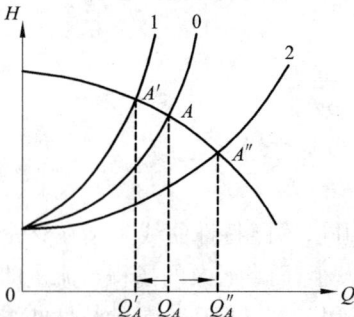

　　改变阀门的开度以调节流量
实质上就是改变管路的局部阻力,
从而使管路特性曲线发生变化,导
致离心泵工作点的移动。如图 1 -
6 - 8 所示,当阀门关小时,局部阻
力增大,管路特性曲线变陡(曲线
1),工作点由 A 移向 A',其流量则由 Q_A 降低为 Q'_A;当阀门开大时,局部阻力减小,
则管路特性曲线变得平坦(曲线 2),工作点则由 A 移至 A″,流量由 Q_A 增加至 Q''_A。

　　采用调节出口阀门,改变管路特性曲线的方法调节流量十分简便、灵活,广为
工厂采用。但关小阀门会使管路阻力增大,需多消耗一部分能量以克服附加阻力,
特别是大幅度调整时往往易使离心泵在低效率点下工作,经济上不够合理。

　　为克服上述缺点,可以采用调节泵的转速或改变泵的叶轮外径的方法来改变
泵的特性曲线,以达到调节流量的目的。如图 1 - 6 - 9 所示,当泵的转速由 n_A 提
高至 n_B 时,泵的特性曲线上移,工作点由 A 移至 B,流量和扬程相应增加;若把泵
的转速降至 n_C,泵的特性曲线相应地下移,工作点移至 C,流量和扬程随之减小。

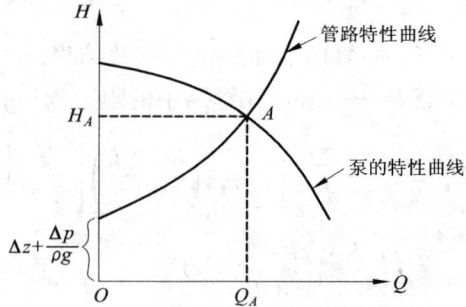

图 1 - 6 - 8　用阀门调节流量示意图　　　　图 1 - 6 - 9　改变叶轮转数以调节流量的示意图

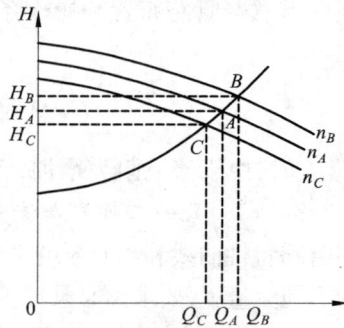

　　采用改变泵的特性曲线的方法来调节流量,不会额外增加管路的阻力,节能效
果是显著的,在一定范围内可保证离心泵在高效率区工作,但需要变速装置或价格
昂贵的原动变速机,且难以做到流量连续调节。

　　通常在输送流体量不大的管路中,一般都采用阀门来调节流量,只有在输液量

很大的管路中,才考虑采用调节叶轮转速的方法。

6.2.3.4 离心泵的性能因素及换算

离心泵的特性曲线通常都是在常压下按一定转速并以 20 ℃清水为介质测得的。如果离心泵输送的液体不是清水,而是其他液体,就必须考虑粘度 μ、密度 ρ 对特性曲线的影响;如果离心泵的转速 n 及叶轮直径 D 不同,同样也必须考虑这方面的影响。下面介绍一下影响离心泵特性曲线的这些因素的换算关系。

(1)粘度的影响

离心泵在输送液体过程中,如果液体运动粘度 $\nu < 20 \times 10^{-6}$ m$^2 \cdot$ s^{-1}(如汽油、煤油、轻柴油)可不必换算;如果 $\nu \geqslant 20 \times 10^{-6}$ m$^2 \cdot$ s^{-1},需按下面公式换算:

$$Q' = C_Q Q \qquad H' = C_H H \qquad \eta' = C_\eta \eta \qquad (1-6-9)$$

式中 Q, H, η——离心泵输送水时的流量、扬程、效率;

Q', H', η'——离心泵输送其他粘度液体时的流量、扬程、效率;

C_Q, C_H, C_η——流量、扬程、效率的换算系数,都是小于 1 的数。

(2)液体密度的影响

由离心泵的性能参数基本方程式看出,输送液体密度的改变只影响轴功率,而流量、扬程和效率则不受其影响。其换算关系为

$$N' = N \frac{\rho'}{\rho} \qquad (1-6-10)$$

式中 N, ρ——离心泵输送 20 ℃清水时的轴功率和密度;

N', ρ'——离心泵输送其他液体时的轴功率和密度。

(3)离心泵转速的影响

当离心泵的转速改变时,将会引起离心泵的流量、扬程、轴功率的变化。若液体的粘度不大且泵的转速改变小于 20%,则采用下面经验公式进行换算:

$$\frac{Q'}{Q} = \frac{n'}{n}, \qquad \frac{H'}{H} = \left(\frac{n'}{n}\right)^2, \qquad \frac{N'}{N} = \left(\frac{n'}{n}\right)^3 \qquad (1-6-11)$$

式中 Q, H, N——转速为 n 时泵的性能参数;

Q', H', N'——转速为 n' 时泵的性能参数。

(4)叶轮直径的影响

当转速不变时,叶轮直径的改变将引起离心泵的流量、扬程、轴功率的改变,这时可采用下面的经验公式进行换算:

$$\frac{Q'}{Q} = \frac{D'}{D}, \qquad \frac{H'}{H} = \left(\frac{D'}{D}\right)^2, \qquad \frac{N'}{N} = \left(\frac{D'}{D}\right)^3 \qquad (1-6-12)$$

式中 Q, H, N——叶轮直径为 D 时泵的性能参数;

Q', H', N'——叶轮直径为 D' 时泵的性能参数。

式(1-6-11)和式(1-6-12)称为泵的比例定律,它们对水类、油类大体成立。

6.2.4　离心泵的安装高度

6.2.4.1　气蚀现象

从离心泵的工作原理知,由离心泵的吸入管路到离心泵入口,并无外界对液体做功,液体是由于离心泵入口的静压低于外界压力而进入泵内的。即便离心泵叶轮入口处达到绝对真空,吸上液体的液柱高度也不会超过相当于当地大气压力的液柱高度。这里就存在一个离心泵的安装高度问题。

显然,当叶轮旋转时,液体在叶轮上流动的过程中,其速度和压力是变化的。通常在叶轮入口处最低,当此处压力等于或低于液体在该温度下的饱和蒸汽压时,液体将部分气化,生成大量的蒸汽泡。含气泡的液体进入叶轮而流至高压区时,由于气泡周围的静压大于气泡内的蒸气压力,而使气泡急剧凝结而破裂。气泡的消失产生了局部真空,使周围的液体以极高的速度涌向原气泡中心,产生很大的压力,造成对叶轮和泵壳的冲击,使其震动并发出噪音。尤其是当气泡在金属表面附近凝聚而破裂时,液体质点如同无数小弹头,连续打击在金属表面上,在压力很大,频率很高的连续冲击和撞捶下,叶轮很快就被冲蚀成蜂窝状或海绵状,这种现象称作气蚀现象。

离心泵在气蚀条件下运转时,泵体振动并发出噪声,液体流量明显降低,同时扬程、效率也大幅度下降,严重时还会吸不上液体。为保证离心泵正常工作,应避免气蚀现象的发生。这就要求叶轮入口处的绝对压力必须高于工作温度下液体的饱和蒸气压,亦即要求泵的安装高度不能太高。

6.2.4.2　离心泵的安装高度

一般在离心泵的铭牌上都标注有允许吸上真空高度或气蚀余量,借此可确定泵的安装高度。

1)允许吸上真空高度

允许吸上真空高度 H_s 是指泵入口处压力 p_1 所允许达到的最大真空度,其表达式为:

$$H_s = \frac{p_a - p_1}{\rho g} \qquad (1-6-13)$$

式中　H_s——离心泵的允许吸上真空高度,m 液柱;

　　　p_a——当地大气压,$N \cdot m^{-2}$;

　　　ρ——被输送液体的密度,$kg \cdot m^{-3}$。

允许吸上真空高度由实验测定。由于实验不能直接测出叶轮入口处的最低压力位置,往往以测定泵入口处的压力为准。

设离心泵的允许安装高度为 H_g, 离心泵吸液装置如图 1-6-10 所示。以贮槽液面为基准面, 在贮槽液面 0-0 面与泵入口 1-1 截面之间列柏努利方程, 则

$$H_g = \frac{p_0}{\rho g} - \frac{p_1}{\rho g} - \frac{v_1^2}{2g} - \sum H_f$$

$$(1-6-14)$$

式中, $\sum H_f$ 为液柱流经吸入管路时所损失的扬程, m。

将式 $(1-6-14)$ 进行变换

$$H_g = \frac{p_0 - p_a}{\rho g} + \frac{p_a - p_1}{\rho g} - \frac{v_1^2}{2g} - \sum H_f$$

将式 $(1-6-13)$ 代入上式, 得

$$H_g = \frac{p_0 - p_a}{\rho g} + H_s - \frac{v_1^2}{2g} - \sum H_f \qquad (1-6-15)$$

若贮槽是敞口的, 则 p_0 为大气压 p_a, 即 $p_0 = p_a$ 时, 上式可写成

$$H_g = H_s - \frac{v_1^2}{2g} - \sum H_f \qquad (1-6-16)$$

式 $(1-6-15)$ 和 $(1-6-16)$ 均可用于计算泵的允许安装高度。

由上式可知, 为了提高泵的允许安装高度, 应该尽量减小 $\frac{v_1^2}{2g}$ 和 $\sum H_f$。为了减小 $\frac{v_1^2}{2g}$, 在同一流量下, 应选用直径稍大的吸入管路。为了减小 $\sum H_f$, 除了选用直径稍大的吸入管路以外, 吸入管应尽可能短, 并且尽量减少弯头和不安装截止阀等。

由于每台泵的使用条件不同, 吸入管路的布置情况也各不相同, 相应地有不同的 $\frac{v_1^2}{2g}$ 和 $\sum H_f$ 值, 因此, 需根据吸入管路的具体布置情况, 计算确定 H_g。

值得注意的是, 泵的说明书中所给出的 H_s 是指大气压力为 10 m H_2O, 水温为 20 ℃状态下的数值。当泵的使用条件与该状态不同时, 则应把样本上所给出的 H_s 值换算成操作条件下的 H_s' 值, 其换算公式为

$$H_s' = [H_s + (H_a - 10) - (H_V - 0.24)] \cdot \frac{998.2}{\rho} \qquad (1-6-17)$$

式中 H_s'——操作条件下输送液体时的允许吸上真空高度, m 液柱;

         H_s——泵样本中给出的允许吸上真空高度, m H_2O;

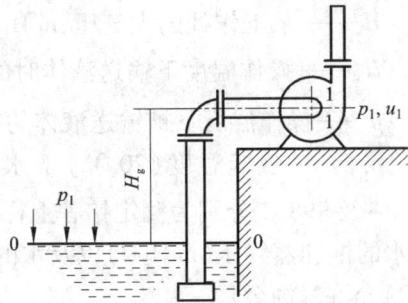

图中标注: p_1, u_1 H_g p_1 0   0

图 1-6-10 离心泵吸液示意图

H_a——泵工作处的大气压,m H_2O,$H_a = p_a/\rho_{H_2O}g$;

H_V——操作温度下输送液体时的饱和蒸气压,m H_2O,$H_V = p_V/\rho_{H_2O}g$;

ρ——操作温度下被输送液体的密度,kg·m^{-3};

ρ_{H_2O}——实验温度(20 ℃)下水的密度,kg·m^{-3}。$\rho_{H_2O} = 998.2$ kg·m^{-3}。

10,0.24 及 998.2 分别为测定铭牌上标注的允许吸上真空高度时的大气压力和20 ℃下水的饱和蒸气压(m H_2O)以及水的密度(kg·m^{-3})。

2)允许气蚀余量

允许吸上真空高度由于随输送液体性质、安装地区大气压和操作温度的不同而变化,使用时不大方便。因而又引入允许气蚀余量这一参数。允许气蚀余量 Δh 是指离心泵的入口处,液体的静压头 $\dfrac{p_1}{\rho g}$ 与动压头 $\dfrac{v_1^2}{2g}$ 之和超过输送液体在操作温度下的饱和蒸气压的最小允许值,即

$$\Delta h = \left(\frac{p_1}{\rho g} + \frac{v_1^2}{2g} \right) - \frac{p_V}{\rho g} \qquad (1-6-18)$$

式中 Δh——允许气蚀余量,m;

p_V——操作温度下液体的饱和蒸气压,Pa;

p_1——泵入口处允许的最低压力,Pa。

应当注意,泵性能表上的 Δh 值也是按输送 20 ℃水而规定的。当输送其他液体时,可按下式加以校正:

$$\Delta h' = \phi \Delta h \qquad (1-6-19)$$

式(1-6-19)中的 $\Delta h'$ 表示输送其他液体时的允许气蚀余量,m。ϕ 为校正系数,它与输送温度下液体的密度和饱和蒸气压有关,其值小于 1。对于一些热力学性质难以确定的特殊体系,ϕ 值难以确定,因 $\phi < 1$,故 Δh 可以不加校正,即气蚀余量取得稍大些,等于外加一安全系数。

由上可知,只要已知允许吸上真空高度 H_s 与允许气蚀余量 Δh 中的任一个参数,均可确定泵的允许安装高度。一般为安全起见,泵的实际安装高度应小于允许安装高度 H_g,通常比允许值小 0.5 ~ 1.0 m。

【例 1-6-2】   某台离心泵,从样本上查得允许吸上真空高度 $H_s = 6$ m,现将该泵安装在海拔高度为 500 m 处。若夏季平均水温为 40 ℃,问修正后的 H_s' 应为多小?若吸入管路的阻力损失为 1 m H_2O,泵入口处动压头为 0.2 m H_2O,问该泵安装在离水面 5 m 高处是否合适?

解   当水温为 40 ℃时,$H_V = 0.75$ m H_2O。海拔高度为 500 m 处的大气压为 $H_a = 9.74$ m H_2O,40 ℃时,$\rho = 992.2$ kg·m^{-3},根据式(1-6-17),则

$$H'_s = \left[H_s + (H_a - 10) - (H_V - 0.24) \right] \cdot \frac{\times 998.2}{\rho}$$

$$= \left[6 + (9.74 - 10) - (0.75 - 0.24) \right] \times \frac{998.2}{992.2}$$

$$= 5.26 \quad \text{m } H_2O$$

根据式(1-6-16),泵的安装高度为

$$H_g = H'_s - \frac{v_1^2}{2g} - \Sigma H_f = 5.26 - 0.2 - 1 = 4.06 \quad \text{m} < 5 \text{ m}$$

故将泵安装在离水面 5 m 高处不合适。

离心泵的允许安装高度的计算和实际安装高度的确定是设计和使用离心泵的重要一环,有几点值得注意:

(1)离心泵的允许吸上真空高度 H_s 和允许气蚀余量 Δh 均与泵的流量有关,大流量下 H_s 较小而 Δh 较大,必须用最大额定流量值进行计算;

(2)离心泵安装时,应注意选用较大的吸入管路,减小吸入管路的弯头等管件,以减少吸入管路的阻力损失;

(3)当液体输送温度较高或液体沸点较低时,可能出现允许安装高度 H_s 为负值的情况,此时应将离心泵安装于贮槽液面以下,使液体利用位差自动流入泵内。

6.2.5　离心泵的类型和选用

6.2.5.1　离心泵的类型

离心泵种类很多,按输送液体的性质不同,可分为清水泵、泥浆泵、耐腐蚀泵、油泵等;按泵的工作特点可分为低温泵、热水泵、液下泵等;按吸入方式不同,可分为单吸泵和双吸泵;按叶轮数目的不同,可分为单级泵和多级泵。以下就冶金工厂常用的几种离心泵,如水泵、泥浆泵、耐腐蚀泵、液下泵等加以介绍。

(1)水泵　用来输送清水以及物理、化学性质类似于水的清洁液体。按系列代号又可分为 B 型、D 型和 Sh 型。

B 型水泵——是一种单级单吸悬臂式离心泵,扬程为 8～98 m H_2O,流量为 4.5～360 m³·h⁻¹;

D 型水泵——是一种多级泵,扬程为 14～351 m H_2O,流量为 10.8～850 m³·h⁻¹;

Sh 型——是一种双吸单吸泵,扬程为 9～140 m H_2O,流量为 102～12500 m³·h⁻¹。

其中,以 B 型离心泵应用最广,这类泵只有一个叶轮,液体从泵的一侧吸入,液体的最高温度不能超过 80 ℃。

现以 3B33A 型水泵为例,说明 B 型水泵符号意义。

```
3 B 33 A
```
┌─── 表示泵的叶轮外径比基本型号小一级，即车削后的叶轮
├─── 泵的扬程（33m）
├─── 单吸悬臂式离心水泵
└─── 泵的吸入口直径（3in，即3×25=75mm）

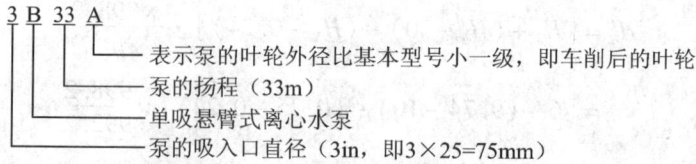

（2）耐腐蚀泵（系列代号为F）　用来输送酸、碱等腐蚀性液体，扬程为 15 ～ 105 m 液柱，流量为 2 ～ 400 m³·h⁻¹。输送介质温度一般为 0 ～ 105 ℃，特殊需要时可为 −50 ～ +200 ℃。

这种泵与腐蚀性液体接触的部件，都须用各种耐腐蚀材料制造。同时，由于材料不同，在系列代号 F 后加上材料的代号。F 型泵对各种腐蚀性液体，采用了许多耐腐蚀材料，常用的有灰口铸铁、高硅铸铁、镍铬合金钢、聚四氟乙烯塑料等。

（3）杂质泵（系列代号为P）　用来输送悬浮液及稠厚浆液。杂质泵又可分为污水泵（PW 型）、砂泵（PS 型）和泥浆泵（PN 型）。

这类泵的叶轮流道较宽，叶片数目少，常用开式或半闭式叶轮。

（4）液下泵（系列代号为FY）　用于安装在液体贮槽以内输送各种腐蚀性料液（图 1 − 6 − 11）。其轴封要求不高，不足之处是效率较低。

（5）油泵（系列代号为Y）　用来输送石油产品及其他易燃、易爆液体。扬程为 60 ～ 603 m 液柱，流量为 6.25 ～ 500 m³·h⁻¹，为化工生产中常用泵之一。

6.2.5.2　离心泵的选用

选用离心泵的基本原则，是以能满足液体输送的工艺要求为前提。选用时，须遵循技术合理、经济等原则，同时兼顾供给能量一方（泵）和需求能量一方（管路系统）的要求。通常可按下述步骤进行：

（1）确定输送系统的流量与扬程　流量一般为生产任务所规定。根据输送系统管路的安排，可用柏努利方程式计算管路所需的扬程。

（2）选择泵的类型　根据输送液体的性质和操作条件确定泵的类型。

（3）确定泵的型号　根据输送液体的流量及管路所要求的泵的扬程，从泵的样本

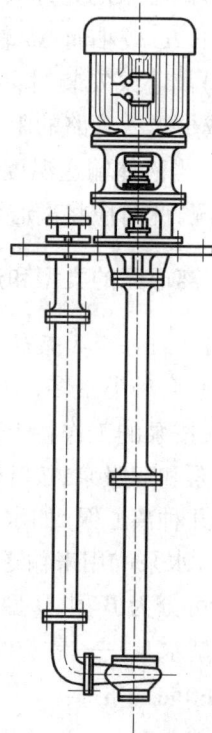

图 1 − 6 − 11　液下泵简图

或产品目录中选出合适的型号。泵的流量和扬程应留有适当余地,且应保证离心泵能在高效率区工作。泵的型号一旦确定,则应进一步查出其详细的性能参数。

(4)校核泵的性能参数 如果输送液体的粘度和密度与水相差较大,则应核算泵的流量、扬程及轴功率等性能参数。

【例 1-6-3】 如附图所示,要求将某处河水以 $110\ m^3 \cdot h^{-1}$ 的流量输送到一高位槽中,已知高位槽水面高出河面 15 m,管路系统的总阻力损失为 $7\ m\ H_2O$。试选择一适当的离心泵并估算由于阀门调节而多消耗的轴功率。

解 根据已知条件,选用清水泵。今以河面 1-1 截面为基准面,并取 1-1 与 2-2 截面列柏努利方程,则

$$z_1 + \frac{p_a}{\rho g} + \frac{v_1^2}{2g} + H = z_2 + \frac{p_a}{\rho g} + \frac{v_2^2}{2g} + \sum H_f$$

$$H = \Delta z + \frac{\Delta p_a}{\rho g} + \frac{\Delta v^2}{2g} + \sum H_f$$

$$= 15 + 0 + 0 + 7 = 22 \quad m$$

根据已知流量 $Q = 110\ m^3 \cdot h^{-1}$ 和 $H = 22\ m$ 可选 4B35A 型。

由本书附录查得该泵性能为:流量 $110\ m^3 \cdot h^{-1}$,扬程 $23.3\ m\ H_2O$,轴功率 9.5 kW,效率 73.5%。

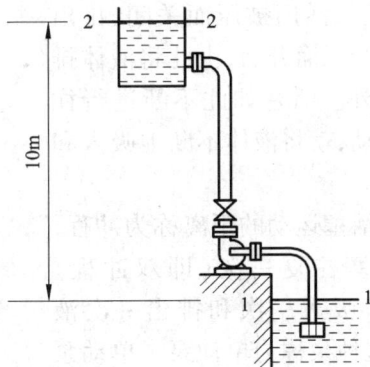

图 1-6-12 例 1-6-3 附图

由于所选泵扬程较高,操作时靠关小阀门调节。

由 $N = \dfrac{N_e}{\eta} = \dfrac{QH\rho g}{\eta}$ 知,多消耗的功率为

$$\Delta N = \frac{Q\rho g \Delta H}{\eta} = \frac{(110/3600) \times 1000 \times 9.81 \times (23.3 - 22)}{1000 \times 0.735} = 0.53 \quad kW$$

6.3 其他类型泵

6.3.1 往复泵

往复泵利用活塞的往复运动,将能量传递给液体,以完成液体输送任务。往复泵输送流体的流量只与活塞的位移有关,而与管路情况无关,但往复泵的扬程只与管路情况有关。

往复泵主要由泵缸、活塞和单向活门所构成。活塞由曲柄连杆机构带动作往

复运动。如图 1 - 6 - 13 所示，活塞由于外力的作用向右移动时，泵体内造成低压，上端的单向活门（排出活门）被压而关闭，下端的单向活门（吸入活门）便被泵外液体的压力推开，将液体吸入泵体内。相反，当活塞向左移动时，泵体内造成高压，吸入活门被压而关闭，排出活门受压而开启，由此将液体排出泵外。活塞如此不断进行往复运动，就将液体不断地吸入和排出。

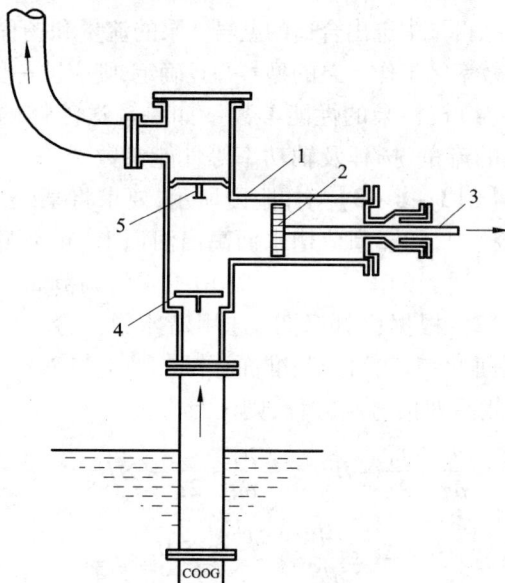

图 1 - 6 - 13　往复泵装置简图
1—泵缸　2—活塞　3—活塞杆
4—吸入活门　5—排出活门

活塞运动的距离称为冲程，当活塞往复一次（即双冲程）时，只吸入一次和排出一次液体，这种泵称为单动泵。单动泵的流量是波动而不均匀的，仅在活塞压出行程时，才排出液体，而在吸入行程则无液体排出。为了改善单动泵流量的不均匀性，又出现了双动泵，其构造如图 1 - 6 - 14 所示。它有四个单向活门，分布在泵缸的两侧。当活塞向右移动时，左上端的活门关闭，而左下端的活门开启，与此同时，右上端的活门开启，右下端的活门关闭，液体进入泵体内的左边，原存在于泵缸右边的液体则由右上端的活门排出。当活塞

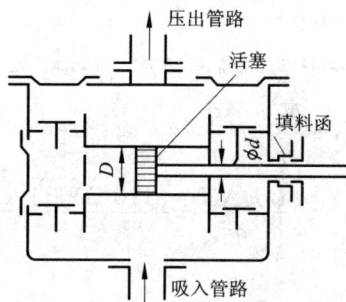

图 1 - 6 - 14　双动泵的工作原理示意图

向左端移动时，泵体左边的液体将被排出，泵体右边将吸入液体。因此，对于双动泵，当活塞往复一次（即双冲程）时，可吸入和排出液体各两次，故其流量比较均匀。

实际生产中所采用的往复泵，由于所输送的液体性质不同，或由于使用目的差异，其结构形式不尽一致。当用于输送易燃、易爆液体时，常采用蒸气传动的往复泵以求安全可靠。

当输送腐蚀性料液或悬浮液时,为了不使活塞受到损伤,多采用隔膜泵,即用一弹性薄膜将活塞和被输送液体隔开的往复泵。此弹性薄膜系用耐磨、耐腐蚀的橡皮或特殊金属制成。如图 1-6-15 所示,隔膜左边所有部分均用耐腐蚀材料制成,或衬以耐腐蚀物质;隔膜右边则盛有水或油。当活塞作往复运动时,迫使隔膜交替地向两边弯曲,致使腐蚀性液体悬浮液在隔膜左边轮流地被吸入和压出,而不与活塞相接触。这种泵技术要求复杂,易损坏,难维修。

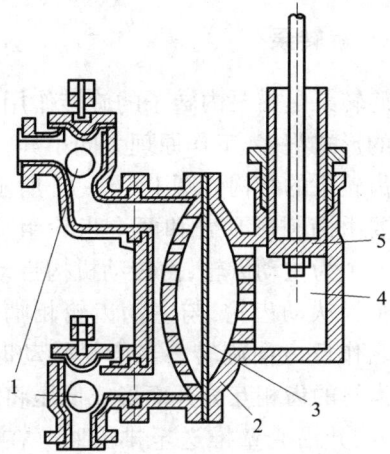

图 1-6-15　隔膜泵示意图
1—球形活门　2—泵体
3—隔膜　4—气缸　5—活塞

另有一种高压油泵,如图 1-6-16 所示,当活塞向右移动时,排料活门紧闭,吸入活门开启,料浆便进入油箱之下半部;当活塞向左运动时,进料活门闭死,出料活门开启,料浆排出。由于油箱上半部及活塞缸中充满矿物油,故活塞及缸体不会磨损,使用寿命大为增加。由于密度不同,油与泥浆既不相混也不互溶,故油的损耗极少,对生产亦毫无有利影响。

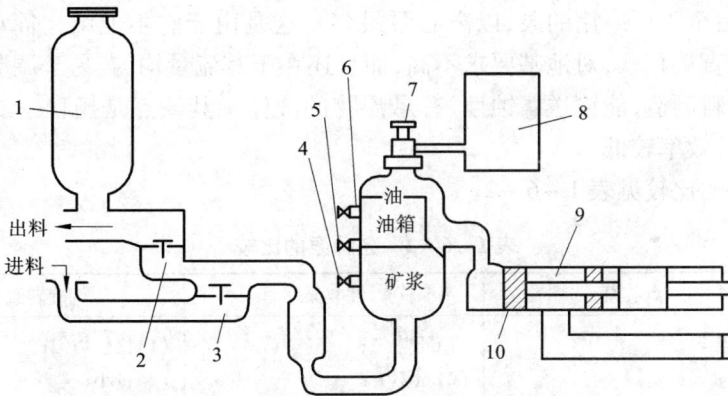

图 1-6-16　活塞式油压泥浆泵示意图
1—空气室　2—出料阀　3—进料阀　4—矿浆观察阀　5—液面观察阀
6—油观察阀　7—供油阀　8—油箱　9—油缸　10—活塞

6.3.2 旋转泵

旋转泵是借泵内转子的旋转作用而吸入和排出液体的,故又称为转子泵。旋转泵的形式很多,工作原理大同小异,最常用的一种是齿轮泵。

齿轮泵的结构如图1-6-17所示。它主要由椭圆形泵壳和两个齿轮组成。其中一个为主动齿轮,由传动机构带动,另一个为从动齿轮,与主动齿轮相啮合并随之作反方向旋转。当齿轮转动时,因两齿轮的齿相互分开而形成低压将液体吸入,并沿壳壁推送至排出腔。在排出腔内,两齿轮的齿互相合拢而形成高压将液体排出。如此连续进行,以完成液体输送任务。

齿轮泵压头高,流量小,可用于输送粘稠液体甚至膏状物料,但不适于输送含固体颗粒的悬浮液。

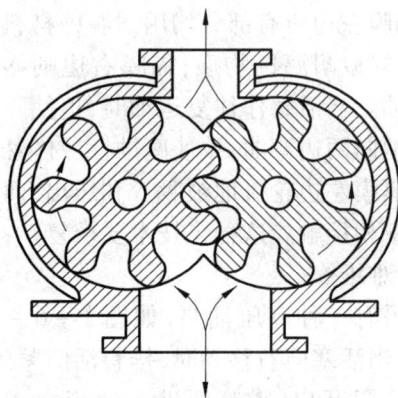

图1-6-17 齿轮泵简图

6.3.3 各种泵的比较

目前,冶金工厂应用的泵,以离心泵最多。这是由于它不但结构简单、紧凑,能与电动机直接相联,对地基要求不高,而且还在于其流量均匀,易于调节,可用各种耐腐蚀材料制造,能输送腐蚀性、有悬浮物的液体。其缺点是扬程一般不高,没有自吸能力,效率较低。

各种泵的比较见表1-6-2。

表1-6-2 各种泵的比较

类型	离心泵	往复泵	旋转泵
流量	(1)均匀; (2)量大; (3)流量随管路情况变化。	(1)不均匀; (2)量不大; (3)流量恒定,几乎不因压头变化而变化。	(1)比较均匀; (2)量小; (3)流量恒定,与往复泵相同。
扬程	(1)一般不高; (2)对一定流量只能提供一定的扬程。	(1)较高; (2)对一定流量可提供不同扬程,由管路系统确定。	同往复泵

类型	离心泵	往复泵	旋转泵
效率	(1)最高为70%左右; (2)在设计点最高,偏离愈远,效率愈低。	(1)为80%左右; (2)供应不同扬程时,效率仍保持较大值。	(1)介于60%～90%; (2)扬程高时容易漏,使效率降低。
结构	(1)简单、价廉、安装容易; (2)高速旋转,可直接与电动机相连; (3)输送同一流量体积小; (4)轴封装置要求高,不能漏气。	(1)零件多,构造复杂; (2)震动甚大,不可快速,安装较难; (3)体积大,占地多; (4)需吸入、排出活门; (5)输送腐蚀性液体时,构造更复杂。	(1)没有活门; (2)可与电动机直接连接; (3)零件较少,但制造精度要求高。
操作	(1)有气缚现象,开车前要充水,运转中不能漏气; (2)维护、操作方便; (3)可用阀门调节流量; (4)不因管路堵塞而发生损坏现象。	(1)零件多,易出故障,检修麻烦; (2)不能用出口阀门而只能用支路阀调节流量; (3)扬程、流量改变时能保持高效率。	(1)检查比离心泵复杂,比往复泵容易; (2)不能用出口阀而只能用支路阀调节流量。
适用范围	流量大、扬程小的腐蚀性液体或悬浮液,对粘度大的流体不适用。	高扬程、小流量的洁净液体。	高扬程、小流量的油类等粘性液体。

6.4　气体输送机械

从原则上讲,气体输送机械与液体输送机械的结构和工作原理大体相同,其作用都是向流体做功,以提高流体的静压力,但由于气体的可压缩性及比液体小得多的密度,使气体输送机械具有与液体输送机械不同的特点,主要表现为:

(1)气体密度小,体积流量大,因此气体输送机械的体积大。

(2)流速大。在相同直径的管道内输送同样质量的流体,气体的阻力损失比液体的阻力损失要大得多,需提高的压头也大。

(3)由于气体的可压缩性,当气体压力变化时,其体积和温度也同时发生变化,这对气体输送机械的结构形状有很大的影响。

气体输送机械除按工作原理及设备结构分类外,还可按一般气体输送机械产生的进出口压差或压缩比来分类(如表 1 - 6 - 3 所示)。

表 1 - 6 - 3　气体输送机械的分类

种　　类	出口压力(表压)/Pa	压　缩　比
通风机	15×10^3	$1 \sim 1.15$
鼓风机	$(15 \sim 294) \times 10^3$	<4
压缩机	294×10^3	>4
真空泵	大气压	(用于减压)

6.4.1　通风机

通风机主要有离心式和轴流式两种类型。轴流通风机由于其所产生的风压很小,一般只作通风换气之用。冶金厂应用最广的是离心通风机。离心通风机按其所产生的风压大小可分为:

低压离心通风机:风压 $\leqslant 1 \times 10^3$ Pa(表压)

中压离心通风机:风压为 $1 \times 10^3 \sim 3 \times 10^3$ Pa(表压)

高压离心通风机:风压为 $3 \times 10^3 \sim 15 \times 10^3$ Pa(表压)

6.4.1.1　离心通风机的结构及工作原理

离心通风机的基本结构和工作原理均与单级离心泵相似,如图 1 - 6 - 18 所示。它同样是在蜗形机体内靠叶轮的高速旋转所产生的离心力,使气体的压力增大而排出。与离心泵相比,其结构具有如下特点:

(1)叶轮直径大,叶片数目多,叶片短,以保证达到输送量大,风压高的目的。

(2)蜗形通道一般为矩形截面,以利于加工。

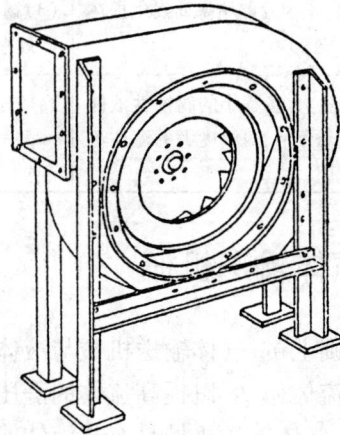

图 1 - 6 - 18　离心式通风机

6.4.1.2　离心通风机的性能参数和特性曲线

离心通风机的性能参数主要有风量(流量)、风压(压头)、功率和效率。

与离心泵类似,离心通风机性能参数之间的关系也是用实验方法测定,并用特性曲线或性能数据表的形式表示。

(1)风量

风量是单位时间内从风机出口排出的气体体积,并以风机进口处气体的状态计,以 Q 表示,单位为 $m^3 \cdot h^{-1}$。标准状态(298 K,1.0133×10^5 Pa)下的风量,单位

表示为 $Nm^3 \cdot h^{-1}$ 或 $Nm^3 \cdot s^{-1}$。

（2）风压

风压是单位体积的气体流过风机时所获得的能量，以 p_t 表示，单位为 Pa。

用下标 1、2 分别表示进口与出口的状态。在风机的吸入口与压出口之间，列柏努利方程式：

$$z_1 + \frac{p_1}{\rho g} + \frac{v_1^2}{2g} + H = z_2 + \frac{p_2}{\rho g} + \frac{v_2^2}{2g} + \sum H_f$$

上式各项均乘以 ρg 并加以整理得

$$\rho g H = \rho g(z_2 - z_1) + (p_2 - p_1) + \frac{\rho(v_2^2 - v_1^2)}{2} + \rho g \sum H_f$$

对于气体，式中 ρ 及 $(z_2 - z_1)$ 值都比较小，故 $(z_2 - z_1)\rho g$ 可忽略；因进出口管段很短，$\rho g \sum H_f$ 亦可忽略。当空气直接由大气进入通风机时，则 v_1 也可忽略。故上述柏努利方程式可简化为

$$p_t = \rho g H = (p_2 - p_1) + \frac{\rho v_2^2}{2} = p_{st} + p_k \qquad (1-6-20)$$

式中　p_{st}——静风压；

　　　p_k——动风压。

离心通风机中气体的出口流速较大，故动风压不能忽略。因此离心通风机的风压应为静风压与动风压之和，又称为全风压或全压。通风机性能表上所列的风压是指全风压。

（3）轴功率及功率

离心通风机的轴功率可仿照离心泵的计算式，即

$$N = \frac{p_t Q}{1000 \eta} \qquad (1-6-21)$$

式中　N——轴功率，kW；

　　　Q——风量，$m^3 \cdot s^{-1}$；

　　　p_t——全风压，Pa；

　　　η——效率。

离心通风机的特性曲线如图 1-6-19 所示，由于通风机的风压有全风压和静风压之分，故其特性曲线与离心泵相比，多了一条 $Q-p_{st}$ 曲线。

图中的四条曲线表明在一定的转速下，全风压 p_t、静风压 p_{st}、轴功率 N 和效率 η 与风量 Q 的关系。由于通风机前后气体压力的变化较小，因而气体的密度和温度可视为不变。因此，在计算通风机性能时，可与离心泵使用相同的公式。

必须指出，通风机的特性曲线是由生产厂家在 20 ℃ 及 1.0133×10^5 Pa 条件下

用空气进行实验测定的,此条件下空气的密度为 $1.2 \text{ kg} \cdot \text{m}^{-3}$。

计算功率时 Q, p_t, ρ 等必须为同一状态下的数值,且须注意输送气体的性质,用下述公式进行换算:

$$\frac{p_t'}{p_t} = \frac{\rho'}{\rho}, \qquad \frac{N'}{N} = \frac{\rho'}{\rho} \qquad\qquad (1-6-22)$$

式中　p_t, N, ρ——实验条件下的全风压、轴功率及输送气体的密度;

　　　　$\rho = 1.2 \text{ kg} \cdot \text{m}^{-3}$;

　　　p_t', N_t', ρ'——操作状态下的全风压、轴功率及气体密度。

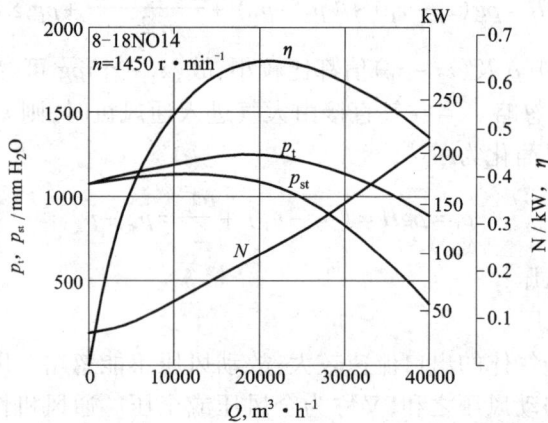

图 1-6-19　8-18NO14 离心通风机的特性曲线

6.4.1.3　离心通风机的选择

离心通风机的选用与离心泵相仿,其主要步骤为:

(1)根据气体的种类(如清洁空气、易燃气体、腐蚀性气体、含尘气体、高温气体等)与风压范围,确定风机类型。

(2)将操作状态下的风压及风量等参数换算成标准实验状态下的风压和参数。

(3)根据所需风压和风量,从样本上查得适宜的设备型号及尺寸。

【例 1-6-4】　已知空气的最大输送量为 $1.6 \times 10^4 \text{ m}^3 \cdot \text{h}^{-1}$,最大风量下输送系统所需的风压为 10.8 kPa,设空气进口温度为 30 ℃,当地大气压为 98.7 kPa,试选择一台适用的离心通风机。

解　在实际操作状态下空气密度为:

$$\rho' = \rho \frac{T}{T'} \cdot \frac{p'}{p} = 1.29 \times \frac{273}{303} \times \frac{98.7}{101.33} = 1.13 \quad \text{kg} \cdot \text{m}^{-3}$$

由式(1 - 6 - 22)知：

$$p_t = p_t' \frac{\rho}{\rho'} = 10.8 \times \frac{1.2}{1.13} = 11.47 \quad kPa$$

$$Q = 1.6 \times 10^4 \quad m^3 \cdot h^{-1}$$

从风机样本中查得，$9 - 27 - 101N07$($n = 2\,900\ r \cdot min^{-1}$)可以满足要求，该通风机性能为：

全风压 p_t：　　　11.87 kPa；

风　量 Q：　　　17100 $m^3 \cdot h^{-1}$；

轴功率 N：　　　89 kW。

6.4.2　鼓风机

常用的鼓风机有离心式和旋转式两种。

6.4.2.1　离心鼓风机

离心鼓风机又称涡轮鼓风机或透平鼓风机，其基本结构和操作原理与离心通风机相似。它的特点是转速高，排气量大，结构简单。但单级风机由于只有一个叶轮，不可能产生较大的风压(一般 <30 kPa)，故风压较高的离心鼓风机一般是由几个叶轮串联组成的多级离心鼓风机。

6.4.2.2　旋转鼓风机

旋转鼓风机种类较多，最典型的是罗茨鼓风机，其工作原理与齿轮泵相似。罗茨鼓风机的结构如图 1 - 6 - 20 所示。在一长圆形气缸内配置两个"8"字型的转子装在两个平行轴上，通过对同步齿轮的作用，使两个转子作反方向旋转。由于两转子之间、转子与机壳之间的缝隙很小，转子可自由旋转而不会引起过多的泄漏。当转子旋转时，则推动气缸内的气体由一侧吸入，从另一侧排出，达到增压鼓风的目的。

罗茨鼓风机的主要特点是风量与转速成正比，转速一定时，风压改变，风量可基本不变。此外，此风机转速高，无阀门，结构简单，重量轻，排气均匀，风量变动范围大，可在 2 ~ 500 $m^3 \cdot h^{-1}$ 范围内变动，但效率低，其容积效率一般为 0.7 ~ 0.9。

罗茨鼓风机的出口应安装稳压罐和安全阀，流量可用旁路调节，操作温度不宜超过 85 ℃，以防转子受热膨胀而卡住。

6.4.3　压缩机

冶金及化工生产中使用的压缩机主要有往复压缩机和离心压缩机两种。由于离心压缩机的基本结构与工作原理与离心鼓风机完全相同，故下面着重介绍往复压缩机。

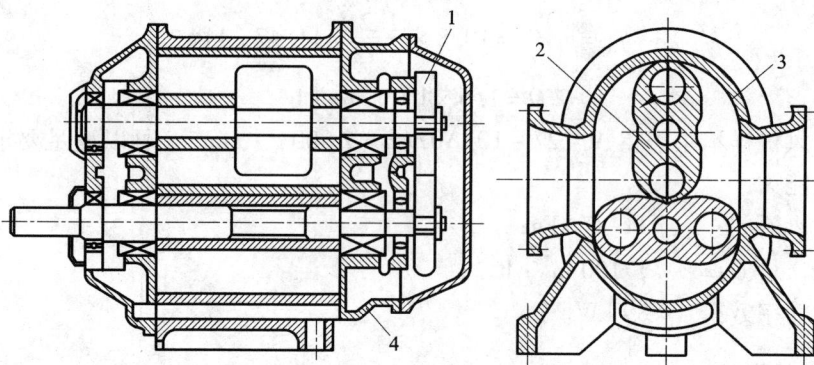

图 1 - 6 - 20　罗茨鼓风机结构示意图

1—同步齿轮　2—转子　3—气缸　4—盖板

6.4.3.1　往复压缩机的构造及工作原理

往复压缩机的构造和工作原理与往复泵相似。它主要由气缸、活塞、吸气阀和排气阀组成（图1 - 6 - 21）。

往复压缩机是利用曲柄连杆机构，将驱动机的回转运动变为活塞的往复运动，使气体在气缸内完成进气、压缩、排气等过程，由进、排气阀控制气体进入和排出气缸，达到提高气体压力的目的。

下面以单动往复压缩机为例说明其工作过程。

（1）理想压缩循环

在理想状态下，气缸排气终了时，活塞与气缸盖之间没有缝隙（即余隙）以及各种能量损失。往复压缩机在理想状态下的压缩过程可用图1 - 6 - 22来说明。当活塞由左向右运行时，吸气阀 A 打

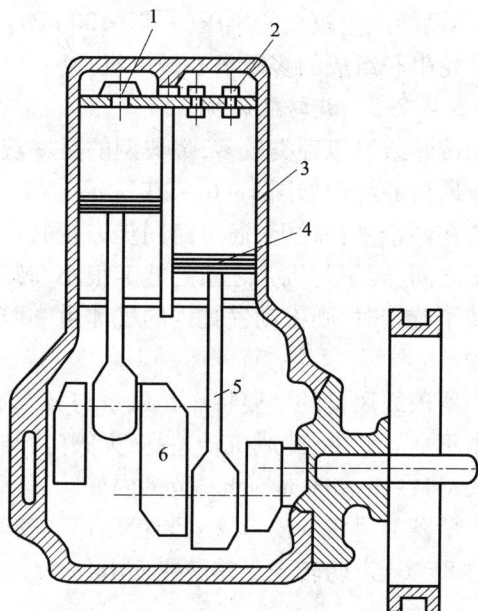

图 1 - 6 - 21　立式单动双缸压缩机

1—排气阀　2—吸气阀　3—气缸体
4—活塞　5—连杆　6—曲轴

开，气体在 p_1 压力下吸入缸内（4 - 1线）；当活塞开始从右往左运行时，吸气阀被

关闭,气缸内的气体被压缩(1－2线);
当气缸内的气体压力大于气阀 B 外的气
体压力时,排气阀 B 被顶开,气体在 p_2
压力下排出气缸(2－3线)。3－4线表
示排气终了和吸气初期气缸内压力的变
化。如此不断重复上述吸气－压缩－排
气过程。

　　在工作循环中,表示气体状态的三
个物理量(p、T、V)都遵循气体状态方程。
压缩机中气体的压缩过程是按恒定的指
数运行的,根据气体与缸壁的换热情况
不同,气体的压缩可分为等温压缩、绝热
压缩和多变压缩三个压缩过程,分别用
图1－6－22中的1－2″、1－2′和1－2线

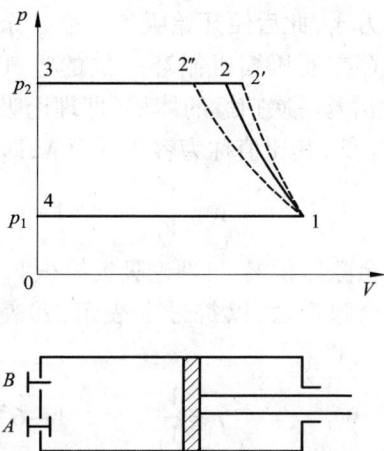

图1－6－22　理想压缩循环

表示。图中封闭曲线的面积即表示压缩所消耗的功。如等温压缩耗功可用1－2″
－3－4所围成的面积表示;绝热压缩耗功可用1－2′－3－4面积表示;多变过程耗
功为面积1－2－3－4。显然,绝热压缩耗功最少,而等温压缩耗功最多。事实上,
等温和绝热压缩只是两种极端情况,实际压缩过程与多变压缩过程较接近,多变压
缩功为

$$W = \frac{m}{m-1} p_1 V_1 \left[\left(\frac{p_2}{p_1} \right)^{\frac{m-1}{m}} - 1 \right] \tag{1－6－23}$$

式中　W——每一循环多变压缩功,J;

　　　p_1,p_2——进、排气压力,Pa;

　　　V_1——每一循环吸入气体体积,m³;

　　　m——多变指数。

　　多变压缩时,气体排出口绝对温度为:

$$T_2 = T_1 \left(\frac{p_2}{p_1} \right)^{\frac{m-1}{m}} \tag{1－6－24}$$

式中　T_1、T_2 分别为进、出口温度,K。

　　(2)有余隙压缩循环

　　往复压缩机排气终了时,活塞与气缸盖之间必须留出很小的空隙,称为余隙。
有余隙压缩循环如图1－6－23所示。它与理想压缩循环的区别在于排气终了时
残留在余隙体积中的高压气体在活塞反向运动时,将再次膨胀。当膨胀到图1－6

－23 所示的点 4 时，气缸中的压力降至进气压力 p_1，此后便开始吸气。由于余隙体系的存在使压缩机循环一次的吸气体积 V_e 比活塞一次扫过的体积（即理论吸气体积）V_1 低，其比值称为容积系数 λ，即

$$\lambda = \frac{V_e}{V_1} \qquad (1-6-25)$$

余隙体积 V_0 与理论吸气体积 V_1 之比称为余隙系数，以符号 ε 表示，其表达式为

$$\varepsilon = \frac{V_0}{V_1} \qquad (1-6-26)$$

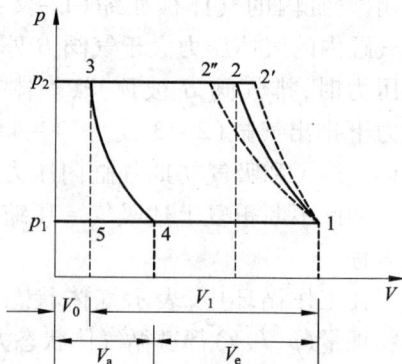

图 1－6－23 有余隙压缩循环

由图 1－6－23 知

$$V_e = V_1 + V_0 - V_a \qquad (1-6-27)$$

式中 V_a——余隙膨胀所占体积，m^3。

将式（1－6－27）两边均除以 V_1，则

$$\frac{V_e}{V_1} = 1 + \frac{V_0}{V_1} - \frac{V_a}{V_1} = 1 + \frac{V_0}{V_1} - \left(\frac{V_0}{V_1}\right)\left(\frac{V_a}{V_0}\right) \qquad (1\text{-}6\text{-}28)$$

将式（1－6－25）及式（1－6－26）代入上式，则

$$\lambda = 1 + \varepsilon - \varepsilon\left(\frac{V_a}{V_0}\right)$$

或

$$\lambda = 1 - \varepsilon\left(\frac{V_a}{V_0} - 1\right) \qquad (1-6-29)$$

对于多变膨胀过程，则

$$p_2 V_0^m = p_1 V_a^m$$

将上式代入式（1－6－29），则

$$\lambda = 1 - \varepsilon\left[\left(\frac{p_2}{p_1}\right)^{\frac{1}{m}} - 1\right] \qquad (1-6-30)$$

由上式可知，容积系数 λ 与余隙系数 ε 的大小和气体的压缩比（$\frac{p_2}{p_1}$）有关。余隙系数愈大，容积系数愈小；压缩比愈大，容积系数愈大。

6.4.3.2 往复压缩机的生产能力

往复压缩机的生产能力是指压缩机在单位时间内排出的气体体积换算成吸入状态下的数值。

若没有余隙,单动往复压缩机的理论吸气量为

$$V' = \frac{\pi}{4}D^2Sn \qquad (1-6-31)$$

式中　　V'——理论吸气体积,$m^3 \cdot s^{-1}$;

　　　　D——活塞直径,m;

　　　　S——活塞的冲程,m;

　　　　n——活塞每秒钟的往复次数,s^{-1}。

由于有余隙,实际吸气体积为

$$V = \lambda V' \qquad (1-6-32)$$

式中　　V——实际吸气体积,$m^3 \cdot s^{-1}$。

6.4.3.3　多级压缩

如前所述,容积系数随压缩比的增大而减小,当压缩比达到某一极限时,容积系数为零,即当活塞往右运动时,残留在余隙内的气体膨胀后充满整个气缸,以致不能再吸入新的气体。

实际上,在压缩机每压缩一次所允许的压缩比一般为 5～7。如果所要求的压缩比超过这个数值,应采用多级压缩。多级压缩的示意图如图 1-6-24 所示。气体在每级压缩之后进入中间冷却器进行冷却,以降低气体温度。

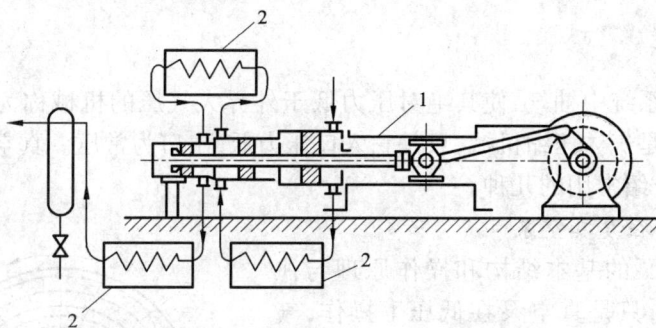

图 1-6-24　多级压缩示意图
1—气缸　2—中间冷却器

采用多级压缩可降低压缩气体所消耗的功。现以两级压缩(图 1-6-25)为例进行分析。若压力为 p_1 的气体采用单级压缩至 p_2,则压缩过程如图 1-6-25 中多变过程 BB_1C' 所示,所消耗的理论功相当于图中 $B-B_1-C'-D-A-B$ 所围成的面积。如改为两级压缩,中间压力为 p_x,尽管每一次也是进行多变压缩,但因两级之间在恒定压力下进行冷却,冷却过程依等压线 B_1E 进行,两级所消耗的总理论功相当于图上 $B-B_1-E-C-D-A-B$ 所围成的面积。比较这两种压缩方

案,显然,两级压缩比单级压缩所消耗的功
要少。依此类推,当压缩比相同时,所用级
数愈多,则消耗的功愈少。

6.4.3.4　往复压缩机的分类及选用

往复压缩机的种类较多,按吸气阀和
排气阀在活塞的一侧或两侧可分为单动和
双动往复压缩机;按气体受压级数可分为
单级、双级和多级压缩机;按终压分为低压
($< 1 \times 10^5$ Pa)、中压($1 \times 10^5 \sim 10 \times 10^5$

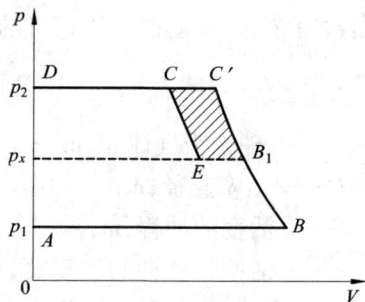

图 1 − 6 − 25　两级压缩

Pa)和高压($10 \times 10^5 \sim 100 \times 10^5$ Pa)压缩机;按排气量可分为小型(< 10 m³·
min⁻¹)、中型($10 \sim 30$ m³·min⁻¹)和大型(> 30 m³·min⁻¹)压缩机;按压缩机结构
形式可分为立式、卧式和角式压缩机;按压缩气体种类可分为空气压缩机、氨气压
缩机、氢气压缩机等。

选用压缩机的原则:

(1)根据输送气体的性质,确定压缩机种类;

(2)根据生产任务及厂房情况,选定压缩机结构形式;

(3)根据所需排气量和排气压力,从压缩机样本中选择合适的型号。

6.4.4　真空泵

从设备或系统中抽气,使其绝对压力低于外界大气压的机械称为真空泵。真
空泵实质上也是气体压缩机械,只是它入口压力低,出口为常压。真空泵的类型很
多,下面简单介绍常用的几种。

6.4.4.1　往复真空泵

往复真空泵的基本结构和操作原理与往
复压缩机相同,只是真空泵在低压下操作,气
缸内、外压差很小,所用阀门必须更加轻巧,启
闭方便。另外,当所需达到的真空度较高时,
如95%的真空度,则压缩比约为20。这样高的
压缩比,余隙中残余气体对真空泵的抽气速率
影响必然很大。为了减小余隙影响,在真空泵
气缸两端之间设置一条平稳气道,在活塞排气
终了时,使平稳气道短时间连通,余隙中残余
气体从一侧流向另一侧,以降低残余气体的压
力,减小余隙影响。

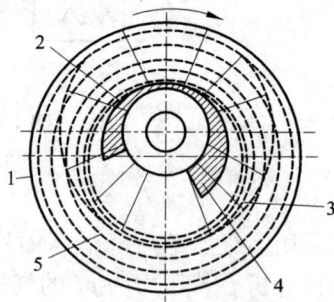

图 1 − 6 − 26　水环真空泵简图
1—外壳　2—排出口　3—叶片
4—吸入口　5—水环

6.4.4.2 水环真空泵

如图 1－6－26 所示,水环真空泵的外壳为圆形,壳内有一偏心安装的转子,转子上有叶片。泵内装有一定量的水,当转子旋转时形成水环,故称为水环真空泵。由于转子偏心安装而使叶片之间形成许多大小不等的小室。在转子的右半部,这些密封的小室体积扩大,气体便通过右边的进气口被吸入。当旋转到左半部时,小室的体积逐渐缩小,气体便由左边的排气口被压出。水环真空泵最高可达85%的真空。这种泵的结构简单、紧凑,没有阀门,经久耐用。但是,为了维持泵内液封以及冷却泵体,运转时需不断向泵内充水。水环真空泵也可作为鼓风机使用。

习 题

1－6－1 流体输送机械可以分为哪几类?

1－6－2 离心泵的工作原理是什么? 简述其主要部件的名称和作用。

1－6－3 离心泵的主要性能参数有哪些? 各自的定义和单位是什么?

1－6－4 气缚现象和气蚀现象有何区别?

1－6－5 何谓离心泵的允许吸上真空高度和气蚀余量? 如何确定离心泵的安装高度?

1－6－6 简述离心泵的常用类型和选用方法。

1－6－7 往复泵和齿轮泵各有何特点? 各适用于什么场合?

1－6－8 离心泵的特性曲线有哪几条? 如何确定离心泵的工作范围?

1－6－9 离心式通风机的工作原理和离心泵有何异同?

1－6－10 某离心泵用 20 ℃清水进行性能试验,测得其体积流量为 560 $m^3 \cdot h^{-1}$,出口压力表读数为 0.3 MPa(表压),吸入口真空表读数为 0.03 MPa,两表间垂直距离为 400 mm,吸入管和压出管内径分别为 300 mm 和 340 mm,试求对应此流量的泵的扬程。

1－6－11 用一台离心泵输送 20 ℃清水,若吸入管中的动压头可以忽略,全部能量损失为 7 m,泵安装在水源水面以上 3.5 m 处,试问此泵能否正常工作(已知当地大气压为 0.98 × 10⁵ Pa)。

1－6－12 欲用一离心泵将贮槽液面压力为 157 kPa,温度为 40 ℃,密度为 1100 $kg \cdot m^{-3}$,饱和蒸气压为 7340 Pa 的料液送至某一设备,已知其允许吸上真空高度为 5.5 m,吸入管路中的动压头和能量损失为 1.4 m,当地大气压为 10.34 m H_2O。试求其安装高度(已知其流量和扬程均能满足要求)。

1－6－13 用泵将贮槽中的有机试剂以 40 $m^3 \cdot h^{-1}$ 的流速,经 $\phi108 \times 4$ mm 的管子输送到高位槽,如本题附图所示。两槽的液面差为 20 m,管子总长(各种阀件的当量长度均计算在内)为 450 m。试分别计算泵输送 15 ℃ 和 50 ℃ 的有机试剂所需的有效功率。设两槽液面恒定不变,已知有机试剂在 15 ℃ 和 50 ℃ 下的密度分别为 684 $kg \cdot m^{-3}$ 和 662 $kg \cdot m^{-3}$,饱和蒸气压分别为 3.214 × 10³ Pa 和 1.962 × 10⁴ Pa。

1-6-14 用泵将池中水(25℃)送至30 m高的水塔。泵安装在水面以上5 m处。输水管道采用 $\phi114 \times 4$ mm、长1700 m的钢管(包括管件的当量长度,但未包括进、出口能量损失)。已知该泵的输水能力为35 m³·h⁻¹,设 $\varepsilon/d = 0.02$,泵的总效率为0.65,试求泵的轴功率。

1-6-15 用泵将贮槽中温度为20℃、密度为1200 kg·m⁻³、粘度为0.0025 Pa·s的料液送往反应器中。每小时进料量为 3×10^4 kg,贮槽表面为常压,反应器内保持9810 Pa的表压。管路为 $\phi89 \times 4$ mm的钢管,总长为45 m,其上装有孔径 d_0 为51.3 mm的孔板流量计(其阻力系数为8.25)一个、全开闸阀两个和90°标准弯头四个(图中均未标出)。贮槽液面与反应器入口管之间垂直距离为15 m。若泵的效率为0.65,求泵消耗的功率(贮槽很大,液面可视为稳定)。

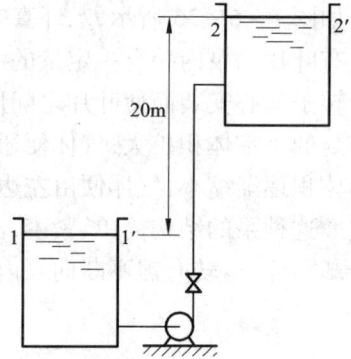

习题 1-6-13 附图

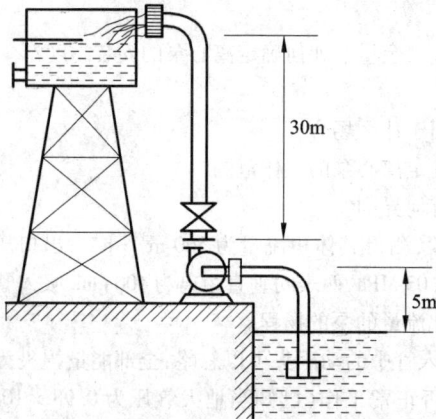

习题 1-6-14 附图

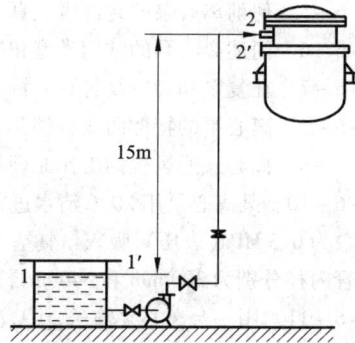

习题 1-6-15 附图

7　流态化和颗粒物料的流体输送

冶金过程常常需要转移和输送大量的固体颗粒物料,而输送过程则是其中的一个重要环节。一般而言,颗粒物料的输送可分为两大类:流体输送和机械输送。前者又可分为气力输送和水力输送。本章重点介绍气力输送。

7.1　流态化基本原理

流态化,简称流化,是一种利用流动流体的作用使固体颗粒群悬浮,从而使固体颗粒床层具有流体的某些表观特征的过程。流态化技术不仅能强化冶金、化工等领域中某些单元操作及化学反应过程的传质、传热,而且还能快速而经济地输送固体颗粒。因此,它已广泛用于冶金工业的焙烧、浸出、干燥、吸附、气化等过程,在固体颗粒物料的气力输送方面也得到了广泛地应用。

7.1.1　流态化现象

关于流态化现象,可用图 1 - 7 - 1 加以说明。当流体自容器下部经多孔分布板进入堆放固体颗粒的床层时,由于流体的流动及其与颗粒表面的摩擦,造成了流体通过床层的压降。随颗粒的性质、床层几何尺寸及流体速度不同,压降的大小也不相同,因而形成了不同类型的床层。随着流体流速由小到大的变化,床层出现了三个不同的阶段。

(1)固定床阶段　当流体通过床层的表现速度(即按床层截面计算的线速度)不大时,固体颗粒之间仍保持静止和互相接触,流体只是从颗粒间的缝隙经过,这种床层称为固定床(1 - 7 - 1a)。在固定床阶段,当表现流速逐渐增大时,固体颗粒的排列方式略有调整,有趋于松动的倾向,但床层高度没有变化,具有固定的上界面,床层孔隙率为一常数。

(2)流化床阶段　当流体的表观速度继续增大到一定值时,床层开始膨胀和变松。此时,颗粒不再由下面的分布板支撑,也不再靠与相邻颗粒的接触而维持其空间位置,床层中的全部颗粒都悬浮在向上流动的流体中,形成强烈搅混的流动(见图 1 - 7 - 1b、c、d)。这种具有流体的某些表观特征的流 - 固混合床就称为流化床。在气 - 固流化床中,由于床内颗粒剧烈翻滚,形如液体沸腾,故流化床又称

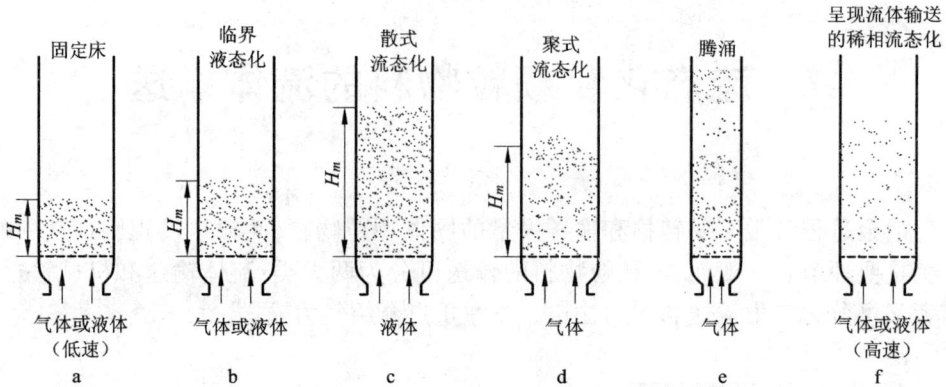

图 1 - 7 - 1　各种类型的床层

为沸腾床。在流化床阶段,床层依然有一明显的上界面,床层孔隙率及床层高度均随表观流速的增加而增大。

(3)流体输送阶段　当流体的表观流速增大到一极限值之后,颗粒便随流体一起以各自不同的速度向上运动,所有颗粒都开始被流体带出容器,上界面消失(图 1 - 7 - 1e)。床层中的孔隙率随表观流速的增加而增大,最后当床层中的颗粒全部被流体带出时,床层的孔隙率即达到 100% ,流化床已不复存在,这就是流体输送阶段,若流体为气体,则称为气力输送阶段。

7.1.2　床层压降与流速的关系——流态化曲线

图 1 - 7 - 2 为流态化过程中床层压降与流体的表观流速的关系曲线,即流态化曲线。图 1 - 7 - 3 表示床层孔隙率、压降与表观流速的关系。固定床与流化床分界点所对应的表观流速

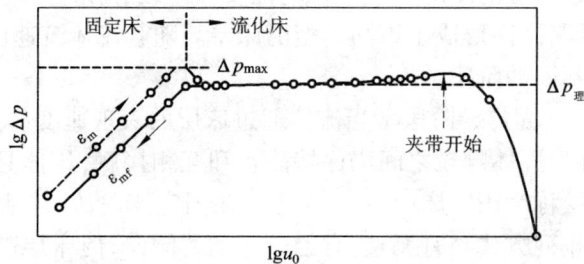

图 1 - 7 - 2　流态化曲线——床层压降与流速的关系

称为临界流态化速度,以 u_{mf} 表示。流化床阶段与流体输送阶段的分界点所对应的表观流速称为颗粒带出速度,以 u_t 表示。

从此两图可看出,固定床阶段,压降随流速的增加而增大,而床层的孔隙率及床层高度基本维持不变。当流速达到临界流速 u_{mf} 时,床层开始进入流化床阶段,

此时的压降通常达到某一最大值
$\Delta p_{\max}$，该值比床层的静压值稍大
些。这是由于颗粒之间互相联锁
造成部分架桥嵌接等情况，因而使
床层的实际压降大于理论值。当
流速再增加时，填充床突然"解
锁"，其孔隙率由固定床的 ε_m 上升
到临界流化床的 ε_{mf}。由于颗粒的
重新排列，使流体流动的阻力减
小，结果是压降减小到理论值。随
流速的进一步增加，床层开始膨
胀，孔隙率也随之继续增大，而压

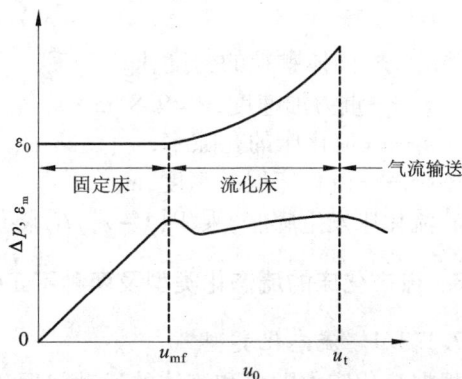

图 1 - 7 - 3　床层孔隙率、压降与流速的关系

降却保持不变，此即均匀流态化的典型特征。这种情况一直可延续到流速值相当
大的时候。当流速很大时，就开始有细颗粒被流体带走，压降也就开始降低，床层
进入流体输送阶段。当流速继续增大到带出速度 u_t 后，几乎全部颗粒被流体夹带
呈悬浮状态随流体流走，压降逐渐减小至空管的压降值。

关于床层的压降可通过实验测定，也可以用经验公式进行计算。

气体通过颗粒固定床的压降可以用厄贡公式计算：

$$\Delta p = 150 \frac{(1-\varepsilon_m)^2}{\varepsilon_m^3} \cdot \frac{H_m \mu u}{(\phi_s d_p)^2} + 1.75 \frac{1-\varepsilon_m}{\varepsilon_m^3} \cdot \frac{H_m \rho_g u^2}{\phi_s d_p} \quad (1-7-1)$$

式中　Δp——床层的压降，Pa；

　　　H_m——床层高度，m；

　　　ε_m——固定床孔隙率；

　　　μ——气体的粘度，Pa·s；

　　　u——通过颗粒床层的流体表观速度，$m \cdot s^{-1}$；

　　　ϕ_s——颗粒形状系数，即体积相同的圆球表面积与颗粒表面积之比；

　　　d_p——床层颗粒的平均粒径，m；

　　　ρ_g——气体的密度，$kg \cdot m^{-3}$。

上式适用于任意填充的颗粒物料，其误差约为 ±25%。

式(1-7-1)中的压降包括两部分，第一项表示粘性损失，第二项表示动能损
失。当颗粒雷诺数较小时，$Re_{(p)} = \dfrac{d_p u \rho_g}{\mu} < 20$，以粘性损失为主，式(1-7-1)中的
第二项动能损失可忽略不计；当 $Re_{(p)} > 1000$ 时，则动能损失占主导地位，第一项粘
性损失可忽略不计。

流化床层的压降即等于单位截面床层的重力,可通过下述公式计算:

$$\Delta p = (\rho_s - \rho_g)(1 - \varepsilon_f)gH_f \qquad (1-7-2)$$

式中　ρ_s——固体颗粒的密度,$kg \cdot m^{-3}$;

　　　g——重力加速度,$g = 9.81 m \cdot s^{-2}$;

　　　ε_f——流化床的孔隙率;

　　　H_f——流化床层的高度,m。

若流化床发生膨胀,乘积$(1 - \varepsilon_f)H_f$将保持不变。

7.1.3 流态化床的流态化类型及两种不正常现象

7.1.3.1 流态化类型

根据流化床内颗粒和流体的运动状况不同可将流化床分为两种类型,即散式流化和聚式流化。

散式流化　其特点是固体颗粒均匀分布在流动流体中,并在各个方向上作随机运动,床层中各部分密度几乎相等,床层上界面平稳而清晰,床层高度随流体表观流速的增大而均匀增加。流体流过床层时,压降稳定,波动很小,一般而言,流体与固体的密度差较小的体系易形成散式流化。因此,以液体为流化介质流化固体散料的液固流化系统多为散式流化。

聚式流化　聚式流化也称鼓泡流化,其特点是床层中出现组成不同的两个相,即含固体颗粒其少的不连续气泡相,以及含固体颗粒较多、分布较均匀的连续乳化相。乳化相内的液固运动状况和空隙率接近初始流化状态。通过床层的流体,一部分从乳化相的颗粒间通过,超过临界流速以上的流体则以气泡形式通过床层。当增加气体流量时,通过乳化相的气体量不变,气泡数量相应增加。气泡在分布板上形成,在上升过程中长大,小气泡会合并成大气泡,大气泡也会破裂成小气泡。气泡上升至床层上界面时破裂,使床层上界面频繁的起伏波动,不像散式流化那样平稳,流体流过床层的压降波动也较大。

通常情况下,气固流化系统多属于聚式流化。

但不能笼统地认为凡是液固流化系统都是散式流化,凡是气固流化系统都是聚式流化。如以水流化大粒径的重颗粒时可呈聚式流化,而以高压气体流化小粒径的轻颗粒时可出现散式流化。

为了确切地划分两种流化类型,J. B. Bomero 和 I. N. Johanson 建议采用以下无因次数群来判别流化类型:

$$\left.\begin{array}{l} Fr_{mf} \cdot Re_{mf}\left(\dfrac{\rho_s - \rho}{\rho}\right)\left(\dfrac{H_{mf}}{D}\right) < 100,为散式流化 \\[3mm] Fr_{mf} \cdot Re_{mf}\left(\dfrac{\rho_s - \rho}{\rho}\right)\left(\dfrac{H_{mf}}{D}\right) > 100,为聚式流化 \end{array}\right\} \qquad (1-7-3)$$

式中　Fr_{mf}——临界流化条件下的弗劳德准数，$Fr_{mf} = \dfrac{u_{mf}^2}{gd_p}$；

Re_{mf}——临界流化条件下的雷诺准数，$Re_{mf} = \dfrac{d_p u_{mf} \rho}{\mu}$；

H_{mf}/D——临界流化条件下床层高度与床层直径之比值；

d_p,ρ_s——分别为固体颗粒的粒径和密度；

ρ——流体的密度。

7.1.3.2　两种不正常现象

实际气固系流化过程中，往往由于床层结构和操作等原因引起一些不正常现象，常见的有沟流和腾涌。

沟流　由于床层中的小颗粒之间存在着很大的粘附力，致使颗粒团聚在一起，当气体流过床层时，大部分气体从缝隙中通过，形成一条狭窄的通道，而床层仍处于固定床状态，这种现象称之为沟流。若沟流穿过整个床层就称为贯穿沟流，若沟流仅发生在局部地区，则称为局部沟流，如图1-7-4所示。出现沟流时，由于大量气体短路，气体通过床层的压降较正常理论压降要低，同时由于气体与固体接触不良，也就不利于气—固相间的传质、传热和化学反应，也不利于颗粒物料的输送。

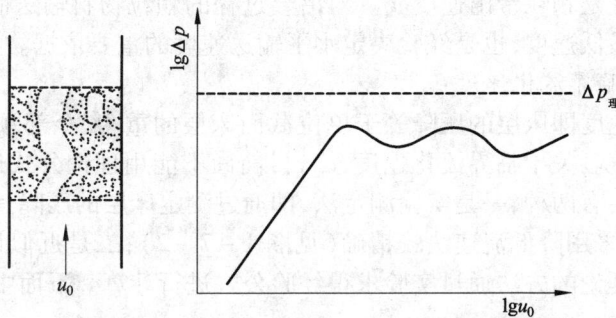

图1-7-4　沟流的形成及其压降与流速的关系

沟流的形成主要与颗粒的性质、堆积情况、床层直径及分布板结构等因素有关。颗粒粒度细、密度大、物料潮湿、堆积不均匀，以及气体初始分布不均匀等都易引起沟流。

腾涌和大气泡　当气泡在床层中上升时，不断聚集和长大，直至布满整个床层截面，将床层分为气泡与颗粒层相互隔开的若干段，颗粒层就像被活塞推动那样被气泡向上推进，在达到某一高度时气泡崩裂，颗粒纷纷下落，这种现象称为腾涌（图1-7-5）。

当腾涌现象发生时,由于气泡向上推动颗粒层时,颗粒层与器壁的摩擦阻力造成压降大于理论值;而在气泡破裂时,压降又低于理论值。这样反复地发生,使床层压降在理论值上、下大幅度波动,同时也引起床层的上、下急剧波动,床层性能下降。一般情况下,床层高,颗粒大,流速大都易引起腾涌和大气泡现象。

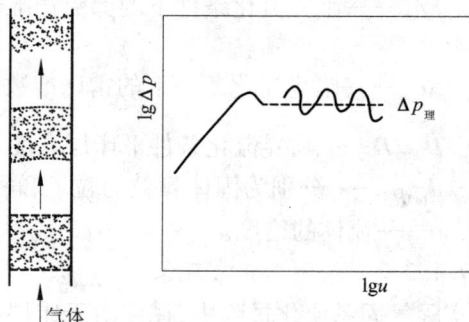

图 1 - 7 - 5　腾涌现象与压降的波动

沟流和腾涌都是流化床的不正常现象,在设计和操作流化床过程中应尽量避免其发生。生产操作过程通常可根据床层压降波动情况来判断流化床的操作是否正常,如压降低于理论值,可能产生了沟流;如压降在理论值上、下波动,则可能发生了腾涌。

7.1.4　临界流化速度和颗粒带出速度

由以上分析可见,流态化床层中要求的最小表现流速是临界流化速度 u_{mf},而最大的表观速度是颗粒带出速度 u_t。对冶金过程的颗粒物料输送而言,u_{mf} 则是垂直输送的理论最低速度,也是经验决定水平输送速度的重要依据。

7.1.4.1　临界流化速度

临界流化速度即床层的压降等于单位截面床层的重力,全部颗粒刚好浮起时流体的表观流速。关于临界流化速度 u_{mf},目前尚不能用理论公式进行精确计算,其确定方法主要有两种,一是实验测定法,即通过测定床层的压降——流速关系曲线来确定,通常采用降低流速法较精确(见图 1 - 7 - 2);二是近似计算法,即用因次分析或相似理论的方法通过实验求得经验公式进行计算。下面主要介绍近似计算法。

式(1 - 7 - 1)和(1 - 7 - 2)也适用于临界流化点的压降计算

即:
$$\Delta p = 150 \frac{(1-\varepsilon_{mf})^2}{\varepsilon_{mf}^3} \cdot \frac{H_{mf}\mu u_{mf}}{(\phi_s d_p)^2} + 1.75 \frac{1-\varepsilon_{mf}}{\varepsilon_{mf}^3} \cdot \frac{H_{mf}\rho_g u_{mf}^2}{\phi_s d_p} \qquad (1-7-4)$$

$$\Delta p = (\rho_s - \rho_g)(1-\varepsilon_{mf})gH_{mf} \qquad (1-7-5)$$

令床层的压降等于单位截面床层的重力,将式(1 - 7 - 4)和(1 - 7 - 5)合并,再在两边同乘以 $d_p^3 \rho_g / \mu^2 (1-\varepsilon_{mf})$,则得

$$150 \frac{1-\varepsilon_{mf}}{\phi_s^2 \varepsilon_{mf}^3} \cdot \frac{d_p u_{mf}\rho_g}{\mu} + 1.75 \frac{1}{\phi_s \varepsilon_{mf}^3} \left(\frac{d_p u_{mf}\rho_g}{\mu}\right)^2 = \frac{d_p^3(\rho_s - \rho_g)g\rho_g}{\mu^2}$$

$$(1-7-6)$$

（1）在颗粒雷诺数较小的情况下，即 $Re_{(p)} < 20$ 时，主要为粘性损失，上式左边第二项可忽略，式（1 - 7 - 6）可简化为

$$u_{mf} = \frac{(\phi_s d_p)^2}{150} \cdot \frac{(\rho_s - \rho_g)g}{\mu} \cdot \frac{\varepsilon_{mf}^3}{1 - \varepsilon_{mf}} \tag{1 - 7 - 7}$$

（2）在颗粒雷诺数 $Re_{(p)}$ 较大，即 $Re_{(p)} > 1000$ 的情况下，只需考虑动能损失，式（1 - 7 - 6）左边第一项可忽略，于是

$$u_{mf}^2 = \frac{\phi_s d_p}{1.75} \cdot \frac{\rho_s - \rho_g}{\rho_g} \cdot g\varepsilon_{mf}^3 \tag{1 - 7 - 8}$$

应用式（1 - 7 - 7）和（1 - 7 - 8）计算 u_{mf} 时，颗粒的形状系数 ϕ_s 和临界孔隙率 ε_{mf} 的数据常常不易获得。但它们之间存在如下近似关系：

$$\frac{1 - \varepsilon_{mf}}{\phi_s^2 \varepsilon_{mf}^3} \approx 11, \frac{1}{\phi_s \varepsilon_{mf}^3} \approx 14 \tag{1 - 7 - 9}$$

将式（1 - 7 - 9）代入式（1 - 7 - 6）则得全部雷诺数范围的关系式：

$$\frac{d_p u_{mf} \rho_g}{\mu} = \left[(33.7)^2 + 0.0408 \times \frac{d_p^3 (\rho_s - \rho_g) g \rho_g}{\mu^2} \right]^{1/2} - 33.7 \tag{1 - 7 - 10}$$

令 $d_p^3 (\rho_s - \rho_g) g \rho_g / \mu^2 = Ga$，称为伽利略数，则

$$Re_{(p)} = \sqrt{(33.7)^2 + 0.0408 Ga} - 33.7 \tag{1 - 7 - 11}$$

将式（1 - 7 - 9）分别代入式（1 - 7 - 7）和（1 - 7 - 8）：

当 $Re_{(p)} < 20$ 时：

$$u_{mf} = \frac{d_p^2 (\rho_s - \rho_g) g}{1650 \mu} \tag{1 - 7 - 12}$$

当 $Re_{(p)} > 1000$ 时：

$$u_{mf} = \sqrt{\frac{d_p (\rho_s - \rho_g) g}{24.5 \rho_g}} \tag{1 - 7 - 13}$$

用式（1 - 7 - 10）～（1 - 7 - 13）这些简化式，以常用参数如密度、粒径、气体粘度等计算所得的 u_{mf} 具有一定的偏差。若能已知 ϕ_s 和 ε_{mf}，以式（1 - 7 - 7）～（1 - 7 - 8）计算，则所得 u_{mf} 值相对要可靠一些。

必须指出，用上述关系计算混合颗粒床层的 u_{mf} 时，只适用于粒度分布比较均匀的颗粒床层。对于非均匀颗粒床层，式中的 d_p 为颗粒群的平均直径 $\bar{d}_p$。但当粒度分布较宽，组成床层的两种颗粒粒径之比 ≥6:1 时，上述关系式就不适用了，因为细粉在粗颗粒的空隙中就流化了，但粗颗粒还不能悬浮起来。

临界流化速度除了可以按上述公式计算外，也可进行实验测定。通过实验测出流化床回到固定床的一系列压降与流速的关系，绘出图 1 - 7 - 3 所示的流态化曲线，从曲线上可直接读取临界流化速度。

实际测定时常用空气作流化介质，然后再根据实际生产条件对测定值进行修

正。若令 u_{mf}^0 代表以空气为流化介质时测出的临界流化速度,则实际生产中的临界流化速度 u_{mf} 可按下式推算:

$$u_{mf} = u_{mf}^0 \frac{\mu_a(\rho_s - \rho_g)}{\mu(\rho_s - \rho_a)} \qquad (1-7-14)$$

式中　ρ_g——实际流化介质的密度,$kg \cdot m^{-3}$;

　　　ρ_a——空气的密度;$kg \cdot m^{-3}$;

　　　μ——实际流化介质的粘度,$Pa \cdot s$;

　　　μ_a——空气的粘度,$Pa \cdot s$。

7.1.4.2　颗粒带出速度

通过流化床的流体速度,一方面受到 u_{mf} 的限制,小于此值时,不能形成正常的流态化;另一方面又受到颗粒带出速度 u_t 的制约,当流速接近 u_t 时,就会有颗粒被流体夹带走。为使床层正常流态化,流体的操作流速必须大于 u_{mf} 而小于 u_t。但是,在气力输送颗粒物料时,又要求气流速度大于 u_t,这样才能顺利地进行输送。因此颗粒的带出速度 u_t 是研究颗粒在气流中运动的最重要的动力学参数。

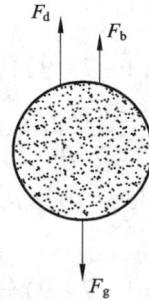

图 1-7-6　颗粒在流体中的受力分析

颗粒带出速度要根据流体力学原理求出。

考虑一光滑球形颗粒在静止流体中沉降,当不考虑其他颗粒及器壁的影响时,颗粒就受到重力 F_g、流体的浮力 F_b 及流体对它的阻力 F_d(当颗粒与流体发生相对运动时)三个力的作用(见图 1-7-6)

$$F_g = mg = \frac{1}{6}\pi d_p^3 \rho_s g \qquad (1-7-15)$$

$$F_b = \frac{1}{6}\pi d_p^3 \rho_g g \qquad (1-7-16)$$

$$F_d = \xi_0 \frac{\pi d_p^2}{4} \cdot \frac{\rho_g u_s^2}{2} \qquad (1-7-17)$$

式中　ξ_0——阻力系数;

　　　u_s——颗粒与流体的相对速度,$m \cdot s^{-1}$。

F_d 的方向与颗粒的运动方向相反。

颗粒向下所受的净力 F 为:

$$F = F_g - F_b - F_d \qquad (1-7-18)$$

当颗粒所受净力 F 等于零时,颗粒就在流体中以等速度自由沉降,这个速度称为颗粒的自由沉降终速,以 u_0 表示,它等于颗粒带出速度 u_t。

令 $F=0$,则由式$(1-7-15)\sim(1-7-18)$可得

$$\frac{1}{6}\pi d_p^3 \rho_s g - \frac{1}{6}\pi d_p^3 \rho_g g - \xi_0 \frac{\pi d_p^2}{4}\cdot\frac{\rho_g u_0^2}{2}=0$$

故

$$u_0 = \sqrt{\frac{4d_p(\rho_s-\rho_g)g}{3\xi_0 \rho_g}} \qquad (1-7-19)$$

由因次分析可知,颗粒在流体中运动的阻力系数 ξ_0 是颗粒雷诺数 $Re_{(p)}$ 的函数。当颗粒以沉降终速 u_0 在流体中运动时,雷诺数应定义为 $Re_{(p)}=\dfrac{d_p u_0 \rho_g}{\mu}$。实验测得的固体颗粒的 ξ_0 与 $Re_{(p)}$ 的关系如图 $1-7-7$ 所示。

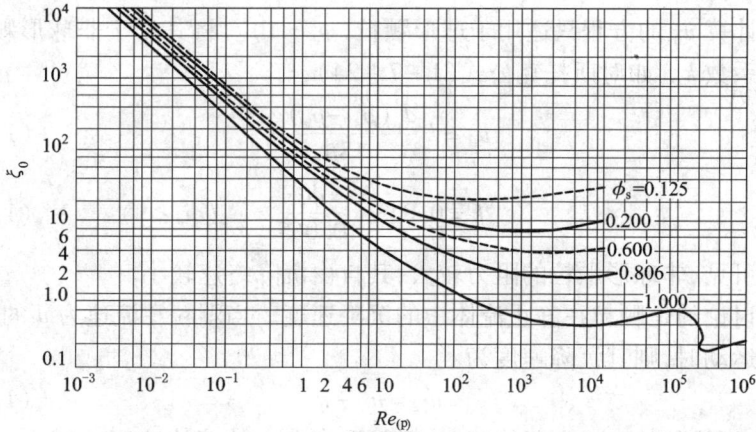

图 $1-7-7$　阻力系数 ξ_0 与颗粒雷诺数 $Re_{(p)}$ 的关系

由图可知,其曲线的形状十分复杂,但对球形颗粒可用下式近似表示:

$$\xi_0 = \frac{a}{Re_{(p)}^n} \qquad (1-7-20)$$

根据图 $1-7-7$ 中曲线的形状,可分三个区域:

(1)层流区:当 $Re_{(p)}<1$ 时,$\xi_0=\dfrac{24}{Re_{(p)}}$ $\qquad (1-7-21)$

(2)过渡区:当 $1<Re_{(p)}<1000$ 时,$\xi_0=\dfrac{18.5}{Re_{(p)}^{0.6}}$ $\qquad (1-7-22)$

(3)紊流区:当 $1000<Re_{(p)}<2\times10^5$ 时,$\xi_0=0.44$ $\qquad (1-7-23)$

将式$(1-7-21)\sim(1-7-23)$分别代入式$(1-7-18)$则可得颗粒在不同 $Re_{(p)}$ 区域的沉降终速计算式,即

（1）斯托克斯（Stokes）公式：$Re_{(p)} < 1$ 时，

$$u_0 = \frac{d_p^2(\rho_s - \rho_g)g}{18\mu} \qquad (1-7-24)$$

（2）艾伦（Allen）公式：$1 < Re_{(p)} < 1000$ 时，

$$u_0 = 0.78 \frac{d_p^{1.143}(\rho_s - \rho_g)^{0.714}}{\rho_g^{0.286}\mu^{0.429}} \qquad (1-7-25)$$

（3）牛顿（Newton）公式：$1000 < Re_{(p)} < 2 \times 10^5$ 时，

$$u_0 = 1.74\sqrt{\frac{d_p(\rho_s - \rho_g)g}{\rho_g}} \qquad (1-7-26)$$

当颗粒在气流中沉降时，由于 $\rho_s \gg \rho_g$，即 $\rho_s - \rho_g \approx \rho_s$，则式（1-7-24）~（1-7-26）可进一步简化。

上述计算 u_0 的方程只适用于球形颗粒（$\phi_s = 1$）。将其用于非球形颗粒时，需引入修正系数 k。如对斯托克公式（1-7-24），有

$$u_0 = k\frac{d_p^2(\rho_s - \rho_g)g}{18\mu} \qquad (1-7-27)$$

$$k = 0.843\lg\frac{\phi_s}{0.065} \qquad (\phi_s < 1) \qquad (1-7-28)$$

由此可见，非球形颗粒的阻力较大，其自由沉降终速较小。

以上讨论的是颗粒在静止流体中的沉降速度。当颗粒在流速为 u 的垂直上升的流体中运动时，则其沉降速度为

$$u_{os} = u_0 - u \qquad (1-7-29)$$

显然，当颗粒的自由沉降终速 u_0 等于垂直向上的流体速度 u 时，$u_{os} = 0$，即颗粒悬浮在流体中的某一位置不动；但只要流体的速度稍大于颗粒的自由沉降终速，颗粒就会被气流带走。因此，流态化床中颗粒带出速度就直接以沉降终速表示，即 $u_t = u_0$。

值得注意的是，当床层颗粒物料的粒度不均匀时，计算临界流态化速度 u_{mf} 应用颗粒的平均直径；而计算颗粒带出速度 u_t 时，对流态化床而言，必须用具有相当数量的最小颗粒的直径，对气力输送来说，则必须用具有相当数量的最粗颗粒的直径。

u_t/u_{mf} 之比值是流态化床操作范围的一项指标，称为流化数。

对于细颗粒，当 $Re_{(p)} < 1$ 时，式（1-7-24）与（1-7-12）之比为

$$u_t/u_{mf} = 91.7$$

对于粗颗粒，当 $Re_{(p)} > 1000$ 时，式（1-7-26）与（1-7-13）之比为

$$u_t/u_{mf} = 8.61$$

由此可见,对于细颗粒,其流化数较大,说明操作灵活性较大,而对粗颗粒,其流化数较小,说明其操作灵活性较小。

【例 1 - 7 - 1】 硫化锌精矿用空气进行流态化氧化焙烧。已知硫化锌精矿的密度为 1800 kg·m^{-3},粒径范围为 75 ~ 160 μm,平均粒径为 $\bar{d}_p = 105$ μm,焙烧温度为 1000 ℃,初始流态化时床层空隙率为 0.38。问欲使流态化床在常压下正常操作,允许空塔气速的最小值和最大值分别是多少?假定颗粒的形状系数 $\phi_s = 1$。

解 由附录查得 1000 ℃下空气的密度为 $\rho_g = 0.277$ kg·m^{-3},粘度为 $\mu = 4.90 \times 10^{-5}$ Pa·s。允许的最小气速即平均粒径计算的临界流化速度 μ_{mf}。先假定颗粒的雷诺数 $Re_{(p)} < 20$,则由式(1 - 7 - 7)可得

$$u_{mf} = \frac{(\phi_s \bar{d}_p)^2}{150} \cdot \frac{(\rho_s - \rho_g)g}{\mu} \cdot \frac{\varepsilon_{mf}^3}{1 - \varepsilon_{mf}}$$

$$= \frac{(1 \times 105 \times 10^{-6})^2}{150} \times \frac{(1800 - 0.277) \times 9.81}{4.90 \times 10^{-5}} \times \frac{0.38^3}{1 - 0.38}$$

$$= 0.0023 \quad m \cdot s^{-1}$$

验算雷诺数:

$$Re_{(p)} = \frac{\bar{d}_p u_{mf} \rho_g}{\mu} = \frac{105 \times 10^{-6} \times 0.0023 \times 0.277}{4.90 \times 10^{-5}} = 0.0014 < 20$$

计算可行。

流态化焙烧过程中,为避免夹带,最大气速不能超过最小颗粒的带出速度。因此,应以 $d_p = 75$ μm 计算带出速度。假定颗粒在层流区内沉降,按斯托克斯公式(1 - 7 - 24)可得

$$u_t = u_0 = \frac{d_p^2(\rho_s - \rho_g)g}{18\mu} = \frac{(75 \times 10^{-6})^2(1800 - 0.277) \times 9.81}{18 \times 4.90 \times 10^{-5}} = 0.11 \quad m \cdot s^{-1}$$

校核流动型态:

$$Re_{(p)} = \frac{d_p u_t \rho_g}{\mu} = \frac{75 \times 10^{-6} \times 0.11 \times 0.277}{4.90 \times 10^{-5}} = 0.477 < 1$$

流化数为:$\frac{u_t}{u_{mf}} = \frac{0.11}{0.0062} = 17.7$

为了考察上述操作气速下大颗粒是否能被流化起来,尚需计算粒径为 $d_p = 160$ μm 的颗粒的临界流化速度。仍假定颗粒的雷诺数 $Re_{(p)} < 20$,由式(1 - 7 - 7)得

$$u_{mf} = \frac{(1 \times 160 \times 10^{-6})^2}{150} \times \frac{(1800 - 0.277) \times 9.81}{4.90 \times 10^{-5}} \times \frac{0.38^3}{1 - 0.38} = 0.0053 \quad m \cdot s^{-1}$$

验算雷诺数:

$$Re_{(p)} = \frac{\bar{d}_p u_{mf} \rho_g}{\mu} = \frac{160 \times 10^{-6} \times 0.0053 \times 0.277}{4.90 \times 10^{-5}} = 0.0049 < 20$$

由上述计算知,最大颗粒的临界流化速度为 $0.0053\ \mathrm{m\cdot s^{-1}}$,小于最小颗粒的带出速度 $0.11\ \mathrm{m\cdot s^{-1}}$,说明床层流态化状况良好。

7.2　颗粒物料的气力输送简介

从前面的讨论可知,当流体自下而上流过颗粒床层时,如果流体的速度大于颗粒的带出速度,则颗粒将被流体从床层带出并随流体一起流动。这种利用流体的能量,在密闭管道中沿流体流动方向输送颗粒物料的过程就叫做颗粒物料的流体输送。它是流态化技术的一种具体应用。固体颗粒物料的流体输送可以用液体(水力输送)和气体(气力输送)进行。在冶金及化工过程中,气力输送已得到越来越广泛的应用。与机械输送相比,气力输送具有如下优点:

(1)直接输送散状物料,不需包装,操作效率高:

(2)系统密闭,可减少物料的飞扬损失及污染,改善劳动条件;

(3)设备简单,紧凑,占地面积小,维修费用少:

(4)输送管路布置灵活,操作方便,可作水平的、垂直的或倾斜方向的输送;

(5)输送过程能同时进行物料的加热、冷却、干燥和气流分级等物理操作,以及某些气固相间的化学反应;

(6)易于实现连续化、自动化,便于与连续生产线衔接。

气力输送的主要缺点是动力消耗大,颗粒尺寸受一定限制,且颗粒受破损,设备易受磨蚀。对含水量多、粘附性大和高速运动时易产生静电的物料不宜于用气力输送。

7.2.1　气力输送的类型

根据颗粒在输送管道中的密集程度,即混合比或固气比(固体输送量与相应气体用量的质量流量之比)的不同,气力输送可分为稀相输送和密相输送。

7.2.1.1　稀相输送

混合比 $0.1\sim25$(通常为 $0.1\sim5$)的气力输送称为稀相输送。稀相输送主要依靠气流的动能来推动颗粒移动,因此操作气速较高(通常 $18\sim30\ \mathrm{m\cdot s^{-1}}$),颗粒呈现悬浮状态。按管内气体压力的大小,稀相输送又可分为吸引式和压送式两种,也可将两种组合使用。

(1)吸引式:吸引式稀相输送装置如图 1-7-8 所示。管道内压力低于大气压,自吸进料,但须在负压下卸料。根据气源真空度高低又可分为低真空(真空度低于 $1\times10^4\ \mathrm{Pa}$)和高真空(真空度为 $1\times10^4\sim5\times10^4\ \mathrm{Pa}$)两类。

前者主要用于短距离少量细粉尘的降尘清扫;后者主要用于粒度不大、密度较小(1000～1500 kg·m^{-3})的颗粒输送。通常输送量不大,输送距离一般不超过50～100 m。

（2）压送式:压送式气力输送目前在我国应用较为普遍,其装置示于图1-7-9。输送系统在高于常压下操作,卸料方便,但需用加料器将粉粒送入有压力的管道中。根据颗粒性质、输送量、混合比及输送距离的不同,压送式又分为低压吹送(压力小于$5×10^4$ Pa)和高压吹送(压力为$1×10^5$～$7×10^5$ Pa)。

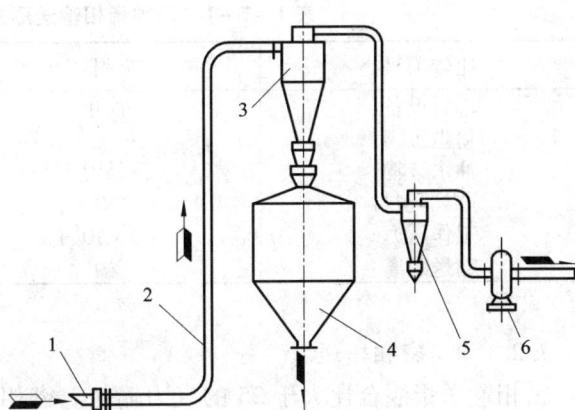

图1-7-8　吸引式稀相输送装置图

1—吸嘴　2—输送器　3—一次旋风分离器
4—料仓　5—二次旋风分离器　6—抽风机

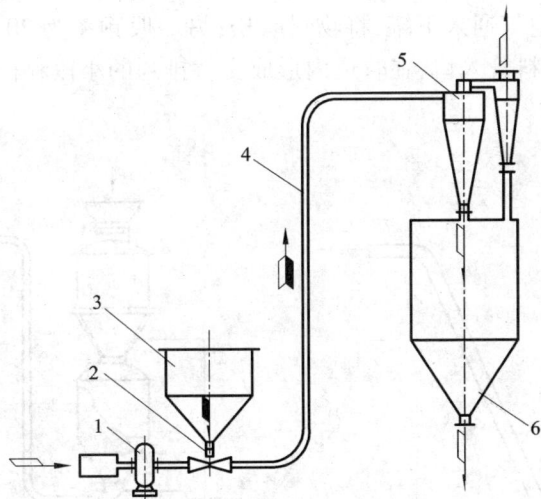

图1-7-9　压送式稀相输送装置图

1—压气机械　2—回转式供料器　3—料斗　4—输料管　5—旋风分离器　6—料仓

吸引式和压送式的优缺点比较如表1-7-1。

表 1 – 7 – 1　　两种稀相输送形式的比较

比较项目	吸引式	压送式
进料设备	简单	复杂
粉尘飞扬	无	要防漏出
油水杂物	不易混入	易混入
分离器密封	难	易
工作压力	$< 1 \times 10^5$ Pa	$(1 \sim 7) \times 10^5$ Pa
输送距离	短	长

7.2.1.2　密相输送

密相输送指混合比大于 25 的气力输送。密相输送主要依靠气流的压力差进行。其特点是操作气速低,气量少,气压高,输送能力大,输送距离大(100 ~ 1000 m)。与稀相输送相比,密相输送时颗粒运动速度低,物料破损和设备磨损小,能耗也较省,但运行操作比较困难。

在密相输送过程中,固体颗粒呈密集的柱塞状运动,形似腾涌。间隙充气罐式密相输送(图 1 – 7 – 10)是将颗粒分批加入压力罐,然后通气吹松,待罐内达一定压力后,打开放料阀,将颗粒物料吹入输送管中进行输送。脉冲式输送(图 1 – 7 – 11)是将一股压缩空气通入下罐,将物料吹松;另一股频率为 20 ~ 40 min^{-1} 的脉冲压缩空气流吹入输料管入口,在管道内形成交替排列的小段料柱和小段气柱,借空气压力推动前进。

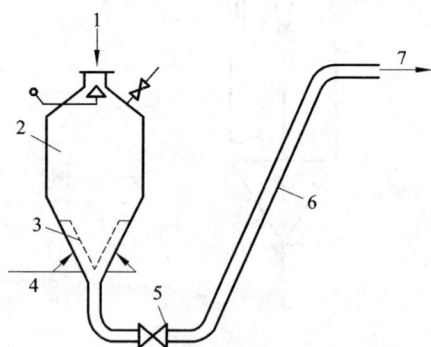

图 1 – 7 – 10　间隙充气罐式密相输送

1—进料口　2—压力罐　3—气体分布板
4—压缩空气　5—放料阀　6—输送管
7—出料口

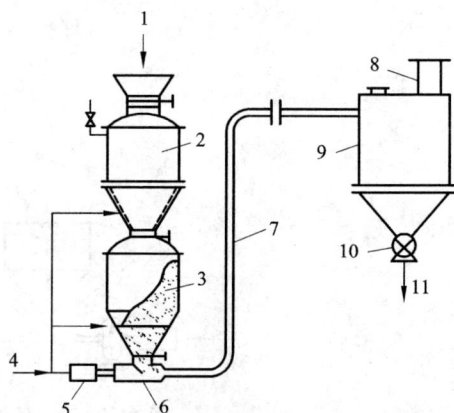

图 1 – 7 – 11　脉冲式密相输送

1—进料口　2—上罐　3—下罐　4—压缩空气
5—脉冲发生器　6—柱塞成形器　7—输送管
8—袋滤器　9—料仓　10—旋转阀　11—出料口

7.2.2 气力输送系统的工艺设计计算

气力输送系统的设计计算是指风量、风压、管径的确定。在确定过程中必须合理选择和计算固气混合比、压降、颗粒悬浮速度及管内风速等有关参数。由于气力输送涉及到两相流计算,理论研究大多以固体颗粒与空气的均匀混合流为基础,对输送过程中两相流的真实状态还不十分清楚,因而压降等理论公式往往很繁琐,用这些公式计算的结果往往偏离实际值,各学者提出的公式也很不一致,而经验公式又往往带有局限性,使用时应当注意。

7.2.2.1 空气消耗量的确定

空气输送系统的压缩空气消耗量(当地自由空气量)按下式计算:

$$Q = \frac{1000G}{\rho\mu_s} \quad \text{m}^3 \cdot \text{h}^{-1} \quad\quad (1-7-30)$$

式中 G——输送物料量,t·h⁻¹;

ρ——当地自由空气的密度,kg·m⁻³;

μ_s——粉料与空气的混合比,即固气比,kg 料·(kg 气)⁻¹;

μ_s 值决定于物料性质、输送方式、输送条件(距离、高度等)。μ_s 值大,输送效率高、管径小、投资低、耗气量小。但 μ_s 值过大产生堵塞,操作不可靠。

7.2.2.2 输送管道直径的确定

输送管道内径可按下式计算:

$$D = \sqrt{\frac{4Q}{3600\pi u_2}} \quad\quad (1-7-31)$$

式中 D——输送管道内径,m;

Q——自由空气消耗量,m³·h⁻¹,按式(1-7-30)算得;

u_2——输送管道内空气流速,m·s⁻¹。

7.2.2.3 输送过程压力损失计算

气力输送过程压力损失计算的目的是合理地选择送风设备和保证正常操作。送风设备的最大吐出压力(吸引式为最大真空度)要大于输送系统各种压力损失的总和 Δp_T。影响压力损失的因素有气体、固体对管壁的摩擦阻力,颗粒间彼此碰撞、摩擦、回返、旋转以及启动和保持颗粒处于悬浮状态等所造成的压力损失。

气力输送过程的总压力损失可采用下式计算:

$$\Delta p_T = \Delta p_h + \Delta p_v + \Delta p_{sp} + \Delta p_{ex} + \Delta p_p \quad\quad (1-7-32)$$

式中 Δp_T——总压力损失,Pa;

Δp_h——水平管的压力损失(包括弯头、阀门等管件),Pa;

Δp_v——垂直管的压力损失,Pa;

Δp_{sp}——分离器的压力损失,Pa;

Δp_{ex}——管道出口的压力损失,Pa;

Δp_{p}——发送泵的压力损失(包括物料加速损失),Pa。

(1)发送设备的压力损失包括泵本身的阀门、喷嘴、不规则空间及气体物料、物料加速等损失,可按下式计算:

$$\Delta p_{p} = (C + K_{p}\mu_{s})\frac{u_1^2}{2}\rho_{a1} \qquad (1-7-33)$$

式中　C——与发送设备有关的系数;

　　　K_{p}——与物料加速有关的系数;对简单的下料直管吸嘴:$C=1\sim10,K_{p}=1$;

　　　　　对螺旋泵:$C=100,K_{p}=7$;对仓式泵:$C=200\sim300,K_{p}=7$;

　　　u_1——输送空气起始速度,即入口处空气速度,$m\cdot s^{-1}$;

　　　ρ_{a1}——入口处空气密度,$kg\cdot m^{-3}$。

Δp_{p} 值若直接选取时,螺旋泵选 $\Delta p_{p}=1\times10^5$ Pa,仓式泵取 $\Delta p_{p}=1.2\times10^5\sim1.8\times10^5$ Pa。

(2)水平管的压力损失(包括弯头、阀门等管件)

$$\Delta p_{h} = \Delta p_{fa} + \Delta p_{fs} \qquad (1-7-34)$$

式中　Δp_{fa}——水平管中气体的摩擦阻力损失,Pa;

　　　Δp_{fs}——水平管中固体的摩擦阻力损失,Pa;

$$\Delta p_{fa} = \lambda_a \frac{l_e}{D}\cdot\frac{u_a^2}{2}\rho_a \qquad (1-7-34a)$$

$$\Delta p_{fs} = \lambda_s \frac{l_e}{D}\cdot\frac{u_s^2}{2}\rho_m \qquad (1-7-34b)$$

式中　λ_a——气体的摩擦系数(无因次);

　　　λ_s——固体颗粒的摩擦系数(无因次);

　　　D——管道内径,m;

　　　l_e——管道当量长度,m;

　　　u_a——气流平均速度,$m\cdot s^{-1}$,一般 $u_a=\dfrac{u_1+u_2}{2}$,u_1,u_2 分别为输送管道入口和出口处空气速度,$m\cdot s^{-1}$;

　　　u_s——固体颗粒表观速度,$m\cdot s^{-1}$;

　　　ρ_a——空气平均密度,$kg\cdot m^{-3}$,一般 $\rho_a=\dfrac{\rho_{a1}+\rho_{a2}}{2}$,$\rho_{a1},\rho_{a2}$ 分别为输送管道入口和出口处工况条件下的空气密度,$kg\cdot m^{-3}$;

　　　ρ_m——气固混合物密度,$kg\cdot m^{-3}$。

因 $\rho_{\mathrm{m}} = \rho_{\mathrm{a}} \cdot \varepsilon \left(\mu_{\mathrm{s}} \dfrac{u_{\mathrm{a}}}{u_{\mathrm{s}}} + 1 \right)$ 令 $\varphi = \dfrac{u_{\mathrm{s}}}{u_{\mathrm{a}}} \leqslant 1$（称为速度比），且孔隙率 $\varepsilon \approx 1$，当 μ_{s} 较大时：

$\rho_{\mathrm{m}} \approx \rho_{\mathrm{a}} \mu_{\mathrm{s}} / \varphi$，以此关系代入式 $(1-7-34b)$ 得：

$$\Delta p_{\mathrm{fs}} = \lambda_{\mathrm{s}} \frac{l_{\mathrm{e}}}{D} \cdot \frac{u_{\mathrm{a}}^2}{2} \rho_{\mathrm{a}} \mu_{\mathrm{s}} \varphi \qquad (1-7-34c)$$

故 $(1-7-34)$ 可写成：

$$\begin{aligned} \Delta p_{\mathrm{h}} &= \lambda_{\mathrm{a}} \frac{l_{\mathrm{e}}}{D} \cdot \frac{u_{\mathrm{a}}^2}{2} \rho_{\mathrm{a}} + \lambda_{\mathrm{s}} \frac{l_{\mathrm{e}}}{D} \cdot \frac{u_{\mathrm{a}}^2}{2} \rho_{\mathrm{a}} \mu_{\mathrm{s}} \varphi \\ &= \lambda_{\mathrm{a}} \frac{l_{\mathrm{e}}}{D} \frac{u_{\mathrm{a}}^2}{2} \rho_{\mathrm{a}} \left(1 + \frac{\lambda_{\mathrm{s}}}{\lambda_{\mathrm{a}}} \mu_{\mathrm{s}} \varphi \right) \\ &= \lambda_{\mathrm{a}} \frac{l_{\mathrm{e}}}{D} \cdot \frac{u_{\mathrm{a}}^2}{2} \rho_{\mathrm{a}} \left(1 + K_{\mathrm{h}} \mu_{\mathrm{s}} \right) \end{aligned} \qquad (1-7-35)$$

式中 K_{h}——因固体存在而附加的阻力系数，$K_{\mathrm{h}} = \dfrac{\lambda_{\mathrm{s}}}{\lambda_{\mathrm{a}}} \varphi$，与物料性质、管径、气流速度等因素有关。从实验知，λ_{s} 与弗劳德数 Fr 有关 $(\lambda_{\mathrm{s}} \propto Fr^{-1} = gD/u_{\mathrm{s}}^2)$，一般情况下，$K_{\mathrm{h}} = 0.3 \sim 1.0$。对水泥、生料等粉状物料，$u_{\mathrm{s}}$ 一定，若管道种类一定，则 K_{h} 的经验式可表达如下：

$$K_{\mathrm{h}} = 0.33 \times \left(\frac{20}{u_{\mathrm{a}}} \right) \times \left(\frac{D}{0.2} \right) \qquad (1-7-35a)$$

式 $(1-7-35)$ 中 λ_{a} 可查有关手册或按下式计算：

$$\lambda_{\mathrm{a}} = e \left(0.0125 + \frac{0.0011}{D} \right) \qquad (1-7-35b)$$

式中 e——对光滑管 $e = 1.0$；新焊接管 $e = 1.3$；旧焊接管 $e = 1.6$。

对由水平转向垂直向上的 $90°$ 弯管的压力损失可直接计算如下：

$$\Delta p_{\mathrm{h}} = m \frac{G \times 1000}{3600} \left(1 + s^{2n} \right) \frac{u_{\mathrm{a}}^2}{2} \qquad (1-7-35c)$$

式中 G——输送物料量，$\mathrm{t} \cdot \mathrm{h}^{-1}$；

s——固气悬浮冲击弯管时的流速降低率，一般取为 0.7；

n——理论冲击次数，与曲率半径 R 及管道直径 D 之比有关，可按下表选用：

表 $1-7-2$　式 $(1-7-35c)$ 是的 n 值

R/D	0.5	1	2	3	9	20
n	0.75	0.94	1.22	1.67	2.04	3

m——弯管个数。

Δp_h 也可按下式计算:

$$\Delta p_h = \xi \frac{u_a^2}{2} \rho_m \qquad (1-7-35d)$$

式中　ξ——阻力系数,按下表选用。

表 1-7-3　式(1-7-35d)中的 ξ 值

R/D	2	4	6	>7
ξ	1.5	0.75	0.5	0.38

对 60°弯头: $\Delta p_h' = 0.8 \Delta p_h$。

对 30°弯头: $\Delta p_h'' = 0.5 \Delta p_h$。

对由垂直向上转向的弯头可将上述结果乘以系数 0.7;

对在水平面内的弯管则可将上述结果乘以系数 0.38;

弯管及阀门的当量长度也可按下表选取:

表 1-7-4　弯管及阀门的当量长度

曲率半径 $R = 2$ m	90°	60°	30°	阀门
当量长度 l_e	10	8	5	20

在高压和较长距离输送系统中的弯管、阀门等管件压力损失往往可以略去,或在最后总压降上加一定百分数解决。

3)垂直管的压力损失

$$\Delta p_v = \Delta p_{fa} + \Delta p_{fs} + \Delta p_{hs} \qquad (1-7-36)$$

其中: Δp_{fa} 为垂直提升气体摩擦阻力损失:

$$\Delta p_{fa} = \lambda_a \frac{H}{D} \cdot \frac{u_a^2}{2} \rho_a \qquad (1-7-36a)$$

式中　H——垂直管的有效高度,m。

Δp_{fs} 为垂直提升固体颗粒的摩擦阻力损失

$$\Delta p_{fs} = \lambda_s \frac{H}{D} \cdot \frac{u_s'^2}{2} \rho_m$$

当 $\varepsilon \approx 1, \mu_s$ 较大时,

$$\Delta p_{fs} = \lambda_s \frac{H}{D} \cdot \frac{u_a^2}{2} \rho_a \mu_s \varphi' \qquad (1-7-36b)$$

Δp_{hs} 为垂直提升物料的附加压力损失,其值为:

$$\Delta p_{hs} = \rho_m H g = \rho_a \left(1 + \frac{\mu_s}{\varphi'} \right) H g \qquad (1-7-36c)$$

式中　$\varphi' = \dfrac{u_s'}{u_a} \leqslant 1$

式中 u_s'、φ' 分别表示垂直提升管中固体颗粒表观速度及速度比,其余符号意义同前。故:

$$\Delta p_v = \lambda_a \frac{H}{D} \frac{u_a^2}{2} \rho_a + \lambda_s \frac{H}{D} \frac{u_a^2}{2} \rho_a \mu_s \varphi' + \rho_a \left(1 + \frac{\mu_s}{\varphi'} \right) H g$$

$$= \lambda_a \frac{H}{D} \frac{u_a^2}{2} \rho_a \left(1 + \frac{\lambda_s}{\lambda_a} \varphi' \mu_s \right) + \rho_a \left(1 + \frac{\mu_s}{\varphi'} \right) H g \qquad (1-7-37)$$

或　　　　　$$\Delta p_v = \lambda_a \frac{H}{D} \frac{u_a^2}{2} \rho_a (1 + K_v \mu_s) + \rho_a \left(1 + \frac{\mu_s}{\varphi'} \right) H g \qquad (1-7-37a)$$

式中 K_v 为垂直管中因固体存在而附加的阻力系数,它与速度比 φ' 及弗劳德数有关。由于垂直管中 u_s' 值一般较水平管内小(或实际混合比较大),所以物料摩擦阻力损失也较大,此关系为:

$$K_v = \frac{\lambda_s}{\lambda_a} \varphi' \propto \frac{Fr^{-1}}{\lambda_a} \cdot \frac{u_s'}{u_a} = \frac{gD}{\lambda_a u_s u_a} \qquad (1-7-37b)$$

根据实验可取 $u_s' \approx 0.9 u_s$,故实用公式中取 $K_v = 1.1 K_h$。

(4)分离器的压力损失

分离器的压力损失可采用旋风除尘器粉尘浓度对阻力的影响关系式计算,即:

$$\Delta p_{sp} = (1 - k C_i^n) \xi \frac{u_i^2}{2} \rho_a \qquad (1-7-38)$$

式中　ξ——旋风收尘器阻力系数;

　　　u_i——除尘器或分离器气流入口速度,$m \cdot s^{-1}$;

　　　ρ_a——空气密度 $kg \cdot m^{-3}$;其余符号同前。

(5)管道出口压力损失

$$\Delta p_{ex} = (1 + \mu_s) \frac{u_2^2}{2} \rho_{a2} \qquad (1-7-39)$$

或直接选取 $\Delta p_{ex} = 3 \times 10^3 \sim 5 \times 10^3$ Pa。

(6)供气压力与风量

确定供气压力时应考虑由空压机到气力输送设备中间的流动损失以及处理吹

通堵塞事故等情况。故除以上五项损失外，一般考虑再增加 $1 \times 10^5 \sim 1.2 \times 10^5$ Pa。

需用风量可按计算风量乘以漏风及安全系数 1.1 ~ 1.2（对吸送系统可考虑为 1.25 ~ 1.35）。

按经验，气力输送要求供气压力与输送距离间关系如下（供参考）。

表 1 – 7 – 5　供气压力与输送距离的关系

输送距离/m	< 100	100 ~ 200	200 ~ 300	300 ~ 700	700 ~ 800
要求供气压力（表压）/Pa	2.5×10^5	3×10^5	3.5×10^5	4×10^5	4.5×10^5

（7）空压机或真空泵的计算功率

$$N = \frac{L_0 Q_0}{1000 \eta} \quad \text{kW} \qquad (1 - 7 - 40)$$

式中　L_0——压缩每一立方米空气的理论等温功，$L_0 = 2.3026 p_1 \lg \dfrac{p_2}{p_1}$，$J \cdot m^{-3}$；

　　　$p_1 \setminus p_2$——分别为压气机的进气与供气绝对压力，Pa；

　　　Q_0——需用风量，$m^3 \cdot h^{-1}$；

　　　η——等温全效率，$\eta = 0.55 \sim 0.75$。

习　题

1 – 7 – 1　什么叫流态化现象？

1 – 7 – 2　流态化曲线对颗粒床层的流态化有何实际意义？

1 – 7 – 3　什么叫临界流化速度和颗粒带出速度？它们如何计算？

1 – 7 – 4　什么叫沟流和腾涌现象？沟流和腾涌对气 – 固和液 – 固流态化有何影响？如何避免沟流和腾涌现象的发生？

1 – 7 – 5　试述气力输送的原理和特点。

1 – 7 – 6　流态化过程，颗粒的雷诺数如何计算？

1 – 7 – 7　密度为 2650 $kg \cdot m^{-3}$ 的球形石英颗粒在 20 ℃ 的空气中自由沉降，计算服从斯托克斯公式的最大颗粒直径及服从牛顿公式的最小颗粒直径。

1 – 7 – 8　在底面积为 40 m^2 的除尘室内回收气体中的球形固体颗粒。气体的处理量为 3600 $m^3 \cdot h^{-1}$，固体的密度 $\rho_s = 3000$ $kg \cdot m^{-3}$，操作条件下气体的密度 $\rho = 1.06$ $kg \cdot m^{-3}$，粘度为 2×10^{-5} $Pa \cdot s$。试求理论上能完全除去的最小颗粒直径。

1 – 7 – 9　平均粒径为 0.3 mm 的氯化钾球形颗粒在单层圆筒形流化床干燥器中进行流化干燥。固相密度 $\rho_s = 1980$ $kg \cdot m^{-3}$，取流化速度为颗粒带出速度的 78%，试求适宜的流化速度和流化数。干燥介质可按 60 ℃ 的常压空气查取物性参数。

第二篇
热量传递

　　传热(heat transmission)即热量的传递,是自然界及许多生产过程中普遍存在的一种极其重要的物理现象。冶金过程离不开化学反应,而几乎所有的化学反应都需要控制在一定的温度下进行,为了维持所要求的温度,物料在进入反应器之前往往需要预热或冷却到一定温度,在过程进行中,由于反应本身需吸收或放出热量,又要及时补充或移走热量。如闪速炼铜过程,为了强化熔炼反应,需将富氧空气预热至 500 ℃以上;又如硫化锌精矿的流态化焙烧过程,由于反应放出大量的热,炉子外面需设置冷却水套及时移走多余的热。此外,还有一些过程虽然没有化学反应发生,但需维持在一定的温度下进行,如干燥与结晶、蒸发与热流体的输送等。总之,热量的传递与冶金过程有着密切的联系,可以说,在许多场合,热量的传递对冶金过程起着控制作用。因此,探讨热量传递的本质,研究热量传递的规律,掌握和控制热量传递的速率,对冶金及其他生产领域都具有重要意义。

　　热的传递是系统或物体内部的温度差而引起的。当无外功输入时,根据热力学第二定律,热总是自动地从温度较高的部分传递给温度较低的部分,或是从温度较高的物体传递给温度较低的物体。根据传热机理的不同,传热的基本方式可分为三种:传导(conduction)、对流(convection)和辐射(radiation)。

　　热传导　当物体内部或两个直接接触的物体之间存在着温度差时,物体中温度较高的部分因分子的振动将热传递给邻近的温度较低的部分,而同时并没有宏观的物质迁移的过程称为热传导,或称为导热。

　　固体内部的热量传递过程是热传导,静止的液体或气体的传热亦属此类。还应指出,在层流流体中,在垂直于流动方向上的传递亦属热传导。

　　热对流　由于流体(液体或气体)本身的流动而将热能从空间的一处传至另一处的传热现象称为热对流,或称为对流传热。

　　对流传热又因使流体产生运动的原因不同而分为自然对流和强制对流两种。自然对流是由于流体内部各处的温度不同而引起流体内部密度的差异所形成的流体流动。强制对流是流体因受外力的作用(如泵、风机、搅拌等)而引起的流动。对流传热过程往往伴有热传导。如换热器中冷、热两种流体经过固体壁面的传热过程中,热流体在流动过程中将热量传递给壁面一侧,而壁面的另一侧将热量传递给流动中的冷流体。这种流动流体与固体壁面之间的传热,工程上通常称之为对流传热;而固体壁面内部的传热则为热传导。

热辐射　以电磁波的形式发射或传递热能的过程叫做热辐射,或称为辐射传热。

任何物体,只要其绝对温度不为零度,都会以电磁波的形式向外辐射能量,当物体发射的辐射能被另一物体吸收又重新转变为热能时,即为热辐射。物体发射辐射能的多少与物体的温度有关,温度愈高,所发射的辐射能愈多。辐射能不仅能从温度高的物体传向温度低的物体,亦能从温度低的物体传向温度高的物体。但因温度高的物体发射的辐射能较多,总的结果还是温度高的物体失去热量,而温度低的物体得到热量。

显然,热辐射与热传导及热对流不同,其主要区别在于热传导是在固体或层流流体中进行的,而热对流则产生在流动的流体中。热传导与热对流必须通过中间介质(固体或流体)才能进行。而热辐射则不需要通过任何介质,即便在真空中也能进行。

实际上,上述三种传热方式很少单独存在,而往往是同时出现的,如冶金过程中加热或熔炼金属的火焰炉炉膛内,炉气、炉墙和金属三者之间,既存在辐射传热,又存在对流传热和热传导。

本篇着重讨论稳定温度场中上述三种传热方式的基本传热规律,确定传热速率,并正确分析传热速率的影响因素,根据生产要求来强化或削弱热量的传递。

1　导　热

导热是在温度差的作用下依靠物质微观粒子(分子、原子和自由电子)的热运动进行的热量从物体的高温部分向低温部分传递,或从高温物体向与其相邻的低温物体传递的过程。因此,导热与物体内部或相邻物体之间的温度分布有关。导热可以在固体、液体和气体中发生,但在地球引力场范围内,单纯的导热只发生在密实的固体或静止的流体中。流动的液体或气体,由于温度差的存在,在发生导热的同时,还伴随着对流现象。

本章从温度场的概念出发,讨论导热过程的基本规律及物体的导热微分方程,并重点介绍用导热微分方程和定解条件求解平壁和圆筒壁的一维稳定导热问题。

1.1　温度梯度和傅立叶导热定律

1.1.1　温度场及温度梯度

传热体系内各点的温度在空间和时间上的分布,称为该传热体系的温度场(temperature field)。通常,它是空间坐标和时间的函数,在直角坐标系中可表示为:

$$t = f(x, y, z, \tau) \tag{2-1-1}$$

式中　t——温度;

　　　x, y, z——空间坐标;

　　　τ——时间。

式(2-1-1)称为三维温度场。

在研究热量传递过程中,同样是从宏观的角度出发研究热量的宏观传递规律,如同研究动量传递一样,可把所研究的对象视为连续介质,因此,式(2-1-1)可视为连续函数,其温度的全微分可表示为:

$$dt = \frac{\partial t}{\partial \tau}d\tau + \frac{\partial t}{\partial x}dx + \frac{\partial t}{\partial y}dy + \frac{\partial t}{\partial z}dz \tag{2-1-2}$$

若温度场中温度只沿着一个坐标方向变化,则称为一维温度场,一维温度场的温度分布可表示为:

$$t = f(x, \tau) \tag{2-1-3}$$

温度场内如果各点温度随时间而变,则称为不稳定温度场;若各点的温度不随时间而变,则称为稳定温度场,此时 $\frac{\partial t}{\partial \tau} = 0$,温度场的数学表达式(2-1-1)变为:

$$t = f(x, y, z) \tag{2-1-4}$$

在稳定温度场中的传热称为稳定传热,发生在不稳定温度场中的传热则称为不稳定传热。考虑到不稳定传热比较复杂,而冶金中的许多连续生产过程都可近似视为稳定传热过程。从工程实际应用出发,本书主要讨论稳定传热过程的一些规律。

温度场中同一时刻由温度相同的各点所组成的面叫等温面。由于在某一时刻空间任一点上不可能同时有两个不同的温度,故温度不同的等温面不能相交。

两相邻等温面之间的温度差 Δt,与该两等温面沿法线方向的距离 Δn 之比的极限,称为温度梯度(temperature gradient)即

$$\mathbf{grad}t = \boldsymbol{n} \lim_{\Delta n \to 0} \left(\frac{\Delta t}{\Delta n}\right) = \frac{\partial t}{\partial n}\boldsymbol{n} \tag{2-1-5}$$

式中, $\boldsymbol{n}$ 是等温面法线方向上的单位矢量。温度梯度是等温面法线方向上的温度变化率 $\frac{\partial t}{\partial n}$ 与法线方向上的单位矢量 $\boldsymbol{n}$ 的乘积。温度

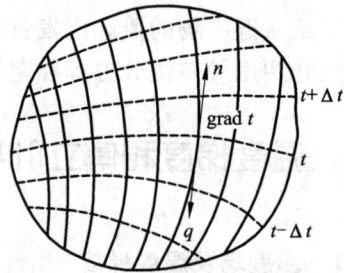

图 2-1-1　　温度梯度示意图

变化率是标量;温度梯度是一矢量,它的正方向是指向温度增加的方向。而热总是从温度高的地方向温度低的地方流动,因此,温度梯度的方向与热流方向相反,如图 2-1-1 所示。

在直角坐标系中,温度梯度可表示为:

$$\mathbf{grad}t = \frac{\partial t}{\partial x}\boldsymbol{i} + \frac{\partial t}{\partial y}\boldsymbol{j} + \frac{\partial t}{\partial z}\boldsymbol{k} \tag{2-1-6}$$

1.1.2　傅立叶导热定律

1822 年傅立叶(J. Fourier)在综合大量固体导热实验数据的基础上提出:单位时间内通过物体传导的热量与导热面积和温度梯度的乘积成正比,即

$$Q = -\lambda A \frac{\partial t}{\partial n} \tag{2-1-7}$$

式中　Q——热流量,W;

　　　　A——导热面积,m^2;

λ——比例系数,称为导热系数,W·m^{-1}·℃$^{-1}$。

若以 q 表示单位时间通过单位面积传导的热量,则傅立叶定律又可表示为:

$$q = \frac{Q}{A} = -\lambda \frac{\partial t}{\partial n} \qquad (2-1-7a)$$

式中　q——热量通量或热流密度,单位为 W·m^{-2}。

式(2-1-7)即傅立叶定律的数学表达式,对稳定温度场和不稳定温度场都适用。式中的负号表示热流方向与温度梯度的方向相反。

对一维稳定温度场,傅立叶导热定律可写成

$$Q = -\lambda A \frac{dt}{dx} \qquad (2-1-8)$$

或

$$q = -\lambda \frac{dt}{dx} \qquad (2-1-8a)$$

在直角坐标系中,热流密度可用三个坐标轴上的分量表示为:

$$\boldsymbol{q} = q_x \boldsymbol{i} + q_y \boldsymbol{j} + q_z \boldsymbol{k} \qquad (2-1-9)$$

式中

$$q_x = -\lambda \frac{\partial t}{\partial x} \qquad (2-1-10a)$$

$$q_y = -\lambda \frac{\partial t}{\partial y} \qquad (2-1-10b)$$

$$q_z = -\lambda \frac{\partial t}{\partial z} \qquad (2-1-10c)$$

傅立叶定律是反映导热规律的基本定律,它是建立导热微分方程的基础之一。

1.1.3　导热系数

导热系数即傅立叶导热定律数学表达式中的比例系数,由式(2-1-7)可得

$$\lambda = -\frac{Q}{A \frac{\partial t}{\partial n}} \qquad (2-1-11)$$

上式说明,导热系数即为单位温度梯度下,通过单位传热面积的热流量,其单位为 W·m^{-1}·℃$^{-1}$。

导热系数是物质的一种物理性质,体现物质的导热能力,其大小与物质的种类、密度、温度和湿度等因素有关。不同物态的物质导热能力差别很大。一般来说,固体的导热能力大于液体,气体的导热能力最差。在固体中,又以金属的导热能力较强。

各种物质的导热系数一般都由实验测定。由于温度对导热系数的影响最为明显,所以,实验测定的导热系数通常都表示为温度的函数,即

$$\lambda = \lambda_0(1 + bt) \quad\quad\quad (2-1-12)$$

或
$$\lambda = \lambda_0 + b't \quad\quad\quad (2-1-12a)$$

式中 λ_0——温度 273 K(即 0 ℃)时的导热系数,$W \cdot m^{-1} \cdot ℃^{-1}$;

　　　b——温度系数,$℃^{-1}$;

　　　b'——系数,$b' = \lambda_0 b$;

　　　t——物体的温度,$℃$。

常用物体的导热系数等数据可从有关手册中查得。对大多数金属材料,温度系数 b 为负值,因为金属主要是借助电子的运动而导热,当温度升高时,金属原子晶格振动增大,电子运动受阻,导热系数也随之下降;而大多数非金属材料的导热取决于分子的热振动,温度越高,热振动越剧烈,传热越快,故导热系数随温度的升高而增大,即 b 为正值。通常金属材料的导热系数 λ 值介于 2.3 ~ 420 $W \cdot m^{-1} \cdot ℃^{-1}$ 之间,一般随纯度的增加而增大,如不锈钢的导热系数约为 16 $W \cdot m^{-1} \cdot ℃^{-1}$,碳钢的导热系数约为 52 $W \cdot m^{-1} \cdot ℃^{-1}$,而纯铁的导热系数约为 73 $W \cdot m^{-1} \cdot ℃^{-1}$。

非金属建筑材料、绝热材料的导热系数除与温度密切相关外,还与其组成和结构紧密程度有关,一般 λ 值随密度的增加而增大。冶金中通常选用密度较小的多孔性材料,如轻质粘土砖等作为高温炉体的保温材料。非金属材料的导热系数约为 0.023 ~ 2.0 $W \cdot m^{-1} \cdot ℃^{-1}$。一般把常温下 $\lambda < 0.23$ $W \cdot m^{-1} \cdot ℃^{-1}$ 的材料称为绝热材料。

液体的 λ 值约为 0.09 ~ 0.7 $W \cdot m^{-1} \cdot ℃^{-1}$,以水的导热系数最大。除水和甘油外,绝大多数液体的导热系数随温度的升高而略有减小。

气体的导热系数很小,通常随温度的升高而增大,一般为 0.006 ~ 0.6 $W \cdot m^{-1} \cdot ℃^{-1}$。气体对导热不利,但有利于保温和绝热。工业上所用的保温材料,如玻璃棉就是因为其空隙中有气体,导热系数小而适用于保温。

1.2　导热微分方程

傅立叶导热定律揭示了连续温度场中任一点的热量通量与温度梯度的关系。对一维稳定导热问题,可直接利用傅立叶定律求解出热量通量。但对多维稳定导热和一维或多维不稳定导热问题,则情况较为复杂,难以直接利用傅立叶定律积分求解。要确定热量通量的大小必须知道物体内部的温度场,解决不同坐标方向之间导热规律的相互联系问题。因此,必须建立一个描述物体内部各点的温度与空间和时间的内在联系的数学方程,即导热微分方程。

1.2.1 导热微分方程

导热微分方程的建立是以傅立叶导热定律和能量守恒定律为基础的。其推导方法仍可采用与动量传递方程相似的方法,即微元体分析法。

如图 2 – 1 – 2 所示,在直角坐标系中取一微元六面体,其长、宽、高分别为 $\mathrm{d}x, \mathrm{d}y$ 和 $\mathrm{d}z$。为了减少问题的复杂性,这里只讨论固体和静止流体的情况。假定:

(1)研究对象为连续且各向同性的均质物体;

(2)物体的物性参数:密度 ρ、定容比热容 c_V 和导热系数 λ 均为常数;

图 2 – 1 – 2 导热微分方程推导示意图

(3)物体内部有均匀恒定的内热源(如化学反应热、相变热等)。

根据能量守恒定律,导入微元体的净热流量 $\mathrm{d}Q_\mathrm{c}$ 与微元体内热源产生的热流量 $\mathrm{d}Q_\mathrm{r}$ 之和应等于微元体内能的增量 $\mathrm{d}U$,即

$$\mathrm{d}Q_\mathrm{c} + \mathrm{d}Q_\mathrm{r} = \mathrm{d}U \qquad\qquad (2 – 1 – 13)$$

导入和导出微元体的热流量可由傅立叶定律推出。任意方向的热流量总可以分解成 x, y, z 三个坐标轴方向的分量。

首先,在 x 轴方向上通过微元体左侧面导入的热流量为

$$\mathrm{d}Q_x = -\lambda \frac{\partial t}{\partial x}\mathrm{d}y\mathrm{d}z$$

通过微元体右侧面导出的热流量为

$$\mathrm{d}Q_{x+\mathrm{d}x} = -\lambda \frac{\partial}{\partial x}\left(t + \frac{\partial t}{\partial x}\mathrm{d}x\right)\mathrm{d}y\mathrm{d}z$$

因此,沿 x 轴方向导入微元体的净热流量为

$$\mathrm{d}Q_x - \mathrm{d}Q_{x+\mathrm{d}x} = \lambda \frac{\partial}{\partial x}\left(\frac{\partial t}{\partial x}\mathrm{d}x\right)\mathrm{d}y\mathrm{d}z = \lambda \frac{\partial^2 t}{\partial x^2}\mathrm{d}x\mathrm{d}y\mathrm{d}z$$

同理,沿 y, z 轴方向导入微元体的净热流量分别为

$$\mathrm{d}Q_y - \mathrm{d}Q_{y+\mathrm{d}y} = \lambda \frac{\partial^2 t}{\partial y^2}\mathrm{d}x\mathrm{d}y\mathrm{d}z$$

$$\mathrm{d}Q_z - \mathrm{d}Q_{z+\mathrm{d}z} = \lambda \frac{\partial^2 t}{\partial z^2}\mathrm{d}x\mathrm{d}y\mathrm{d}z$$

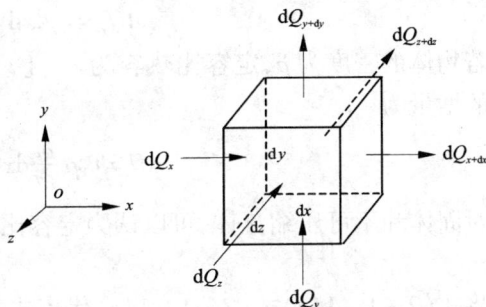

因此,从三个坐标轴方向导入微元体的总净热流量为

$$dQ_c = \lambda \left(\frac{\partial^2 t}{\partial x^2} + \frac{\partial^2 t}{\partial y^2} + \frac{\partial^2 t}{\partial z^2} \right) dxdydz \qquad (2-1-14a)$$

又设单位体积内内热源产生的热流量为 q_r,则微元体的内热源产生的热流量为

$$dQ_r = q_r dxdydz \qquad (2-1-14b)$$

若物体的密度为 ρ,定容比热容为 $c_V (\mathrm{J \cdot kg^{-1} \cdot ℃^{-1}})$,则单位时间内微元体内能的增量为

$$dU = c_V \rho \frac{\partial t}{\partial \tau} dxdydz \qquad (2-1-14c)$$

对固体和不可压缩流体,可以认为定容比热容 c_V 和定压比热容 c_p 相等,即 $c_V \approx c_p \approx c$。

将式(2-1-14a)~(2-1-14c)代入式(2-1-13),并消去 $dxdydz$,得

$$c\rho \frac{\partial t}{\partial \tau} = \lambda \left(\frac{\partial^2 t}{\partial x^2} + \frac{\partial^2 t}{\partial y^2} + \frac{\partial^2 t}{\partial z^2} \right) + q_r$$

即

$$\frac{\partial t}{\partial \tau} = \frac{\lambda}{c\rho} \left(\frac{\partial^2 t}{\partial x^2} + \frac{\partial^2 t}{\partial y^2} + \frac{\partial^2 t}{\partial z^2} \right) + \frac{q_r}{c\rho} \qquad (2-1-15)$$

或

$$\frac{\partial t}{\partial \tau} = a \nabla^2 t + \frac{q_r}{c\rho} \qquad (2-1-15a)$$

式中 ∇^2——拉普拉斯算子,$\nabla^2 t = \frac{\partial^2 t}{\partial x^2} + \frac{\partial^2 t}{\partial y^2} + \frac{\partial^2 t}{\partial z^2}$;

a——热扩散系数,$a = \frac{\lambda}{c\rho}$,$\mathrm{m^2 \cdot s^{-1}}$。

式(2-1-15)称为导热微分方程。它对稳定或不稳定导热、一维或多维导热、有内热源或无内热源的导热都适用。求解导热问题时,无论是热流量还是特定点的温度,都必须求出其温度分布,而求温度分布又必须从导热微分方程出发。因此,可以说,导热微分方程是理论求解一切导热问题的基础。

热扩散系数是物体的一个物性参数,它反映了物体的导热能力 λ 与蓄热能力 $c\rho$ 之间的关系。相同加热或冷却条件下,导热系数越大,蓄热能力越小的物体,热扩散系数越大,温度变化的速度越快,物体内部各点的温度趋于一致的能力越强,即温度越容易达到均匀。通常,热扩散系数可视为传递温度变化能力大小的指标,故热扩散系数有时又称为导温系数,它对不稳定导热过程具有重要意义。

若物体内无内热源,$q_r = 0$,式(2-1-15)可简化为

$$\frac{\partial t}{\partial \tau} = \frac{\lambda}{c\rho} \left(\frac{\partial^2 t}{\partial x^2} + \frac{\partial^2 t}{\partial y^2} + \frac{\partial^2 t}{\partial z^2} \right) \qquad (2-1-16)$$

稳定导热时,$\dfrac{\partial t}{\partial \tau}=0$,上式变成

$$\frac{\partial^2 t}{\partial x^2}+\frac{\partial^2 t}{\partial y^2}+\frac{\partial^2 t}{\partial z^2}=0 \qquad (2-1-17)$$

对物体内无内热源的二维稳定导热,则有

$$\frac{\partial^2 t}{\partial x^2}+\frac{\partial^2 t}{\partial y^2}=0 \qquad (2-1-18)$$

式(2-1-16)~(2-1-18)都是导热微分方程的特例。事实上,工程中的许多问题都可视为以上导热微分方程所描述的特例。

对于圆柱形物体的导热,则采用柱坐标方程比较方便。设圆柱体的半径为 r,r 与 y 轴的夹角为 θ,轴线为 x 方向(参见图 1-5-1),则

$$x=x,\ y=r\cos\theta,\ z=r\sin\theta$$

将式(2-1-15)进行数学变换,可得其柱坐标方程为

$$\frac{\partial t}{\partial \tau}=a\left(\frac{\partial^2 t}{\partial r^2}+\frac{1}{r}\frac{\partial t}{\partial r}+\frac{1}{r^2}\frac{\partial^2 t}{\partial \theta^2}+\frac{\partial^2 t}{\partial x^2}\right)+\frac{q_r}{c\rho} \qquad (2-1-19)$$

对无内热源的二维稳定导热,上式也可简化为

$$\frac{\partial^2 t}{\partial r^2}+\frac{1}{r}\frac{\partial t}{\partial r}+\frac{1}{r^2}\frac{\partial^2 t}{\partial \theta^2}=0 \qquad (2-1-20)$$

1.2.2　导热过程的定解条件

导热问题的求解实质上是导热微分方程的求解。对上述导热微分方程,通过数学方法原则上总可以获得方程的通解。然而,对工程实际问题,仅求出通解是不够的,必须求解出既满足于导热微分方程,又满足根据具体问题规定的一些附加条件的特解(即温度分布的具体函数关系)。这些使微分方程得到特解的附加条件,数学上称为定解条件或单值条件。

定解条件一般包括四个方面:

(1)几何条件:指导热物体的形状和大小;

(2)物理条件:指导热物体的密度、比容、导热系数等物理性质或其他性质(如是否有内热源,是否运动等);

(3)初始条件:指初始时刻($\tau=0$)导热物体内的温度分布;

(4)边界条件:指导热物体边界上的温度(表面温度),以及边界与周围介质的传热情况等。导热微分方程连同上述定解条件才能够完整地描述一个具体的导热问题,并求得特解。对稳定导热,定解条件没有初始条件,只有边界条件。

用数学方法求解导热微分方程的特解,往往比较繁琐,特别是对于形状不规则的物体,理论解析尚有一定困难,有时甚至是不可能的。对于一些几何形状及边界

条件比较简单的情况可以用分离变量的方法求解。当然,借助不断发展的计算机技术,采用有限差分法和有限元法,可以使一些较为复杂的导热问题获得精确的数值解。事实上,工程实际当中,并非每一个具体的导热问题都那么复杂,它们通常可根据具体情况进行简化。

1.3 平壁的一维稳定导热

平壁在没有内热源情况下的一维稳定导热是最常见也是最简单的导热问题。若平壁的长度和宽度远大于它的厚度,则可把它当作"无限大平壁(或薄平壁)"来处理。对无限大平壁,其四周边缘的传热对壁内各点温度的影响极小,因此,"边缘导热效应"可忽略不计。平壁中各点的温度沿长、宽方向的变化很小,仅为厚度的函数,这就简化成为一维导热问题。实际当中,当平壁的长/厚比和宽/厚度比大于 8～10 时,即可视为一维导热问题来处理。冶金炉炉墙的导热即是一种最典型的平壁一维导热问题。

1.3.1 单层平壁

图 2 - 1 - 3 为单层平壁的稳定导热示意图。

假定平壁材料均匀,无内热源,导热系数不随温度而变化,平壁的长度和宽度比厚度 δ 大得多;平壁的两个侧面维持均匀恒定的温度 t_1 和 t_2,且 $t_1 > t_2$。由这些条件知,该导热过程属于无内热源的一维稳定导热问题。导热微分方程式(2 - 1 - 15)变成

$$\frac{\mathrm{d}^2 t}{\mathrm{d}x^2} = 0 \qquad (2-1-21)$$

其边界条件为:

$$\left. \begin{array}{l} x = 0, \ t = t_1 \\ x = \delta, \ t = t_2 \end{array} \right\} \qquad (a)$$

在上述边界条件下求解微分方程式(2 - 1 - 21)即可得到平壁中的温度分布。

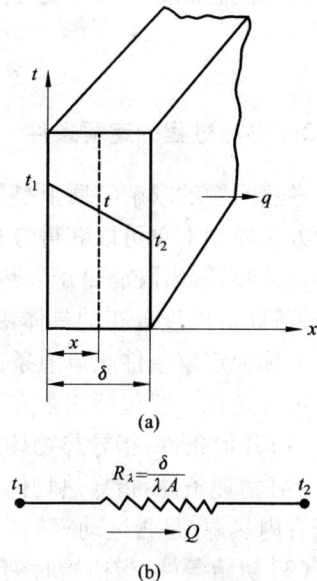

图 2 - 1 - 3 单层平壁导热示意图

将式(2 - 1 - 21)连续进行两次积分,得其通解为:

$$t = C_1 x + C_2 \qquad (b)$$

将边界条件式(a)代入式(b)求得

$$C_2 = t_1$$
$$C_1 = -\frac{t_1 - t_2}{\delta}$$
$$\left.\right\} \tag{c}$$

将式(c)代入式(b)得单层平壁内部的温度分布为

$$t = t_1 - \frac{t_1 - t_2}{\delta}x \tag{2-1-22}$$

由于 t_1,t_2 和 δ 都是常数,从上式可以看出,无内热源、导热系数为常数的单层平壁在稳定导热时,壁内的温度分布呈线性规律变化。

将式(2-1-22)对 x 求导,得

$$\frac{\mathrm{d}t}{\mathrm{d}x} = -\frac{t_1 - t_2}{\delta} \tag{2-1-23}$$

将其代入傅立叶定律,得

$$Q = -\lambda A \frac{\mathrm{d}t}{\mathrm{d}x} = \lambda A \frac{t_1 - t_2}{\delta} = \frac{t_1 - t_2}{\dfrac{\delta}{\lambda A}} = \frac{\Delta t}{R_\lambda} \tag{2-1-24}$$

或

$$q = -\lambda \frac{\mathrm{d}t}{\mathrm{d}x} = \lambda \frac{t_1 - t_2}{\delta} = \frac{t_1 - t_2}{\dfrac{\delta}{\lambda}} = \frac{\Delta t}{r_\lambda} \tag{2-1-24a}$$

式中　　$\Delta t = t_1 - t_2$,称为导热推动力,℃;

$R_\lambda = \dfrac{\delta}{\lambda A}$,称为导热热阻,℃ · W^{-1};

$r_\lambda = \dfrac{\delta}{\lambda}$,称为单位导热面积的导热热阻,m^2 · ℃ · W^{-1}。

式(2-1-24)即为单层平壁的导热方程,其在形式上与电学中的欧姆定律(电流 $I = \dfrac{\text{电势差 } \Delta V}{\text{电阻 } R}$)完全相似,即

$$\text{热流量 } Q = \frac{\text{导热推动力 } \Delta t}{\text{导热热阻 } R_\lambda}$$

应当指出,"导热"与"导电"具有相似性。引入热阻的概念,对导热过程的分析和计算很有帮助。

式(2-1-24)也是稳态平板导热仪设计的依据,它揭示了 Q,λ,A,Δt 和 δ 之间的关系。已知其中的四个参数就可求出另一个,不仅可求出平壁导热的热流量,而且可求出平壁的厚度、壁面温度或导热系数。

1.3.2　多层平壁

实际应用中,常遇到的是由两层或两层以上不同材料组成的多层平壁,如冶金

生产中的高温炉墙就是由耐火层、保温层、隔热层等多层不同材料组成的。现以三层平壁为例,讨论多层平壁的稳定导热问题。如图 2-1-4 所示,设各层平壁壁厚分别为 $\delta_1,\delta_2,\delta_3$,导热面积均为 A;各层材质均匀,导热系数分别为 $\lambda_1,\lambda_2,\lambda_3$,均设为常数,即不随温度而变;假定各层之间紧密接触,相互接触之表面温度相等,分别恒定为 t_2,t_3,两外表面的温度均匀,恒定为 t_1 和 t_4,设 $t_1 > t_2 > t_3 > t_4$。

据式(2-1-24)可分别写出各层的导热方程为:

第一层: $\quad Q_1 = \dfrac{t_1 - t_2}{\dfrac{\delta_1}{\lambda_1 A}}$ 　　　　(a)

第二层: $\quad Q_2 = \dfrac{t_2 - t_3}{\dfrac{\delta_2}{\lambda_2 A}}$ 　　　　(b)

第三层: $\quad Q_3 = \dfrac{t_3 - t_4}{\dfrac{\delta_3}{\lambda_3 A}}$ 　　　　(c)

稳定导热时,通过各层的热流量必相等,即

$$Q_1 = Q_2 = Q_3 = Q$$

由和比定律, $\dfrac{a_1}{b_1} = \dfrac{a_2}{b_2} = \dfrac{a_3}{b_3} = \dfrac{a_1 + a_2 + a_3}{b_1 + b_2 + b_3}$,

从(a),(b),(c)三式可得:

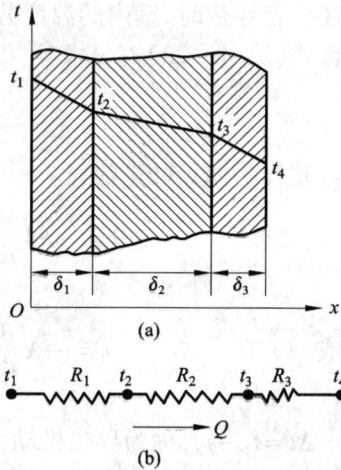

图 2-1-4　多层平壁导热示意图

$$Q = \frac{t_1 - t_4}{\dfrac{\delta_1}{\lambda_1 A} + \dfrac{\delta_2}{\lambda_2 A} + \dfrac{\delta_3}{\lambda_3 A}} = \frac{t_1 - t_4}{\sum_i R_i} \qquad (2-1-25)$$

式中 $\dfrac{\delta_1}{\lambda_1 A},\dfrac{\delta_2}{\lambda_2 A},\dfrac{\delta_3}{\lambda_3 A}$ 分别为各层平壁的导热热阻; $\sum_i R_i$ 为通过三层平壁的总导热热阻,形式上与电学中串联电路的总电阻等于被串各电阻之和的规律完全相同。

同理,对 n 层平整可写出导热的一般方程为:

$$Q = \frac{t_1 - t_{n+1}}{\dfrac{\delta_1}{\lambda_1 A} + \dfrac{\delta_2}{\lambda_2 A} + \cdots + \dfrac{\delta_n}{\lambda_n A}} \qquad (2-1-26)$$

或

$$q = \frac{t_1 - t_{n+1}}{\dfrac{\delta_1}{\lambda_1} + \dfrac{\delta_2}{\lambda_2} + \cdots + \dfrac{\delta_n}{\lambda_n}} \qquad (2-1-26\,a)$$

应该指出,在冶金炉中,炉墙的形状并非规则、平整,各层炉墙的面积也并非绝对相等。因此计算时,式(2-1-25)和(2-1-26)中的面积 A 应取各层炉壁的有效平均面积。对于平壁,常以几何平均面积表示有效平均面积。以三层炉壁为例,设各层分界面的面积分别为 a_1,a_2,a_3 和 a_4,则有 $A_1 = \sqrt{a_1 \cdot a_2}$,$A_2 = \sqrt{a_2 \cdot a_3}$,$A_3 = \sqrt{a_3 \cdot a_4}$。

按式(2-1-25)或式(2-1-26)计算热流量时,需计算各层平壁的平均导热系数,这就需要知道各层平壁的界面温度。若热流量已知,则按式(a),(b),(c)及式(2-1-25)或式(2-1-26)可分别求得各层平壁之间的界面温度为:

$$\left.\begin{array}{l} t_2 = t_1 - Q\dfrac{\delta_1}{\lambda_1 A} \\[3mm] t_3 = t_2 - Q\dfrac{\delta_2}{\lambda_2 A} = t_1 - Q\left(\dfrac{\delta_1}{\lambda_1 A} + \dfrac{\delta_2}{\lambda_2 A}\right) \\[2mm] \;\;\vdots \\[2mm] t_n = t_{n-1} - Q\dfrac{\delta_{n-1}}{\lambda_{n-1} A} = t_1 - Q\left(\dfrac{\delta_1}{\lambda_1 A} + \dfrac{\delta_2}{\lambda_2 A} + \cdots + \dfrac{\delta_{n-1}}{\lambda_{n-1} A}\right) \end{array}\right\} \quad (2-1-27)$$

值得注意的是,应用式(2-1-27)计算界面温度时,就须知道各层的平均导热系数,但若将导热系数的温度函数式(2-1-12)或(2-1-12 a)代入,则求解过程较复杂。为了简化计算,工程上一般采用"试算逼近"法计算热流量或导热速率。

【例2-1-1】　有一燃烧炉的平壁炉墙由两种材料组成:内层为超轻耐火砖,其厚度为 $\delta_1 = 113$ mm,外层为硅藻土保温砖,厚度为 $\delta_2 = 230$ mm。炉内壁温度 $t_1 = 1600\ ℃$,保温砖外壁温度 $t_3 = 150\ ℃$,试计算导热速率及两种材料之间的界面温度(已知 $\lambda_1 = 0.08 + 0.22 \times 10^{-3} t$,$\lambda_2 = 1.00 + 0.23 \times 10^{-3} t$)。

解　用试算逼近法计算,先假设界面温度 $t_2 = 650\ ℃$,则

$$\lambda_1 = 0.08 + 0.22 \times 10^{-3} \times \left(\frac{1600 + 650}{2}\right) = 0.33 \quad \text{W} \cdot \text{m}^{-1} \cdot ℃^{-1}$$

$$\lambda_2 = 1.00 + 0.23 \times 10^{-3} \times \left(\frac{650 + 150}{2}\right) = 1.09 \quad \text{W} \cdot \text{m}^{-1} \cdot ℃^{-1}$$

对于两层平壁,$n = 2$,由式(2-1-26 a)得

$$q = \frac{t_1 - t_3}{\dfrac{\delta_1}{\lambda_1} + \dfrac{\delta_2}{\lambda_2}} = \frac{1600 - 150}{\dfrac{0.113}{0.33} + \dfrac{0.23}{1.09}} = 2620 \quad \text{W} \cdot \text{m}^{-2}$$

验算界面温度:由式(2-1-27)有

$$t_2 = t_1 - q\frac{\delta_1}{\lambda_1} = 1600 - 2620 \times \frac{0.113}{0.33} = 703 \quad ℃$$

求得界面温度与原假设相差太大,需重新试算。再设 $t_2 = 703$ ℃,重复上述计算:

$$\lambda_1 = 0.08 + 0.22 \times 10^{-3} \times \left(\frac{1600 + 703}{2} \right) = 0.33 \quad \text{W} \cdot \text{m}^{-1} \cdot \text{℃}^{-1}$$

$$\lambda_2 = 1.00 + 0.23 \times 10^{-3} \times \left(\frac{703 + 150}{2} \right) = 1.10 \quad \text{W} \cdot \text{m}^{-1} \cdot \text{℃}^{-1}$$

$$q = \frac{1600 - 150}{\dfrac{0.113}{0.33} + \dfrac{0.23}{1.10}} = 2629 \quad \text{W} \cdot \text{m}^{-2}$$

再验算界面温度:

$$t_2 = 1600 - 2629 \times \frac{0.113}{0.33} = 700 \quad \text{℃}$$

此结果与原假设 $t_2 = 703$ ℃ 很接近,故第二次假设有效。

1.4　圆筒壁的一维稳定导热

冶金及化工中的许多设备和管道,如回转窑、蒸汽管、锅炉管、管式换热器等的导热都属于圆筒壁导热。与平壁相类似,对圆筒壁,当其长度比半径大得多时,可视为"无限长圆筒壁",此时,其"边缘导热效应"也可忽略不计,圆筒壁内的温度仅沿径向发生变化,而与长度无关,即圆筒壁的导热可视为一维导热。

1.4.1　单层圆筒壁

图 2 – 1 – 5 为单层圆筒壁的稳定导热示意图。

假定圆筒壁材料均匀,无内热源,导热系数不随温度而变化。设圆筒壁的长度为 L,其内、外半径分别为 r_1 和 r_2,且长度 L 远大于外径 d_2;内、外壁分别维持均匀、恒定的温度 t_1 和 t_2,且 $t_1 > t_2$。

采用柱坐标系,对上述无内热源的一维稳定导热问题,导热微分方程式(2 – 1 – 19)变成

$$\frac{\mathrm{d}^2 t}{\mathrm{d} r^2} + \frac{1}{r} \frac{\mathrm{d} t}{\mathrm{d} r} = 0 \qquad (2 - 1 - 28)$$

上式改写成

$$\frac{\mathrm{d}}{\mathrm{d} r} \left(r \frac{\mathrm{d} t}{\mathrm{d} r} \right) = 0 \qquad (2 - 1 - 28a)$$

其边界条件为:

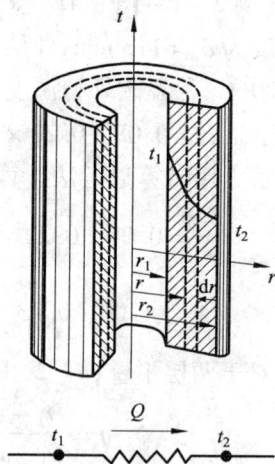

图 2 – 1 – 5　单层圆筒壁导热示意图

$$r = r_1, t = t_1 \bigg\}$$
$$r = r_2, t = t_2$$

对上述微分方程式(2-1-28a)一次积分得

$$r\frac{\mathrm{d}t}{\mathrm{d}r} = C_1 \tag{b}$$

再次积分得

$$t = C_1 \ln r + C_2 \tag{c}$$

将边界条件式(a)代入式(c),求得

$$C_1 = -\frac{t_1 - t_2}{\ln\dfrac{r_2}{r_1}} \Bigg\}$$
$$C_2 = t_1 + \frac{t_1 - t_2}{\ln\dfrac{r_2}{r_1}}\ln r_1 \tag{d}$$

将 C_1 和 C_2 的值代入式(c),可得圆筒壁的径向温度分布为

$$t = t_1 - \frac{t_1 - t_2}{\ln\dfrac{r_2}{r_1}}\ln\frac{r}{r_1} \tag{2-1-29}$$

将式(2-1-29)对 r 求导,可得圆筒壁的径向温度梯度为

$$\frac{\mathrm{d}t}{\mathrm{d}r} = -\frac{t_1 - t_2}{\ln\dfrac{r_2}{r_1}}\frac{1}{r} \tag{2-1-30}$$

由式(2-1-29)和式(2-1-30)可以看出,圆筒壁的径向温度分布不像平壁那样按线性规律变化,而是按对数曲线规律变化。其温度梯度也不是常数,而是与半径成反比。考虑到稳定导热情况下,热流量与半径无关。将式(2-1-30)代入傅立叶定律可得圆筒壁的热流量为

$$Q = -\lambda A\frac{\mathrm{d}t}{\mathrm{d}r} = -\lambda \cdot 2\pi rL \cdot \left(-\frac{t_1 - t_2}{\ln\dfrac{r_2}{r_1}}\frac{1}{r}\right)$$

即

$$Q = \frac{t_1 - t_2}{\dfrac{1}{2\pi\lambda L}\ln\dfrac{r_2}{r_1}} \tag{2-1-31}$$

式(2-1-31)即为单层圆筒壁的导热方程。式中的 $\dfrac{1}{2\pi\lambda L}\ln\dfrac{r_2}{r_1}$ 称为圆筒壁的导热热阻。

工程上,为方便起见,常按单位长度来计算圆筒壁的热流量(也称为线热流量),记为 $Q_L(W \cdot m^{-1})$,即

$$Q_L = \frac{Q}{L} = \frac{t_1 - t_2}{\frac{1}{2\pi\lambda}\ln\frac{r_2}{r_1}} \qquad (2-1-32)$$

为便于理解,可将式(2-1-31)写成与平壁导热方程相类似的形式。为此,可进行如下变换:

$$Q = \frac{2\pi(r_2 - r_1)L\lambda(t_1 - t_2)}{(r_2 - r_1)\ln\frac{2\pi r_2 L}{2\pi r_1 L}} = \frac{(A_2 - A_1)\lambda(t_1 - t_2)}{(r_2 - r_1)\ln\frac{A_2}{A_1}} = \frac{\lambda A_m}{\delta}(t_1 - t_2)$$

即

$$Q = \frac{t_1 - t_2}{\frac{\delta}{\lambda A_m}} = \frac{\Delta t}{R_{\lambda m}} \qquad (2-1-33)$$

式中　$\delta = r_2 - r_1$——圆筒壁的厚度,m;

$A_m = \dfrac{A_2 - A_1}{\ln\dfrac{A_2}{A_1}}$,称为对数平均面积,$m^2$。当 $A_2/A_1 < 2$ 时,可用算术平均值 $A_m = $

$\dfrac{A_1 + A_2}{2}$ 近似计算,其误差不超过 4%,这在工程上是允许的。

$R_{\lambda m} = \dfrac{\delta}{\lambda A_m}$,称为圆筒壁的导热热阻,℃ · W^{-1}。

式(2-1-33)在形式上与式(2-1-24)完全相似。

1.4.2　多层圆筒壁

由多层不同材料紧密结合所构成的圆筒壁称为多层圆筒壁,图2-1-6为三层圆筒壁导热示意图。

多层圆筒壁导热方程的推导与多层平壁导热方程的推导方法完全相同。利用式(2-1-31)或(2-1-33)及稳定导热下通过各层壁面的热流量相等,即 $Q_1 = Q_2 = \cdots = Q_n$,并按和比定律,即可导出 n 层圆筒壁的稳定导热方程,即

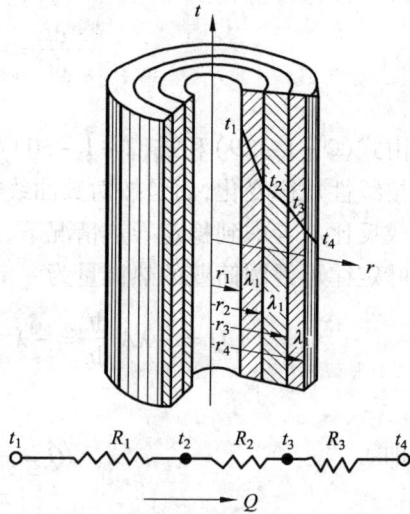

图2-1-6　三层圆筒壁导热示意图

$$Q = \frac{t_1 - t_{n+1}}{\frac{1}{2\pi\lambda_1 L}\ln\frac{r_2}{r_1} + \frac{1}{2\pi\lambda_2 L}\ln\frac{r_3}{r_2} + \cdots + \frac{1}{2\pi\lambda_n L}\ln\frac{r_{n+1}}{r_n}} = \frac{t_1 - t_{n+1}}{\sum_{i=1}^{n}\frac{1}{2\pi\lambda_i L}\ln\frac{r_{i+1}}{r_i}}$$

$$(2-1-34)$$

或

$$Q = \frac{t_1 - t_{n+1}}{\frac{\delta_1}{\lambda_1 A_{m1}} + \frac{\delta_2}{\lambda_2 A_{m2}} + \cdots + \frac{\delta_n}{\lambda_n A_{mn}}} = \frac{t_1 - t_{n+1}}{\sum_{i=1}^{n}\frac{\delta_i}{\lambda_i A_{mi}}} \qquad (2-1-35)$$

应当注意的是,圆柱体的表面积随半径的增加而增大,故圆筒壁的稳定导热,通过各层壁面的热流量相等,但热流密度(即单位时间、单位面积上传递的热量)却都不相等。

【例2-1-2】　在铝土矿管道化溶出器中,蒸汽流经夹层套管的外层,将内管中反向流动的矿浆加热并实现溶出。为减少热损失,蒸汽套管外需包扎保温材料。已知蒸汽套管外径为470 mm,其外壁温度为300 ℃,要求保温层外表面温度不大于40 ℃,保温材料的导热系数 $\lambda = 0.04 + 0.00019t$,W·m^{-1}·℃$^{-1}$。若要求每米管长的热损失 Q_L 不大于500 W·m^{-1},试求保温层的厚度及保温层中的温度分布。

解　此题为圆筒壁导热问题。已知: $r_1 = 235$ mm $= 0.235$ m, $t_1 = 300$ ℃, $t_2 = 40$ ℃

(1)保温层厚度

保温层的平均导热系数为

$$\lambda = 0.04 + 0.00019 \times \left(\frac{300 + 40}{2}\right) = 0.072 \quad W \cdot m^{-1} \cdot ℃^{-1}$$

由式(2-1-32)知

$$\ln\frac{r_2}{r_1} = \frac{2\pi\lambda(t_1 - t_2)}{Q_L}$$

$$\ln r_2 = \frac{2 \times 3.14 \times 0.072(300 - 40)}{500} + \ln(0.235) = -1.213$$

$$r_2 = 0.297 \quad m$$

故保温层厚度为

$$\delta = r_2 - r_1 = 0.062 \text{ m} = 62 \quad mm$$

(2)保温层中温度分布

设保温层 r 半径处温度为 t,代入式(2-1-32),得

$$Q_L = \frac{2 \times 3.14 \times 0.072(300 - t)}{\ln\frac{r}{0.235}} = 500$$

解上式并整理得:　　　　　　　　$t = -1106\ln r - 1302 \quad ℃$

计算结果表明,即使导热系数为常数,圆筒壁内的温度分布也不是直线而是对

数曲线。

1.5 变导热系数的一维稳定导热

以上讨论的都是导热系数 λ 为常数时无内热源的一维稳定导热。实际上,工程中大多数材料的导热系数并不是常数,而是随温度而发生线性变化,尤其以隔热材料(保温材料)的导热系数随温度的变化比较显著。一般而言,材料的导热系数与温度的关系可用式(2-1-12)来描述,即 $\lambda = \lambda_0(1+bt)$。若将该变化的 λ 代入导热微分方程,则会得出比式(2-1-22)和式(2-1-29)复杂得多的温度分布表达式。事实上,人们在工程实际当中关心的往往是热流量的大小,而不是其温度的准确分布。正如一台炉子,人们只需知道通过炉壁损失的热流量大小,通过定期向炉内补充热量(如控制燃料的燃烧速率和燃烧量等),以控制炉内温度。至于炉壁中的温度分布如何,则不是所要关心的主要问题。

下面先讨论无内热源情况下,变导热系数的平壁一维稳定导热问题。

将式(2-1-12)代入傅立叶定律,得

$$Q = -\lambda A \frac{\mathrm{d}t}{\mathrm{d}x} = -\lambda_0(1+bt)A\frac{\mathrm{d}t}{\mathrm{d}x} \qquad (2-1-36)$$

分离变量并积分得

$$Q\int_{x_1}^{x_2}\frac{1}{A}\mathrm{d}x = -\lambda_0\int_{t_1}^{t_2}(1+bt)\mathrm{d}t \qquad (\mathrm{a})$$

将上式右边的积分式展开,并整理得

$$-\lambda_0\int_{t_1}^{t_2}(1+bt)\mathrm{d}t = \lambda_0(t_1-t_2)\left[1+\frac{b}{2}(t_1+t_2)\right]$$
$$= \lambda_0(t_1-t_2)(1+bt_\mathrm{m}) = \lambda_\mathrm{m}(t_1-t_2) \qquad (\mathrm{b})$$

式中　　t_m——平壁两侧面的算术平均温度, $t_\mathrm{m} = \frac{1}{2}(t_1+t_2)$;

λ_m——平壁两侧面的平均导热系数, $\lambda_\mathrm{m} = \lambda_0(1+bt_\mathrm{m})$。

将式(b)代入式(a),得

$$Q = \frac{\lambda_\mathrm{m}(t_1-t_2)}{\int_{x_1}^{x_2}\frac{1}{A}\mathrm{d}x} \qquad (\mathrm{c})$$

式中　　$\int_{x_1}^{x_2}\frac{1}{A}\mathrm{d}x$ 与物体的形状和大小有关。对大平壁,有

$$\int_{x_1}^{x_2}\frac{1}{A}\mathrm{d}x = \frac{\delta}{A}$$

故
$$Q = \frac{\lambda_m (t_1 - t_2)}{\dfrac{\delta}{A}} = \frac{(t_1 - t_2)}{\dfrac{\delta}{\lambda_m A}} \qquad (2-1-37)$$

式(2-1-37)即为无内热源时,变导热系数的单层大平壁的稳定导热方程。其形式与导热系数为常数的导热方程式(2-1-24)完全相同。

同样,可求得变导热系数的长圆筒壁的一维稳定导热方程为

$$Q = \frac{t_1 - t_2}{\dfrac{1}{2\pi\lambda_m L} \ln \dfrac{r_2}{r_1}} \qquad (2-1-38)$$

由此可见,对无内热源的平壁或圆筒壁的一维稳定导热问题,在实际工程计算时可统一使用式(2-1-24)和(2-1-31),只是导热系数随温度变化时,应以平壁或圆筒壁在算术平均温度下的平均导热系数值进行计算。

*1.6 导热问题的数值解基础

前面介绍的导热问题的求解都是借助数学工具对导热微分方程在规定的定解条件下进行积分求解,这种方法称为分析解法。利用分析解法可以求得任一时刻导热体内任一点的温度,即可获得一连续分布的温度场,但它一般只适用于几何形状和边界条件比较简单的情形。对一些几何形状比较复杂或边界条件比较复杂的工程实际问题,用分析解法则难以获得结果,甚至不可能得到结果;有些问题虽然可以获得分析解,但求解过程也非常繁琐,并且常常由于分析解中包含一些复杂的级数而不易获得数值结果。这些复杂的导热问题,必须寻求其他的求解方法。数值解法则是一种十分有效的方法。数值解法是借助于数值计算对微分方程求解的一种方法,它具有足够的精确性。随着计算机技术的不断发展,数值解法的工程应用越来越广泛,已成为传热研究的一种重要手段,许多分析法无法求解的复杂导热问题都可以用数值解法求解。

数值解法以离散数学为基础,它用于解决导热问题的基本思想是用空间或空间与时间区域内的有限个离散点(称为节点)上的温度近似值代替原来连续分布的温度场。数值解法主要包括有限差分法、有限元法、边界元法和有限分析法等,其中以有限差分法最为成熟,应用最广泛。

下面将以二维稳定导热过程为例,简要介绍有限差分法的原理、节点有限差分方程的建立及节点有限差分方程组的求解方法。

1.6.1 有限差分法基本原理

有限差分法的基础就是将求解的区域离散化,并用差商近似代替微商,从而使

控制方程离散化。下面以二维导热为例说明有限差分法的基本原理。

如图 2 - 1 - 7 所示为一个二维导热体,分别以间距 Δx 和 Δy 作 x 轴和 y 轴的平行线,将导热体分割成若干个矩形网格,这些平行线称为网格线,网格线的交点称为节点,位于导热体边界以内的节点称为内部节点,简称节点,位于边界上的节点称为边界节点(即网格线与导热体边界的交点)。节点的位置用 (i,j) 表示,其坐标为 $(i\Delta x, j\Delta y)$,相应地,节点 (i,j) 的温度 $t(x,y)$ 可表示为 t

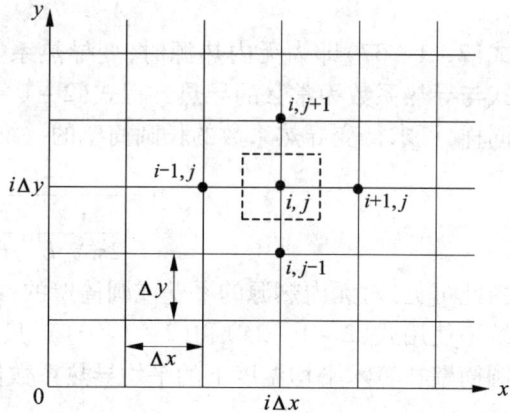

图 2 - 1 - 7 二维差分网格

$(i\Delta x, j\Delta y)$,简单地表示为 $t_{i,j}$。显然,经离散后,导热体的温度分布曲线变成了图中网格线所示的沿 x 轴和 y 轴方向变化的有限个温度值。

在微分学中,函数的导数(或称为微商)定义为当自变量的增量趋近于零时,函数的增量与自变量的增量之比(称为差商)的极限。对二维温度场,可表示为:

$$\left(\frac{\partial t}{\partial x}\right)_{i,j} = \lim_{\Delta x \to 0}\left(\frac{\Delta t}{\Delta x}\right)_{i,j} = \lim_{\Delta x \to 0}\left(\frac{t_{i+1,j} - t_{i,j}}{\Delta x}\right) \qquad (2 - 1 - 39)$$

当 Δx 为一有限小量时,微商就可近似用差商来代替,即

$$\left(\frac{\partial t}{\partial x}\right)_{i,j} \approx \left(\frac{\Delta t}{\Delta x}\right)_{i,j} = \frac{t_{i+1,j} - t_{i,j}}{\Delta x} \qquad (2 - 1 - 40)$$

用差商近似代替微商时,由于差分方向的不同,可以有不同的差分方法:

向前差分: $\qquad \left(\frac{\partial t}{\partial x}\right)_{i,j} = \frac{t_{i+1,j} - t_{i,j}}{\Delta x} \qquad (2 - 1 - 41)$

向后差分: $\qquad \left(\frac{\partial t}{\partial x}\right)_{i,j} = \frac{t_{i,j} - t_{i-1,j}}{\Delta x} \qquad (2 - 1 - 42)$

中心差分: $\left(\frac{\partial t}{\partial x}\right)_{i,j} = \frac{t_{i+1/2,j} - t_{i-1/2,j}}{\Delta x}$ 或 $\left(\frac{\partial t}{\partial x}\right)_{i,j} = \frac{t_{i+1,j} - t_{i-1,j}}{2\Delta x} \qquad (2 - 1 - 43)$

同样,温度对坐标变量 x、y 的二阶微商也可以用二阶差商近似表示,采用中心差分法,则有

$$\left(\frac{\partial^2 t}{\partial x^2}\right)_{i,j} = \frac{\partial}{\partial x}\left(\frac{\partial t}{\partial x}\right)_{i,j} \approx \frac{1}{\Delta x}\left[\left(\frac{\partial t}{\partial x}\right)_{i+1/2,j} - \left(\frac{\partial t}{\partial x}\right)_{i-1/2,j}\right]$$

$$\approx \frac{1}{\Delta x}\left(\frac{t_{i+1,j}-t_{i,j}}{\Delta x}-\frac{t_{i,j}-t_{i-1,j}}{\Delta x}\right)=\frac{t_{i+1,j}-2t_{i,j}+t_{i-1,j}}{(\Delta x)^2}$$

$$(2-1-44)$$

同理　　　　　　　　$$\left(\frac{\partial^2 t}{\partial y^2}\right)_{i,j}\approx\frac{t_{i,j+1}-2t_{i,j}+t_{i,j-1}}{(\Delta y)^2}\qquad(2-1-45)$$

值得说明的是,用差商代替微商会引入一定的误差,其数量级大小可用泰勒级数确定。对节点温度 $t_{i,j}$ 按泰勒级数展开,可得

$$t_{i+1,j}=t_{i,j}+\left(\frac{\partial t}{\partial x}\right)_{i,j}\frac{\Delta x}{1!}+\left(\frac{\partial^2 t}{\partial x^2}\right)_{i,j}\frac{(\Delta x)^2}{2!}+\left(\frac{\partial^3 t}{\partial x^3}\right)_{i,j}\frac{(\Delta x)^3}{3!}+\cdots\qquad(2-1-46)$$

$$t_{i-1,j}=t_{i,j}-\left(\frac{\partial t}{\partial x}\right)_{i,j}\frac{\Delta x}{1!}+\left(\frac{\partial^2 t}{\partial x^2}\right)_{i,j}\frac{(\Delta x)^2}{2!}-\left(\frac{\partial^3 t(\Delta x)^3}{\partial x^3\quad3!}\right)_{i,j}+\cdots\qquad(2-1-47)$$

舍去以上两式右边的第三项及其以后的尾项,并整理后可得

$$\left(\frac{\partial t}{\partial x}\right)_{i,j}=\frac{t_{i+1,j}-t_{i,j}}{\Delta x}+0(\Delta x)\qquad(2-1-48)$$

$$\left(\frac{\partial t}{\partial x}\right)_{i,j}=\frac{t_{i,j}-t_{i-1,j}}{\Delta x}+0(\Delta x)\qquad(2-1-49)$$

式中　$0(\Delta x)$——舍去尾项后引起的误差,它是 Δx 的数量级。

比较式$(2-1-41)$、$(2-1-42)$与式$(2-1-48)$、$(2-1-49)$知,用向前差商或向后差商近似代替微商的误差为 $0(\Delta x)$。

将式$(2-1-46)$和式$(2-1-47)$分别取右边前三项后再相减,并整理得

$$\left(\frac{\partial t}{\partial x}\right)_{i,j}=\frac{t_{i+1,j}-t_{i-1,j}}{2\Delta x}+0(\Delta x)^2\qquad(2-1-50)$$

上式与中心差分的式$(2-1-43)$相比多了一误差项 $0(\Delta x)^2$。

比较式$(2-1-50)$与式$(2-1-48)$或式$(2-1-49)$可以看出,中心差商的误差具有二阶精度,而向前差商或向后差商的误差只有一阶精度,因此中心差商的误差更小,也就是说,采用中心差分法可使计算结果的精确度更高。

如果将式$(2-1-46)$和式$(2-1-47)$分别取右边前四项后再相加,即可得

$$\left(\frac{\partial^2 t}{\partial x^2}\right)_{i,j}=\frac{t_{i+1,j}-2t_{i,j}+t_{i-1,j}}{(\Delta x)^2}+0(\Delta x)^3\qquad(2-1-51)$$

同理,可得　　　$$\left(\frac{\partial^2 t}{\partial y^2}\right)_{i,j}=\frac{t_{i,j+1}-2t_{i,j}+t_{i,j-1}}{(\Delta y)^2}+0(\Delta y)^3\qquad(2-1-52)$$

由上可知,在将微商转化为差商时,都存在舍去尾项所带来的误差,这种误差称为截断误差。网格划分越细,截断误差越小,计算结果越准确,但网格的减小会使计算工作量增加。

1.6.2　二维稳定导热的数值解

用有限差分法求解导热问题,首先需将导热体的求解区域离散化,即将求解区域划分成若干个互不重叠的单元体,每个单元体的温度用一个点(称为节点)的温度来代替,由此将导热体内连续分布的温度场离散成有限个温度值的集合。然后,将导热微分方程离散化,按一定规则建立每个节点温度与相邻节点温度之间的代数关系式,即节点有限差分方程,由此将连续变化的导热微分方程及其定解条件离散成节点有限差分方程组。通过求解此节点有限差分方程组,即可得到各节点上温度的近似值。

1.6.2.1　内部节点的差分方程

内部节点的差分方程可以用差商代替微商从导热微分方程直接导出。对无内热源的常物性二维稳定导热,其导热微分方程可写成:

$$\frac{\partial^2 t}{\partial x^2} + \frac{\partial^2 t}{\partial y^2} = 0 \tag{a}$$

对节点(i,j),根据有限差分原理,将式$(2-1-44)$和式$(2-1-45)$带入式(a),得

$$\frac{t_{i+1,j} - 2t_{i,j} + t_{i-1,j}}{(\Delta x)^2} + \frac{t_{i,j+1} - 2t_{i,j} + t_{i,j-1}}{(\Delta y)^2} = 0 \tag{b}$$

若$\Delta x = \Delta y$,即取正方形网格,则上式变成

$$t_{i+1,j} + t_{i-1,j} + t_{i,j+1} + t_{i,j-1} - 4t_{i,j} = 0 \tag{2-1-53}$$

或

$$t_{i,j} = \frac{1}{4}(t_{i+1,j} + t_{i-1,j} + t_{i,j+1} + t_{i,j-1}) \tag{2-1-54}$$

式$(2-1-53)$和式$(2-1-54)$即为无内热源的常物性二维稳定导热体的内部节点有限差分方程。它适用于区域内的任一内部节点。此节点有限差分方程表明,当取正方形网格时,任一内部节点的温度都可以用它周围的四个节点的温度来表示,且等于周围四个节点温度的算术平均值。

上述内部节点方程除了可以从导热微分方程直接获得以外,也可以通过热平衡法得到。图$2-1-8$示出了以节点(i,j)及其四个相邻节点为中心的五个网格单元,这些网格单

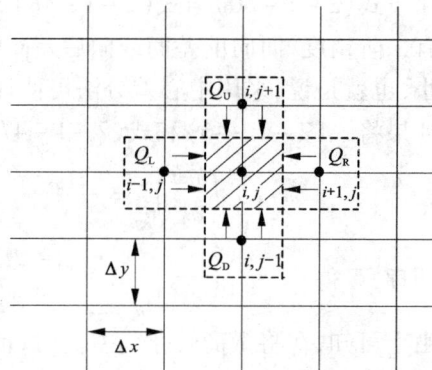

图 2 - 1 - 8　二维网格单元的热平衡

元称为节点的控制体。设各控制体的温度均匀,且以各节点的温度来代替整个控制体的温度。对无内热源的稳定导热,根据能量守恒定律知,从节点(i,j)周围的四个控制体导入中心控制体(i,j)的热流量之代数和应等于零,即

$$Q_R + Q_L + Q_U + Q_D = 0 \qquad (a)$$

设 $\Delta z = 1$,则根据傅立叶导热定律,有

$$Q_R = \lambda \cdot \Delta y \cdot 1 \cdot \frac{t_{i+1,j} - t_{i,j}}{\Delta x} \qquad (b)$$

$$Q_L = \lambda \cdot \Delta y \cdot 1 \cdot \frac{t_{i-1,j} - t_{i,j}}{\Delta x} \qquad (c)$$

$$Q_U = \lambda \cdot \Delta x \cdot 1 \cdot \frac{t_{i,j+1} - t_{i,j}}{\Delta y} \qquad (d)$$

$$Q_D = \lambda \cdot \Delta x \cdot 1 \cdot \frac{t_{i,j-1} - t_{i,j}}{\Delta y} \qquad (e)$$

将式(b)~式(e)代入式(a),并整理得

$$\lambda \left[\frac{\Delta y}{\Delta x}(t_{i+1,j} + t_{i-1,j} - 2t_{i,j}) + \frac{\Delta x}{\Delta y}(t_{i,j+1} + t_{i,j-1} - 2t_{i,j}) \right] = 0$$

假定 $\Delta x = \Delta y$,则有

$$t_{i+1,j} + t_{i-1,j} + t_{i,j+1} + t_{i,j-1} - 4t_{i,j} = 0 \qquad (2-1-55)$$

式$(2-1-55)$与式$(2-1-53)$完全一致。因此,节点有限差分方程实质上就是节点的热平衡方程。

1.6.2.2 边界节点的差分方程

以上讨论的是内部节点的有限差分方程的建立问题。正如用分析法通过导热微分方程求解稳定导热问题时需有边界条件一样,采用有限差分法求解稳定导热问题,除了建立内部节点有限差分方程之外,还需建立边界节点的差分方程,这样,才能最终算出结果。

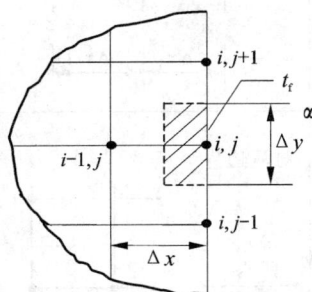

图 $2-1-9$ 对流边界条件节点

边界节点与内部节点的周边条件不同,网格形状也不相同,它们分别代表不同的控制体,而且,不同边界节点有限差分方程的形式也不相同。例如,对图 $2-1-9$ 所示的对流边界条件下的边界节点(i,j)而言,不仅存在相邻控制体导入的热流量,而且存在周围介质导入的热流量。当导热体边界与周围介质的换热系数为 α,周围介质的温度为 t_f 时,由周围介质导入控制体(i,j)的热流量则为 $\alpha \Delta y(t_f - t_{i,j})$。因此,当导热达到稳定状态时,导入控制体$(i,$

j)的各热流量的代数和应等于零。即

$$\lambda\Delta y\frac{t_{i-1,j}-t_{i,j}}{\Delta x}+\lambda\frac{\Delta x}{2}\frac{t_{i,j+1}-t_{i,j}}{\Delta y}+\lambda\frac{\Delta x}{2}\frac{t_{i,j-1}-t_{i,j}}{\Delta y}+\alpha\Delta y(t_{\mathrm{f}}-t_{i,j})=0$$

当 $\Delta x=\Delta y$ 时,上式可整理成

$$2t_{i-1,j}+t_{i,j+1}+t_{i,j-1}+\frac{2\alpha\Delta x}{\lambda}t_{\mathrm{f}}-\left(4+\frac{2\alpha\Delta x}{\lambda}\right)t_{i,j}=0 \qquad (2-1-56)$$

或 $\qquad t_{i,j}=\frac{1}{4+C}(2t_{i-1,j}+t_{i,j+1}+t_{i,j-1}+Ct_{\mathrm{f}}),\ (C=\frac{2\alpha\Delta x}{\lambda}) \qquad (2-1-57)$

按照同样的原理可以建立其他具体边界条件下的边界节点有限差分方程。

几种典型的二维稳定导热(常物性、无内热源)的节点有限差分方程列于表 $2-1-1$ 中。

表 2 - 1 - 1　　几种典型的二维稳定导热节点有限差分方程

No.	节点特征	节点有限差分方程($\Delta x=\Delta y$)
1	内部节点 	$t_{i,j}=\frac{1}{4}(t_{i+1,j}+t_{i-1,j}+t_{i,j+1}+t_{i,j-1})$
2	对流边界节点 	$t_{i,j}=\frac{1}{4+C}(2t_{i-1,j}+t_{i,j+1}+t_{i,j-1}+Ct_{\mathrm{f}})$ 其中,$C=\frac{2\alpha\Delta x}{\lambda}$

No.	节点特征	节点有限差分方程($\Delta x = \Delta y$)
3	对流边界外部拐角节点 	$$t_{i,j} = \frac{1}{2 + C}(t_{i-1,j} + t_{i,j-1} + Ct_{\mathrm{f}})$$ 其中，$C = \dfrac{2\alpha\Delta x}{\lambda}$
4	对流边界内部拐角节点 	$$t_{i,j} = \frac{1}{6 + C}[t_{i+1,j} + 2(t_{i-1,j} + t_{i,j+1}) + t_{i,j-1} + Ct_{\mathrm{f}}]$$ 其中，$C = \dfrac{2\alpha\Delta x}{\lambda}$
5	绝热边界节点 	$$t_{i,j} = \frac{1}{4}(2t_{i-1,j} + t_{i,j+1} + t_{i,j-1})$$

1.6.2.3　节点有限差分方程组的求解

对差分网格中的任意一个内部节点或边界节点都可以按照上面介绍的方法建立一个节点有限差分方程，如果有 n 个未知温度的节点，则可以建立 n 个节点有限差分方程，由此并可获得一个由 n 个节点有限差分方程所组成的线性代数方程组，求解这个方程组并可得到各未知节点温度。

求解线性代数方程组在数学上一般可采用迭代法，这是一种比较容易在计算机上实现的方法。迭代法从假设未知量的初始值入手，采用逐次逼近的方法求得满足误差要求的解。

常用的迭代法有雅可比（Jacobi）迭代法（或称简单迭代法）和高斯－赛德尔

(Guss-Seidel)迭代法等。雅可比迭代法的基本思路是,先对各未知节点温度假定一个初始值作为解的零次迭代初始值 $t_{i,j}^{(0)}$;然后,将这些初始值代入有限差分方程组进行第一次迭代,求出解的第一次近似值 $t_{i,j}^{(1)}$;再将第一次近似值代入差分方程组,求出解的第二次近似值 $t_{i,j}^{(2)}$,依次类推,直至各节点前、后两次迭代所得温度之偏差小于给定的允许绝对误差 E 或相对误差 ε 时,

即 $$\max \left| t_{i,j}^{k+1} - t_{i,j}^{k} \right| < E \qquad (2-1-58)$$

或 $$\max \left| \frac{t_{i,j}^{k+1} - t_{i,j}^{k}}{t_{i,j}^{k}} \right| < \varepsilon \qquad (2-1-58a)$$

迭代过程结束。此时求得的第 $k+1$ 次的解即为各节点的温度值。

雅可比迭代法的特点是计算第 $k+1$ 次值时,全部使用第 k 次的值。如计算内部节点 (i,j) 的第 $k+1$ 次值的迭代公式为:

$$t_{i,j}^{k+1} = \frac{1}{4}(t_{i+1,j}^{k} + t_{i-1,j}^{k} + t_{i,j+1}^{k} + t_{i,j-1}^{k}) \qquad (2-1-59)$$

其思路虽然简单,但收敛速度较慢,计算过程费时较长。

与雅可比迭代法相比,高斯-赛德尔迭代法的特点是,在每次迭代过程中总是使用节点温度的最新值。如计算内部节点 (i,j) 的第 $k+1$ 次值时,若周围四个节点中有两个节点 $(i+1,j)$ 和 $(i-1,j)$ 的第 $k+1$ 次的值已经求出,而另外两个节点 $(i,j+1)$ 和 $(i,j-1)$ 还只有第 k 次的值,则此时的高斯-赛德尔迭代公式为:

$$t_{i,j}^{k+1} = \frac{1}{4}(t_{i+1,j}^{k+1} + t_{i-1,j}^{k+1} + t_{i,j+1}^{k} + t_{i,j-1}^{k}) \qquad (2-1-60)$$

显然,高斯-赛德尔迭代法比雅可比迭代法收敛得要快一些。

下面重点阐述高斯-赛德尔迭代法的求解步骤,并随后举例说明高斯-赛德尔迭代法在二维导热问题数值计算中的应用。

设有一个含 n 个未知节点温度 $t_j(j=1,2,3,\cdots,n)$ 的线性方程组:

$$\begin{cases} a_{11}t_1 + a_{12}t_2 + a_{13}t_3 + \cdots + a_{1n}t_n = b_1 \\ a_{21}t_1 + a_{22}t_2 + a_{23}t_3 + \cdots + a_{2n}t_n = b_2 \\ a_{31}t_1 + a_{32}t_2 + a_{33}t_3 + \cdots + a_{3n}t_n = b_3 \\ \vdots \\ a_{n1}t_1 + a_{n2}t_2 + a_{n3}t_3 + \cdots + a_{nn}t_n = b_n \end{cases} \qquad (2-1-61)$$

式中 a_{ij} 及 $b_i(i=1,2,3,\cdots,n;j=1,2,3,\cdots,n)$ 为常数。用高斯-赛德尔迭代法求解的步骤如下:

(1)检查方程组中的 a_{ij} 是否等于零。当 $a_{ij} \neq 0$ 时(若 $a_{ij} = 0$ 时,则变换下标编号,使方程的次序改变),将方程改写成未知量 t_j 的解的形式(称为显式):

$$\begin{cases} t_1 = \dfrac{1}{a_{11}}(-a_{12}t_2 - a_{13}t_3 - \cdots - a_{1n}t_n + b_1) \\[2mm] t_2 = \dfrac{1}{a_{22}}(-a_{21}t_1 - a_{23}t_3 - \cdots - a_{2n}t_n + b_2) \\[2mm] t_3 = \dfrac{1}{a_{33}}(-a_{31}t_1 - a_{32}t_2 - \cdots - a_{3n}t_n + b_3) \\[2mm] \vdots \\[1mm] t_n = \dfrac{1}{a_{nn}}(-a_{n1}t_1 - a_{n2}t_2 - \cdots - a_{n(n-1)}t_{n-1} + b_n) \end{cases} \qquad (2-1-62)$$

（2）给各未知节点温度分别假定一个初始值，即令 $t_1 = t_1^{(0)}$，$t_2 = t_2^{(0)}$，$t_3 = t_3^{(0)}$，$\cdots$，$t_n = t_n^{(0)}$［上标"(0)"表示初始值］；

（3）将初始值 $t_1 = t_1^{(0)}$，$t_2 = t_2^{(0)}$，$t_3 = t_3^{(0)}$，$\cdots$，$t_n = t_n^{(0)}$ 代入式(2-1-62)的第一个方程，求得 $t_1^{(1)}$；然后将 $t_1 = t_1^{(1)}$，$t_2 = t_2^{(0)}$，$t_3 = t_3^{(0)}$，$\cdots$，$t_n = t_n^{(0)}$ 代入式(2-1-62)的第二个方程求出 $t_2^{(1)}$；再将 $t_1 = t_1^{(1)}$，$t_2 = t_2^{(1)}$，$t_3 = t_3^{(0)}$，$\cdots$，$t_n = t_n^{(0)}$ 代入式(2-1-62)的第三个方程求出 $t_3^{(1)}$，依次类推。每次求出一个 $t_j^{(1)}$ 值后，在式(2-1-62)的右端，立即用 $t_j^{(1)}$ 代替 $t_j^{(0)}$。通过第一次迭代求出各未知节点温度的第一次近似值 $t_j^{(1)}$ $(j = 1, 2, 3, \cdots, n)$。

（4）检查各 t_j 前、后迭代近似值的偏差是否都小于允许误差，即

$$\max \left| t_j^{k+1} - t_j^{k} \right| < E \quad (j = 1, 2, 3, \cdots, n) \qquad (2-1-63)$$

或

$$\max \left| \frac{t_j^{k+1} - t_j^{k}}{t_j^{k}} \right| < \varepsilon \quad (j = 1, 2, 3, \cdots, n) \qquad (2-1-63a)$$

如果满足式(2-1-63)，则迭代过程结束。否则按下述一般式重新迭代：

$$\begin{cases} t_1^{(k+1)} = \dfrac{1}{a_{11}}(-a_{12}t_2^{(k)} - a_{13}t_3^{(k)} - \cdots - a_{1n}t_n^{(k)} + b_1) \\[2mm] t_2^{(k+1)} = \dfrac{1}{a_{22}}(-a_{21}t_1^{(k+1)} - a_{23}t_3^{(k)} - \cdots - a_{2n}t_n^{(k)} + b_2) \\[2mm] t_3^{(k+1)} = \dfrac{1}{a_{33}}(-a_{31}t_1^{(k+1)} - a_{32}t_2^{(k+1)} - \cdots - a_{3n}t_n^{(k)} + b_3) \\[2mm] \vdots \\[1mm] t_n^{(k+1)} = \dfrac{1}{a_{nn}}(-a_{n1}t_1^{(k+1)} - a_{n2}t_2^{(k+1)} - \cdots - a_{n(n-1)}t_{n-1}^{(k+1)} + b_n) \end{cases} \qquad (2-1-64)$$

式中，上标"(k+1)"表示第 k+1 次近似值，上标"(k)"表示第 k 次近似值。

（5）重复上述步骤(4)，直至式(2-1-63)满足为止。第 k+1 次迭代的近似值即为各未知节点温度的解。

从上述计算步骤可知，每次迭代的计算过程均相同，在计算机上只要使用一个循

环语句即可完成。因此,当未知节点温度较多时,用计算机编写程序计算非常方便。

【例2-1-3】　如图2-1-10所示为一矩形薄板,其导热系数为常量,相对边界温度分别恒定为100℃和60℃。现取 $\Delta x = \Delta y$,将该薄板均分成 8×6 个网格。试用高斯-赛德尔迭代法求出各节点温度(假设薄板无内热源,且沿厚度方向的温度变化可忽略不计)。

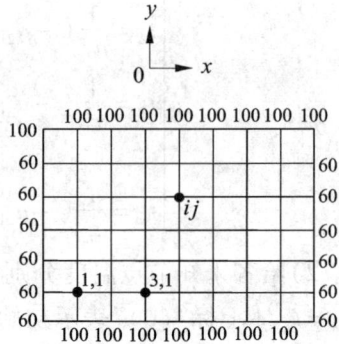

图2-1-10　例2-1-3图

解　此题属于无内热源的二维稳定导热问题,薄板分成 8×6 个网格,共有 9×7 个节点,其中边界节点因边界温度恒定均为已知,$8 \times 6 = 48$ 个内部节点温度为未知。为方便起见,将内外节点一起编号,节点温度记为 $t_{i,j}$,$i = 0,1,2,3,\cdots,8$;$j = 0,1,2,3,\cdots,6$。

计算步骤如下:

(1)按题意给定节点数 M 和 N、最大迭代次数 MAX、允许误差 EPS、四个边界温度 $t1$、$t2$、$t3$、$t4$ 以及初始值 $t0$;

(2)给定边界条件(给边界节点赋以已知温度值);

(3)给各内部节点赋以初始值 $t0$;

(3)用高斯-赛德尔迭代法按式(2-1-64)重复计算未知内部节点温度的近似值;若计算结果满足式(2-1-63),则迭代结束,输出结果。若计算次数超过给定迭代次数 MAX 仍不满足式(2-1-63),则认为不收敛,停止运算。

计算框图如图2-1-11所示。

计算的C语言程序如下:

```
#include "math. h"
#define M 9
#define N 7
#define MAX 50
#define EPS 0. 01

main( )
{
    int i,j,k,u;
    float te[M][N],tn[M][N],t1 = 100,
    t2 = 100,t3 = 60,t4 = 60,t0 = 0. 00,e;
```

```
                      ┌─────────┐
                      │  开始   │
                      └────┬────┘
                           │
              ┌────────────────────────┐
              │  给定M、N、MAX、EPS    │
              └────────────┬───────────┘
                           │
              ┌────────────────────────┐
              │  给t1、t2、t3、t4、t0赋值 │
              └────────────┬───────────┘
                           │
              ┌────────────────────────┐
              │     给定边界条件        │
              └────────────┬───────────┘
                           │
              ┌────────────────────────┐
              │  给定内部节点温度的初始值 │
              └────────────┬───────────┘
                           │
              ┌────────────────────────┐
              │     迭代次数k=0         │
              └────────────┬───────────┘
                           │
         ┌─────────────────┤
         │       ┌─────────────────┐
         │       │      u=0         │
         │       └────────┬────────┘
         │                │
         │   ┌────────────────────────────────┐
         │   │ 计算内部节点温度tn[i][j]第k+1次  │
         │   └────────────┬───────────────────┘
         │                │
         │   ┌──────────────────────────────────────┐
         │   │ 计算新旧温度的差值 e=tn[i][j]−te[i][j] │
         │   └────────────┬─────────────────────────┘
         │                │
         │           ◇─────────◇
         │          │ |e|≥EPS  │──Y──┐
         │           ◇────┬────◇      │
         │                │N     ┌─────────┐
         │                │      │  u=u+1  │
         │                │      └────┬────┘
         │                │◄──────────┘
         │   ┌──────────────────────────────────────┐
         │   │ 把新值定义旧值 te[i][j]=tn[i][j]       │
         │   └────────────┬─────────────────────────┘
         │                │
         │       ┌─────────────────┐
         │       │     k=k+1        │
         │       └────────┬────────┘
         │                │
         │           ◇─────────────◇
         └──────Y────│ u>0且k≤MAX  │
                     ◇──────┬──────◇
                            │N
              ┌────────────────────────┐
              │     打印最终结果        │
              └────────────┬───────────┘
                           │
                      ┌─────────┐
                      │  停机   │
                      └─────────┘
```

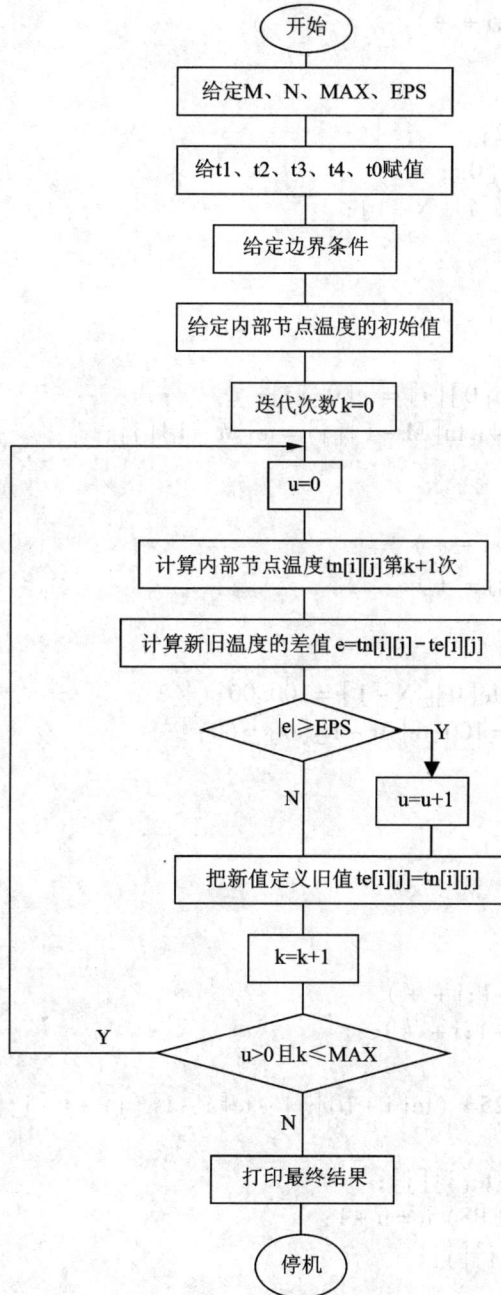

图 2 −1 −11　计算框图

```
for (i = 1; i < M - 1; i + +)
{
   te[i][0] = t1;
   te[i][N - 1] = t2;
   tn[i][0] = te[i][0];
   tn[i][N - 1] = te[i][N - 1];
}

for (j = 1; j < N - 1; j + +)
{
   te[0][j] = t3; tn[0][j] = te[0][j];
   te[M - 1][j] = t4; tn[M - 1][j] = te[M - 1][j];
}

for (i = 1; i < M - 1; i + +)
for (j = 1; j < N - 1; j + +)
   te[i][j] = t0;

te[0][0] = 60.00; te[0][N - 1] = 100.00;
te[M - 1][N - 1] = 100; te[M - 1][0] = 60;

   k = 0;

do
{
   u = 0;
   for (j = 1; j < N - 1; j + +)
   for (i = 1; i < M - 1; i + +)
   {
     tn[i][j] = 0.25 * (te[i + 1][j] + te[i - 1][j] + te[i][j + 1] + te[i][j -
1]);
     e = tn[i][j] - te[i][j];
     if (fabs(e) > EPS) u = u + 1;
     te[i][j] = tn[i][j];
   }
   k = k + 1;
}
while ((u > 0) && (k < = MAX));
```

```
printf("\nM = % d    N = % d\n",M,N);
printf("t0 = %.0f    k = % d\n",t0,k);
printf("u = % d\n\n",u);

for ( j = N − 1 ; j > = 0 ; j − − )
  {
  for ( i = 0 ; i < = M − 1 ; i + + )
    printf("%6.2f    ",te[i][j]);
    printf("\n");
  }
}
```

运行结果

```
M = 9   N = 7
t0 = 0   k = 38
u = 0

100.00   100.00   100.00   100.00   100.00   100.00   100.00   100.00   100.00
 60.00    80.75    89.05    92.54    93.53    92.54    89.05    80.76    60.00
 60.00    73.96    82.89    87.59    89.05    87.60    82.90    73.97    60.00
 60.00    72.22    80.97    85.90    87.47    85.91    80.98    72.23    60.00
 60.00    73.96    82.89    87.59    89.04    87.59    82.90    73.97    60.00
 60.00    80.75    89.04    92.53    93.53    92.54    89.05    80.75    60.00
 60.00   100.00   100.00   100.00   100.00   100.00   100.00   100.00    60.00
```

表 2 – 1 – 2   程序中使用的变量说明

变　量	定　　义
te[i][j]	第 k 次迭代的节点温度
tn[i][j]	第 k + 1 次迭代的节点温度
k	迭代次数
MAX	最大迭代次数,超过此值则停止迭代,输出结果
u	不满足允许误差的节点数
EPS	允许误差
t0	假定的节点初始温度
t1,t2,t3,t4	给定的边界节点温度
M,N	沿 x 和 y 方向的节点数
e	第 k + 1 次迭代与第 k 次迭代的节点温度之差

习 题

2-1-1 传热的基本方式有哪几种? 试各举一例说明。

2-1-2 导热系数的意义是什么? 气体、液体和固体的导热机理有何异同?

2-1-3 多层圆筒壁与多层平壁导热有何异同点?

2-1-4 传热过程的推动力和热阻的含义是什么?

2-1-5 什么是单位管长热流量 Q_L? Q_L 与热流量 Q 和热流密度 q 的关系如何?

2-1-6 试从傅立叶定律出发,导出单层平壁中沿厚度方向进行一维稳态导热的温度分布方程。

2-1-7 试从傅立叶定律出发,导出单层筒壁中沿半径 r 方向进行一维稳态导热的温度分布方程。

2-1-8 根据热阻串联规律,分别写出两层平壁和两层圆筒壁导热的热流量计算式,并写出壁面温度的计算式。

2-1-9 厚 0.3 m 的平壁,两侧壁温分别为 150 ℃ 和 50 ℃,平壁的导热系数 $\lambda = 0.6 + 5 \times 10^{-6} t$($W \cdot m^{-1} \cdot ℃^{-1}$),求平壁的热流密度 q。

2-1-10 有一无内热源的三层平壁,在稳态下,测得其 $t_{w_1}, t_{w_2}, t_{w_3}$ 和 t_{w_4} 依次为 650 ℃,500 ℃,300 ℃ 和 50 ℃,试确定该壁的各层热阻在总热阻中所占的比例。

2-1-11 如附图所示,为了减少加热器的热损失,在加热器壁外包一层绝热材料,厚度为 300 mm,导热系数为 0.16 $W \cdot m^{-1} \cdot ℃^{-1}$。已测得绝热层外侧温度为 30 ℃,在插入绝热层 50 mm 处测得温度为 75 ℃。试求加热器外壁面温度为若干?

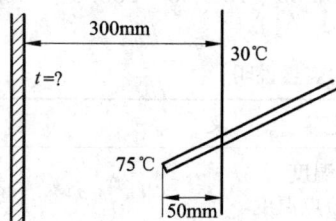

习题 2-1-11 附图

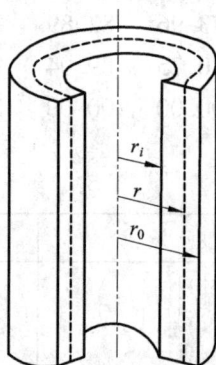

习题 2-1-12 附图

2-1-12 如附图所示的圆筒壁,其外表面和内表面的温度分别为 t_0 和 $t_i (t_0 > t_i)$,λ = 常数,试证明:

(1)在任意半径 r 处的温度表达式为

$$t = \left[t_0 \ln \frac{r}{r_i} - t_i \ln \frac{r}{r_0} \right] / \ln \frac{r_0}{r_i}$$

（2）$r \dfrac{\mathrm{d}t}{\mathrm{d}r}$ = 常数，并画出圆筒壁中的温度分布曲线。

2 – 1 – 13　燃烧炉的内层为 460 mm 厚的耐火砖，外层为 230 mm 厚的绝缘砖。若炉的内表面温度 t_1 为 1400 ℃，外表面温度 t_3 为 100 ℃。试求导热的热流密度及两砖间的界面温度。设两层砖接触良好，已知耐火砖的导热系数为 $\lambda_1 = 0.9 + 0.0007t$，绝缘砖的导热系数为 $\lambda_2 = 0.3 + 0.0003t$。两式中 t 可分别取为各层材料的平均温度，单位为℃，λ 单位为 $W \cdot m^{-1} \cdot ℃^{-1}$。

2 – 1 – 14　厚 200 mm 的耐火砖墙，导热系数 $\lambda_1 = 1.3\ W \cdot m^{-1} \cdot ℃^{-1}$。为使每平方米炉墙热损失不超过 600 $W \cdot m^{-2}$，在墙外覆盖一层导热系数 $\lambda_2 = 0.11\ W \cdot m^{-1} \cdot ℃^{-1}$ 的材料。已知炉墙两侧的温度分别为 1300 ℃ 和 60 ℃，试确定覆盖材料层的厚度。

2 – 1 – 15　某材料厚 2.5 cm，横截面积为 0.1 m^2，一面保持 38 ℃，另一面保持 94 ℃，四周绝热，材料中心面的温度为 60 ℃，通过材料的热流量为 1 kW。试写出材料导热系数随温度变化的线性函数关系式。

2 – 1 – 16　某红砖平壁墙，厚度为 500 mm，一侧温度为 200 ℃，另一侧为 30 ℃，设红砖的平均导热系数 $\lambda = 0.81\ W \cdot m^{-1} \cdot ℃^{-1}$。试求：

（1）单位时间、单位面积上导过的热量；

（2）距离高温侧 370 mm 处的温度。

2 – 1 – 17　某燃烧炉的平壁由下列三种砖依次砌成：

耐火砖　$\delta_1 = 230\ mm, \lambda_1 = 1.05\ W \cdot m^{-1} \cdot ℃^{-1}$

绝热砖　$\delta_1 = 230\ mm, \lambda_2 = 0.151\ W \cdot m^{-1} \cdot ℃^{-1}$

普通砖　$\delta_3 = 240\ mm, \lambda_3 = 0.93\ W \cdot m^{-1} \cdot ℃^{-1}$

若已知耐火砖内侧温度为 1000 ℃，耐火砖与绝热砖接触处的温度为 940 ℃，而绝热砖与普通砖接触处的温度不超过 138 ℃，试问：

（1）绝热层需几块绝热砖？

（2）普通砖外侧温度为若干？

2 – 1 – 18　某炉墙大平壁由粘土砖砌成，厚度为 $\delta = 230$ mm，两表面温度分别为 370 ℃ 与 30 ℃，粘土砖导热系数为 0.7 $W \cdot m^{-1} \cdot ℃^{-1}$，求单位面积热阻 r_λ 与热流密度 q。若平壁材料改为铸铁，其导热系数为 52.3 $W \cdot m^{-1} \cdot ℃^{-1}$，其他条件不变，单位面积热阻 r_λ 及热流密度 q 又为多少？

2 – 1 – 19　一炉墙平壁面积为 12 m^2，由两层耐火材料组成，内层为镁砖，其导热系数 $\lambda = 4.3 - 0.48 \times 10^{-3}t\ W \cdot m^{-1} \cdot ℃^{-1}$，外层为粘土砖，其导热系数为 $\lambda = 0.698 + 0.58 \times 10^{-3}t\ W \cdot m^{-1} \cdot ℃^{-1}$，两层厚度均为 0.25 m，假定两层紧密接触，已知炉墙内壁温度 $t_1 = 1000$ ℃，外表面温度 $t_2 = 100$ ℃，求热流密度 q 及热流量 Q。

2 – 1 – 20　某热风管道，管壁导热系数 $\lambda = 58\ W \cdot m^{-1} \cdot ℃^{-1}$，内径 $d_1 = 85$ mm，外径 $d_2 = 100$ mm，内表面温度 $t_1 = 150$ ℃，现拟用硅酸铝纤维毡保温，其导热系数 $\lambda = 0.0526\ W \cdot m^{-1} \cdot ℃^{-1}$，若要求保温层外壁温度不高于 40 ℃，允许的热损失为 $Q_L = 52.3\ W \cdot m^{-1}$，试计算硅酸铝纤维毡保温层的最小厚度。

2 – 1 – 21　一外径 $d_0 = 0.3$ m 的水蒸气管道，水蒸气温度为 400 ℃。管道外包了一层厚

0.065 m 的材料 A,测得其外表面温度为 40 ℃,但材料 A 的导热系数无数据可查。为了知道热损失情况,在材料 A 外又包了一层厚 0.02 m、导热系数 $\lambda_B = 0.2\ \text{W} \cdot \text{m}^{-1} \cdot ℃^{-1}$ 的材料 B。测得材料 B 的外表温度为 30 ℃,内表面温度为 180 ℃。试推算未包材料 B 时的热损失和材料 A 的导热系数 λ_A。

2 - 1 - 22　有一蒸汽管道,其外径为 426 mm,长为 50 m,管外覆盖一层厚为 400 mm 的保温层,保温材料的导热系数与温度的关系为:$\lambda = 0.5 + 9 \times 10^{-4} t\ \text{W} \cdot \text{m}^{-1} \cdot ℃^{-1}$(式中 t 为温度℃)。现已测得蒸汽管道的外表面温度为 150 ℃,保温层外表面温度为 40 ℃,试计算该管道的散热量。

2 - 1 - 23　$\phi 60 \times 3$ mm 厚钢管用 30 mm 厚的软木包扎,其外又用 100 mm 厚的保温灰包扎,以作为绝热层。现测得钢管外壁面温度为 - 110 ℃,绝热层外表面温度为 10 ℃。软木和保温灰的导热系数分别为 0.048 和 0.07 $\text{W} \cdot \text{m}^{-1} \cdot ℃^{-1}$。试求每米管长的冷损失量。

2 - 1 - 24　某工厂用 $\phi 170 \times 5$ mm 的无缝钢管输送水蒸气。为了减少沿途的热损失,在管外包两层绝热材料,第一层为厚 30 mm 的矿渣棉,其导热系数为 0.065 $\text{W} \cdot \text{m}^{-1} \cdot ℃^{-1}$,第二层为厚 30 mm 的石灰棉,其导热系数为 0.21 $\text{W} \cdot \text{m}^{-1} \cdot ℃^{-1}$。管内壁温度为 300 ℃,保温层外表面温度为 40 ℃,管道长为 50 m。试求该管道的散热量。

2 - 1 - 25　蒸汽管道外包扎有两层导热系数不同而厚度相同的绝热层,设外层的平均直径分别为蒸汽管道的 2 倍和 3 倍,其导热系数也分别为蒸汽管道的 2 倍和 3 倍。若将二层材料互换位置,而假定其他条件不变,试问每米管长的热损失将改变多少?说明在本题情况下,哪一种材料包扎在内层较为合适?

2 - 1 - 26　如附图所示的平板导热仪是用来测量板状材料导热系数的一种仪器。设被测试件为厚 20 mm、直径为 300 mm 的圆盘,一侧表面的温度为 250 ℃,另一侧表面的温度为 220 ℃,四周绝热,通过试件的热流量为 63.6 W。试确定试件材料的导热系数。

2 - 1 - 27　一双层玻璃窗,宽 1.1 m,高 1.2 m,玻璃(导热系数 $\lambda_1 = 1.03\ \text{W} \cdot \text{m}^{-1} \cdot ℃^{-1}$)厚 3 mm,中间空气隙($\lambda_2 = 2.60 \times 10^{-2}\ \text{W} \cdot \text{m}^{-1} \cdot ℃^{-1}$)厚 7 mm。求其导热热阻,并与单层玻璃窗比较(设空气隙仅起导热作用)。

习题 2 - 1 - 26 附图　　　习题 2 - 1 - 28 附图

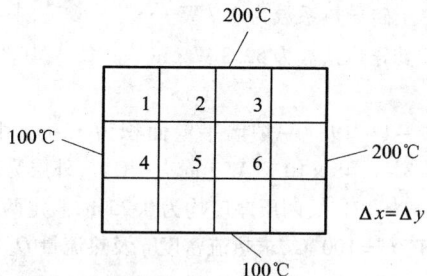

2 - 1 - 28　今有一各向同性材料的方形物体,其导热系数为常量。已知各边界上恒定的温度如图所示(此为二维稳态导热问题),试用高斯 - 赛德尔迭代法计算内部节点 1、2、3、4、5 和 6 的温度(本题最终的精确度要求最大绝对误差 ≤ 0.01 ℃)。

2　对流传热

当流体从静止的固体壁面上流过(流体的温度与壁面温度不同)时所发生的传热过程,称为对流传热或对流给热。对流传热既包括流体内部温度分布不均匀时由于分子间的微观运动所产生的导热作用,同时又包括流体质点的宏观移动所产生的热对流作用。因此,对流传热不仅受到导热规律的制约,而且与流体的流动状况密切相关。

冶金生产中常见的对流传热是热量从器壁传向流体主体的传热,或者反过来热量从流体主体向器壁的传热。如蛇管式加热反应釜中,热的蒸汽向加热器的管壁传热,加热器的管壁又向温度较低的反应物料传热,这种传热就叫对流传热。

2.1　对流传热概述

2.1.1　热边界层

正如流体流过固体壁面时形成流动边界层一样,当流体主体的温度与壁面温度不同时,在固体壁面也必然会形成热边界层(又称温度边界层),如图 2-1-1 所示。

当温度为 t_f 的流体在表面温度为 t_w 的平壁上流过时,流体和平壁之间即进行对流传热。对紧靠壁面附近的一薄层流体进行测定发现,任一点的温度 t 都处于 t_f 与 t_w 之间,而该薄层的厚度 δ_t 随着流体的向前流动而增大。通常将壁面附近因换热而使流体温度发生变化的区域(即存在温度梯度的区域)叫做热边界层。热边界层的厚度 δ_t 定义为从温度 $t=t_w$ 的壁面到 $t=0.99t_f$ 处的垂直距离。在热边界层以外的主流区域,温度基本相同,即温度梯度可视为零。

热边界层的发展与流动边界层非常相似,热边界层沿流动方向逐渐加厚,开始一段边界层为层流边界层,当边界层发展到一定的程度时则变为紊流边界层(见图 2-1-1)。在层流边界层中,层与层之间无流体质点的宏观运动,即沿壁面法线方向没有对流,热量在这个方向的传递主要通过导热方式进行,对流传热较弱。在紊流边界层中,层流底层 δ_b 内的热量传递方式依然是导热,但在层流底层以外,沿壁面法线方向存在着强烈的质点运动,热量的传递主要依靠对流方式进行。因

此,紊流边界层中,对流传热较强,
导热作用较弱。总之,对流传热是
层流底层的导热和层流底层外的热
对流的总称。同一流体在相同温度
差下流过同一壁面时,层流底层的
厚度 δ_b 越薄,对流传热作用就越
强。值得注意的是,热边界层与流
动边界层既相似,但又不完全相同,
热边界层是指壁面附近沿壁面法线
方向存在温度梯度的区域,热边界

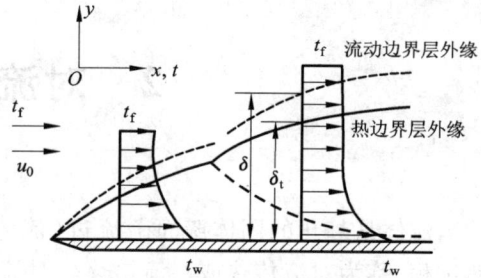

图 2 - 2 - 1　热边界层示意图

层的厚度 δ_t 由壁面法线方向的温度分布确定;而流动边界层是指壁面附近沿壁面
法线方向存在速度梯度的区域,流动边界层的厚度 δ 由壁面法线方向的速度梯度
确定。热边界层厚度 δ_t 与流动边界层厚度 δ 既有区别,又有联系。流动边界层厚
度 δ 反映的是流体分子动量扩散的能力;而热边界层厚度 δ_t 则反映了流体分子热
量扩散的能力。当壁面温度 t_w 等于流体主流区的温度 t_f 时,流体沿壁面的流动只
存在流动边界层,而不存在热边界层。

2.1.2　牛顿冷却定律及对流传热系数 α

根据以上关于热边界层的概念,将对流传热仿照平壁热传导的概念进行数学
处理,则可得:

$$Q = \frac{\lambda}{\delta_t} A(t_w - t_f) = \frac{t_w - t_f}{\dfrac{\delta_t}{\lambda A}} \qquad (2 - 2 - 1)$$

式中　t_w, t_f——分别为壁面与流体温度,℃;

　　　λ——流体导热系数,$W \cdot m^{-1} \cdot ℃^{-1}$;

　　　δ_t——热边界层厚度,m;

　　　A——传热面积,m^2。

由于上式中热边界层厚度 δ_t 难以测定,无法进行计算,因而在处理上,以 $\alpha = \dfrac{\lambda}{\delta_t}$ 代入上式,得

$$Q = \frac{t_w - t_f}{\dfrac{1}{\alpha A}} = \frac{\Delta t}{R} \qquad (2 - 2 - 2)$$

式中　α——对流传热系数,$W \cdot m^{-2} \cdot ℃^{-1}$;

R——对流传热热阻,$℃ \cdot W^{-1}$。

式(2-2-2)称为对流传热方程,又称牛顿冷却定律。该式并非理论推导的结果,而是一种推论,即假设单位面积上的对流传热量与温度差 Δt 成正比。其形式虽然简单,但并未揭示对流传热过程的实质,只不过是将所有复杂的因素都概括到对流传热系数 α 中。因此运用式(2-2-2)计算对流传热量的关键在于如何确定各种具体条件下的对流传热系数 α。

由式(2-2-2)知,对流传热系数 α,即壁面与流体的温差为 1 ℃时,单位时间内单位面积上的对流传热量。

实验表明,影响对流传热系数的主要因素有:

(1)流体的流态(层流或紊流) 层流和紊流的传热机理有着本质的区别。流体呈层流时,流体沿壁面分层流动,以热传导为主;流体呈紊流时,紊流主体的传热以热对流为主,且流体紊流程度越大,则层流边界层的厚度越小,对流传热系数就越大。

(2)流体的对流状况 流体的对流状况有自然对流和强制对流两种。通常,强制对流时,流体的骚动程度大,其传热系数要比自然对流传热系数大几倍甚至几十倍。

(3)流体的物理性质 对 α 值影响较大的流体物理性质有导热系数 λ、粘度 μ、比热 c_p、密度 ρ 以及对自然对流影响较大的体积膨胀系数 β 等。流体的导热系数越大,则层流层的热阻越小;粘度越大,层流层越厚,对流传热系数越小;比热越大,密度越大,则流体单位容积热容量越大,亦即流体的载热能力越强,这就增强了流体与壁面的热交换,提高了对流传热系数;体积膨胀系数 β 值越大的流体所产生的密度差越大,因而有利于自然对流。而流体的这些物理性质都与温度有关,因此对流传热系数 α 还与壁面温度 t_w 和流体温度 t_f 以及热流传递方向等因素有关。

(4)壁面的形状、位置和几何尺寸 对流传热时,流体沿壁面流过,因而壁面的形状(管、板、环隙等)、位置(水平或垂直)和尺寸(管径、管长、板高等)都直接影响对流传热系数。如在自然对流传热时,流体受热上升,若热表面向下,就会抑制自然对流传热,使传热系数 α 减小。因此,暖气片一般都垂直于地面放置,且其筋片顺着气流方向。

此外,流体的温度及流体的相变化也会影响对流传热系数。

综上所述,影响对流传热系数 α 的因素很多,包括流体的流速 u、导热系数 λ、粘度 μ、密度 ρ、比热容 c_p、体积膨胀系数 β、传热面的特征尺寸 l、壁面温度 t_w 和流体温度 t_f 等。无相变时,对流传热系数 α 与各种影响因素的关系可定性地表示为下述一般函数的形式:

$$\alpha = f(u, \lambda, \mu, \rho, c_p, \beta, t_w, t_f) \qquad (2-2-3)$$

可见,研究对流传热的主要目的之一就是确定对流传热系数 α,即确定式(2 - 2 -3)的具体函数形式。

2.2　边界层对流传热微分方程组

前已述及,对流传热实际上是流体的热对流与导热共同作用的结果。它不仅与流体的物理性质和受热条件有关,而且与流体流动引起的质量传递、动量传递和能量传递有关。因此,求解对流传热系数必须联立求解包括对流传热微分方程以及上述三种传递过程在内的对流传热微分方程组。下面从边界层的概念出发,介绍常物性、无内热源的不可压缩牛顿型流体的二维稳定对流传热微分方程组。

2.2.1　对流传热微分方程

温度为 t_f 的流体沿温度为 t_w 的壁面流动时,在壁面附近,流体的流速随离壁距离的减小而逐渐降低,在紧贴壁面处,流速被滞止为零,流体与壁面间无相对运动。此时,流体与壁面之间的传热只能采取导热方式通过紧贴壁面的薄层流体进行。这种以导热方式传递的热量可以由傅立叶导热定律确定。设离壁面前沿 x 处,流体与壁面之间的热流密度为 q_x,则有

$$q_x = -\lambda \left(\frac{\partial t}{\partial y} \right)_\mathrm{w} \tag{a}$$

式中　λ——流体的导热系数,$\mathrm{W \cdot m^{-1} \cdot ℃^{-1}}$;

$(\partial t / \partial y)_\mathrm{w}$——离壁面前沿 x 处紧贴壁面的温度梯度,$\mathrm{℃ \cdot m^{-1}}$。

而 q_x 也就是壁面与流体之间对流传递的热量,因此,可以用牛顿冷却定律来描述,即

$$q_x = \alpha_x (t_\mathrm{w} - t_\mathrm{f})_x = \alpha_x \Delta t \tag{b}$$

式中　α_x——离壁面前沿 x 处的对流传热系数,$\mathrm{W \cdot m^{-2} \cdot ℃^{-1}}$。

由式(a)和式(b)可得

$$\alpha_x = \frac{\lambda}{\Delta t} \left(\frac{\partial t}{\partial y} \right)_\mathrm{w}$$

若略去下标"x",则有

$$\alpha = \frac{\lambda}{\Delta t} \left(\frac{\partial t}{\partial y} \right)_\mathrm{w} \tag{2-2-4}$$

上式称为对流传热微分方程,它描述了对流传热系数与温度场的关系。

2.2.2　边界层控制方程组

前面第一篇 3.2 节介绍的连续性方程式(1 - 3 - 29)和 N - S 方程式

（1 - 3 - 55）是分别描述流体层流流动过程的质量守恒和动量传递的普适性方程。

对常物性、不可压缩流体的二维稳定流动，$\dfrac{\partial u_z}{\partial z} = 0$，$\dfrac{\partial u_x}{\partial t} = 0$，$\dfrac{\partial u_y}{\partial t} = 0$。则

$$\frac{\mathrm{D}u_x}{\mathrm{D}t} = u_x \frac{\partial u_x}{\partial x} + u_y \frac{\partial u_x}{\partial y}, \frac{\mathrm{D}u_y}{\mathrm{D}t} = u_x \frac{\partial u_y}{\partial x} + u_y \frac{\partial u_y}{\partial y}。$$

因此，连续性方程变成

$$\frac{\partial u_x}{\partial x} + \frac{\partial u_y}{\partial y} = 0 \qquad\qquad (2 - 2 - 5)$$

N - S 方程式（1 - 3 - 55）简化成：

$$\left.\begin{aligned} u_x \frac{\partial u_x}{\partial x} + u_y \frac{\partial u_x}{\partial y} &= X - \frac{1}{\rho} \frac{\partial p}{\partial x} + \nu \left(\frac{\partial^2 u_x}{\partial x^2} + \frac{\partial^2 u_x}{\partial y^2} \right) \\ u_x \frac{\partial u_y}{\partial x} + u_y \frac{\partial u_y}{\partial y} &= Y - \frac{1}{\rho} \frac{\partial p}{\partial y} + \nu \left(\frac{\partial^2 u_y}{\partial x^2} + \frac{\partial^2 u_y}{\partial y^2} \right) \end{aligned}\right\} \qquad (\text{a})$$

又流体在重力场中进行二维平面层流流动时，与粘性力相比，质量力的影响可以忽略，即 $X \to 0$，$Y \to 0$。则

$$\left.\begin{aligned} u_x \frac{\partial u_x}{\partial x} + u_y \frac{\partial u_x}{\partial y} &= - \frac{1}{\rho} \frac{\partial p}{\partial x} + \nu \left(\frac{\partial^2 u_x}{\partial x^2} + \frac{\partial^2 u_x}{\partial y^2} \right) \\ u_x \frac{\partial u_y}{\partial x} + u_y \frac{\partial u_y}{\partial y} &= - \frac{1}{\rho} \frac{\partial p}{\partial y} + \nu \left(\frac{\partial^2 u_y}{\partial x^2} + \frac{\partial^2 u_y}{\partial y^2} \right) \end{aligned}\right\} \qquad (\text{b})$$

由于流动边界层内速度的变化主要在 y 轴方向，通过各项数量级的比较可以发现（推导过程从略）：

①$\dfrac{\partial^2 u_x}{\partial x^2} \ll \dfrac{\partial^2 u_x}{\partial y^2}$，相比之下，$\dfrac{\partial^2 u_x}{\partial x^2}$ 可以略去；

②式（b）的第二个方程中各项的数量级比第一个方程的对应项小得多，因此，相对于第一个方程而言，第二个方程可以忽略；

③由于边界层内，沿 y 轴方向的压力梯度非常小，以至于可以认为 $\dfrac{\partial p}{\partial y} \approx 0$，也就是说，压力 p 仅沿 x 轴方向变化。因此，可将 $\dfrac{\partial p}{\partial x}$ 改成 $\dfrac{\mathrm{d}p}{\mathrm{d}x}$。

故式（b）可以简化成

$$u_x \frac{\partial u_x}{\partial x} + u_y \frac{\partial u_x}{\partial y} = - \frac{1}{\rho} \frac{\mathrm{d}p}{\mathrm{d}x} + \nu \frac{\partial^2 u_x}{\partial y^2} \qquad (\text{c})$$

又对主流区同一 y 值、不同 x 值处的柏努利方程可以写成：

$$p + \frac{\rho u^2}{2} = C$$

当流体主流速度沿程不变时,由上式可知 $\dfrac{\mathrm{d}p}{\mathrm{d}x} = 0$。因此有

$$u_x \frac{\partial u_x}{\partial x} + u_y \frac{\partial u_x}{\partial y} = \nu \frac{\partial^2 u_x}{\partial y^2} \qquad (2-2-6)$$

式(2-2-6)称为普朗特边界层微分方程,它与连续性方程式(2-2-5)一起构成了边界层稳定层流流动的控制方程组。

2.2.3 对流传热能量微分方程

描述对流传热过程流体温度场分布的能量微分方程可以根据能量守恒定律导出。如图2-2-2所示,在流动流体中取一边长分别为 $\mathrm{d}x$, $\mathrm{d}y$, $\mathrm{d}z$ 的微元六面体。假定流体的导热系数 λ、密度 ρ 及比热容 c_p 等均为常数,无内热源。流入和流出微元体的热量以导热和对流两种方式进行。根据能量守恒定律:

$$\begin{bmatrix} 流入微元体的净 \\ 导热热流量 \ \mathrm{d}Q_c \end{bmatrix} + \begin{bmatrix} 流入微元体的净 \\ 对流热流量 \ \mathrm{d}Q_f \end{bmatrix} + \begin{bmatrix} 微元体耗散 \\ 的热流量 \ \mathrm{d}Q_u \end{bmatrix} = \begin{bmatrix} 单位时间微元体内 \\ 流体焓的增量 \ \mathrm{d}Q_h \end{bmatrix}$$

$$(2-2-7)$$

流体的耗散热主要由流体的粘性力引起,工程中的大多数对流传热过程,流体的流速都较低,因此,耗散热流量 $\mathrm{d}Q_u$ 可忽略不计。

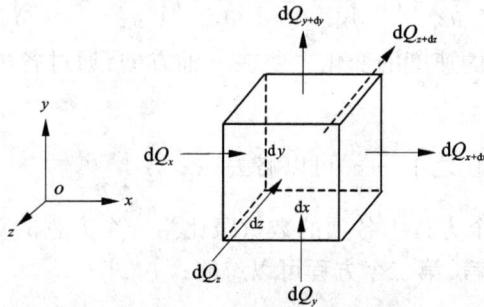

图 2-2-2 能量微分方程推导示意图

由本篇1.2节知,流入微元体的净导热热流量为:

$$\mathrm{d}Q_c = \lambda \left(\frac{\partial^2 t}{\partial x^2} + \frac{\partial^2 t}{\partial y^2} + \frac{\partial^2 t}{\partial z^2} \right) \mathrm{d}x\mathrm{d}y\mathrm{d}z \qquad (2-2-8)$$

从微元体左侧面流入的流体质量流量为 $\rho u_x \mathrm{d}y\mathrm{d}z$,流体温度为 t,则带入的对流热流量为:

$$\mathrm{d}Q_{f,x} = c_p \rho u_x t \mathrm{d}y\mathrm{d}z \qquad (a)$$

从微元体右侧面流出的流体质量流量为 $\rho\left(u_x + \dfrac{\partial u_x}{\partial x}\mathrm{d}x\right)\mathrm{d}y\mathrm{d}z$，流体温度为 $\left(t + \dfrac{\partial t}{\partial x}\mathrm{d}x\right)$，则带出的对流热流量为：

$$\mathrm{d}Q_{\mathrm{f},x+\mathrm{d}x} = c_p\,\rho\left(u_x + \frac{\partial u_x}{\partial x}\mathrm{d}x\right)\left(t + \frac{\partial t}{\partial x}\mathrm{d}x\right)\mathrm{d}y\mathrm{d}z \tag{2}$$

将式(1)减去式(2)，并略去高次项，即可得到在 x 轴方向流入微元体的净对流热流量为：

$$\mathrm{d}Q_{\mathrm{f},x} - \mathrm{d}Q_{\mathrm{f},x+\mathrm{d}x} = -c_p\,\rho\left(u_x\frac{\partial t}{\partial x} + t\frac{\partial u_x}{\partial x}\right)\mathrm{d}x\mathrm{d}y\mathrm{d}z \tag{c}$$

同理，在 y,z 轴方向流入微元体的净对流热流量分别为：

$$\mathrm{d}Q_{\mathrm{f},y} - \mathrm{d}Q_{\mathrm{f},y+\mathrm{d}y} = -c_p\,\rho\left(u_y\frac{\partial t}{\partial y} + t\frac{\partial u_y}{\partial y}\right)\mathrm{d}x\mathrm{d}y\mathrm{d}z \tag{d}$$

$$\mathrm{d}Q_{\mathrm{f},z} - \mathrm{d}Q_{\mathrm{f},z+\mathrm{d}z} = -c_p\,\rho\left(u_z\frac{\partial t}{\partial z} + t\frac{\partial u_z}{\partial z}\right)\mathrm{d}x\mathrm{d}y\mathrm{d}z \tag{e}$$

将式(c)、式(d)和式(e)相加，得流入微元体的净对流热流量为：

$$\mathrm{d}Q_{\mathrm{f}} = -c_p\,\rho\left[\left(u_x\frac{\partial t}{\partial x} + u_y\frac{\partial t}{\partial y} + u_z\frac{\partial t}{\partial z}\right) + t\left(\frac{\partial u_x}{\partial x} + \frac{\partial u_y}{\partial y} + \frac{\partial u_z}{\partial z}\right)\right]\mathrm{d}x\mathrm{d}y\mathrm{d}z \tag{f}$$

将连续性方程用于上式，得

$$\mathrm{d}Q_{\mathrm{f}} = -c_p\,\rho\left(u_x\frac{\partial t}{\partial x} + u_y\frac{\partial t}{\partial y} + u_z\frac{\partial t}{\partial z}\right)\mathrm{d}x\mathrm{d}y\mathrm{d}z \tag{2-2-9}$$

单位时间内，微元体内流体焓的增量为

$$\mathrm{d}Q_{\mathrm{h}} = c_p\,\rho\,\frac{\partial t}{\partial \tau}\mathrm{d}x\mathrm{d}y\mathrm{d}z \tag{2-2-10}$$

将式(2-2-8)～式(2-2-10)代入式(2-2-7)，得

$$\lambda\left(\frac{\partial^2 t}{\partial x^2} + \frac{\partial^2 t}{\partial y^2} + \frac{\partial^2 t}{\partial z^2}\right) - c_p\,\rho\left(u_x\frac{\partial t}{\partial x} + u_y\frac{\partial t}{\partial y} + u_z\frac{\partial t}{\partial z}\right) = c_p\,\rho\,\frac{\partial t}{\partial \tau}$$

考虑到热扩散系数 $a = \dfrac{\lambda}{c_p\,\rho}$，将上式整理得

$$\frac{\partial t}{\partial \tau} + u_x\frac{\partial t}{\partial x} + u_y\frac{\partial t}{\partial y} + u_z\frac{\partial t}{\partial z} = a\left(\frac{\partial^2 t}{\partial x^2} + \frac{\partial^2 t}{\partial y^2} + \frac{\partial^2 t}{\partial z^2}\right) \tag{2-2-11}$$

或

$$\frac{\mathrm{D}t}{\mathrm{D}\tau} = a\,\nabla^2 t \tag{2-2-11a}$$

式(2-2-11)即为对流传热能量微分方程。从推导过程可知，它只适用于无内热源的常物性流体在较低流速的对流传热情况。方程式左边的第1项表示微元体内焓的增量，第2～4项表示微元体以对流方式获得的净热流量，右边表示以导

热方式获得的净热流量。该方程式表明,对流传热不仅存在因流体的宏观位移而产生的热量传递,而且存在因流体分子的热运动而产生的热量传递。

对 x,y 平面的二维边界层内的稳定传热,因 $\dfrac{\partial t}{\partial z}=0$, $u_z=0$, $\dfrac{\partial t}{\partial \tau}=0$,对流传热微分方程式(2 - 2 - 11)可简化为

$$u_x\,\frac{\partial t}{\partial x}+u_y\,\frac{\partial t}{\partial y}=a\left(\frac{\partial^2 t}{\partial x^2}+\frac{\partial^2 t}{\partial y^2}\right)$$

由于热边界层内,温度的变化主要在与壁面垂直的 y 方向(法线方向), y 方向的温度梯度远大于 x 方向的温度梯度,即 $\dfrac{\partial^2 t}{\partial y^2}\gg\dfrac{\partial^2 t}{\partial x^2}$,故沿 x 方向的导热项 $\dfrac{\partial^2 t}{\partial x^2}$ 可以忽略。由此可得边界层对流传热能量微分方程为:

$$u_x\,\frac{\partial t}{\partial x}+u_y\,\frac{\partial t}{\partial y}=a\,\frac{\partial^2 t}{\partial y^2} \qquad (2-2-12)$$

比较式(2 - 2 - 12)和式(2 - 2 - 6)可以发现,它们具有相同的形式,表明层流边界层中的热量传递与动量传递具有类似的规律性。

上述边界层连续性方程与动量传递方程、对流传热微分方程及边界层对流传热能量微分方程联立并构成了边界层对流传热微分方程组,即

$$\alpha=\frac{\lambda}{\Delta t}\left(\frac{\partial t}{\partial y}\right)_w \qquad (2-2-4)$$

$$\frac{\partial u_x}{\partial x}+\frac{\partial u_y}{\partial y}=0 \qquad (2-2-5)$$

$$u_x\,\frac{\partial u_x}{\partial x}+u_y\,\frac{\partial u_x}{\partial y}=\nu\,\frac{\partial^2 u_x}{\partial y^2} \qquad (2-2-6)$$

$$u_x\,\frac{\partial t}{\partial x}+u_y\,\frac{\partial t}{\partial y}=a\,\frac{\partial^2 t}{\partial y^2} \qquad (2-2-12)$$

此对流传热微分方程组是在边界层理论指导下推导出来的,它只适用于满足流动边界层和热边界层特性的层流对流传热,当方程式中的各物理量用时均值代替时,也可用于紊流对流传热。

2.3　动量传递与热量传递的类似性

上一节导出了层流边界层对流传热微分方程组,它只适用于层流对流传热。而工程中常见的还有许多紊流传热问题,这些紊流传热问题用数学分析法求解十分困难。由于紊流中的动量传递与热量传递的机理都是流体微团的横向脉动混合,因而具有相同的传递规律。因此,在很多场合下,可以采用类比的方法,由比较

容易测定的紊流流动阻力系数来推算紊流传热系数,这是求解紊流传热问题的一种有效方法。

2.3.1 紊流动量传递与紊流热量传递

前面第一篇3.1节已提到,紊流流动时,流体内部产生许多大小不等的漩涡,这些漩涡除了随主流向前运动外,还会产生无规则的横向脉动。因此,紊流动量传递除了存在分子扩散所产生的粘性动量传递外,还存在流体质点横向脉动所产生的涡流动量传递,其总动量通量为分子传递产生的粘性动量通量与涡流传递所产生的涡流动量通量之和,即

$$\tau = -(\mu + \mu_E)\frac{du}{dy} = -\rho(\nu + \nu_E)\frac{du}{dy} \qquad (2-2-13)$$

式中 ν_E——涡流运动粘度,也叫做涡流动量扩散系数。

上述流体质点(涡流质点)在紊流脉动产生动量传递的同时也引起热量传递。因此,紊流热量传递也包括分子扩散所产生的导热和因流体质点的横向脉动而产生的涡流热量传递。仿照涡流动量通量的推导方法,可以导出涡流热量通量为

$$q_E = -\lambda_E\frac{dt}{dy} = -c_p\rho a_E\frac{dt}{dy} \qquad (2-2-14)$$

式中 a_E——涡流热扩散系数。

与紊流动量通量相类似,紊流中的总热量通量应为分子传递的热量通量和涡流传递的热量通量之和,即

$$q = -c_p\rho(a + a_E)\frac{dt}{dy} \qquad (2-2-15)$$

一般情况下,a_E 比 a 要大得多。由于紊流情况的复杂性,用理论方法求解涡流热扩散系数 a_E 十分困难。

2.3.2 雷诺类似律公式

从前面导出的边界层动量微分方程和能量微分方程具有相同的形式得出,层流动量传递与层流热量传递具有相同的规律性,两者可以类比。这一类比原理由雷诺首先提出,称为雷诺类比,它不仅适用于层流,而且适用于紊流。

将式(2-2-15)除以式(2-2-13)可得

$$\frac{q}{\tau} = c_p\frac{(a + a_E)}{(\nu + \nu_E)}\frac{dt}{du} \qquad (2-2-16)$$

常物性流体进行层流流动时,由于涡流动量扩散系数 ν_E 和涡流热扩散系数 a_E 均等于零,上式变成

$$\frac{q}{\tau} = c_p \frac{a}{\nu} \frac{\mathrm{d}t}{\mathrm{d}u}$$

稳定状态下，$\frac{q}{\tau} = \frac{q_\mathrm{w}}{\tau_\mathrm{w}} =$ 常数。当 $Pr = 1$ 时，$a = \nu$。将上式从壁面 $(u = 0, t = t_\mathrm{w})$ 到主流中心 $(u = u_\infty, t = t_\infty)$ 积分，得

$$\frac{q_\mathrm{w}}{\tau_\mathrm{w}} = c_p \frac{(t_\infty - t_\mathrm{w})}{u_\infty} \qquad (2-2-17)$$

紊流流动情况下，由于 $a_\mathrm{E} \gg a, \nu_\mathrm{E} \gg \nu$，式 $(2-2-16)$ 可近似简化为

$$\frac{q}{\tau} = c_p \frac{a_\mathrm{E}}{\nu_\mathrm{E}} \frac{\mathrm{d}t}{\mathrm{d}u}$$

令 $Pr_\mathrm{E} = \dfrac{\nu_\mathrm{E}}{a_\mathrm{E}}$，称为涡流普朗特数。当 $Pr_\mathrm{E} = 1$，即 $a_\mathrm{E} = \nu_\mathrm{E}$ 时，有

$$\frac{q}{\tau} = c_p \frac{\mathrm{d}t}{\mathrm{d}u}$$

同样，在稳定状态下，$\frac{q}{\tau} = \frac{q_\mathrm{w}}{\tau_\mathrm{w}} =$ 常数。将上式从壁面 $(u = 0, t = t_\mathrm{w})$ 到主流中心 $(u = u_\infty, t = t_\infty)$ 积分，得

$$\frac{q_\mathrm{w}}{\tau_\mathrm{w}} = c_p \frac{(t_\infty - t_\mathrm{w})}{u_\infty} \qquad (2-2-18)$$

式 $(2-2-18)$ 与式 $(2-2-17)$ 的形式完全相同，这表明，对 $Pr = 1$ 的流体而言，其层流底层及紊流层的 $\frac{q}{\tau}$ 值是相同的，式 $(2-2-18)$ 对层流和紊流都适用。

又根据牛顿冷却定律，$q_\mathrm{w} = \alpha(t_\infty - t_\mathrm{w})$，代入上式并整理可得

$$\alpha = c_p \frac{\tau_\mathrm{w}}{u_\infty}$$

上式两边同时除以 ρu_∞，则得

$$\frac{\alpha}{c_p \rho u_\infty} = \frac{\tau_\mathrm{w}}{\rho u_\infty^2}$$

令 $C_\mathrm{f} = \dfrac{\tau_\mathrm{w}}{\frac{1}{2}\rho u_\infty^2}$，称为平壁的摩擦系数，代入上式，得

$$\frac{\alpha}{c_p \rho u_\infty} = \frac{C_\mathrm{f}}{2} \qquad (2-2-19)$$

式 $(2-2-19)$ 即为雷诺类似律公式。只要测出或给出摩擦系数 C_f，即可确定相应的对流传热系数 α。

方程式的左边为无量纲数，称为斯坦顿（Stanton）准数（以 St 表示），它表示对流传热量与流体流动带入的热量之比。实际上，St 准数是一个复合准数，即

$$St = \frac{\alpha}{c_p \rho u_\infty} = \frac{Nu}{Re \cdot Pr} \qquad (2-2-20)$$

因此,雷诺类似律又可以表示为:

$$St = \frac{C_f}{2} \qquad (2-2-21)$$

以上表明,对 $Pr=1$ 的流体,其层流及紊流情况下的动量传递与热量传递的类比服从同一类比方程式 $(2-2-18)$,雷诺类似律公式 $(2-2-19)$ 和式 $(2-2-21)$ 适用于平板层流和紊流。

对管内流动,其摩擦系数(加下标"m"以区别于导热系数 λ)定义为

$$\lambda_m = \frac{\Delta p}{\dfrac{l}{d} \cdot \dfrac{1}{2}\rho u^2}$$

内径为 d、长为 l 的圆管内流体的压力降与摩擦力存在力的平衡,即

$$\pi dl\, \tau_w = \Delta p\, \frac{\pi d^2}{4}$$

由平壁摩擦系数的定义,有 $\tau_w = C_f \cdot \dfrac{1}{2}\rho u^2$。将 Δp 及 τ_w 代入上式,得

$$\pi dl \cdot C_f \cdot \frac{1}{2}\rho u^2 = \lambda_m\, \frac{l}{d} \cdot \frac{1}{2}\rho u^2 \cdot \frac{\pi d^2}{4}$$

即

$$C_f = \frac{\lambda_m}{4}$$

因此,对管内对流传热问题,雷诺类似律的表达式为

$$St = \frac{\lambda_m}{8} \qquad (2-2-22)$$

对于 $Pr \neq 1$ 的流体,柯尔本通过实验研究,对雷诺类似律公式进行修正,提出对流传热与动量传递的类似公式为

$$J_H = St \cdot (Pr)^{2/3} = \frac{C_f}{2} \qquad (2-2-23)$$

上式称为柯尔本类似律公式,J_H 称为传热 J 因子。当 $Pr=1$ 时,柯尔本类似律还原成雷诺类似律。

式 $(2-2-23)$ 适用于 $Pr=0.5 \sim 50$ 的流体纵掠平板的层流与紊流传热,其定性温度为边界层平均温度。

【例 2-2-1】 水以 $2.5\ \mathrm{m^3 \cdot h^{-1}}$ 的速度流过 $\phi 38 \times 3\ \mathrm{mm}$、长 $10\ \mathrm{m}$ 的管道,测得压力降为 $3.0\ \mathrm{kPa}$。若要控制水流过该管道的平均温度为 $40\ ℃$,管壁的平均温度为 $60\ ℃$,问水的进、出口温度分别为多少?(设传热过程热量通量为常数)。

解 以水流过 10 m 长管道的平均温度作为定性温度，即 $t_f = 40\ ℃$，由附录 I-2 查得：

$$\rho = 992.2\ kg \cdot m^{-3}, \mu = 65.32 \times 10^{-5}\ Pa \cdot s, c_p = 4174\ J \cdot kg^{-1} \cdot ℃^{-1}$$

水的平均流速为：$v = \dfrac{Q_V}{A} = \dfrac{2.5/3600}{\dfrac{3.14}{4} \times 0.032^2} = 0.864\quad m \cdot s^{-1}$

$$Re = \frac{dv\rho}{\mu} = \frac{0.032 \times 0.864 \times 992.2}{65.32 \times 10^{-5}} = 4.2 \times 10^4$$

故水在管内的流动为紊流。

由达西公式：$\Delta p = \lambda_m \dfrac{l}{d} \dfrac{\rho v^2}{2}$，得摩擦系数为

$$\lambda_m = \Delta p \frac{d}{l} \frac{2}{\rho v^2} = 3000 \times \frac{0.032}{10} \times \frac{2}{992.2 \times 0.864^2} = 0.0259$$

边界层的平均温度可取水温与壁温的算术平均值，即

$$t_m = \frac{t_f + t_w}{2} = \frac{40 + 60}{2} = 50\ ℃$$

以此温度由附录 I-2 查得：$Pr = 3.54 > 0.5$，可按柯尔本类似律公式计算。即

$$St \cdot Pr^{2/3} = \frac{\lambda_m}{8}$$

$$St = \frac{\lambda_m}{8(Pr)^{2/3}} = \frac{0.0259}{8 \times 3.54^{2/3}} = 1.394 \times 10^{-3}$$

因此，对流传热系数为：

$$\alpha = St \cdot c_p \rho v = 1.394 \times 10^{-3} \times 4174 \times 992.2 \times 0.864 = 4988.0\quad W \cdot m^{-2} \cdot ℃^{-1}$$

管壁与水之间传递的热流量为：

$$Q = \alpha \cdot \pi dl(t_w - t_f) = 4988.0 \times 3.14 \times 0.032 \times 10 \times (60 - 40) = 100238.8\quad W$$

又由 $Q = \rho Q_V c_p \Delta t$，得水的出口温度与入口温度之差为：

$$\Delta t = \frac{Q}{\rho Q_V c_p} = \frac{100238.8}{992.2 \times \dfrac{2.5}{3600} \times 4174} = 35\ ℃$$

即

$$t_o - t_i = 35\ ℃$$

而

$$\frac{1}{2}(t_o + t_i) = 40\ ℃$$

将以上两式联立求解，得水的进、出口温度分别为：

$$t_i = 22.5\ ℃,\ t_o = 57.5\ ℃$$

2.4 对流传热问题的实验求解

本篇 2.2 节导出的对流传热微分方程组中包含了 u_x, u_y, t, α 四个未知数,共有四个方程,理论上是可以求解的。通常采用的求解方法有理论分析解法、数值解法和实验法三种。理论分析解法建立在边界层对流传热微分方程组的基础上,通过数学分析解法、积分近似解法等求得对流传热系数 α 的表达式或数值。由于上述微分方程的复杂性,用分析解法求解非常困难,只有少数比较简单的情况能获得精确解,但分析解法有助于深刻理解对流传热的机理。数值解法是借助计算机通过数值计算进行求解的一种方法,随着计算机技术的不断发展,数值解法正在得到日益推广和应用。实验法是一种以相似理论和量纲分析原理为基础的经典方法,它通过边界层对流传热微分方程组的相似分析或量纲分析得出相关的相似准数,在相似理论或量纲分析原理指导下进行实验,求得各准数之间的关系,进而求得对流传热系数 α 。目前,实验法依然是解决大多数工程对流传热问题既实用又有效的方法。

本节将采用相似理论指导下的实验方法求解对流传热问题。

2.4.1 对流传热相似准数

对流传热是流体沿壁面流动时发生的热量传递,它既涉及流体的流动,又涉及热量的传递。因此,对流传热现象相似应包括流体的流动相似和热相似两个方面。也就是说,对流传热相似准数应包括流动相似准数和热相似准数。

从边界层对流传热微分方程组出发,运用第一篇第 4 章介绍的相似分析(即相似变换)法可以导出对流传热的相似准数。其中,热相似准数可以由描述对流传热的对流传热微分方程和描述温度场的能量微分方程导出,流动相似准数可以由描述流体运动的连续性方程和动量传递方程导出。

设有两个对流传热现象,其一为实际对流传热,其二为模型对流传热(加上标"'"表示),它们都满足层流对流传热的条件。

下面先从对流传热微分方程入手,推导努塞尔相似准数。

对实际对流传热有

$$\alpha = \frac{\lambda}{\Delta t}\left(\frac{\partial t}{\partial y}\right)_w \tag{2-2-24}$$

对模型对流传热有

$$\alpha' = \frac{\lambda'}{\Delta t'}\left(\frac{\partial t'}{\partial y'}\right)_w \tag{2-2-25}$$

若两个对流传热现象相似,则有

$$\frac{\alpha}{\alpha'} = C_\alpha, \ \frac{\lambda}{\lambda'} = C_\lambda, \ \frac{t}{t'} = C_t, \ \frac{y}{y'} = \frac{l}{l'} = C_l \qquad (2-2-26)$$

由式(2-2-26)得,$\alpha = C_\alpha \alpha'$,$\lambda = C_\lambda \lambda'$,$\cdots$,代入式(2-2-24)进行相似变换,并整理得

$$C_\alpha \alpha' = \frac{C_\lambda}{C_l} \frac{\lambda'}{\Delta t'} \left(\frac{\partial t'}{\partial y'} \right) \qquad (2-2-27)$$

式(2-2-27)与式(2-2-25)应该是一致的,因此有

$$C_\alpha = \frac{C_\lambda}{C_l}$$

即

$$\frac{C_\alpha C_l}{C_\lambda} = 1 \qquad (2-2-28)$$

将上式各相似常数用物理量表示,即

$$\frac{\alpha l}{\lambda} = \frac{\alpha' l'}{\lambda'} = Nu \qquad (2-2-29)$$

式中　Nu——努塞尔(Nusselt)准数。

式(2-2-29)表明,两个对流传热现象相似,Nu 准数必定相等。

用同样的方法从对流传热能量微分方程可以导出:

$$\frac{C_u C_l}{C_a} = 1 \qquad (2-2-30)$$

即

$$\frac{ul}{a} = \frac{u' l'}{a'} = Pe \qquad (2-2-31)$$

式中　Pe——皮克列(Peclet)准数。Pe 准数又可以表示为普朗特准数和雷诺准数之积,即

$$Pe = \frac{\mu}{a\rho} \cdot \frac{\rho u l}{\mu} = Pr \cdot Re \qquad (2-2-32)$$

式中　$Pr = \dfrac{\mu}{a\rho}$——普朗特(Prandtl)准数。

式(2-2-31)和式(2-2-32)表明,两个对流传热现象相似,Pe(或 Pr)准数必定相等。

同样,从动量传递方程可以导出雷诺准数 Re:

$$\frac{C_\rho C_u C_l}{C_\mu} = 1 \qquad (2-2-33)$$

即

$$\frac{\rho u l}{\mu} = \frac{\rho' u' l'}{\mu'} = Re \qquad (2-2-34)$$

上式表明,两过程的流体运动相似,雷诺准数必定相等。

通过对强制对流传热过程的微分方程组进行相似分析,可得出强制对流传热的相似准则:彼此相似的强制对流传热现象,其同名相似准数(Nu, Re 和 Pr)必定相等。

此相似准则是研究单相流体强制对流传热问题的常用准数。对于自然对流传热,除了 Nu 准数、Pr 准数和 Re 准数外,还必须考虑体现流体自然对流对传热过程影响的 Gr 准数。

图 2 – 2 – 3 所示为重力场中一垂直壁面的自然对流传热过程。设 $t_w > t_f$,重力与 x 轴平行,但方向相反,$X = -g$。此时,动量传递方程式(2 – 2 – 6)变成

$$u_x \frac{\partial u_x}{\partial x} + u_y \frac{\partial u_x}{\partial y} = -g - \frac{1}{\rho} \frac{\mathrm{d}p}{\mathrm{d}x} + \nu \frac{\partial^2 u_x}{\partial y^2}$$

$$(2 - 2 - 35)$$

由于速度边界层外边缘 $y = \delta$ 处,$t \to t_f$,$u \to 0$,$\rho \to \rho_f$,则由柏努利方程式可以导出边界层外的压力梯度: $\frac{\mathrm{d}p}{\mathrm{d}x} =$

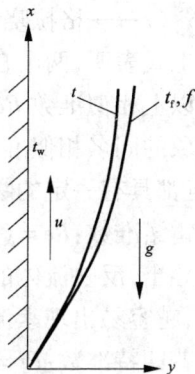

图 2 – 2 – 3　垂直壁面
自然对流传热分析

$-\rho_f g$；又 $\rho = \dfrac{\rho_f}{1 + \beta(t - t_f)}$。因此,式(2 – 2 – 35)中的第 1、2 项为

$$-g - \frac{1}{\rho} \frac{\mathrm{d}p}{\mathrm{d}x} = -g + \frac{\rho_f}{\rho} g = \beta g(t - t_f) = \beta g \Delta t$$

将其代入式(2 – 2 – 35)得

$$u_x \frac{\partial u_x}{\partial x} + u_y \frac{\partial u_x}{\partial y} = \beta g \Delta t + \frac{\mu}{\rho} \frac{\partial^2 u_x}{\partial y^2} \qquad (2 - 2 - 36)$$

式中　β——流体的体积膨胀系数,℃$^{-1}$；

　　　　g——重力加速度,m·s^{-2}；

　　　　Δt——边界层内流体温度与流体主流区温度之差,℃；

　　　　$\beta g \Delta t$——单位质量流体的浮升力,m·s^{-2}。

式(2 – 2 – 36)即为自然对流传热的边界层动量微分方程。

对式(2 – 2 – 36)进行相似分析,并利用浮升力项($\beta g \Delta t$)和粘性力项($\dfrac{\mu}{\rho} \dfrac{\partial^2 u_x}{\partial y^2}$)的相似倍数之比可得:

$$\frac{C_\beta C_g C_t C_l^2 C_\rho}{C_\mu C_u} = 1$$

由式(2 – 2 – 33)得,$C_u = \dfrac{C_\mu}{C_l C_\rho}$,代入上式,并整理得

$$\frac{C_\beta C_g C_t C_l^3 C_\rho^2}{C_\mu^2} = 1 \qquad (2-2-37)$$

即
$$\frac{\beta g \Delta t l^3 \rho^2}{\mu^2} = \frac{\beta' g' \Delta t' l'^3 \rho'^2}{\mu'^2} = Gr \qquad (2-2-38)$$

式中 Gr——格拉晓夫（Grashof）准数。

上式表明，两个自然对流传热现象相似，Gr 准数必定相等。

以上相似准数 Re，Pr，Gr 和 Nu 由对流传热微分方程组导出，既反映了相似物理现象的同名相似准数必定相等这一重要性质，又反映了各物理量之间的内在联系，且都具有一定的物理意义，是研究对流传热问题的常用相似准数。

雷诺准数：$Re = (\rho u l)/\mu$，由动量微分方程中惯性力项与粘性力项的相似倍数之比导出，反映流体的流动状态对对流传热的影响。Re 越大，表明惯性力的作用越强，越容易出现紊流。

普朗特准数：$Pr = \mu/(a\rho)$，完全由流体的物性参数组成，表征流体动量扩散与热量扩散能力的相对大小，反映流体的物性参数对对流传热的影响。

格拉晓夫准数：$Gr = (\beta g \Delta t l^3 \rho^2)/\mu^2$，由自然对流传热动量微分方程中浮升力项与粘性力项的相似倍数之比导出，表征浮升力与粘性力的相对大小，反映自然对流流态对对流传热的影响。Gr 越大，说明浮升力越大，自然对流越强。

努塞尔准数：$Nu = (\alpha l)/\lambda$，从对流传热微分方程导出。若在式（2-2-4）的两边同时乘以特征尺寸 l，并以无量纲过余温度 $\theta = \dfrac{t_w - t}{t_w - t_f}$ 代替温度 t，经整理可得

$$\frac{\alpha l}{\lambda} = \frac{\partial\left(\dfrac{t_w - t}{t_w - t_f}\right)}{\partial\left(\dfrac{y}{l}\right)} \qquad (2-2-39)$$

上式表明，Nu 准数即表示壁面处流体的无量纲过余温度梯度，其大小反映了对流传热的强弱。

2.4.2 对流传热准数方程

运用相似分析导出的 Nu，Re，Pr 和 Gr 相似准数也可以用量纲分析的方法导出。根据相似理论及量纲分析原理，描述某物理现象的微分方程组和定解条件的各物理量组成的相似准数可以关联成一个函数关系式，但函数的具体形式需通过实验确定。对于对流传热，各相似准数之间的函数关系可用下述一般式表示：

$$f(Re, Pr, Gr, Nu) = 0 \qquad (2-2-40)$$

或
$$Nu = f(Re, Pr, Gr) \qquad (2-2-41)$$

为方便起见,有时也写成幂函数的形式,即

$$Nu = kRe^m Pr^n Gr^p \qquad (2-2-41a)$$

式($2-2-40$)和式($2-2-41$)即称为对流传热的准数方程。
式中 k,m,n,p——待定常数,一般由实验测定。只有当 k,m,n,p 值确定后,才能由准数方程求出对流传热系数 α。

式($2-2-40$)～式($2-2-41$)适用于无内热源、无相变时的一般情况,针对具体情况,可以将方程式简化。如自然对流传热时,因边界层外的流体基本处于静止状态,流体的浮升力影响较大,而惯性力的影响很小,因此 Re 准数可以忽略,则式($2-2-41$)可以简化为

$$Nu = f(Pr, Gr) \qquad (2-2-42)$$

或
$$Nu = kPr^n Gr^p \qquad (2-2-42a)$$

强制对流传热时,则反映自然对流流态影响的 Gr 准数可以忽略,即

$$Nu = f(Re, Pr) \qquad (2-2-43)$$

$$Nu = kRe^m Pr^n \qquad (2-2-43a)$$

用相似理论指导下的实验方法求解对流传热问题,由于准数方程式中的自变量(即相似准数)的数目减小,可以使实验次数大大减少。例如管内强制对流传热用通常的函数关系式可表示为

$$\alpha = f(d, u, \rho, \mu, \lambda, c_p)$$

式中包括 6 个自变量,若每个自变量取 10 个水平进行实验,则总共需进行 10^6 次实验,按每天平均一次连续进行实验,也需 2740 年才能完成。若采用准数方程式($2-2-43$)表示,由于方程式中只有 2 个自变量,每个自变量同样取 10 个水平进行实验,则只需进行 100 次实验,不到半年时间即可完成实验。

值得指出的是,用实验方法建立对流传热准数方程时,在不同实验条件下得出的 k,m,n,p 值各不相同。因此,由实验确定的准数方程式一般为经验公式,用这些经验公式求解对流传热系数 α 时,不能超出实验条件的范围。此外,在确定对流传热准数方程的具体形式时,还需注意定性温度与特征尺寸的选取以及实验数据的整理。

2.4.2.1 定性温度的选择和特征尺寸的选取

（1）定性温度的选择

流体对流传热过程中温度是变化的,因此,准数方程中所包含的物性参数的量也是随温度的变化而变化的。用以确定准数中流体的物性参数(如 c_p, μ, ρ 等)所依据的温度即为定性温度。定性温度的选择是个重要问题,选用的定性温度不同,得出的准数方程的具体形式也不会相同。目前,尚无一种统一的确定定性温度的方法。通常情况下,对管内流动,定性温度可取进、出口截面上流体温度的算术平

均值;对热边界层,定性温度常取壁面温度与流体主流区温度的算术平均值。

(2)特征尺寸的选取

传热面的几何尺寸往往不止一个,而准数中包含的线性尺寸 l(如 Nu,Re,Gr 中的 l)都是特征尺寸,即对流体流动或对流传热产生主导影响的尺寸。一般而言,流体沿垂直壁面流动传热时,特征尺寸取壁高;流体在管内对流传热时,取管的内径;流体横向掠过圆管或圆柱时,取管的外径;对流体在非圆形管内的对流传热,则取其当量直径 d_e。

2.4.2.2　实验数据的整理方法

通常情况下,将实验结果按幂函数方程的形式进行整理。当准数方程中包含多个准数时,实验过程,一般先改变一个准数,而将其他准数固定为常数。如对准数方程式(2-2-43a)可先固定 Pr,确定常数 m。将式(2-2-43a)改写成

$$Nu = k_1 Re^m$$

式中　　$k_1 = kPr^n$——常数。

将上式两边取对数可得

$$\ln Nu = m\ln Re + \ln k_1$$

这是一个未知量为 m 的线性方程,由实验所得到的关于 Nu,Re,Pr 的若干组数据,以 $\ln Re$ 为横坐标、$\ln Nu$ 为纵坐标作图得一直线,其斜率即为 m。按照类似的方法可确定 n 和 k。

实际上,采用最小二乘法等原理,运用计算机进行实验数据的处理,也较容易求得上述相关常数。

2.5　流体无相变时的对流传热

2.5.1　流体在管内强制对流传热

2.5.1.1　管内强制紊流

许多研究者对流体的管内强制紊流传热进行了大量研究,提出了许多计算公式。目前广泛采用的经验公式为:

$$Nu = 0.023Re^{0.8}Pr^n \qquad (2-2-44)$$

或

$$\alpha = 0.023 \frac{\lambda}{d} \left(\frac{dv\rho}{\mu}\right)^{0.8} \left(\frac{c_p\mu}{\lambda}\right)^n \qquad (2-2-45)$$

式中的定性温度取流体在进、出口温度的算术平均值;特征尺寸用管内径 d;流体被加热时 $n = 0.4$,流体被冷却时 $n = 0.3$。

式(2-2-44)及(2-2-45)的适用范围是:

①光滑圆形管,且管长与直径之比 $l/d \geqslant 50$;

②流体的 $Re > 10^4$;

③流体的 $Pr = 0.7 \sim 120$,且粘度不超过水的 2 倍;

④管壁温度与流体的温度差 Δt 不太大(如气体为 $\Delta t < 50\,℃$,水为 $\Delta t < 20 \sim 30$ ℃,油类为 $\Delta t < 10\,℃$)。

欲扩大其适用范围,需作如下修正:

(1)短管($l/d < 50$),由于其平均对流传热系数大于长管的平均对流传系数,使用上述式(2-2-44)及(2-2-45)时,应乘以修正系数 ε_L。ε_L 值列于表 2-2-1。

表 2-2-1　紊流下的 ε_L 值

Re	l/d								
	1	2	5	10	15	20	30	40	50
1×10^4	1.65	1.5	1.34	1.23	1.17	1.13	1.07	1.03	1
2×10^4	1.51	1.4	1.27	1.18	1.13	1.10	1.05	1.02	1
5×10^4	1.34	1.27	1.18	1.13	1.10	1.08	1.04	1.02	1
1×10^5	1.28	1.22	1.15	1.10	1.08	1.06	1.03	1.02	1
1×10^6	1.14	1.11	1.08	1.05	1.04	1.03	1.02	1.01	1

(2)对非圆形截面管,特征尺寸取其当量直径。当量直径根据不同情况可采用不同的式子计算。图 2-2-4 为常见的套管式换热器及列管式换热器管子的排列方式。

对于套管式换热器的环形截面,有:

$$d_e = \frac{4 \times \frac{\pi}{4}(d_2^2 - d_1^2)}{\pi(d_1 + d_2)} = d_2 - d_1$$

$$(2-2-46)$$

式中　d_1、d_2——套管换热器内、外管的直径,m。

当流体平行流过正方形排列的管束时[图 2-2-4(b)],则

$$d_e = \frac{4\left(t^2 - \frac{\pi}{4}d_0^2\right)}{\pi d_0} \qquad (2-2-46\,a)$$

式中　t——相邻两管之中心距,m;

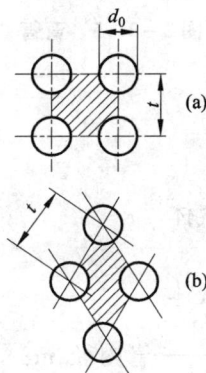

图 2-2-4　管间当量直径的推导
(a)正方形排列　(b)正三角形排列

d_0——管外径，m；

若管子为正三角形排列[图 2 - 2 - 4(b)]，则

$$d_e = \frac{4(\frac{\sqrt{3}}{2}t^2 - \frac{\pi}{4}d_0^2)}{\pi d_0} \qquad (2 - 2 - 46\,\mathrm{b})$$

（3）流体在弯管内流动时，由于离心力的作用，扰动增加，对流传热加强，其对流传热系数较在直管中大（如图 2 - 2 - 5 所示），此时，应用弯管效应系数 ε_R 加以修正。

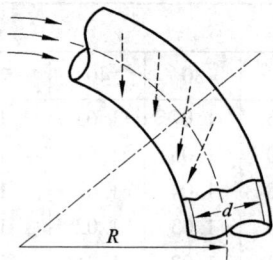

图 2 - 2 - 5 弯管

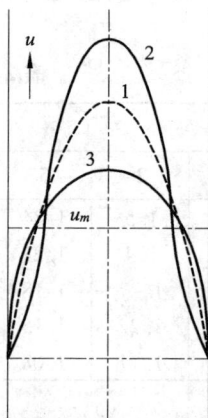

图 2 - 2 - 6 传热温度差对截面速度分布的影响

1—等温流动　2—气体被加热或液体被冷却
3—气体被冷却或液体被加热

对气体 $$\varepsilon_R = 1 + 1.77 \frac{d}{R} \qquad (2 - 2 - 47)$$

对液体 $$\varepsilon_R = 1 + 10.3 \left(\frac{d}{R}\right)^3 \qquad (2 - 2 - 48)$$

式中　d——管内径，m；

　　　R——弯管的曲率半径，m。

（4）当管壁与流体间的温度差 Δt 较大时，热流方向不同（冷却或加热）对传热系数会有影响（如图 2 - 2 - 6 所示）：当液体被加热时，邻近管壁的边界层中的温度较高，粘度减小而流速加大，因在稳定情况下，单位时间内流经任一截面的液体质量相等，相应地管中心处液体温度较低，而粘度较管壁处高，因而流速下降，管内速度分布如图 2 - 2 - 6 中曲线 3 所示；当液体被冷却时，情况恰恰相反，邻近管壁的边界层中温度较低，粘度增大而流速减小，而管中心处流速则增大，此时，管内速

度分布如图 2 - 2 - 6 中曲线 2 所示。显然情况 3 的层流底层较薄,对流传热较强烈,所以液体被加热时传热系数高于它被冷却时的传热系数。至于气体,其粘度随温度的升高而增加,故其结果与液体相反。总之,在强制紊流传热过程中,当传热温差较大时,必须考虑热流方向的影响。这种影响可用如下修正系数 ε_t 进行修正:

气体被加热时
$$\varepsilon_t = \left(\frac{T}{T_w}\right)^{0.55} \qquad (2-2-49)$$

气体被冷却时
$$\varepsilon_t \approx 1 \qquad (2-2-50)$$

液体被加热时
$$\varepsilon_t = \left(\frac{\mu}{\mu_w}\right)^{0.11} \qquad (2-2-51)$$

液体被冷却时
$$\varepsilon_t = \left(\frac{\mu}{\mu_w}\right)^{0.25} \qquad (2-2-52)$$

式中 T_w——壁温,K;

     μ_w——壁温下流体的粘度,Pa·s。

【例 2 - 2 - 2】 水以 2 m·s^{-1} 的流速通过内径为 60 mm,长为 2 m 的光滑直钢管,水温由 25 ℃ 升高到 75 ℃,已知壁温为 170 ℃。试计算:(1)水对管壁的传热系数 a;(2)若水的流量提高一倍,在其他条件相同的情况下,传热系数又为多少?

解 (1)水的定性温度为 $t = \dfrac{25+75}{2} = 50 ℃$

从附录 I - 2 中查得 50 ℃ 下水的物性参数:

$$\rho = 988.1 \text{ kg·m}^{-3}, \lambda = 0.647 \text{ W·m}^{-1}·℃^{-1},$$
$$\mu = 54.92 \times 10^{-5} \text{Pa·s}, Pr = 3.54$$

则雷诺数为:

$$Re = \frac{dv\rho}{\mu} = \frac{0.06 \times 2 \times 988.1}{54.92 \times 10^{-5}} = 2.1592 \times 10^5 > 10^4$$

属于紊流,故传热系数可选用式(2 - 2 - 44)计算。

因水被加热,n 取为 0.4。

$$Nu = 0.023 Re^{0.8} Pr^{0.4} = 0.023 (2.1592 \times 10^5)^{0.8} \times 3.54^{0.4} = 705.9$$

$$\alpha = Nu \frac{\lambda}{d} = 705.9 \times \frac{0.647}{0.06} = 7612 \text{ W·m}^{-2}·℃^{-1}$$

因 $\dfrac{l}{d} = \dfrac{2}{0.06} = 33.3 < 50$,属短管,应考虑管长度修正系数 ε_L,查表 2 - 2 - 1 得 $\varepsilon_L = 1.03$。又因温差较大,$\Delta t = 170 - 50 = 120 ℃ > 30 ℃$,需考虑热流方向的补正,查附录 I - 2 知,170 ℃ 下水的粘度 $\mu_w = 16.28 \times 10^{-5}$ Pa·s,由式(2 - 2 - 51)得

$$\varepsilon_t = \left(\frac{\mu}{\mu_w}\right)^{0.11} = \left(\frac{54.92}{16.28}\right)^{0.11} = 1.14$$

故最终的传热系数为

$$\alpha = 1.03 \times 1.14 \times 7612 = 8938 \quad W \cdot m^{-2} \cdot \mathcal{C}^{-1}$$

（2）相同条件下，水的流量提高一倍，则

$$Re' = 2Re$$

故：　　　　$$\alpha' = \alpha \cdot (2)^{0.8} = 8938 \times 1.741 = 15562 \quad W \cdot m^{-2} \cdot \mathcal{C}^{-1}$$

2.5.1.2　管内强制过渡流

过渡流（$2300 \leqslant Re \leqslant 10000$）的流态很不稳定，同一雷诺数下可因外界流动条件的不同而流态各异。因而过渡流的传热系数 α 难以准确计算。一般情况下，可先用紊流时的公式（2 - 2 - 44）或（2 - 2 - 45）计算，然后把算得的结果乘以修正系数 ε_m，ε_m 值按下式计算

$$\varepsilon_m = 1 - \frac{6 \times 10^5}{Re^{1.8}} \qquad (2 - 2 - 53)$$

2.5.1.3　管内强制层流

流体在管内作强制层流（$Re < 2300$）时，应考虑自然对流和热流方向对对流传热系数的影响。由于此传热过程较复杂，故对流传热系数的计算误差也较大。当管子的内径和温差均较小时，则可忽略自然对流的影响。同时，若流体的粘度较大，则易出现严格的层流。管内强制层流时的对流传热系数按下式计算

$$Nu = 1.86\left(RePr\frac{d}{l}\right)^{1/3}\left(\frac{\mu}{\mu_w}\right)^{0.14} \qquad (2 - 2 - 54)$$

式（2 - 2 - 54）的适用范围：

$$Re < 2300, 0.6 < Pr < 6700, \left(RePr\frac{d}{l}\right) > 100, l/d > 60$$

特征尺寸为管内径 d。

定性温度，除 μ_w 取壁温外，均取流体进、出口温度的算术平均值。

如上述条件不能满足，以及对像空气这样的气体，则应选用其他公式。

应该指出，在换热器的设计中，为了提高总传热系数，流体多呈紊流流动。

2.5.2　流体在管外强制对流传热

流体在管外流过可分为流体流过单管和管束两种情况。流体在管外流过时，沿管子四周各点的流动情况是不同的，因此只能通过试验求得平均对流传热系数。

2.5.2.1　流体垂直流过单根圆管

流体垂直流过单根圆管的流动情况如图 2 - 2 - 7 所示，当流体流过前半周时，管外边界层厚度逐渐增加，热阻逐渐增大，传热系数则逐渐减小。流体流过后半周

时,由于边界层脱离管体,流体产生了漩涡,
传热系数又逐渐增大。这种情况下,对于气
体和液体较常用的传热系数的经验公式为

$$Nu = CRe^n Pr^{0.33} \quad (2-2-55)$$

式中,定性温度取壁温与流体平均温度
的算术平均值,即 $t_m = (t_w + t)/2$;特征尺寸
为管外径 d;Re 数中的特征速度取来流速度
v;系数 C 和指数 n 随 Re 而变(见表 $2-2-2$)。

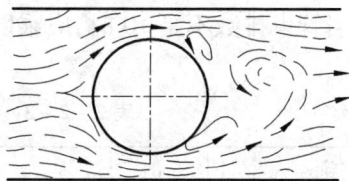

图 2 - 2 - 7　流体垂直流过单根管外

表 2 - 2 - 2　不同 Re 数下的 C,n 值

Re	$0.4 \sim 4$	$4 \sim 40$	$40 \sim 4000$	$4000 \sim 40000$	$40000 \sim 400000$
C	0.989	0.991	0.683	0.193	0.027
n	0.33	0.385	0.466	0.618	0.805

2.5.2.2　流体垂直流过管束

管束的排列方式有直列和错列两种。错列中又有正方形和等边三角形两种,
如图 $2-2-8$ 所示。

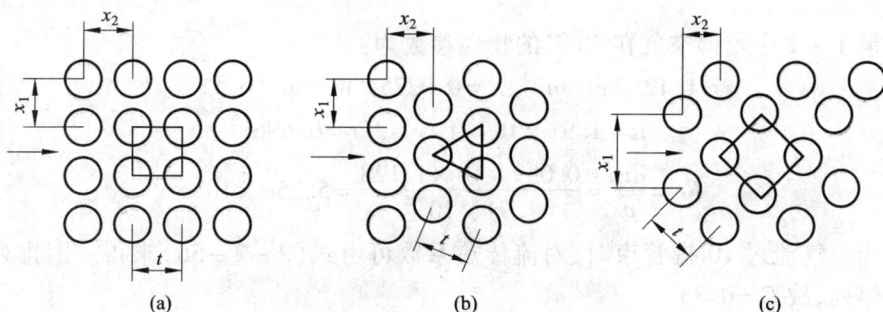

图 2 - 2 - 8　管束的排列方式

(a)直列　(b)正三角形错列　(c)正方形错列

流体垂直流过管束外时,平均对流传热系数可用下式计算:

$$Nu = CRe^{0.6} Pr^{0.33} \quad (2-2-56)$$

式中,系数 C 依管束排列方式而定,对直列 $C = 0.26$,对错列 $C = 0.33$。

应用范围:$Re > 3000$,管束排数 $N = 10$。

特征尺寸取管外径 d;流速取每列管子中最狭窄通道处的流速;定性温度取流

体进、出口温度的算术平均值。

当管束排数不是 10 时,应乘以修正系数 ε_N。ε_N 值见表 2-2-3。

表 2-2-3 式(2-2-56)的修正系数 ε_N

排数 N	1	2	3	4	5	6	7	8
直 列	0.64	0.80	0.83	0.90	0.92	0.94	0.96	0.98
错 列	0.48	0.75	0.83	0.89	0.92	0.95	0.97	0.98
排数 N	9	10	12	15	18	25	35	75
直 列	0.99	1.0						
错 列	0.99	1.0	1.02	1.02	1.03	1.04	1.05	1.06

【例 2-2-3】 有一预热器由一束长为 1.5 m 的 $\phi 89 \times 3.5$ mm 直钢管错列组成,压力为 101.3 kPa 的空气在管外垂直流过,温度由 10 ℃ 加热到 70 ℃。沿流动方向共有 18 排管子,每排管子数目相同。空气通过管间最狭处的流速为 10 m·s^{-1},试求管壁对空气的平均对流传热系数。

解 空气的定性温度为 $t = \dfrac{1}{2}(10 + 70) = 40$ ℃

从附录 I -1 中查得空气在 40 ℃ 的物性参数为:

$$\rho = 1.128 \text{ kg} \cdot \text{m}^{-3}, \lambda = 0.02754 \text{ W} \cdot \text{m}^{-1} \cdot \text{℃}^{-1},$$
$$\mu = 1.91 \times 10^{-5} \text{ Pa} \cdot \text{s}, Pr = 0.696$$

则
$$Re = \frac{d v \rho}{\mu} = \frac{0.089 \times 10 \times 1.128}{1.91 \times 10^{-5}} = 5.256 \times 10^4$$

当空气流过 10 排管束时,对流传热系数可由式(2-2-56)求得。因排列方式为错列,故 $C = 0.33$。

$$\alpha' = 0.33 \frac{\lambda}{d} Re^{0.6} Pr^{0.33}$$
$$= 0.33 \times \frac{0.02754}{0.089} (5.256 \times 10^4)^{0.6} (0.696)^{0.33}$$
$$= 61.59 \quad \text{W} \cdot \text{m}^{-2} \cdot \text{℃}^{-1}$$

当空气流过 18 排管束时,由表 2-2-3 查得修正系数 $\varepsilon_N = 1.03$,故该预热器的管壁对空气的平均流传热系数为:

$$\alpha = \varepsilon_N \alpha' = 1.03 \times 61.59 = 63.44 \quad \text{W} \cdot \text{m}^{-2} \cdot \text{℃}^{-1}$$

2.5.3 其他强制对流传热

2.5.3.1 气体沿平面强制紊流时的对流传热

高温炉内炉气在金属或熔体表面掠过时的对流传热比管内流体对流传热的情况要复杂得多,其传热规律也不尽相同。目前这方面的研究还很不充分,只能大致确定如下关系:

$$\alpha = Cu_{20}^n + K \qquad (2-2-57)$$

式中 u_{20}——气体折算为 20 ℃时的流速,$\mathrm{m \cdot s^{-1}}$;

K、C、n——实验常数,见表 2-2-4。

表 2-2-4 实验常数 K、C、n 之值

表面情况	$u_{20} \leqslant 5$			$u_{20} > 5$		
	K	C	n	K	C	n
光滑表面	4.5	3.4	1	0	6.12	0.78
轧制金属表面	5.0	3.4	1	0	6.14	0.78
粗糙表面	5.3	3.6	1	0	6.47	0.78

2.5.3.2 炉内对流传热系数

(1)热空气循环电阻炉内的对流传热系数

$$\alpha = 7.6u_0^{0.8} \qquad (2-2-58\,\mathrm{a})$$

式中 u_0——炉气在标准状态下的流速,$\mathrm{m \cdot s^{-1}}$。

(2)火焰炉内炉气对裸露物料表面的对流传热系数

$$\alpha = 125\lambda C_t u_0 \qquad (2-2-58\,\mathrm{b})$$

式中 λ——炉气与金属间的摩擦阻力系数,一般取 0.04~0.05;

C_t——炉气比热,$\mathrm{kJ \cdot m^{-3} \cdot ℃^{-1}}$。

(3)回转窑内炉气对裸露物料表面的对流传热系数

$$\alpha = 10.4u_0 \qquad (2-2-58\,\mathrm{c})$$

2.5.4 自然对流传热

流体的自然对流传热系数与反映自然对流状况的 Gr 准数和反映流体物性的 Pr 准数密切相关。对无限空间的自然对流传热(例如管道、传热设备的表面以及炉子的外壁与周围大气之间的对流传热),其准数关系式为:

$$Nu = C\,(Gr \cdot Pr)^n \qquad (2-2-59)$$

式中　C,n 通过实验测得,可由表 2 - 2 - 5 查出。

表 2 - 2 - 5　式(2 - 2 - 59)中的 C,n 值

加热表面形状及位置	流动状况图示	流态	C	n	特征尺寸	适用范围 $(Gr \cdot Pr)$
垂直圆管或平壁	H	层流 紊流	0.59 0.10	1/4 1/3	高度 H	$10^4 \sim 10^9$ $10^9 \sim 10^{13}$
水平圆管		层流 紊流	0.53 0.13	1/4 1/3	外径 d	$10^4 \sim 10^9$ $10^9 \sim 10^{12}$
热面朝上或冷面朝下的水平板		层流 紊流	0.54 0.15	1/4 1/3	矩形取两个边长的平均值;非规则平板取面积与周长之比值;圆盘取 $0.9d$	$2 \times 10^4 \sim 8 \times 10^6$ $8 \times 10^6 \sim 10^{11}$
热面朝下或冷面朝上的水平板		层流	0.58	1/5		$10^5 \sim 10^{11}$

式(2 - 2 - 59)的定性温度为壁面温度与流体平均温度的算术平均值。特征尺寸与传热面的方位有关,对垂直圆管或平壁,取其高度 H,对水平圆管取外径 d,水平壁取面积与周长之比,对矩形取两边长的平均值,水平圆盘取 $0.9d$。

【例 2 - 2 - 4】　有一未加保温层的垂直蒸汽管,外径 $d = 100$ mm,长 $l = 3$ m,外壁温度 $t_w = 150$ ℃,周围空气温度为 30 ℃,试计算该管道因自然对流的散热量。

解　定性温度 $t = \dfrac{1}{2}(150 + 30) = 90$ ℃

从附录 I - 1 中查得 90 ℃时空气的物性参数如下:

$$\rho = 0.972 \text{ kg} \cdot \text{m}^{-3}, \lambda = 0.03126 \text{ W} \cdot \text{m}^{-1} \cdot \text{℃}^{-1},$$

$$\mu = 2.15 \times 10^{-5} \text{ Pa} \cdot \text{s}, Pr = 0.693$$

$$\beta = \frac{1}{273 + 90} = 2.76 \times 10^{-3} \quad \text{K}^{-1}$$

故

$$Gr = \frac{\beta g \Delta t l^3 \rho^2}{\mu^2} = \frac{2.76 \times 10^{-3} \times 9.81 \times (150 - 30) \times 3^3 \times (0.972)^2}{(2.15 \times 10^{-5})^2} = 1.79 \times 10^{11}$$

$$Gr \cdot Pr = 1.79 \times 10^{11} \times 0.693 = 1.24 \times 10^{11}$$

由表 2 - 2 - 5 查得 $C = 0.10$，$n = 1/3$。

根据式(2 - 2 - 59)得

$$Nu = C (Gr \cdot Pr)^n = 0.10 \times (1.24 \times 10^{11})^{1/3} = 498.7$$

则

$$\alpha = \frac{\lambda}{l} Nu = \frac{0.03126}{3} \times 498.7 = 5.20 \quad W \cdot m^{-2} \cdot ℃^{-1}$$

散热量为

$$Q = \alpha A \Delta t = 5.20 \times 3.14 \times 0.1 \times 3 \times (150 - 30) = 587.8 \ W$$

2.6　流体有相变时的对流传热

2.6.1　蒸汽冷凝时的对流传热

当蒸汽与低于饱和温度的壁面相接触时,将放出气化潜热而冷凝成液体。蒸汽的冷凝方式有两种:一为膜状冷凝,一为滴状冷凝。冷凝的方式取决于凝结液与壁面的润湿能力。若冷凝液不能全部润湿冷凝壁面,则聚成分散的液滴,液滴长成后,自壁面上落下,重新又露出冷凝面,以供再次生成新液滴之用,这种冷凝过程称为滴状冷凝。若冷凝液能很好地润湿壁面,并在壁面上形成一层液膜,则这种冷凝称为膜状冷凝。膜状冷凝时,壁面上始终存在一层液膜,蒸汽冷凝时放出的潜热必须通过液膜传给壁面,而滴状冷凝时蒸汽不必通过液膜而直接在壁面上冷凝。因此,滴状冷凝的对流传热系数比膜状冷凝大,一般可大几倍甚至几十倍。

工业设备中有可能同时出现两种冷凝的情况。即在设备的某一部分成滴状冷凝,但多数情况下为膜状冷凝。因此,下面只讨论膜状冷凝时对流传热情况。

2.6.1.1　蒸汽在垂直管外或垂直壁上的冷凝

如图 2 - 2 - 9 所示,当蒸汽在垂直管(或壁)上冷凝时,冷凝形成的液膜受重力作用而向下流动。上段液膜厚度较小,其流动属于层流。由顶端向下,液膜逐渐加厚,随 Re 数增大,对流传热系数减小;当壁的高度足够大,且冷凝液量足够大时,则壁的下段冷凝液膜会出现紊流流动,此时局部对流传热系数反而有所增大,而决定冷凝液膜的流动状态的临界数值仍为 Re 数。对冷凝系统而言,Re 被定义为:

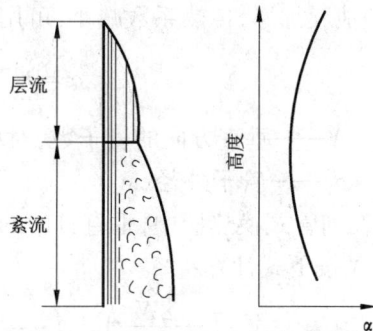

图 2 - 2 - 9　蒸汽在垂直管
(或壁)上冷凝示意图

$$Re = \frac{d_e v \rho}{\mu} = \frac{\frac{4S}{b} \cdot \frac{G}{S}}{\mu} = \frac{4\frac{G}{b}}{\mu} = \frac{4M}{\mu}$$

式中　d_e——当量直径,m;

　　　　S——冷凝液流的流通面积,m^2;

　　　　b——冷凝液的润湿周边长度,m;

　　　　G——冷凝液的质量流量,$kg \cdot s^{-1}$;

　　　　M——冷凝负荷,即单位长度润湿周边上冷凝液的质量流量,$kg \cdot m^{-1} \cdot s^{-1}$。

液膜由层流转变为紊流的临界雷诺数为1800。当液膜流动为层流,即 $Re <$ 1800 时,根据连续液膜的层流运动和导热机理可从理论上导出层流膜状冷凝时对流传系数的计算公式,即

$$\alpha = 1.13\left(\frac{\gamma \rho^2 g \lambda^3}{\mu l \Delta t}\right)^{1/4} \tag{2-2-60}$$

式中　γ——饱和温度 t_s 下的气化潜热,$kJ \cdot kg^{-1}$;

　　　　ρ, λ, μ——分别为液膜的密度 $kg \cdot m^{-3}$,导热系数 $W \cdot m^{-1} \cdot ℃^{-1}$,粘度 $Pa \cdot s$;

　　　　Δt——液膜饱和温度 t_s 与壁面温度 t_w 之差,即 $\Delta t = t_s - t_w$,℃。

当液膜流动为紊流,即 $Re \geqslant 1800$ 时,其平均对流传热系数计算式为:

$$\alpha = 0.0077 Re^{0.4}\left(\frac{\rho^2 g \lambda^3}{\mu^2}\right)^{1/3} \tag{2-2-61}$$

式(2-2-60)和(2-2-61)中特征尺寸均为垂直管长或壁高,定性温度除 γ 取 t_s 外,其余均取液膜平均温度,即 $t = \frac{1}{2}(t_s + t_w)$。

2.6.1.2　蒸汽在水平管外冷凝

当蒸汽在水平管束外冷凝时,下面的管子将受到上面管子滴下的冷凝液的影响,使液膜加厚,传热系数减小,可用下式计算:

$$\alpha = 0.725\left(\frac{\gamma \rho^2 g \lambda^3}{N^{2/3} d_0 \mu \Delta t}\right)^{1/4} \tag{2-2-62}$$

式中　N——垂直方向的管子数,对单根水平管,$N=1$;

　　　　d_0——管子外径,m。

在列管式换热器中,垂直方向的管子数不等,分别为 $N_1、N_2、N_3 \cdots\cdots N_j$,则上式中的 N 按下式计算:

$$N = \left(\frac{\sum N}{\sum N^{0.75}}\right)^4 = \left(\frac{N_1 + N_2 + N_3 \cdots\cdots + N}{N_1^{0.75} + N_2^{0.75} + N_3^{0.75} + \cdots\cdots + N_j^{0.75}}\right)^4 \tag{2-2-63}$$

2.6.1.3　影响冷凝传热的因素

蒸汽冷凝过程中,热阻集中在液膜内。因此,对特定的流体,液膜的厚度及流

动状况是影响冷凝传热的关键因素。一切有利于使冷凝液膜变薄的因素都可提高传热系数。

（1）蒸汽流速与流向　蒸汽以一定的速度运动时,和液膜间产生一定的摩擦力,若蒸汽与液膜同向流动,则摩擦力将使液膜加速,膜厚减薄,使 α 增大;若逆向流动,则 α 减小,传热减弱。但若摩擦力超过液膜重力,则液膜被蒸汽吹离壁面,并随蒸汽流速的增加,α 增大。

（2）不凝性气体的含量　若蒸汽中含有空气等不凝性气体,则壁面可能为导热系数很小的气体层所遮盖,增加了热阻,使 α 急剧下降。实验证明,蒸汽中空气含量为 1% 时将使 α 下降一半。因此需设法排除冷凝器中的不凝性气体。

（3）冷凝壁面粗糙度　若冷凝壁面粗糙度大,当 Re 较低时,冷凝液易在壁面积存,使液膜增厚,传热系数下降。

（4）冷凝液膜两侧的温度差 Δt　当液膜呈层流流动时,若 Δt 加大,则蒸汽冷凝速度增加,因而使液膜层厚度增加,α 降低。

2.6.2　液体沸腾时的对流传热

把液体加热到一定温度使液体内部伴有由液相变成气相并产生气泡的过程称为沸腾。液体沸腾时的温度等于饱和蒸汽温度时,则称为饱和沸腾。工业上液体的沸腾有两种:一种是加热面浸没在液体中,液体在壁面处受热而引起的无强制对流的沸腾,称为大容器沸腾;另一种是液体在管内流动过程中加热沸腾,称为管内沸腾。沸腾传热在冶金及化工生产中被广泛应用,如精馏塔、蒸发器、蒸汽锅炉等都是通过沸腾传热产生蒸汽。本节主要讨论液体在大容器内沸腾的情况。

2.6.2.1　沸腾曲线

实验表明,大容器内液体的沸腾过程随沸腾温差 Δt（壁温 t_w 与操作压力下液体的饱和温度 t_s 之差）的不同会出现不同类型的沸腾状态。现以水在常压下的沸腾为例（图 2 - 2 - 10）分析沸腾温差 Δt 对沸腾传热系数 α 和传热速率 q 的影响。

当温差 Δt 较小（$\Delta t \leqslant 5$ ℃）时,加热壁面上的液体轻微过热,使液体内产生自然对流,产生的气泡数量很小,几乎没有气泡从液体中逸出液面,而仅在液体表面发生蒸发,此阶段 α 和 q 都较低（如图 2 - 2 - 10 中 α 曲线的 AB 段所示）。

当 Δt 逐渐升高（$\Delta t = 5 \sim 25$ ℃）时,加热壁面上的局部区域产生气泡,该局部区域称为气化核心。随温差的增大,气化核心数目增加,气泡长大的速度急速增大。由于气泡的生成、脱离和上升,对液体产生强烈的搅拌作用,因此,α 和 q 都急剧增大（如图 2 - 2 - 10 中 α 曲线的 BC 段所示）,此阶段称为泡状沸腾。

当 Δt 继续增大（$\Delta t > 25$ ℃）时,加热壁面上气泡形成过快,其产生的速度大于逸出速度,因而在加热面上形成一层不稳定的蒸汽膜,妨碍液体和加热面直接接

触。由于蒸汽的导热系数小而使
传热困难,α 和 q 急剧下降。此阶
段称为膜状沸腾(如图 $2-2-10$
中 α 曲线的 CD 段所示)。由泡
状沸腾向膜状沸腾过渡的转折点
C 称为临界点。临界点上的温度
差、传热系数、导热速率分别称为
临界温度差 Δt_c、临界传热系数 α_c
和临界导热速率 q_c。当达到 D 点
时,传热面几乎全部为气膜所覆
盖。$\Delta t > 100$ ℃时,α 基本上不
变,q 又回升,这是由于 Δt 增加时
气膜外表面波动和膜内辐射逐步
增加所致。

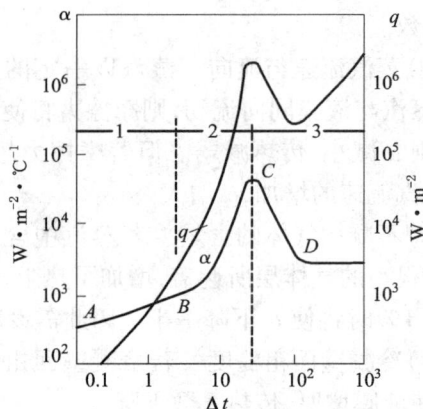

图 $2-2-10$　水的沸腾曲线(1.013×10^5 Pa)

1—对流沸腾　2—泡状沸腾　3—膜状沸腾

　　一般工业设备都控制在泡状沸腾状态,且使沸腾温差 Δt 不超过临界温差 Δt_c。
否则一旦变成膜状沸腾,将使传热过程恶化,使传热系数急剧下降。

2.6.2.2　大容器沸腾时的对流传热系数

　　由于沸腾传热机理极为复杂,到目前为止,对沸腾时对流传热系数的计算通常
还是采用纯经验式或是准数关联式,但都不够完善,计算结果往往差别较大。

　　对大容器泡状沸腾,常采用如下经验式:

$$q = \mu_1 \gamma \sqrt{\frac{g(\rho_1 - \rho_v)}{\sigma} \left[\frac{c_{pl}(t_w - t_s)}{\gamma Pr_1^n C_{wl}} \right]^3} \qquad (2-2-64)$$

式中　　q——传热速率,$W \cdot m^{-2}$;

　　　　μ_1, ρ_1, c_{pl}——分别为饱和液体的粘度 $Pa \cdot s$,密度 $kg \cdot m^{-3}$
　　　　　　　　　　和比热 $J \cdot kg^{-1} \cdot ℃^{-1}$;

　　　　γ——液体在饱和温度 t_s 下的气化潜热,$J \cdot kg^{-1}$;

　　　　g——当地的重力加速度,$m \cdot s^{-2}$;

　　　　σ——气-液界面的表面张力,$N \cdot m^{-1}$;

　　　　ρ_v——饱和蒸汽的密度,$kg \cdot m^{-3}$;

　　　　Pr_l——饱和液体的普朗特数;

　　　　C_{wl}——与壁面和液体有关的常数。

　　对于大多数液体,式($2-2-64$)中的指数 n 均可取为 1.7。常数 C_{wl} 见表 $2-2$
-6,该常数是加热表面粗糙度和接触角(气泡与加热面之间的夹角)的函数。

表 $2-2-6$　不同加热面 - 液体组合的常数 C_{wl} 值

加热面 - 液体组合	C_{wl}	加热面 - 液体组合	C_{wl}
水 - 铜	0.013	乙醇 - 铬	0.027
水 - 铂	0.013	苯 - 铬	0.010
水 - 镍	0.006	四氯化碳 - 铜	0.007
水 - 不锈钢	0.0132	35% KOH - 铜	0.0054
水 - 黄铜	0.006	50% KOH - 铜	0.0027

在工业传热设备中,水是常用的工质。通常水在泡状沸腾下的传热系数 α 可由下述经验公式计算:

$$\alpha = C \left(t_w - t_s \right)^n \left(\frac{p}{p_a} \right)^{0.4} \qquad (2-2-65)$$

式中, p 和 p_a 分别为沸腾系统的实际压力和标准大气压力,系数 C 与指数 n 与加热面位置及传热速率 q 有关(见表 $2-2-7$)。

表 $2-2-7$　式($2-2-65$)中的 C 与 n 值

加热面位置	$q/W \cdot m^{-2}$	C	n
水平面	<15800	1040	1/3
	15800 ~ 23600	5.56	3
垂直面	<3150	539	1/7
	3150 ~ 63100	7.95	3

图 $2-2-10$ 中 C 点的临界传热速率按下式计算,其值与加热元件无关。

$$q_c = 0.0068 \, g^{0.25} \rho_v^{0.4} \gamma \left(\rho_1 - \rho_v \right)^{0.6} \qquad (2-2-66)$$

式中各物理量同前。

2.7　壁温的估算

在对流传热系数 α 的计算中,往往需先知壁温 t_w 才能确定流体的有关特性参数,计算出 α。此外,选择换热器的类型及管子的材料也需知道壁温。但在换热器的设计及对流传热计算时,一般只知道内、外流体的平均温度 t_i 和 t_0,壁温的确定常需采用试差法,其具体步骤为:

(1)先在 t_i 与 t_0 之间假设壁温 t_w,由于管壁热阻可忽略,故管内、外壁温可视

为相等,算出内、外两流体的对流传热系数 α_i 和 α_0;

(2)按下列近似关系式核算 t_w:

$$\frac{|t_i - t_w|}{\frac{1}{\alpha_i A_i}} = \frac{|t_w - t_0|}{\frac{1}{\alpha_0 A_0}} \qquad (2-2-67)$$

若管壁厚度不大,则 A_i 与 A_0 可视为相等。

式(2-2-67)可由稳定传热时,内、外流体的对流传热方程式直接导出,即

$$Q = Q_i = \alpha_i A_i |t_i - t_w| = \frac{|t_i - t_w|}{\frac{1}{\alpha_i A_i}}$$

$$Q = Q_0 = \alpha_0 A_0 |t_w - t_0| = \frac{|t_w - t_0|}{\frac{1}{\alpha_0 A_0}}$$

由式(2-2-67)算出的 t_w 应与原假设值相符,否则应重设壁温,重复上述计算,直到基本相符为止。

在假设壁温时须注意,t_w 必介于 t_i 与 t_0 之间,并接近于 α 值较大的那种流体的温度,且两流体 α 相差愈大,壁温愈接近 α 大的流体的温度。

习 题

2-2-1 什么是流动边界层?什么是热边界层?它们之间有何区别与联系?

2-2-2 从对对流传热过程的了解,解释流体的物理性质对对流传热系数 α 的影响。

2-2-3 计算对流传热系数时用到哪几个准数?写出各准数的表达式,并说明其物理意义。

2-2-4 试述固体导热微分方程与边界层能量微分方程的关系。

2-2-5 导温系数(热扩散系数)a 和导热系数 λ 对对流传热系数 α 的影响有何不同?

2-2-6 试述层流边界层和紊流边界层中流体与壁面之间的传热机理(不计自然对流的影响),并分析两种边界层内流体与壁面之间传热机理的异同点。

2-2-7 试用相似分析(相似变换)从边界层对流传热能量微分方程式推导出 Pr 准则。

2-2-8 试用量纲分析方法推导壁面和流体间自然对流传热系数 α 的准数方程式。已知 α 为下列变量的函数,即

$$\alpha = f(\lambda, c_p, \rho, \mu, l, \beta g \Delta t)$$

2-2-9 平均速度为 $0.5 \text{ m} \cdot \text{s}^{-1}$ 的水流过直径为 100 mm,长 20 m 的管道,已知管的内侧表面平均温度为 40 ℃,水的进、出口温度各为 90 ℃ 和 60 ℃,试求平均对流传热系数。

2-2-10 今有一高为 0.3 m,宽为 0.2 m,壁面温度为 50 ℃ 的竖板,放置在 10 ℃ 的空气中,试求其对流传热量。

2-2-11 水以 $v = 1.2 \text{ m} \cdot \text{s}^{-1}$ 的速度在内径 $d = 8 \text{ mm}$,长度 $l > 50d$ 的圆管内流动,管壁温

度 $t_w = 90\ ℃$,管内水的平均温度 $t_f = 30\ ℃$,试求管壁对水的平均对流传热系数和热流密度。

2 - 2 - 12　水流过长 $l = 5\ m$ 的直管时,从入口温度 $t_f' = 15\ ℃$ 被加热到出口温度 $t_f'' = 45\ ℃$ 。管子内径 $d = 20\ mm$,水的流速 $v = 2\ m \cdot s^{-1}$ 。求对流传热系数 α 。

2 - 2 - 13　平均温度 $t_f = 23.5\ ℃$ 的水以 $v = 0.309\ m \cdot s^{-1}$ 的速度在内径为 $d = 10\ mm$ 的管内流动,管壁温度 $t_w = 48.3\ ℃$,管长 $l = 100d$ 。试计算对流传热系数 α 。

2 - 2 - 14　空气以 $1\ m \cdot s^{-1}$ 的速度在宽 $1\ m$ 、长 $1.5\ m$ 的薄平板上沿长度方向流动,远离板面的空气温度 $t_\infty = 10\ ℃$,板面温度 $t_w = 50\ ℃$ 。试求平板表面的对流传热散热量。

2 - 2 - 15　两根表面温度相同,水平放置的管子在空气中自然对流冷却。已知一根管子的外径为另一根管子的 10 倍,二管的 $(Gr \cdot Pr)^n$ 数值均在 $10^4 \sim 10^7$ 范围内,求两根管子的对流传热系数之比和对流热损失之比。

2 - 2 - 16　冷却水在 $\phi19 \times 2\ mm$,长为 $2\ m$ 的钢管中以 $1\ m \cdot s^{-1}$ 的流速通过。水温由 $288\ K$ 升至 $298\ K$ 。求管壁对水的对流传热系数 α 。

2 - 2 - 17　入口温度 $t_f' = 20\ ℃$ 的空气,在内径 $d_i = 12\ mm$ 、壁温 $t_w = 200\ ℃$ 的直管内流动,入口处空气的平均流速 $v = 25\ m \cdot s^{-1}$ 。试计算出口处空气温度 $t_f'' = 60\ ℃$ 时所需的管长。

2 - 2 - 18　常压下, $45\ ℃$ 的空气以 $1.2\ m \cdot s^{-1}$ 的流速流过内径 25 mm、长 2 m 的圆管。管壁外侧利用蒸汽冷凝加热使管内壁面维持恒温 100 ℃ 。试计算管内壁与水之间的平均对流传热系数 α 和热流密度 q ,并计算空气出口温度。

2 - 2 - 19　温度 $t_f = 30\ ℃$ 的水以 $1\ m \cdot s^{-1}$ 的速度在直径为 30 mm 的圆管内流动,管壁温度 $t_w = 70\ ℃$ 时水被加热;反之, $t_f = 70\ ℃$ 、 $t_w = 30\ ℃$ 时水被冷却。求其他条件不变时,上述两种情况下热流量的比值。

2 - 2 - 20　空气以 $4\ m \cdot s^{-1}$ 的速度通过一 $\phi75.5 \times 3.75\ mm$ 的钢管,管长 20 m,空气入口温度为 $32\ ℃$,出口为 $68\ ℃$ 。试计算空气与管壁间的对流传热系数。如空气流速增加一倍,其他条件均不变,对流传热系数又为多少(设管壁温度为 90 ℃)?

2 - 2 - 21　某流体在圆形直管内作强制紊流,已知其对流传热系数 $\alpha = 520\ W \cdot m^{-2} \cdot ℃^{-1}$,今欲使其值提高至 $740\ W \cdot m^{-2} \cdot ℃^{-1}$,试问其流速应增大多少倍?

2 - 2 - 22　一竖直冷却面置于饱和水蒸气中,如将冷却面的高度增加为原来的 n 倍,其他条件不变,且液膜仍为层流,问凝结传热系数和凝结液量如何变化?

2 - 2 - 23　比热为 $2.7\ kJ \cdot kg^{-1} \cdot ℃^{-1}$ 、温度为 $30\ ℃$ 的某料液沿 $\phi80 \times 2.5\ mm$ 、长为 3 m 的水平钢管中流过,料液流量为 $1650\ kg \cdot h^{-1}$ 。管外为压力为 294 kPa 的饱和水蒸气冷凝。问将料液加热到 60 ℃ 时,蒸汽对管壁的对流传热系数为多少?

2 - 2 - 24　用一根长 1 m 的水平管凝结 $1.013 \times 10^5\ Pa$ 的饱和蒸汽,管外表面温度为 70 ℃ 。为了使凝结水量为 $125\ kg \cdot h^{-1}$,试问管径应为多少?

2 - 2 - 25　水在大容器内沸腾,如果压力保持在 $p = 196.1\ kPa$,加热面温度保持 125 ℃ ,试计算加热面上的热流密度 q 。

3　辐射传热

3.1　热辐射的基本概念和基本定律

3.1.1　基本概念

　　物质受热后由于体内原子的复杂运动而对外发射出辐射并向四周传播,这种因热的原因引起的以电磁波的形式发射并传递能量的过程称为热辐射,被传递的能量则称为辐射能。在热辐射过程中,热能转变成辐射能。当与另一物体相遇时,则可被吸收、反射和透射,其中被吸收的部分又转变成热能。物体在向外辐射能量的同时,也可能不断地吸收周围其他物体发射来的辐射能。所谓辐射传热即不同物体间相互辐射和吸收能量的过程。显然,辐射传热的结果是高温物体向低温物体传递了热能。

　　热辐射与光辐射都是电磁辐射,其物理本质完全相同,所不同的仅仅是波长的范围。电磁波按波长的不同可分为 X 射线、紫外线、可见光、红外线和无线电波等,如图 2-3-1 所示。理论上热辐射的电磁波波长可以从零到无穷大,但具有实际意义的波长范围为 0.4~20 μm,其中可见光的波长范围为 0.4~0.8 μm,通常把波长为 0.4~20 μm 范围内的射线称为热射线,其中通过红外线的热辐射起决定作用。

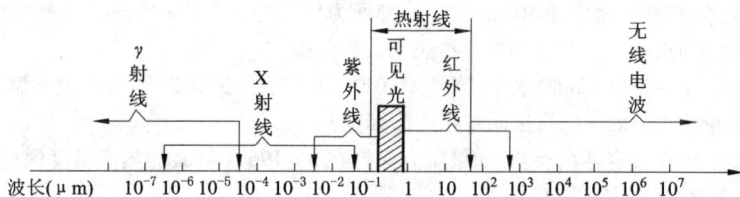

图 2-3-1　电磁辐射光谱

　　热辐射也遵循光辐射的折射和反射定律。如图 2-3-2 所示,设投射到某一均质物体上的总辐射能为 Q,则其中的一部分能量 Q_a 被吸收,一部分能量 Q_r 被反

射,其余部分能量 Q_d 则透过物体。由能量守恒定律知

$$Q = Q_a + Q_r + Q_d$$

如将 $\dfrac{Q_a}{Q} = a$ 称为吸收率,$\dfrac{Q_r}{Q} = r$ 称为反射率,$\dfrac{Q_d}{Q} = d$ 称为透过率,则

$$a + r + d = 1$$

若 $a = 1$,即辐射能全部被物体所吸收,则该物体称为绝对黑体或简称黑体。

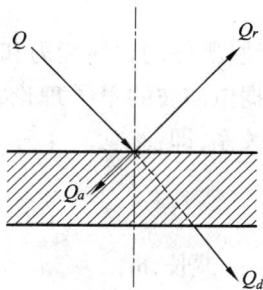

图 2 - 3 - 2　辐射能的吸收、反射和透过

若 $r = 1$,即辐射能全部被物体反射,则该物体称为白体。

若 $d = 1$,即辐射能全部透过物体,则该物体称为透热体。

实际上,黑体、白体和透热体都是理想物体,自然界中并不存在。但某些物质,如无光泽的黑漆,其吸收率为 0.97 ~ 0.98,接近于黑体;磨光的铜表面的反射率约为 0.97,接近于白体;而一般的单原子气体和对称的双原子气体则可近似视为透热体;液体和绝大部分固体对热射线而言,实际都是不透热体,即 $d = 0$ 或 $a + r = 1$。

物体对热的吸收率、反射率和透过率的大小与组成该物体的物质的性质、温度及表面状态以及辐射线的波长等因素有关。工业上遇到的物体多介于黑体和白体之间,称为灰体。灰体具有两个特征,其一是灰体的吸收率 a 不随辐射线的波长而改变;其二是灰体为不透热体,即 $a + r = 1$。灰体也是理想物体,但是大多数工程材料都可视为灰体,从而可使辐射传热计算大为简化。

由于黑体对研究热辐射具有重要意义,为使叙述方便,以下均以下标 b 表示黑体。

3.1.2　普朗克定律

物体的辐射能力是指物体每单位表面积在单位时间内向半球空间所发射的全部波长范围的总能量,用符号 E 表示,单位为 $W \cdot m^{-2}$。辐射能力表征物体发射辐射能的本领,而物体发射的辐射能按波长的分布是不均匀的。若物体每单位表面积在单位时间内向半球空间发射的波长从 $\lambda \sim \lambda + d\lambda$ 这一波段范围内的辐射能量为 dE,则 dE 与波段范围 $d\lambda$ 的比值称为单色辐射能力,用 E_λ 表示,单位为 $W \cdot m^{-3}$,即

$$E_\lambda = \frac{dE}{d\lambda} \qquad\qquad (2 - 3 - 1)$$

则
$$E = \int_0^\infty E_\lambda \, d\lambda \qquad (2-3-2)$$

相应地,黑体的辐射能力和单色辐射能力则分别用 E_b 和 $E_{b\lambda}$ 表示。1906 年,普朗克根据电磁波的量子理论,导出了黑体的单色辐射能力 $E_{b\lambda}$ 随波长和温度变化的函数关系,即:

$$E_{b\lambda} = \frac{C_1 \lambda^{-5}}{e^{C_2/\lambda T} - 1} \qquad (2-3-3)$$

式中　λ——波长,m;

　　　T——绝对温度,K;

　　　e——自然对数的底数;

　　　C_1——常数,$C_1 = 3.743 \times 10^{-16}$ W·m^2;

　　　C_2——常数,$C_2 = 1.4387 \times 10^{-2}$ m·K;

式(2-3-3)称为普朗克定律。它揭示了黑体的辐射能力在不同温度下按波长分布的规律。

3.1.3　斯蒂芬—波耳兹曼定律

将式(2-3-3)代入式(2-3-2)可得

$$E_b = \int_0^\infty \frac{C_1 \lambda^{-5}}{e^{C_2/\lambda T} - 1} \, d\lambda$$

积分上式,并整理得:

$$E_b = \sigma_b T^4 = C_b \left(\frac{T}{100} \right)^4 \qquad (2-3-4)$$

式中　σ_b——黑体的辐射常数,$\sigma_b = 5.67 \times 10^{-8}$ W·m^{-2}·K^{-4};

　　　C_b——黑体的辐射系数,$C_b = 5.67$ W·m^{-2}·K^{-4}。

式(2-3-4)即为斯蒂芬—波耳兹曼定律的数学表达式,通常称为四次方定律。它表明黑体的辐射能力同其绝对温度的四次方成正比。

应予指出,只有黑体才严格遵循四次方定律,实际物体的辐射能力与四次方定律会有些偏差,但在传热计算过程中,为方便起见,也将实际物体的辐射能力表示成四次方定律的形式,并引入黑度表示实际物体的辐射能力与黑体辐射力的偏差。

实际物体的辐射能力与相同温度下黑体的辐射能力的比值称为黑度,用符号 ε 表示,即

$$\varepsilon = \frac{E}{E_b} \qquad (2-3-5)$$

故实际物体的辐射能力为

$$E = \varepsilon E_b = \varepsilon C_b \left(\frac{T}{100} \right)^4 \qquad (2 - 3 - 6)$$

黑度 ε 值的大小与温度及物体的表面状况(如粗糙度和氧化程度等)有关,一般由实验测定,其值介于 $0 \sim 1$ 之间。绝大多数非金属材料的黑度介于 $0.85 \sim 0.95$ 之间,在数据缺乏时,可近似取为 0.9。常用工业材料的黑度列于表 $2 - 3 - 1$。

表 2 - 3 - 1　某些材料的黑度

材　料	温　度/℃	黑度 ε
镀锌铁皮	38	0.23
氧化的钢板	200 ~ 600	0.8
磨光的钢板	940 ~ 1100	0.55 ~ 0.61
氧化的铝	200 ~ 600	0.11 ~ 0.19
磨光的铝	225 ~ 575	0.039 ~ 0.057
氧化的铜	200 ~ 600	0.57 ~ 0.87
磨光的铜	–	0.03
氧化的铸铁	200 ~ 600	0.64 ~ 0.78
磨光的铸铁	300 ~ 910	0.6 ~ 0.7
耐火砖	500 ~ 1000	0.8 ~ 0.9
红砖	20	0.93
石棉板	38	0.96

3.1.4　克希荷夫定律

克希荷夫定律揭示了物体的辐射能力与吸收率之间的关系。

如图 $2 - 3 - 3$ 所示,设有两块相距很近的平行平板,且一块板上的辐射能可全部投射到另一块板上。板 1 为任意物体(灰体),其辐射能力、吸收率和黑度分别为 E_1, a_1 和 ε;板 2 为黑体,其吸收率为 1。若以单位时间、单位平板面积为基准来考虑两板之间的热平衡,则任意物体 1 发射到黑体 2 表面的辐射能 E_1 全部为黑体所吸收;由黑体表面发射到任意物体表面上的辐射能为 E_b,其中被任意物体吸收了 $a_1 E_b$,其余部分 $(1 - a_1) E_b$ 被反射回黑体并被全部吸收。

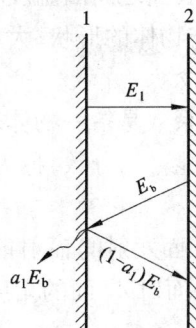

图 2 - 3 - 3　克希茶夫定律的推导

对任意物体 1 而言,辐射传热的结果是失去了能量 E_1,而吸收了能量 a_1E_b,即

$$q = a_1E_b - E_1$$

当两板辐射传热达到热平衡,即两板表面温度相等时,$q = 0$,此时有

$$E_1 = a_1E_b \qquad 或 \qquad \frac{E_1}{a_1} = E_b \qquad\qquad (2-3-7)$$

上式对任何灰体都成立,即

$$\frac{E_1}{a_1} = \frac{E_2}{a_2} = \cdots = E_b = f(T) \qquad\qquad (2-3-8)$$

式(2-3-8)即为克希荷夫定律的表达式。它说明任何物体的辐射能力 E 与其吸收率 a 的比值都相同,且恒等于同温度下黑体的辐射能力,即仅与物体的温度有关,而与物体的本性无关。

比较式(2-3-7)与式(2-3-5)知

$$a = \varepsilon \qquad\qquad (2-3-9)$$

上式表明,物体的吸收率与黑度在数值上相等,即物体的辐射能力越大,其吸收能力越强。显然,由于黑体的 $\varepsilon = a = 1$,故在相同温度下,黑体的辐射能力最大,一般物体 $a < 1$,所以 $\varepsilon < 1$,即其他物体的辐射能力均小于黑体。

3.2　物体表面间的辐射传热

工业设备中常遇到的表面辐射多为两固体壁面之间的辐射,而大多数工程材料都可视为灰体,故我们以下着重讨论两灰体表面间的辐射传热。

3.2.1　角度系数

固体表面之间因温度不同而进行辐射传热,除了与温度及黑度等物理性质有关外,还与物体的形状、大小和它们在空间所处的相对位置有关。为此,引入角度系数的概念。

角度系数是指一物体表面所发射的辐射能量投射到另一物体表面上的能量占其发射总能量的分数,称为第一物体对第二物的辐射角度系数,简称角度系数,用 φ_{12} 表示。

若 A_1 面发射的辐射能量为 E_1A_1,其中投射到另一表面 A_2 上的辐射能量为 Q_{12},则 A_1 面对 A_2 面的角度系数 φ_{12} 为

$$\varphi_{12} = \frac{Q_{12}}{E_1A_1} \qquad\qquad (2-3-10)$$

同理 A_2 面对 A_1 面的角度系数为

$$\varphi_{21} = \frac{Q_{21}}{E_2 A_2} \qquad\qquad (2-3-10\text{ a})$$

若两表面服从兰贝特定律,则通过理论推导可得

$$A_1\varphi_{12} = A_2\varphi_{21} \qquad\qquad (2-3-11)$$

式(2-3-11)称为互换性原理。

对若干个任意表面组成的封闭辐射系统,其中的任一表面发射的辐射能量必定按照不同的分率全部投射到封闭系统的各个表面上。依能量守恒定律则有:

$$\varphi_{11} + \varphi_{12} + \varphi_{13} + \cdots + \varphi_{1n} = 1 \qquad\qquad (2-3-12)$$

此式称为完整性原理。

由角度系数的定义及上述互换性原理和完整性原理,可用代数法求得由两表面构成的一些简单封闭体系的角度系数(见表2-3-2)。

表2-3-2　一些简单封闭体系的角度系数

两表面形状及位置	图　示	φ_{11}	φ_{12}	φ_{21}	φ_{22}
两无限大平面		0	1	1	0
一可自见面 A_2 与一不可自见面 A_1		0	1	$\dfrac{A_1}{A_2}$	$1-\dfrac{A_1}{A_2}$
两个可自见面		$\dfrac{A_1}{A_1+A_2}$	$\dfrac{A_2}{A_1+A_2}$	$\dfrac{A_1}{A_1+A_2}$	$\dfrac{A_2}{A_1+A_2}$

其他情况下的角度系数可从有关手册中查得。

3.2.2　两物体间的辐射传热

两物体间组成的封闭体系是最简单的情况,但因两种物体表面间的相互辐射、吸收、反射、再吸收、再反射……反复无穷,且又由于角度系数之关系而使问题变得很复杂。为此,先提出有效辐射的概念,以使问题的分析简单化。

现以一灰体表面为研究对象,其吸收率为 a,黑度为 ε,如图2-3-4所示。其

自身按四次方定律在一定温度下所发射的辐射能量,即自身辐射 $E = \varepsilon E_b$。

周围诸物体投射到被研究表面的总辐射能,即投入辐射为 G,其中被研究表面吸收部分,即吸收辐射为 $q_a = aG$

被反射部分,即反射辐射为:

$$q_r = rG = (1-a)G = (1-\varepsilon)G$$

有效辐射是指单位时间内,由单位面积所射离的辐射能量的总和,用 q_J 表示。显然,有效辐射等于自身辐身与反射辐射之和,即

$$q_J = E + q_r = \varepsilon E_b + rG$$

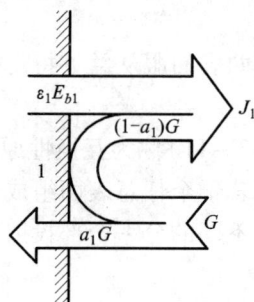

图 2 – 3 – 4 灰体表面的有效辐射

3.2.2.1 两无限大平板间的辐射传热

现以两无限大灰体平行壁面间的辐射传热为例,推导两壁面之间辐射传热计算公式。

设两无限大灰体平行壁面 1 和 2,其温度分别为 T_1 和 T_2,吸收率分别 a_1 和 a_2,反射率分别为 r_1 和 r_2,黑度分别为 ε_1 和 ε_2;并假定壁面上温度均匀,吸收率及黑度均为常数;两壁面间的介质为透热体,如图 2 – 3 – 5 所示。

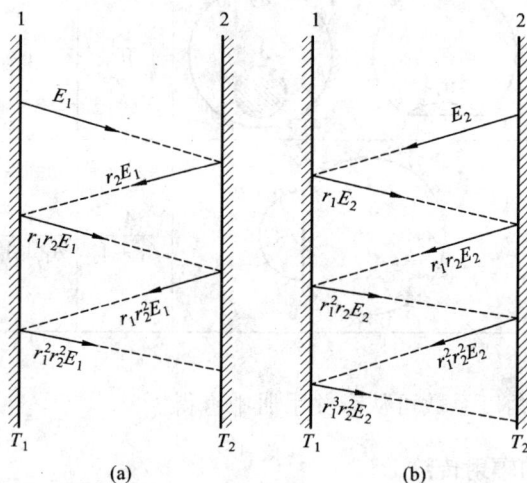

图 2 – 3 – 5 两无限大灰体平行壁面间的辐射传热

由于两壁面很大,故从一壁面发射的辐射能可全部投射到另一壁面上,且因平壁均为灰体,故 $a < 1$,且 $a + r = 1$。

参看图 $2-3-5$（a），从壁面 1 发射的辐射能 E_1 到达壁面 2 后被吸收了 a_2E_1，其余部分 r_2E_1 被反射回表面 1。这部分辐射能（r_2E_1）又被壁面 1 吸收和反射，如此往返无穷，渐次减弱，直至 E_1 被完全吸收为止。与此同时，壁面 2 发射的辐射能 E_2 也经历上述反复吸收和反射的过程，如图 $2-3-5$（b）所示。

根据有效辐射的定义，壁面 1 的有效辐射应等于图 $2-3-5$ 中（a）及（b）所示的射离壁面 1 的辐射能的总和，即

$$q_{J1} = q_{J(a)} + q_{J(b)} = E_1(1 + r_1r_2 + r_1^2r_2^2 + \cdots) + r_1E_2(1 + r_1r_2 + r_1^2r_2^2 + \cdots)$$

$$= \frac{E_1}{1 - r_1r_2} + \frac{r_1E_2}{1 - r_1r_2} = \frac{E_1 + r_1E_2}{1 - r_1r_2} \qquad (2-3-13)$$

同理，壁面 2 的有效辐射为

$$q_{J2} = \frac{E_2 + r_2E_1}{1 - r_1r_2} \qquad (2-3-13\text{ a})$$

由表 $2-3-2$ 知，两无限大平面角度系数 $\varphi_{12} = \varphi_{21} = 1$。若两壁面的面积 $A_1 = A_2 = A$，则壁面 1 的有效辐射就是壁面 2 的投入辐射，即 $q_{J1} = G_2$；同理，$q_{J2} = G_1$。

因而，单位时间单位面积上的辐射传热量即等于壁面 1（或 2）的有效辐射与投入辐射之差，即

$$q_{12} = q_{J1} - G_1 = q_{J1} - q_{J2} \qquad (2-3-14)$$

式（$2-3-14$）说明，两无限大灰体平行壁面间的辐射传热速率等于两灰体的有效辐射之差。

将 $r = 1 - a, a = \varepsilon, E = \varepsilon E_b$ 及式（$2-3-13$）、（$2-3-13$ a）代入式（$2-3-14$）并整理，得

$$q_{12} = \frac{E_{b1} - E_{b2}}{\dfrac{1}{\varepsilon_1} + \dfrac{1}{\varepsilon_2} - 1} \qquad (2-3-15)$$

若两表面均为黑体，即 $\varepsilon_1 = \varepsilon_2 = 1$，则可得

$$q_{12} = E_{b1} - E_{b2} \qquad (2-3-16)$$

上式说明，对于黑体，两无限大平行壁面的辐射传热速率等于它们自身的辐射能力之差。由此可以看出，黑体可看作是灰体的一个特例，即反射率等于 0 的灰体。黑体的有效辐射等于其自身的辐射能力。

将式（$2-3-4$）代入式（$2-3-15$），则

$$q_{12} = \frac{C_b}{\dfrac{1}{\varepsilon_1} + \dfrac{1}{\varepsilon_2} - 1}\left[\left(\frac{T_1}{100}\right)^4 - \left(\frac{T_2}{100}\right)^4\right] \qquad (2-3-17)$$

或写成：

$$q_{12} = C_{12}\left[\left(\frac{T_1}{100}\right)^4 - \left(\frac{T_2}{100}\right)^4\right] \qquad (2-3-17\text{ a})$$

式中 C_{12}——总辐射系数，$C_{12} = \dfrac{C_b}{\dfrac{1}{\varepsilon_1} + \dfrac{1}{\varepsilon_2} - 1}$。

将式(2-3-17a)两边同乘以壁面面积 A，则得辐射传热量为

$$Q_{12} = C_{12}A\left[\left(\frac{T_1}{100}\right)^4 - \left(\frac{T_2}{100}\right)^4\right] \qquad (2-3-18)$$

3.2.2.2 任意两灰体表面之间的辐射传热

对于任意两灰体表面1、2之间的辐射传热计算也采用式(2-3-18)的形式。考虑到灰面1发射的辐射能只有一部分到达灰面2上，故在式(2-3-18)中引入角度系数 φ_{12}，得如下普遍适用的形式：

$$Q_{12} = C_{12}\varphi_{12}A_1\left[\left(\frac{T_1}{100}\right)^4 - \left(\frac{T_2}{100}\right)^4\right] \qquad (2-3-19)$$

式中 C_{12}——灰面1对灰面2的总辐射系数，$W \cdot m^{-2} \cdot K^{-4}$，由下式计算：

$$C_{12} = \frac{C_b}{\left(\dfrac{1}{\varepsilon_1} - 1\right)\varphi_{12} + 1 + \left(\dfrac{1}{\varepsilon_2} - 1\right)\varphi_{21}}$$

式(2-3-19)即为任意两灰体表面之间的辐射传热计算式，它适用于任意两灰体组成的封闭体系。

当一物体被另一物体完全包围时，若被包围物体的辐射表面积为 A_1，由表2-3-2查得 $\varphi_{12} = 1$，$\varphi_{21} = A_1/A_2$，则总辐射系数为：

$$C_{12} = \frac{C_b}{\dfrac{1}{\varepsilon_1} + \left(\dfrac{1}{\varepsilon_2} - 1\right)\dfrac{A_1}{A_2}}$$

当 $A_1 \ll A_2$ 时，$C_{12} \approx \varepsilon_1 C_b$，故式(2-3-19)可简化成

$$Q_{12} = \varepsilon_1 C_b A_1\left[\left(\frac{T_1}{100}\right)^4 - \left(\frac{T_2}{100}\right)^4\right] \qquad (2-3-19a)$$

式(2-3-19a)的适用条件为：物体1被物体2所包围，且 $A_1 \ll A_2$。

从式(2-3-19)可以看出，辐射传热量与绝对温度的四次方之差成正比，因此，影响辐射传热的主要因素是温度，此外还与黑度及角度系数有关。

【例2-3-1】 某车间有一边长为0.6 m的方形炉门，其材质为已氧化的铸铁，为减少炉门的辐射损失，在距炉门30 mm处放置一块与炉门同样大小的铝制隔热板(已氧化)。试计算放置隔热板后，炉门的辐射热减少的百分率(设车间四壁的黑度为1)

解 若视炉门为辐射表面1，车间四壁为表面2，铝板为表面3。

则由表2-3-1查得已氧化的铸铁的黑度 $\varepsilon_1 = 0.71$，已氧化的铝板黑度 $\varepsilon_3 = 0.15$。

又 $A_1 = A_3 = 0.6 \times 0.6 = 0.36$　m^2

（1）放置铝质隔热板前，炉门为车间四壁所包围，故由式（2-3-19a）有

$$Q = \varepsilon_1 C_b A_1 \left[\left(\frac{T_1}{100} \right)^4 - \left(\frac{T_2}{100} \right)^4 \right]$$

$$= 0.71 \times 0.36 C_b \left[\left(\frac{T_1}{100} \right)^4 - \left(\frac{T_2}{100} \right)^4 \right]$$

$$= 0.2556 C_b \left[\left(\frac{T_1}{100} \right)^4 - \left(\frac{T_2}{100} \right)^4 \right] \tag{a}$$

（2）放置隔热板后，由于炉门与隔热板相距很近，可近似视为两无限大平行壁面的相互辐射，即

$$\varphi_{13} = \varphi_{31} = 1$$

$$C_{13} = \frac{C_b}{\dfrac{1}{\varepsilon_1} + \dfrac{1}{\varepsilon_3} - 1} = \frac{C_b}{\dfrac{1}{0.71} + \dfrac{1}{0.15} - 1} = 0.1413 C_b$$

$$Q_{13} = C_{13} \varphi_{13} A_1 \left[\left(\frac{T_1}{100} \right)^4 - \left(\frac{T_3}{100} \right)^4 \right]$$

$$= 0.1413 C_b \times 1 \times 0.36 \left[\left(\frac{T_1}{100} \right)^4 - \left(\frac{T_3}{100} \right)^4 \right]$$

$$= 0.05087 C_b \left[\left(\frac{T_1}{100} \right)^4 - \left(\frac{T_3}{100} \right)^4 \right] \tag{b}$$

隔热板与四周墙壁的辐射传热量为

$$Q_{32} = \varepsilon_3 C_b A_3 \left[\left(\frac{T_3}{100} \right)^4 - \left(\frac{T_2}{100} \right)^4 \right]$$

$$= 0.15 C_b \times 0.36 \left[\left(\frac{T_3}{100} \right)^4 - \left(\frac{T_2}{100} \right)^4 \right]$$

$$= 0.054 C_b \left[\left(\frac{T_3}{100} \right)^4 - \left(\frac{T_2}{100} \right)^4 \right] \tag{c}$$

稳态传热时 $Q_{13} = Q_{32}$，可求得

$$\left(\frac{T_3}{100} \right)^4 = \frac{1}{0.1049} \left[0.05087 \left(\frac{T_1}{100} \right)^4 + 0.054 \left(\frac{T_2}{100} \right)^4 \right] \tag{d}$$

将（d）代入（b）并整理可得

$$Q_{13} = 0.05087 C_b \times \frac{0.054}{0.1049} \left[\left(\frac{T_1}{100} \right)^4 - \left(\frac{T_2}{100} \right)^4 \right]$$

$$= 0.02619 C_b \left[\left(\frac{T_1}{100} \right)^4 - \left(\frac{T_2}{100} \right)^4 \right]$$

故加隔热板后辐射热减少的百分率为

$$\frac{Q_{12} - Q_{13}}{Q_{12}} = \frac{0.2556 - 0.02619}{0.2556} = 89.75\%$$

3.3 气体与固体间的辐射传热

前面所讨论的均为固体或液体间的辐射传热,且假定固体间的介质为透热体,未涉及气体与固体间的辐射传热。但实际当中经常遇到高温气体与管壁及炉壁之间的辐射传热问题,且不同成分的气体,辐射与吸收能力相差很大。如单原子气体及对称的双原子气体(如 N_2,O_2,H_2 等)可认为是透热体,而三原子和多原子气体(如 SO_2,CO_2,H_2O,甲烷等)则具有相当大的辐射能力和吸收能力。

3.3.1 气体辐射的特点

与固体和液体相比,气体的辐射和吸收具有如下两个特点:

(1)对波长的选择性   通常固体的辐射与吸收光谱是连续的,而气体是间断的。一种气体只能在一定的波段范围(称为光带)内具有辐射和吸收能力,对光带以外的热射线则不能辐射和吸收,如图 2 - 3 - 6 所示。

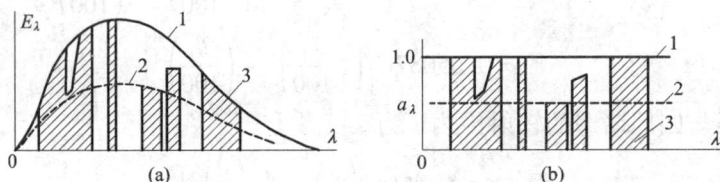

图 2 - 3 - 6　黑体、灰体、气体辐射与吸收光谱的比较
(a)辐射光谱　(b)吸收光谱
1—黑体　2—灰体　3—气体

(2)容积辐射与吸收   固体和液体的辐射只在其表层内(不超过 0.1 mm 深)进行,而气体的辐射与吸收则在整个容积内进行。当热射线穿过气体层时,沿程逐渐被气体吸收而强度逐渐减弱,减弱的速率取决于热射线在穿透中所碰到的分子数目的多少,即与射线所经历的路线长度、气体分压和温度有关。

3.3.2 气体的黑度

如同固体一样,气体的辐射能力同样定义为单位气体表面在单位时间内所辐射的总能量。气体的辐射能力实际上不遵守四次方定律,但为计算方便,工程上仍按四次方定律处理,引入 ε_g 进行修正,即:

$$E_g = \varepsilon_g C_b \left(\frac{T_g}{100} \right)^4 \qquad (2-3-20)$$

式中 ε_g——气体的黑度。

可见,与固体一样,气体的黑度仍定义为气体的辐射能力与相同温度下黑体的辐射能力之比。

实验表明,气体的黑度只与气体的温度 T_g 和平均射线行程上具有辐射能力的气体分子数有关,而后者与气体的分压 p 和平均射线行程 L 的乘积成正比,于是气体的黑度可表示成如下函数关系式:

$$\varepsilon_g = f(T_g, pL) \qquad (2-3-21)$$

函数的具体形式可由实验测定,通常以图线的形式给出,可从有关化工手册中查得。对于 $H_2O(g)$ 及 CO_2,由于分压 p 对黑度的影响比平均射线行程 L 对黑度的影响大,所以用 pL 所查得的 ε 值需用修正系数 C 进行修正。常见的 $H_2O(g)$,CO_2 及 SO_2 的黑度及其修正系数参见附录Ⅲ。

在确定 ε_g 时,需知道气体容积的平均射线行程 L。对各种不同形状的气体容积,其值可查表 2-3-3,或按下式计算:

$$L = 3.6 \frac{V}{A} \qquad (2-3-22)$$

式中 V——气体所占容积,m^3;
      A——周围壁表面积,m^2。

表 2-3-3 某些特殊形状气体容积的平均射线行程 L

气体容积形状		特征尺寸,D	L/D
球体对表面的辐射		直径	0.60
无限长圆柱体对表面的辐射		直径	0.90
高度等于直径,即 $H=D$ 的圆柱体	对底面中心的辐射	直径	0.90
	对整个表面的辐射	直径	0.71
无限大平行平面对表面的辐射		平面间的距离	1.76
正立方体对表面的辐射		边长	0.60
管束间的气体对管表面的辐射	管子为等边三角形排列 $d=c$	间隙 c	2.8
	管子为等边三角形排列 $d=0.5c$	间隙 c	3.8
	管子为正方形排列	间隙 c	3.5

考虑到冶金炉烟气中的主要辐射气体是 CO_2,$H_2O(g)$,SO_2,其他三原子及多原子气体含量很少,可忽略不计。因而,可认为气体的黑度为

$$\varepsilon_g = C_{CO_2} \cdot \varepsilon_{CO_2} + C_{H_2O} \cdot \varepsilon_{H_2O} + \varepsilon_{SO_2} - \Delta\varepsilon \qquad (2-3-23)$$

式中　C_{CO_2} 和 C_{H_2O} 分别为 CO_2 和 H_2O 修正系数。而 $\Delta\varepsilon$ 为考虑到 CO_2 和 $H_2O(g)$ 的光带有部分重叠的修正值。在冶金炉中，$\Delta\varepsilon$ 很小，可不予考虑。

值得注意的是，因气体不是灰体，气体的吸收率与黑度并不相等，而且气体在与固体壁面进行热交换时，气体温度与壁面温度可能相差较大。对含 CO_2 及 $H_2O(g)$ 的烟气，气体的吸收率可按下式计算：

$$a_g = a_{CO_2} + a_{H_2O}$$

$$a_{CO_2} = C_{CO_2} \cdot \varepsilon'_{CO_2} \left(\frac{T_g}{T_w}\right)^{0.65}$$

$$a_{H_2O} = C_{H_2O} \cdot \varepsilon'_{H_2O} \left(\frac{T_g}{T_w}\right)^{0.65}$$

式中　T_g, T_w——气体和壁面的温度，K；

ε'_{CO_2} 和 ε'_{H_2O}——以 T_w 为横坐标，以 $p_{CO_2}L\dfrac{T_w}{T_g}$，$p_{H_2O}L\dfrac{T_w}{T_g}$ 为参量，由附录Ⅲ查出的 CO_2 及 H_2O 的黑度。

3.3.3　火焰的黑度

实际高温炉内，烟气或火焰中除含有辐射气体外，通常还含炭黑、灰尘等固体微粒。这些微粒的存在必然会增大气体的辐射和吸收能力，从而改变纯净气体的辐射特性，使气体原来纯净时典型的选择性辐射和吸收过渡到近乎固体的连续辐射与吸收。随微粒含量的增加，火焰的黑度增大。工程上常采用经验公式确定火焰的黑度：

$$\varepsilon_{焰} = \beta(\varepsilon'_{CO_2} + \varepsilon'_{H_2O} + \cdots) \qquad (2-3-24)$$

式中　β——考虑了火焰中悬浮微粒的附加辐射系数。一般气体燃料无焰燃烧时 $\beta = 1$，重油火焰 $\beta = 1.3$，天然气火焰 $\beta = 1.10 \sim 1.25$，粉煤火焰 $\beta = 1.30$。

3.3.4　气体与围壁间的辐射传热

设温度与成分均匀的气体 1 充满某容器或通道 2，器壁的内表面积为 A，若以下标"g"和"w"分别表示气体和围壁，则气体和围壁的温度、黑度、吸收率分别为 $T_g, T_w, \varepsilon_g, \varepsilon_w, a_g, a_w$。壁面可视为灰体，故 $a_w + r_w = 1$，且 $\varepsilon_w = a_w$。

因气体无反射能力，故其有效辐射即为其为自身辐射，即

$$q_{J,g} = E_g \qquad (a)$$

投射到围壁表面的投入辐射为

$$G_w = q_{J,g} + q_{J,w}\varphi_{22}(1 - a_g) \qquad (b)$$

围壁的有效辐射为

$$q_{J,w} = E_w + q_{J,w}\varphi_{22}(1-a_g)(1-a_w) + q_{J,g}(1-a_w)$$

则

$$q_{J,w} = \frac{E_w + q_{J,g}(1-a_w)}{1-\varphi_{22}(1-a_g)(1-a_w)} \qquad (c)$$

围壁所得到的净热量为

$$Q_w = (G_w - q_{J,w})A$$

将式$(a),(b),(c)$代入上式,并注意到围壁自身的角度系数$\varphi_{22}=1$及$a_w=\varepsilon_w$,整理后得

$$Q_w = \frac{C_b}{\dfrac{1}{\varepsilon_w}+\dfrac{1}{a_g}-1}A\left[\frac{\varepsilon_g}{a_g}\left(\frac{T_g}{100}\right)^4 - \left(\frac{T_w}{100}\right)^4\right] \qquad (2-3-25)$$

当T_g与T_w相差不太大时,可粗略认为$\varepsilon_g=a_g$,则上式可简化为

$$Q_w = \frac{C_b}{\dfrac{1}{\varepsilon_w}+\dfrac{1}{\varepsilon_g}-1}A\left[\left(\frac{T_g}{100}\right)^4 - \left(\frac{T_w}{100}\right)^4\right] \qquad (2-3-26)$$

式$(2-3-26)$与两无限大灰体平行壁面的辐射传热计算公式$(2-3-18)$的形式完全相同。

【例2-3-2】 有一内径为1 m的直升烟道,其内有平均温度为1000 ℃的烟气流过,已知烟气的总压力为1.013×10^5 Pa,烟气中含辐射气体CO_2 7.5%,H_2O 12%,若烟道壁面黑度为$\varepsilon_w=0.8$,温度T_w为600 ℃,试计算烟气对烟道壁面的辐射传热速率。

解 将烟道近似视为无限长圆柱体,则由表2-3-3查得平均射线行程为

$$L = 0.9 D = 0.9\times1 = 0.9 \text{ m}$$
$$p_{CO_2}L = 0.075\times1.013\times10^5\times0.9 = 6.84\times10^3 \quad \text{Pa}\cdot\text{m}$$
$$p_{H_2O}L = 0.12\times1.013\times10^5\times0.9 = 1.09\times10^4 \quad \text{Pa}\cdot\text{m}$$

从附录Ⅲ查得,$T_g=1273$ K 时,$\varepsilon_{CO_2}=0.09$,$\varepsilon_{H_2O}=0.105$,$C_{CO_2}=1.0$,$C_{H_2O}=1.05$
忽略$\Delta\varepsilon$,得烟气的黑度为

$$\varepsilon_g = C_{CO_2}\cdot\varepsilon_{CO_2} + C_{H_2O}\cdot\varepsilon_{H_2O} = 1.0\times0.09 + 1.05\times0.105 = 0.200$$

又
$$T_w = 600 \text{ ℃} = 873 \text{ K}$$
$$p_{CO_2}L\frac{T_w}{T_g} = 6.84\times10^3\times\frac{873}{1273} = 4.69\times10^3$$
$$p_{H_2O}L\frac{T_w}{T_g} = 1.09\times10^4\times\frac{873}{1273} = 7.48\times10^3$$

查附录Ⅲ得，$\varepsilon'_{CO_2} = 0.09$，$\varepsilon'_{H_2O} = 0.13$。

则

$$a_{CO_2} = C_{CO_2} \cdot \varepsilon'_{CO_2} \left(\frac{T_g}{T_w}\right)^{0.65} = 1.0 \times 0.09 \times \left(\frac{1273}{873}\right)^{0.65} = 0.115$$

$$a_{H_2O} = C_{H_2O} \cdot \varepsilon'_{H_2O} \left(\frac{T_g}{T_w}\right)^{0.65} = 1.05 \times 0.13 \times \left(\frac{1273}{873}\right)^{0.65} = 0.174$$

$$a_g = a_{CO_2} + a_{H_2O} = 0.115 + 0.174 = 0.289$$

根据式(2-3-25)可得，辐射传热速率为

$$q_w = \frac{5.675}{\frac{1}{0.8} + \frac{1}{0.289} - 1}\left[\frac{0.200}{0.289} \times \left(\frac{1273}{100}\right)^4 - \left(\frac{873}{100}\right)^4\right]$$

$$= 1.53 \times (0.692 \times 2.626 \times 10^4 - 5.808 \times 10^3)$$

$$= 18920 \ W \cdot m^{-2}$$

若按简化公式(2-3-26)计算，则

$$q'_w = \frac{5.675}{\frac{1}{0.8} + \frac{1}{0.2} - 1}\left[\left(\frac{1273}{100}\right)^4 - \left(\frac{873}{100}\right)^4\right] = 22110 \quad W \cdot m^{-2}$$

显然，按简化公式计算所得结果偏大 16.9%。

习　题

2-3-1　什么叫黑体、灰体和白体？它们分别与黑色物体、灰色物体和白色物体有什么区别？

2-3-2　从减少冷藏车冷量损失出发，试分析冷藏车外壳上的油漆颜色深一点好还是浅一点好？为什么？

2-3-3　有人说，物体辐射能力越强，其吸收率也越大，换句话说，善于辐射的物体必善于吸收。你的看法如何？

2-3-4　将一外径为 50 mm，长为 10 mm 的氧化钢管敷设在与管径相比很大的车间内，车间内石灰粉刷壁面的温度为 27 ℃，石灰粉刷壁 $\varepsilon = 0.91$。求钢管的外壁温度为 250 ℃ 时的辐射热损失。

2-3-5　两平行的大平板，放置在空气中相距为 5 mm，其中一平板的黑度为 0.1，温度为 350 K；另一平板的黑度为 0.05，温度为 300 K。若将第一板加涂层，使其黑度变为 0.025，试计算由此引起的传热量变化的百分率。假设两板间对流传热可以忽略。

2-3-6　两块平行放置的无限大灰体平板，温度分别为 T_1 和 T_2，表面黑度均为 0.9。在二灰体间插入一块薄的金属板，使辐射传热量减为原来的 1/20。问此金属板的表面黑度应为多少？

2-3-7　两个平行放置的无限大平板 1 和 2，表面温度和黑度分别为 $t_1 = 300$ ℃，$t_2 = 100$

℃和 $\varepsilon_1 = 0.5$，$\varepsilon_2 = 0.8$。在板 1、2 之间插入导热系数很大的板 3。当板 3 的 A 侧面向板 1 时，板 3 的平衡温度为 279 ℃；而当板 3 的 B 侧面向板 1 时，其平衡温度为 139 ℃。试求板 3 两侧的黑度。

2-3-8 一同心长套管，内管的外径 $d_1 = 50$ mm，壁温 $t_1 = 277$ ℃，黑度 $\varepsilon_1 = 0.6$；外管的内径 $d_2 = 300$ mm，壁温 $t_2 = 27$ ℃，黑度 $\varepsilon_2 = 0.3$。试求：(1) 每米套管内、外壁面间的辐射传热量 $Q_{1,2}$；(2) 用直径 $d_3 = 150$ mm，黑度 $\varepsilon_3 = 0.2$ 的薄壁铝管作为遮热管插入套管的内、外管之间，试计算遮热管的壁温 t_3。

2-3-9 黑度 $\varepsilon_1 = 0.3$ 和 $\varepsilon_2 = 0.8$ 相距很近的两块大平行平板之间进行辐射换热。试问当其间设置 $\varepsilon_2 = 0.04$ 的磨光铝制隔热板后，换热量减少为原有换热量的百分之几？

2-3-10 烟气流过辐射换热器内管，其直径 $d = 1$ m，内管黑度 $\varepsilon = 0.9$，温度 $t_2 = 700$ ℃，烟气温度 $t_1 = 1200$ ℃，烟气成分为：$CO_2 = 14.5\%$，$H_2O = 4\%$，若忽略端头辐射的影响，试计算单位管长上的辐射传热量。

2-3-11 直径分别为 20 mm 和 50 mm 的长圆管组成的同心套管，内管流着低温流体，其外表面温度 $T_1 = 77$ K，黑度 $\varepsilon_1 = 0.02$；外管内表面温度 $T_2 = 300$ K，黑度 $\varepsilon_2 = 0.05$。二表面间抽成真空。试计算：(1) 单位管长上低温流体获得的热流量；(2) 当用一薄遮热罩 (直径 $d_3 = 35$ mm，两面的黑度 $\varepsilon_3 = 0.02$) 插在二表面之间时，单位管长上低温流体获得的热流量。

2-3-12 保温 (热水) 瓶瓶胆是一夹层结构，且夹层表面涂水银，水银层的黑度 $\varepsilon = 0.04$。瓶内存放 $t_1 = 100$ ℃ 的开水，周围环境温度 $t_2 = 20$ ℃。设瓶胆内外层的温度分别与水和周围环境温度大致相同。求瓶胆的散热量。如用导热系数 $\lambda = 0.04$ W·m^{-1}·℃$^{-1}$ 的软木代替瓶胆夹层保温，问需用多厚的软木才能达到保温瓶原来的保温效果？

4 稳态综合传热及换热器

4.1 稳态综合传热计算

实际生产过程中,各种传热方式往往不是单独出现,而是伴随着其他传热方式同时出现。如高温炉壁在空气中的散热以及火焰炉内火焰与物料表面间的传热通常是对流与辐射的联合传热过程;而间壁式换热器的传热过程则是辐射、对流及传导三种传热方式同时进行。习惯上我们把这些实际传热过程称为综合传热。

4.1.1 传热基本方程

对前面介绍的传导、对流及辐射三种传热方式,我们均可用下述方程来描述其传热过程,即

$$Q = KA\Delta t = KA(t_1 - t_2) \qquad (2-4-1)$$

式中　　Q——单位时间内通过传热面传递的热量,W;

　　　　A——传热面积,m^2;

　　　　Δt——两传热体的温差,℃;

　　　　K——传热系数,$W \cdot m^{-2} \cdot ℃^{-1}$。

显然,热传导过程:
$$K = \frac{\lambda}{\delta}$$

对流传热过程:
$$K = \alpha$$

辐射传热过程:
$$K = C_{12}\varphi_{12}\frac{\left[\left(\frac{T_1}{100}\right)^4 - \left(\frac{T_2}{100}\right)^4\right]}{t_1 - t_2}$$

式(2-4-1)称为传热基本方程式。

下面我们以此为基础来分析一些典型的实际传热过程。

4.1.2 设备热损失

冶金生产过程,设备的外壁温度常高于周围环境的温度,因此,热量将由壁面以对流及辐射两种方式散失于周围环境中。在这种情况下,设备损失的热量就等

于对流传热与辐射传热两部分之和。若设备的散热面积为 A,设备外壁及周围环境(即空气)的绝对温度和摄氏温度分别为 T_w,t_w 和 T,t,则根据式(2-4-1),有

由对流散失的热量为：　　　　$Q_C = \alpha_C A(t_w - t)$　　　　　　　　　　（a）

因辐射散失的热量为：　　　　$Q_R = \alpha_R A(t_w - t)$　　　　　　　　　　（b）

因设备向大气辐射传热时角度系数：　$\varphi_{12} = 1$

故　　　　　　　　　　$\alpha_R = C_{12} \dfrac{\left[\left(\dfrac{T_w}{100}\right)^4 - \left(\dfrac{T}{100}\right)^4\right]}{t_w - t}$　　　　　　（c）

式中　　α_C——空气的对流传热系数,$\mathrm{W \cdot m^{-2} \cdot ℃^{-1}}$;

　　　　α_R——辐射传热系数,$\mathrm{W \cdot m^{-2} \cdot ℃^{-1}}$。

因而壁面的总散热量为：

$$Q = Q_C + Q_R = (\alpha_C + \alpha_R)A(t_w - t) \qquad (2-4-2a)$$

即　　　　　　　　　　$Q = \alpha_T A(t_w - t)$　　　　　　　　　　（2-4-2）

式中　$\alpha_T = \alpha_C + \alpha_R$——对流—辐射联合传热系数,$\mathrm{W \cdot m^{-2} \cdot ℃^{-1}}$。

对有保温层的设备,设备外壁对周围环境的联合传热系数 α_T 可用下列各式进行近似计算：

空气自然对流,且 $t_w < 150\ ℃$ 时,

在平壁保温层外：　　　　$\alpha_T = 9.8 + 0.07(t_w - t)$　　　　　　（2-4-3）

在管或圆筒壁保温层外：

$$\alpha_T = 9.4 + 0.052(t_w - t) \qquad (2-4-4)$$

空气沿粗糙壁强制对流时：

空气速度 $v \leqslant 5\ \mathrm{m \cdot s^{-1}}$ 时：　$\alpha_T = 6.2 + 4.2v$　　　　　　（2-4-5）

空气速度 $v > 5\ \mathrm{m \cdot s^{-1}}$ 时：　$\alpha_T = 7.8v^{0.78}$　　　　　　（2-4-6）

4.1.3　通过间壁的传热

通过间壁的传热是一种十分普遍的传热现象,各种换热器内的传热以及高温炉体通过炉壁向外散热都属于此类。

现以流体通过平壁的传热为例推导通过间壁传热的传热方程。

如图 2-4-1 所示,已知平壁厚度为 δ,导热系数为 λ,两侧壁面温度分别为 t_{w_1} 和 t_{w_2},间壁两侧流体的温度分别为 t_1 和 t_2,两侧流体与壁面的对流—辐射联合传热系数分别为 α_{T_1} 和 α_{T_2}。该传热过程实际上是热流体 1 以对流—辐射方式向壁面 1 传热,壁面 1 则以导热方式向壁面 2 导热,壁面 2 又以对流—辐射方式向冷流体 2 传热。若两侧壁面面积分别为 A_1 和 A_2,间壁的平均导热面积为 A,则对各段传热可分别写出下列方程：

$$Q_1 = \alpha_{T_1} A_1 (t_1 - t_{w_1}) = \frac{t_1 - t_{w_1}}{\dfrac{1}{\alpha_{T_1} A_1}} \qquad (1)$$

$$Q_2 = \frac{\lambda}{\delta} A (t_{w_1} - t_{w_2}) = \frac{t_{w_1} - t_{w_2}}{\dfrac{\delta}{\lambda A}} \qquad (2)$$

$$Q_3 = \alpha_{T_2} A_2 (t_{w_2} - t_2) = \frac{t_{w_2} - t_2}{\dfrac{1}{\alpha_{T_2} A_2}} \qquad (3)$$

稳态传热条件下, $Q_1 = Q_2 = Q_3 = Q$, 利用和比定律, 得

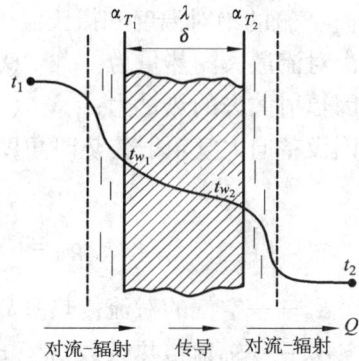

图 2 - 4 - 1　流体通过间壁的传热

$$Q = \frac{(t_1 - t_{w_1}) + (t_{w_1} - t_{w_2}) + (t_{w_2} - t_2)}{\dfrac{1}{\alpha_{T_1} A_1} + \dfrac{\delta}{\lambda A} + \dfrac{1}{\alpha_{T_2} A_2}}$$

$$= \frac{t_1 - t_2}{\dfrac{1}{\alpha_{T_1} A_1} + \dfrac{\delta}{\lambda A} + \dfrac{1}{\alpha_{T_2} A_2}} \qquad (2-4-7)$$

若 $A_1 = A_2 = A$, 则

$$Q = \frac{A(t_1 - t_2)}{\dfrac{1}{\alpha_{T_1}} + \dfrac{\delta}{\lambda} + \dfrac{1}{\alpha_{T_2}}} = \frac{\Delta t}{\Sigma R} \qquad (2-4-8)$$

或写成　　　　　　　　　　　$Q = KA\Delta t \qquad (2-4-8a)$

式中　　Δt——热流体与冷流体的温差, ℃, $\Delta t = t_1 - t_2$;

　　　　ΣR——总传热热阻, ℃ · W^{-1};

$$\Sigma R = \frac{1}{\alpha_{T_1} A_1} + \frac{\delta}{\lambda A} + \frac{1}{\alpha_{T_2} A_2} \qquad (2-4-9)$$

　　　　K——总传热系数, W · m^{-2} · ℃$^{-1}$,

$$K = \frac{1}{\dfrac{1}{\alpha_{T_1}} + \dfrac{\delta}{\lambda} + \dfrac{1}{\alpha_{T_2}}} = \frac{1}{A \Sigma R} \qquad (2-4-10)$$

　　从 ΣR 的组成可以看出, 其总热阻为各段热阻之和, 这与串联电路是相似的, 故这种情况下的传热可视为三段热传递过程的串联。因此, 对通过多层平壁的传热, 当各层面积相等时, 可直接写出下列传热方程:

$$Q = \frac{A(t_1 - t_2)}{\dfrac{1}{\alpha_{T_1}} + \dfrac{\delta_1}{\lambda_1} + \dfrac{\delta_2}{\lambda_2} + \cdots + \dfrac{\delta_n}{\lambda_n} + \dfrac{1}{\alpha_{T_2}}} \qquad (2-4-11)$$

用类似的方法可导出通过圆筒壁传热的方程式。

由式(2-1-31)和式(2-1-33)知,通过单层圆筒壁的导热方程为

$$Q = \frac{t_1 - t_2}{\frac{1}{2\pi\lambda L}\ln\frac{r_2}{r_1}} \text{或} Q = \frac{t_1 - t_2}{\frac{\delta}{\lambda A_m}} \tag{4}$$

圆筒壁内、外流体通过对流—辐射与圆筒壁的热传递同样可用(1)、(3)式表示。稳态传热时,依各段串联传热的规律,可直接写出其总传热方程为

$$Q = \frac{t_1 - t_2}{\frac{1}{\alpha_{T_1}A_1} + \frac{\delta}{\lambda A_m} + \frac{1}{\alpha_{T_2}A_2}} \tag{2-4-12}$$

式中 δ——圆筒壁厚度,m,$\delta = r_2 - r_1$;

A_m——圆筒壁的对数平均面积,m²,$A_m = \dfrac{A_2 - A_1}{\ln\dfrac{A_2}{A_1}}$。

将式(2-4-12)改写成基本传热方程的形式,则

$$Q = K_1 A_1 \Delta t \tag{2-4-13}$$

或

$$Q = K_2 A_2 \Delta t \tag{2-4-14}$$

式中

$$K_1 = \frac{1}{\frac{1}{\alpha_{T_1}} + \frac{\delta A_1}{\lambda A_m} + \frac{A_1}{\alpha_{T_2}A_2}} \quad \text{W} \cdot \text{m}^{-2} \cdot \text{℃}^{-1} \tag{2-4-15}$$

$$K_2 = \frac{1}{\frac{A_2}{\alpha_{T_1}A_1} + \frac{\delta A_2}{\lambda A_m} + \frac{1}{\alpha_{T_2}}} \quad \text{W} \cdot \text{m}^2 \cdot \text{℃}^{-1} \tag{2-4-16}$$

式(2-4-13)和式(2-4-14)分别为以圆筒壁的内、外表面面积 A_1 和 A_2 表示的传热方程,K_1 与 K_2 则分别为按 A_1 和 A_2 计算的总传热系数。

相应地,对多层圆筒壁,可直接写出

$$Q = \frac{t_1 - t_2}{\frac{1}{\alpha_{T_1}A_1} + \frac{\delta_1}{\lambda_1 A_{m_1}} + \cdots + \frac{\delta_n}{\lambda_n A_{mn}} + \frac{1}{\alpha_{T_2}A_2}} \tag{2-4-17}$$

值得注意的是,工程上所用管子规格一般是指管子外径。因此,实际当中传热系数多用外表面积表示。且一般情况下,当管壁较薄或管径较大,即 $\dfrac{d_2}{d_1} < 2$ 时,可近似取 $d_1 \approx d_2$,或 $A_1 \approx A_2$,即可视为平壁处理,故其传热量可近似用平壁的传热方

程式计算。

4.1.4　火焰炉炉膛内的传热

在火焰炉炉膛内,热源为火焰或高温炉气,参与热交换过程的物体有炉气、炉墙(炉顶和炉侧墙等)以及被加热或熔化的金属炉料,它们之间不仅存在辐射传热,同时也存在对流传热和导热,使传热过程十分复杂。为了便于研究,在推导传热方程时,通常作出如下假设,这些假设与实践工作情况大体一致:

(1)火焰(或炉气)充满炉膛,其温度与黑度各处均匀,且黑度与吸收率相等;

(2)炉料布满炉底,其表面不能自见,且温度与黑度均匀;

(3)炉墙内表面温度与黑度均匀;

(4)炉气以对流方式传热给炉墙内表面的热量等于炉墙对外散热,且投射到炉膛内表面的辐射热全部返回炉膛,即炉膛本身既不吸收也不失去热量。

在以上假设条件下,可从理论上导出如下公式:

$$Q_m = C_D A_m \left[\left(\frac{T_g}{100} \right)^4 - \left(\frac{T_m}{100} \right)^4 \right] \qquad (2-4-18)$$

式中　Q_m——被加热金属吸收的净辐射热量,W;

　　　A_m——金属炉料的表面积,m^2;

　　　T_g——炉气温度,K;

　　　T_m——金属炉料的温度,K;

　　　C_D——导来辐射系数,也称炉墙、炉气对金属炉料的综合辐射系数,$W \cdot m^{-2} \cdot K^{-4}$。

$$C_D = \frac{5.67 \varepsilon_g \varepsilon_m [1 + \varphi_{w-m}(1 - \varepsilon_g)]}{\varepsilon_g + \varphi_{w-m}(1 - \varepsilon_g)[\varepsilon_m + \varepsilon_g(1 - \varepsilon_m)]} \qquad (2-4-19)$$

式中　ε_g——炉气的黑度;

　　　ε_m——金属炉料的黑度;

　　　φ_{w-m}——炉墙对金属炉料的辐射角度系数,$\varphi_{w-m} = A_m / A_w$($A_w$为炉墙内表面积,$m^2$)。

式(2-4-18)为目前计算炉膛内热交换最常用的公式,也称为齐莫非也夫公式。其形式与两固体壁面间的辐射传热计算公式(2-4-18)完全一样。

从式(2-4-19)可以看出,导来辐射系数 C_D 与 φ_{w-m} 及炉气与金属的黑度 ε_g、ε_m 有关,而与炉墙的黑度 ε_w 无关。

当 $\varepsilon_w = 0.8$ 时,C_D 与 ε_g 及 φ_{w-m} 之间的关系如图2-4-2所示。

从图可以看出,提高 ε_g($\varepsilon_g < 0.4$ 时)或减小 φ_{w-m} 均可增大 C_D。

通过在火焰炉内采用喷油加碳的方法可提高 ε_g,在一定范围内加强火焰的辐

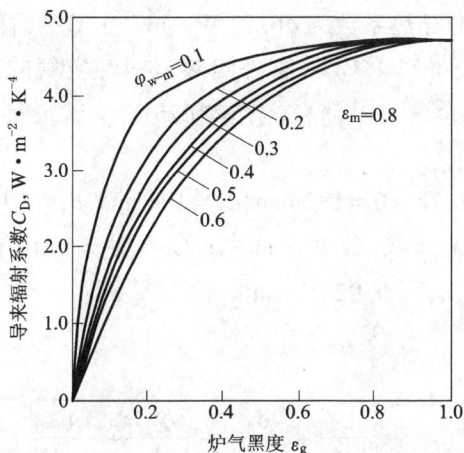

图 2 - 4 - 2 　C_D 与 ε_g 和 φ_{w-m} 之间的关系

射。当 A_m 一定时,适当提高炉膛高度,可增大 A_m,从而使 φ_{w-m} 降低以提高 C_D。但过多地加高炉膛高度,一方面增加炉膛造价,另一方面使炉膛内对流传热减弱,同时还会增加炉墙的热损失,需慎重考虑。

式(2 - 4 - 18)的假设条件之一是,炉气温度 T_g 均匀一致,而实际情况并非如此,炉气的实际温度沿炉长方向和炉宽方向的分布是不均匀的。故利用式(2 - 4 - 18)时,只能近似地取某种平均温度来代替 T_g,对于高温炉,一般采用下式计算火焰或炉气的平均温度:

$$\left(\frac{T_g}{100}\right)^4 = \sqrt{\left[\left(\frac{T_g'}{100}\right)^4 - \left(\frac{T_m'}{100}\right)^4\right]\left[\left(\frac{T_g''}{100}\right)^4 - \left(\frac{T_m''}{100}\right)^4\right]} + \left(\frac{T_m}{100}\right)^4 \qquad (2 - 4 - 20)$$

式中　T_g——炉气与炉料的平均温度,K;

T_g',T_g''——火焰或炉气在始端和终端的温度,K;

T_m',T_m''——炉料在始端和终端的温度,K。

温度变化不大的炉子,炉料的平均温度可采用下式计算:

$$T_m^4 = \frac{1}{2}\left[(T_m')^4 + (T_m'')^4\right] \qquad (2 - 4 - 21)$$

温度变化较大的炉子,则应分成若干区段分别计算。在粗略计算时,可取抛物线平均值,即

$$T_m = T_m' + \frac{2}{3}(T_m'' - T_m') \qquad (2 - 4 - 22)$$

【例 2 - 4 - 1】　今用 $\phi 194 \times 6\ mm$ 的管道输送温度为 250 ℃ 的蒸汽,管壁处包

裹一层厚度为 110 mm 的隔热材料。已知隔热材料的导热系数为 0.10 W·m⁻¹·℃⁻¹,管壁的导热系数为 46.52 W·m⁻¹·℃⁻¹,管内对流 – 辐射联合传热系数 $\alpha_{T_1} = 113.6$ W·m⁻²·℃⁻¹,管外隔热材料与空气的对流 – 辐射联合传热系数 $\alpha_{T_2} = 9.92$ W·m⁻²·℃⁻¹,空气温度为 25 ℃。试求每米管长的热损失及保温层外表面的温度。

解 已知 $d_1 = 194 - 2 \times 6 = 182$ mm,$d_2 = 194$ mm,$d_3 = 194 + 2 \times 110 = 414$ mm,$t_1 = 250$ ℃,$t_2 = 25$ ℃,$\lambda_1 = 46.52$ W·m⁻¹·℃⁻¹,$\lambda_2 = 0.10$ W·m⁻¹·℃⁻¹,$\alpha_{T_1} = 113.6$ W·m⁻²·℃⁻¹,$\alpha_{T_2} = 9.92$ W·m⁻²·℃⁻¹。

由(2 – 4 – 17)知

$$Q = \frac{t_1 - t_2}{\dfrac{1}{\alpha_{T_1} A_1} + \dfrac{\delta_1}{\lambda_1 A_{m1}} + \dfrac{\delta_2}{\lambda_2 A_{m2}} + \dfrac{1}{\alpha_{T_2} A_2}}$$

即

$$Q_L = \frac{t_1 - t_2}{\dfrac{1}{\alpha_{T_1} \pi d_1} + \dfrac{1}{2\pi\lambda_1}\ln\dfrac{d_2}{d_1} + \dfrac{1}{2\pi\lambda_2}\ln\dfrac{d_3}{d_2} + \dfrac{1}{\alpha_{T_2} \pi d_3}}$$

$$= \frac{250 - 25}{\dfrac{1}{3.14}\left(\dfrac{1}{113.6 \times 0.182} + \dfrac{1}{2 \times 46.52}\ln\dfrac{0.194}{0.182} + \dfrac{1}{2 \times 0.10}\ln\dfrac{0.414}{0.194} + \dfrac{1}{9.92 \times 0.414}\right)}$$

$$= 173 \quad \text{W·m}^{-1}$$

又管壁保温层外表面与周围空气的传热方程为:

$$Q_L = \alpha_{T_2} \pi d_3 (t_w - t)$$

故保温层外表面的温度为:

$$t_w = \frac{Q_L}{\alpha_{T_2} \pi d_3} + t = \frac{173}{9.92 \times 3.14 \times 0.414} + 25 = 34.4 \quad \text{℃}$$

4.2 换热器及其传热计算

4.2.1 换热器的种类

换热器是冶金及化工生产中用以进行热交换操作的常用设备。根据传热的原理和实现热交换的方法,换热器可分为间壁式、混合式和蓄热式三大类。

4.2.1.1 间壁式换热器

间壁式换热器是在冷、热两流体间用一固体壁面隔开,两种流体不相混合,通过间壁进行热量的传递。间壁式换热器是应用最广的一种换热器,该类换热器又可分为夹套式、蛇管式、套管式、列管式、板式和板翅式等,其中以列管式换热器应用最广,后面将作重点介绍。而夹套式换热器及沉浸式蛇管换热器则常用于湿法冶金的反应过程。

（1）夹套式换热器

此种换热器的构造如图2－4－3所示。夹套安装在容器的外部,夹套与容器之间形成密闭空间,为载热体或载冷体之通道。用蒸汽加热时,蒸汽由上口进入,冷凝水则由下口排出;若用于冷凝,则用于冷却的水从下口进入而由上口排出。

该种换热器的优点是构造简单,造价低。但其传热面小,传热系数较低,一般用在传热量不太大的场合。为提高其传热效果,可在容器内安装搅拌器。

（2）蛇管式换热器

蛇管式换热器有沉浸式和喷淋式之分,前者将蛇管浸入盛流体的容器中,后者则将蛇管固定在钢架上,用水喷淋。沉浸式蛇管换热器的构造如图2－4－4所示。蛇管常用金属管子弯制而成。由于蛇管放入容器中,容器中液体流速小,故传热系数小。但其结构简单,价格低廉,便于防腐,且能耐高压,故广为小厂采用。若在容器内增设搅拌器或减小管外空间,则可提高传热系数。

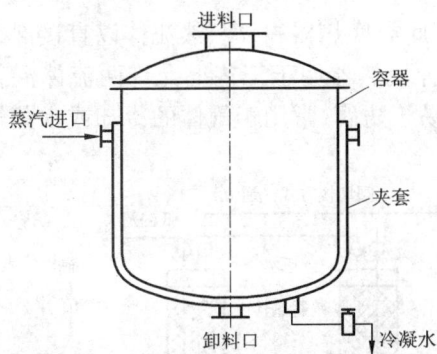

图2－4－3　夹套式换热器

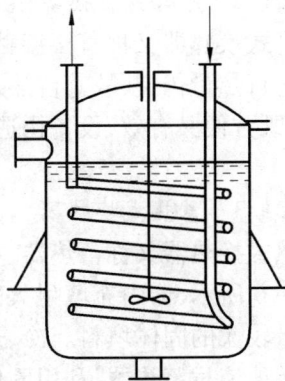

图2－4－4　沉浸式蛇管换热器

喷淋式换热器传热效果较好,便于检修和清理,但其缺点是喷淋不易均匀。

（3）套管式换热器

套管式换热器为几段由两种尺寸不同的标准管连接而成的同心圆套管,用180°的回弯管连接而成,如图2－4－5所示。每段套管称为一程,换热器的程数可以根据传热面的大小而增减,也可几排并列,每排与总管相连。进行热交换时,一种流体在内管流动,另一种流体则在套管的环隙中流动,冷、热两种流体一般是逆流流动。由于套管的两个管径都可以适当选择而使流体呈紊流状态,故其传热系数较大。又由于设备由管子组成,其耐压能力较强,制造较方便,加热面易于增减。其主要缺点是管间接头多,易泄漏,单位传热面的金属耗量大。故一般用于中小流量且传热面要求不大的场合。

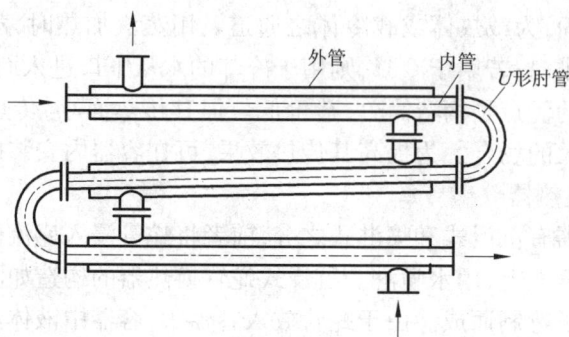

图 2 - 4 - 5 套管式换热器

4.2.1.2 混合式换热器

混合式换热器又称直接接触式换热器。此类换热器中,冷、热流体以直接混合的方式进行热量传递,故其传热效果好。这种换热器用于工艺上允许两流体混合的情形,既方便又有效,设备构造较简单,且易于防腐,常用于气体的冷却或水蒸气的冷却。

4.2.1.3 蓄热式换热器

蓄热式换热器又称蓄热器,如图 2 - 4 - 6 所示,器内充填耐火砖等热容量较大的固体填料。冷、热流体交替地流过蓄热器,利用固体填料来积蓄和释放热量以达到热交换的目的。该换热器结构较简单,且可耐高温,常用于高温气体热量的利用和冷却;其缺点是设备体积庞大,且不能避免两种流体的混合。

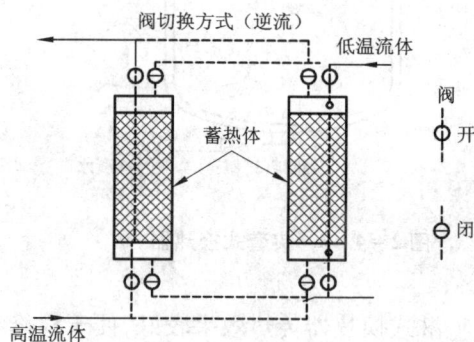

图 2 - 4 - 6 蓄热式换热器

实际生产中所应用的换热器种类很多,需了解各种换热器的特点,并根据工艺要求选用适当的类型。

4.2.2　列管式换热器

4.2.2.1　列管式换热器的基本结构

列管式换热器又称管壳式换热器,是目前应用最广的一种间壁式换热器。其结构简单,易于加工,处理能力大,适应性强,操作弹性大,尤其在高温、高压和大型装置中使用更为普遍。

列管式换热器由壳体、管束、管板(又称花板)和封头(又称端盖)等部件组成。如图2-4-7所示,在圆筒形壳体中装设有由多根平行管组成的管束,管束两端胀接或焊接在管板上。管子在管板上的排列方式可以是三角形、六角形或正方形。为了增加管隙间流体的流速,可在壳体内安装横向或纵向折流挡板,挡板可以是半圆形或圆形。

当冷、热两种流体在列管式换热器中进行热交换时,一种流体在管内流过,其行程称为管程;另一种流体在管外流过,其行程称为壳程。管束的表面积即为传热面积。管内流体每通过一次管束称为一个管程。当所需传热面积较大时,为提高流体流速以增大传热系数 α,在换热器的顶盖可加挡板,使之变为双管程或多管程。

列管式换热器操作时,由于两种流体温度不同,其壳体与管束的膨胀程度也不相同。情况严重时可导致设备变形,或使管子扭弯,或使管子从管板上松脱,甚至毁坏换热器。因此,当温差较大时,必须从结构上采取措施减少甚至消除这种膨胀的影响。目前常用的方法为补偿法,补偿法又可分为:①浮头补偿;②补偿圈补偿;③U形管补偿等。各种补偿式换热器的结构形式如图2-4-8所示。

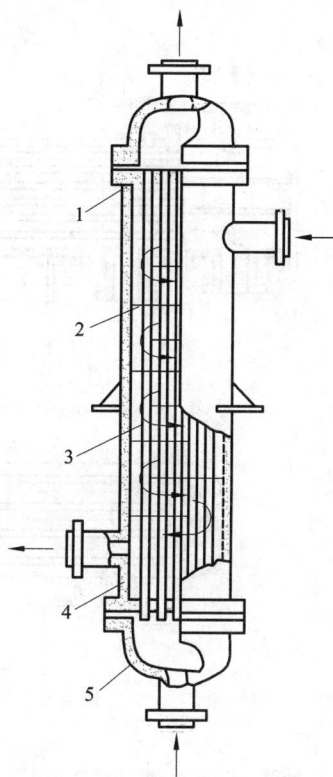

图2-4-7　列管式换热器
1—管板　2—挡板　3—管束
4—壳体　5—封头

浮头式换热器[图2-4-8(a)]的两端管板之一不与壳体连接,该端称为浮头,当壳体与管束受热(或受冷)时,管束连同浮头可以自由伸缩,而与壳体的膨胀无关。

(a)浮头式

1—浮头 2—浮头管板

(b)具有补偿圈的固定管板式

1—放气嘴 2—挡板 3—补偿圈

(c)U形管式

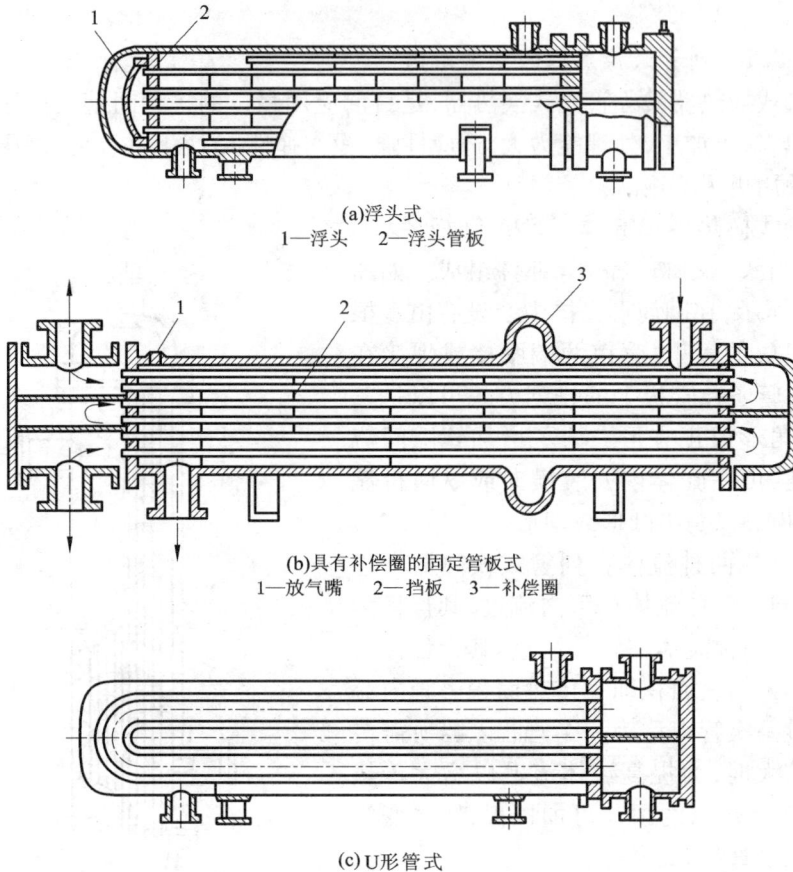

图 2-4-8 列管式换热器的补偿方式

补偿圈式换热器[图 2-4-8(b)]则在壳体的适当部位焊上一个补偿圈,当壳体与管束热膨胀不同时,补偿圈发生弹性变形(拉伸或压缩),以适应壳体与管束的不同热膨胀程度。

U 形管式换热器[图 2-4-8(c)]则将管子弯成 U 形,管子的两端固定在同一管板上,因而使每根管子可自由伸缩,而与其他管子和壳体无关。

以上几种形式的换热器,国内已有系列标准可供选用。

4.2.2.2 列管式换热器的选型计算

(1)换热器内间壁两侧流体的流动方式及平均温差

换热器内冷、热两种流体的流动方式大致有以下四种类型(图 2-4-9),即并流、逆流、错流和折流。生产中,以并流和逆流应用最为普遍。两种流体的温度沿传热面的变化情况如图 2-4-10 所示。t_1,t_2 分别表示冷流体的进、出口温度,T_1, T_2 分别表示热流体的进、出口温度,Δt_1,Δt_2 分别表示冷、热流体在进、出口两端的温度差,且 $\Delta t_1 > \Delta t_2$。由于热量是由热流体传给冷流体,因此,在传热面上的任何位置,热流体的温度必定高于冷流体的温度。

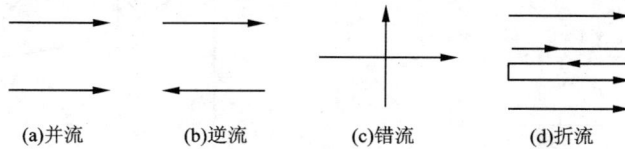

(a)并流   (b)逆流   (c)错流   (d)折流

图 2-4-9 换热器中流体的流向示意图

（a)并流 （b)逆流 （c)错流 （d)折流

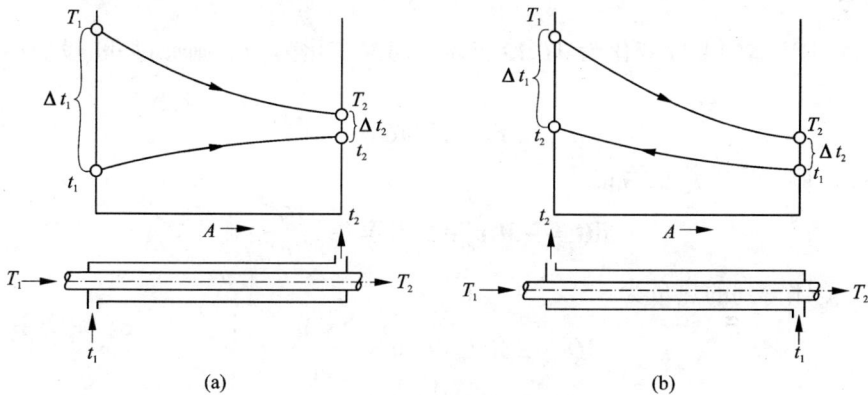

(a)   (b)

图 2-4-10 流体沿传热面的温度变化

（a)并流 （b)逆流

在换热器的设计及传热计算中,进、出口平均温差常用对数平均值计算。下面以并流和逆流为例讨论平均温差计算式的推导。

如图 2-4-11 所示,在传热面上取一微元面积 dA,作 dA 两侧流体的热量衡算,在传热过程中,假定:

①热损失可忽略不计;

②壁面两侧流体间温度沿传热面方向随位置的不同而改变,但壁面上每一点的温度则不随时间而变。

③总传热系数 K 沿传热面为常数。

取传热面上的一微元面积 dA 为研究对象,dA 两侧流体温差为 Δt,在热交换

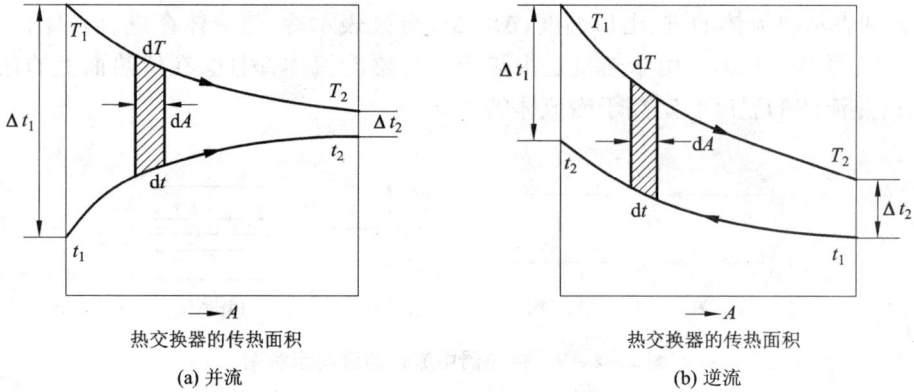

(a) 并流　　　　　　　　　　　　(b) 逆流

图 2 - 4 - 11　平均温差的推导

过程中,热流体的温度变化为 dT,冷流体的温度变化为 dt。则通过 dA 段的传热量为

$$dQ = K\Delta t dA \qquad (a)$$

热流体放出的热量为:

$$dQ = -M_1 c_{p_1} dT, \quad dT = -\frac{dQ}{M_1 c_{p_1}} \qquad (b)$$

冷流体得到的热量为:

$$dQ = \pm M_2 c_{p_2} dt, \quad dt = \pm \frac{dQ}{M_2 c_{p_2}} \qquad (c)$$

式中　M_1, M_2——分别为热、冷流体的质量流量,$kg \cdot s^{-1}$;

　　　c_{P1}, c_{P2}——分别为热、冷流体的定压比热,$J \cdot kg^{-1} \cdot ℃^{-1}$。

式(b)、(c)中的负号表示热交换过程中,流体的温度沿传热面 dA 的增加而降低。显然,并流时,冷流体的温度随 dA 的增加而增大,式(c)中 dt 取"＋"号;逆流时,冷流体的温度则随 dA 的增加而降低,故式(c)中 dt 取"－"号。对热流体则在并流和逆流时 dT 都取"－"号。

式(a)中两侧流体的温差 $\Delta t = T - t$ 　　　　　　　　　　　　　　(d)

则 $d(\Delta t) = d(T - t) = dT - dt$

将式(b)、(c)代入(d),得

$$d(\Delta t) = -\frac{dQ}{M_1 c_{p_1}} \mp \frac{dQ}{M_2 c_{p_2}} = -\left(\frac{1}{M_1 c_{p_1}} \pm \frac{1}{M_2 c_{p_2}}\right)dQ$$

即　　　　　　$$\frac{d(\Delta t)}{dQ} = -\left(\frac{1}{M_1 c_{p_1}} \pm \frac{1}{M_2 c_{p_2}}\right) \qquad (e)$$

上式中,等号右边第二项的符号,并流时取"$+$",逆流时取"$-$"。若视 $M_1 c_{p_1}$ 和 $M_2 c_{p_2}$ 为常数,对式(e)进行积分,Δt 由 Δt_1 到 Δt_2,热量由 0 至 Q,则得

$$\frac{\Delta t_2 - \Delta t_1}{Q} = -\left(\frac{1}{M_1 c_{p_1}} \pm \frac{1}{M_2 c_{p_2}}\right) \tag{f}$$

又将式(a)代入(e)并整理,得

$$\frac{\mathrm{d}(\Delta t)}{\Delta t} = -\left(\frac{1}{M_1 c_{p_1}} \pm \frac{1}{M_2 c_{p_2}}\right) K \mathrm{d}A \tag{g}$$

将上式在整个传热面上积分,Δt 由 Δt_1 到 Δt_2,面积从 0 到 A,得

$$Q = KA \frac{\Delta t_2 - \Delta t_1}{\ln \dfrac{\Delta t_2}{\Delta t_1}} = KA\Delta t \tag{2-4-23}$$

式(2-4-23)称为换热器的传热方程,式中 Δt 称为对数平均温差。

$$\Delta t = \frac{\Delta t_2 - \Delta t_1}{\ln \dfrac{\Delta t_2}{\Delta t_1}} \tag{2-4-24}$$

式(2-4-24)对并流和逆流都适用。

利用式(2-4-23),在已知 Q,K 并求得 Δt 后,即可确定传热面积 A。

当换热器两端温差不大,即 $0.5 < \dfrac{\Delta t_1}{\Delta t_2} < 2$ 时,可用算术平均温差近似代替对数平均温差,即

$$\Delta t = \frac{1}{2}(\Delta t_1 + \Delta t_2)$$

其误差不超过 4%。

对于错流和折流时的平均温差,通常采用的方法是,先按并流或逆流方式由(2-4-24)求得其对数平均温差 $\Delta t'$,然后再乘以校正系数 $\varepsilon_{\Delta t}$,即

$$\Delta t = \varepsilon_{\Delta t} \cdot \frac{\Delta t_2 - \Delta t_1}{\ln \dfrac{\Delta t_2}{\Delta t_1}} \tag{2-4-25}$$

式中,校正系数 $\varepsilon_{\Delta t}$ 与冷、热流体的温度变化有关,是 R 和 P 的函数,即 $\varepsilon_{\Delta t} = f(R, P)$,而

$$R = \frac{T_1 - T_2}{t_2 - t_1} = \frac{\text{热流体的温降}}{\text{冷流体的温升}}$$

$$P = \frac{t_2 - t_1}{T_1 - t_1} = \frac{\text{冷流体的温升}}{\text{两流体的初始温差}}$$

几种常用换热器的 $\varepsilon_{\Delta t}$ 值可根据 R,P 值,由附录Ⅳ查得。

必须指出,在推导平均温差时,曾假定总传热系数 K 为常数。实际上 K 沿传热面的长度方向是变化的,工程计算中,可取进、出口两端传热系数的算术平均值。

换热器在使用过程中,管子的内、外壁上总有一层污垢,因此,计算总传热系数时应考虑污垢热阻,可近似地按通过平壁的传热系数计算,即

$$K = \cfrac{1}{\cfrac{1}{\alpha_{T_1}} + \cfrac{\delta_i}{\lambda_i} + \cfrac{\delta}{\lambda} + \cfrac{\delta_0}{\lambda_0} + \cfrac{1}{\alpha_{T_2}}} \qquad (2-4-26)$$

式中 $\dfrac{\delta_i}{\lambda_i}$, $\dfrac{\delta_0}{\lambda_0}$ 分别为管子内、外壁污垢层热阻,一般由实验测定。

在进行换热器的传热计算时,常需先估计总传热系数 K。表 2-4-1 列出了常见列管式换热器总传热系数的大致范围。

(2)列管式换热器的选型计算

表 2-4-1　列管式换热器的总传热系数 K

冷流体	热流体	$K/\mathrm{W} \cdot \mathrm{m}^{-2} \cdot ℃^{-1}$
水	水	850 ~ 1700
水	气体	17 ~ 280
水	有机溶剂	280 ~ 850
有机溶剂	有机溶剂	115 ~ 340
水	水蒸气冷凝	1420 ~ 4250
气体	水蒸气冷凝	30 ~ 300
水沸腾	水蒸气冷凝	2000 ~ 42500

目前国内使用的浮头式和 U 形管式等列管换热器均有定型产品(见附录 V),可从生产实际出发,并进行适当的计算以确定换热器的主要参数,参考标准系列的规格型号予以选用。选用的主要内容和步骤如下:

ⅰ)掌握基本数据,明确工艺要求

①冷、热流体的物性参数;

②冷、热流体的特性(如腐蚀性、悬浮物含量等);

③两种流体的流量,进、出口温度,操作压力等。

ⅱ)确定换热器的型号和流体的流动空间

ⅲ)选型计算

选型计算的主要内容包括:

①根据工艺要求确定两种流体的定性温度,并计算热负荷;

②计算对数平均温差;

③根据总传热系数的经验值范围或按生产实际情况选取总传热系数 K 值;

④由传热方程估算传热面积,按系列标准选择换热器规格;

⑤核算总传热系数。根据所选型号提供的数据,计算管、壳程的对流传热系数,确定污垢热阻,求出总传热系数,并与估算时所选取的总传热系数值比较。若相差较大,则应重新估算;

⑥修正传热温差并计算传热面积。根据 R,P 值确定温差修正系数 $\varepsilon_{\Delta t}$,计算 $\Delta t = \varepsilon_{\Delta t} \cdot \Delta t'$,按传热方程 $Q = KA\Delta t$ 求得需要的传热面积,并考虑 10% ~20% 的裕量。

流体流动空间的选择,可考虑以下原则:不清洁或易结垢的流体、腐蚀性流体、压力高的流体、温度高的流体宜走管程;而饱和蒸汽、粘度大或流量小的流体以及需冷却的流体宜走壳程。

流体流速一般可根据经验选取,列管式换热器常用的流速范围见表 2 - 4 - 2。

表 2 - 4 - 2 列管式换热器常用的流速范围

流体种类	流速/m·s^{-1}	
	管 程	壳 程
一般液体	0.5 ~3	0.2 ~1.5
易结垢液体	>1	>0.5
气体	5 ~30	3 ~15

【例 2 - 4 - 2】 某化工厂需选用一台列管式换热器将 175 ℃ 的柴油冷却至 125 ℃,同时将原油从 65 ℃ 加热至 110 ℃。已知数据如下:

处理量 $M/\text{kg} \cdot \text{h}^{-1}$	密 度 $\rho/\text{kg} \cdot \text{m}^{-3}$	比 热 $c_p/\text{kJ} \cdot \text{kg}^{-1} \cdot ℃^{-1}$	导热系数 $\lambda/\text{W} \cdot \text{m}^{-1} \cdot ℃^{-1}$	粘度 $\mu/\text{Pa} \cdot \text{s}$
柴油 35000	715	2.48	0.133	0.64 × 10^{-3}
原油	815	2.20	0.128	6.65 × 10^{-3}

试选用一台合适的列管式换热器。

解 (1)计算热负荷 Q 及原油流量

$$Q = \frac{35000}{3600} \times 2.48 \times 10^3 \times (175 - 125) = 1.21 \times 10^6 \quad \text{W}$$

原油流量

$$M_2 = \frac{Q}{c_{p_2}(t_2 - t_1)} = \frac{1.21 \times 10^6}{2.20 \times 10^3 (110 - 65)} = 12.2 \quad \text{kg} \cdot \text{s}^{-1}$$

（2）计算平均温差

流体的流动采用逆流方式时：

$$\text{柴油} \quad T_1 : \quad 175 \quad \rightarrow \quad T_2 : \quad 125$$

$$\text{原油} \quad t_2 : \quad 110 \quad \leftarrow \quad t_1 : \quad 65$$

$$\text{温差} \quad \Delta t_1 : \quad 65 \qquad \Delta t_2 : \quad 60$$

$0.5 < \dfrac{\Delta t_1}{\Delta t_2} = \dfrac{65}{60} < 2$，故可采用算术平均温差：

$$\Delta t_{逆} = \frac{1}{2}(65 + 60) = 62.5 \ ^\circ\text{C}$$

（3）选总传热系数 K

根据表 $2-4-1$ 初步估计，$K_{估} = 260 \ \text{W} \cdot \text{m}^{-2} \cdot ^\circ\text{C}^{-1}$

（4）估算传热面积 $A_{估}$

$$A_{估} = \frac{Q}{K_{估} \cdot \Delta t_{逆}} = \frac{1.21 \times 10^6}{260 \times 62.5} = 74.5 \ \text{m}^2$$

（5）初选换热器型号

对于油类物质，为便于清洗换热器中的圬垢，采用浮头式换热器较好，从附录 V 中查 FB 系列标准，初选 FB $-600-95-16-4$ 型换热器，有关参数如下：

外壳公称直径	600	管子尺寸	$\phi 25 \times 2.5$ mm
公称压力	1.6 MPa	管子数	192
公称传热面积	95 m^2	管长	6 m
管程数	4	管中心距	32 mm
壳程数	1	折流挡板间距	200 mm
管子排列方式	正方形，45 ℃错列		

流体流动空间的选择：原油被加热，走壳程；柴油被冷却走管程。

（6）校核总传热系数 K

①管程对流传热系数 α_1

管内柴油流速：

$$v_1 = \frac{35000/(3600 \times 715)}{\frac{192}{4} \times \frac{3.14}{4} \times (0.02)^2} = 0.902 \quad \text{m} \cdot \text{s}^{-1}$$

$$Re_1 = \frac{d_i v_1 \rho_1}{\mu_1} = \frac{0.02 \times 0.902 \times 715}{0.64 \times 10^{-3}} = 2.02 \times 10^4$$

$$Pr_1 = \frac{c_P \mu_1}{\lambda_1} = \frac{2.48 \times 10^3 \times 0.64 \times 10^{-3}}{0.133} = 11.93$$

由式(2 – 2 – 44)得

$$\alpha_1 = 0.023 \frac{\lambda_1}{d} Re^{0.8} Pr^{0.3}$$

$$= 0.023 \times \frac{0.133}{0.02} \times (2.02 \times 10^4)^{0.8} \times (11.93)^{0.3}$$

$$= 895 \quad \text{W} \cdot \text{m}^{-2} \cdot \text{℃}^{-1}$$

②壳程对流传热系数 α_2

壳程流道截面积:$A_0 = (D - n_c d_0)h$

管子正方形排列时,$n_c = 1.19 \sqrt{N} = 1.19 \sqrt{192} = 16.5$,取 $n_c = 16$

折流挡板间距为:$h = 0.2$ m

$A_0 = (0.6 - 16 \times 0.025) \times 0.2 = 0.04$ m²

原油的流速为

$$v_2 = \frac{M_2}{\rho_2 A_0} = \frac{12.2}{815 \times 0.04} = 0.374 \quad \text{m} \cdot \text{s}^{-1}$$

管子正方形排列的当量直径

$$d_e = \frac{4\left(t^2 - \frac{\pi}{4} d_0^2\right)}{\pi d_0} = \frac{4\left[(0.032)^2 - \frac{3.14}{4} \times (0.025)^2\right]}{3.14 \times 0.025} = 0.027 \quad \text{m}$$

$$Re_2 = \frac{d_e v_2 \rho_2}{\mu_2} = \frac{0.027 \times 0.374 \times 815}{6.65 \times 10^{-3}} = 1238$$

$$Pr_2 = \frac{c_{p2} \mu_2}{\lambda_2} = \frac{2.20 \times 10^3 \times 6.65 \times 10^{-3}}{0.128} = 114.3$$

按式(2 – 2 – 56)有

$$\alpha_2 = \varepsilon_N C \frac{\lambda_2}{d_e} Re^{0.6} Pr^{0.33}$$

错列式时, $C = 0.33$,查表 2 – 2 – 3 得, $\varepsilon_N = 1.055$(管束排数 $N = 192/4 = 48$),故

$$\alpha_2 = 1.055 \times 0.33 \times \frac{0.128}{0.027} (1238)^{0.6} (114.3)^{0.33} = 566 \quad \text{W} \cdot \text{m}^{-2} \cdot \text{℃}^{-1}$$

③钢的导热系数 $\lambda = 45$ W·m^{-1}·℃$^{-1}$

④污垢热阻

根据经验取管内、外壁的污垢热阻为

$$\frac{\delta_i}{\lambda_i} = \frac{\delta_o}{\lambda_o} = 0.0002 \quad \text{m}^2 \cdot ℃ \cdot \text{W}^{-1}$$

故

$$K = \cfrac{1}{\cfrac{1}{\alpha_1} + \cfrac{\delta_i}{\lambda_i} + \cfrac{\delta}{\lambda} + \cfrac{\delta_o}{\lambda_o} + \cfrac{1}{\alpha_o}}$$

$$= \cfrac{1}{\cfrac{1}{985} + 0.0002 + \cfrac{0.0025}{45} + 0.0002 + \cfrac{1}{566}}$$

$$= 299 \quad \text{W} \cdot \text{m}^{-2} \cdot ℃^{-1}$$

（7）核算传热面积

①修正传热温差

$$R = \frac{T_1 - T_2}{t_2 - t_1} = \frac{175 - 125}{110 - 65} = 1.11$$

$$P = \frac{t_2 - t_1}{T_1 - t_1} = \frac{110 - 65}{175 - 65} = 0.41$$

按单壳程考虑时,查附录Ⅳ,得 $\varepsilon_{\Delta t} = 0.9$。

$$\Delta t = \varepsilon_{\Delta t} \cdot \Delta t_{逆} = 0.9 \times 62.5 = 56.25 \quad ℃$$

②需要的传热面积

$$A_{需} = \frac{Q}{K\Delta t} = \frac{1.21 \times 10^6}{299 \times 56.25} = 71.9 \quad \text{m}^2$$

所选换热器的实际传热面积为

$$A_{实} = \pi d_0 LN = 3.14 \times 0.025 \times 6.0 \times 192 = 90.4 \quad \text{m}^2$$

$$\frac{A_{实} - A_{需}}{A_{需}} = \frac{90.4 - 71.9}{71.9} \times 100\% = 25.7\%$$

由以上计算可知,选用 FB - 600 - 95 - 6 - 4 型换热器是可行的。

4.2.3 强化传热过程的途径

从传热基本方程式(2-4-1)$Q = KA\Delta t$ 可以看出,增大传热面积 A、提高传热温差 Δt 和传热系数 K 均可提高传热速率。在换热器的设计、操作或改进过程中,可从这三个方面考虑强化传热的途径。

4.2.3.1 增大传热面积

对间壁式换热器,增大传热面积提高传热速率的同时会增加金属材料的用量,使换热设备的投资费用增加。因此,单纯从增大传热面积来实现传热的强化是有限度的。一般是从设备的结构入手,提高单位体积的传热面积,通常可采用小直径管、螺旋管、波纹管,还可以采用翅片式换热器,这些都是通过增大传热面积达到强化传热的有效方法。

4.2.3.2　提高传热温差

由式(2-4-24)知,换热器的对数平均温差的大小取决于两流体(料液和加热介质或冷却介质)的进、出口温度。料液的温度由生产工艺所决定,一般不能随意变动,而加热介质或冷却介质的温度随所选介质的不同可以有很大的差异。最常用的加热介质是饱和水蒸气,提高水蒸气的压力就可以提高水蒸气的温度。但提高加热介质的温度必须考虑技术上的可能性和经济上的合理性,如提高水蒸气压力时,必须采用高压锅炉,且换热器器壁的耐压能力也必须增强。因此,加热介质或冷却介质的选择及介质温度的调整必须根据实际情况合理考虑。一般情况下,当换热器中的两流体均无相变时,应尽可能从结构上采用逆流或接近逆流的流向来获得较大的传热温差。

4.2.3.3　提高传热系数

提高传热系数是强化传热过程的关键。提高传热系数必须减小传热热阻。由式(2-4-26)知

$$K = \cfrac{1}{\cfrac{1}{\alpha_{T_1}} + \cfrac{\delta_i}{\lambda_i} + \cfrac{\delta}{\lambda} + \cfrac{\delta_0}{\lambda_0} + \cfrac{1}{\alpha_{T_2}}}$$

$$R_\Sigma = \frac{1}{\alpha_{T_1} A_1} + \frac{\delta_i}{\lambda_i A_i} + \frac{\delta}{\lambda A} + \frac{\delta_0}{\lambda_0 A_0} + \frac{1}{\alpha_{T_2} A_2}$$

即间壁式换热器的总传热热阻为内、外壁的对流-辐射联合传热热阻与内、外壁壁面上的污垢热阻以及间壁的导热热阻之和。各项热阻所占的比例不同,应首先考虑其中最大的热阻。一般而言,间壁都采用金属制作,其导热性能很好,因此,相比之下,间壁的导热热阻较小。

污垢热阻因污垢组分的不同而有较大差异。消除污垢热阻的办法之一是避免污垢的产生,其次是采取措施消除污垢,用高压水冲刷或用超声波除垢等都可取得较好的效果。

而对传热系数影响较大的是对流-辐射联合传热热阻。若忽略金属间壁的导热热阻和污垢热阻,则传热系数可表示为

$$K \approx \cfrac{1}{\cfrac{1}{\alpha_{T_1}} + \cfrac{1}{\alpha_{T_2}}}$$

从上式可知,当 α_{T_1} 和 α_{T_2} 比较接近时,应同时考虑提高 α_{T_1} 和 α_{T_2}。若 α_{T_1} 和 α_{T_2} 相差较大,则应设法强化其中较小一侧的换热。提高对流 – 辐射联合传热系数,减小对流 – 辐射联合传热热阻的关键是减小对流传热热阻,即减小层流边界层或层流底层的厚度。通常可采取如下措施:

(1)提高流速,增大雷诺数 Re,以减小层流底层的厚度。如对列管式换热器,增加管程数和壳程中的挡板数可分别提高管程和壳程的流速。但必须指出,随着流速的提高,流动阻力迅速增大。因此,流速的提高也必须综合考虑。

(2)改变流动条件。通过设计特殊的传热壁面,使流体在流动过程中不断改变流动方向,促使其形成紊流或增加紊流程度,以提高传热系数。如采用波纹状或粗糙的换热面,采用异形管或在管中加装麻花铁、螺旋圈或金属圈片等。

(3)利用传热进口段换热较强的特征,采用短管换热器。由于流道短,边界层厚度薄,对流传热的强度增大。

综上分析,强化传热要权衡得失,在采取强化措施的同时,要对设备的结构、制造费用、动力消耗等进行全面考虑,以取得最佳方案。

习　题

2 – 4 – 1　α, λ, K 各代表什么?其所对应的传热推动力的取法是否相同?

2 – 4 – 2　如何计算间壁式换热器的平均温差?

2 – 4 – 3　列管式换热器的结构如何?怎样选型?

2 – 4 – 4　饱和水蒸气管道外包保温材料,试分析三种传热方式怎样组成由水蒸气经管道壁和保温层到空气的传热过程,并画出热阻串并联图。

2 – 4 – 5　一台水冷式气体冷却器,其壁厚 δ 为 3 mm,导热系数 λ 为 45 W·m^{-1}·℃$^{-1}$,气侧换热系数 α_1 为 90 W·m^{-2}·℃$^{-1}$,水侧换热系数 α_2 为 6000 W·m^{-2}·℃$^{-1}$。假定传热壁可看作平壁,试计算各换热环节的单位面积热阻及过程的传热系数。

2 – 4 – 6　厚 10 mm、导热系数为 50 W·m^{-1}·℃$^{-1}$ 的平壁,两侧表面的传热系数分别为 $\alpha_{T_1} = 10$ W·m^{-2}·℃$^{-1}$ 和 $\alpha_{T_2} = 100$ W·m^{-2}·℃$^{-1}$。试求下列情况下的总热阻并与原来的热阻比较:

(1)$\alpha_{T_1} = \alpha_{T_2} = 100$ W·m^{-2}·℃$^{-1}$;

(2)$\alpha_{T_1} = 10$ W·m^{-2}·℃$^{-1}$,$\alpha_{T_2} = 1000$ W·m^{-2}·℃$^{-1}$;

(3)壁厚 $\delta = 1.0$ mm,α_{T_1} 和 α_{T_2} 不变。结果你能得出什么结论?

2 – 4 – 7　一车间墙壁,已知其内侧表面至外侧表面的导热速率为 250 W·m^{-2};外侧表面与 20 ℃ 的大气接触,对流传热系数为 15 W·m^{-2}·℃$^{-1}$;外侧单位表面积与周围环境的辐射传热速率为 60 W·m^{-2},试求墙壁外侧表面的温度。

2 – 4 – 8　一外径为 80 mm、壁厚为 3 mm 的水蒸气管道,外包厚 40 mm、导热系数 $\lambda_2 =$

$(0.065+0.000105t)$ ($W \cdot m^{-1} \cdot ℃^{-1}$) 的水泥珍珠岩保温层,管内水蒸气温度 $t_1 = 150 ℃$,环境温度 $t_0 = 20 ℃$;保温层外表面的表面传热系数 $\alpha_0 = 7.6 W \cdot m^{-2} \cdot ℃^{-1}$。管道壁的导热系数为 $\lambda_1 = 53.7 W \cdot m^{-1} \cdot ℃^{-1}$。求每米管道的热损失。

2-4-9 一根外径为 30 mm、外侧表面温度为 100 ℃ 的管道,以对流方式向温度为 20 ℃ 的空气散热,对流传热系数为 30 $W \cdot m^{-2} \cdot ℃^{-1}$。为了使每米管道的热损失不超过 50 $W \cdot m^{-1}$,现有 A、B 两种保温材料可供采用。材料 A 的导热系数为 0.5 $W \cdot m^{-1} \cdot ℃^{-1}$,其数量足够按 $3.14 \times 10^{-3} m^3 \cdot m^{-1}$ 的用量使用。材料 B 的导热系数为 0.1 $W \cdot m^{-1} \cdot ℃^{-1}$,其数量足够按 $4.0 \times 10^{-3} m^3 \cdot m^{-1}$ 的用量使用。假定覆盖保温层后,管道外侧壁面与空气间的对流传热系数与管道裸露时相同,试问哪种保温材料放在内层时能满足提出的保温要求?

2-4-10 某工业炉炉墙由两层耐火砖砌成,炉内烟气温度为 1350 ℃,炉外车间空气温度为 35 ℃,烟气侧的传热系数 α_{T_1} 为 20 $W \cdot m^{-2} \cdot ℃^{-1}$,车间空气侧的传热系数 α_{T_2} 为 10 $W \cdot m^{-2} \cdot ℃^{-1}$;两层炉墙的厚度均为 0.23;第一层炉墙的导热系数 λ_1 为 1.5 $W \cdot m^{-1} \cdot ℃^{-1}$,第二层炉墙的导热系数 λ_2 为 0.5 $W \cdot m^{-1} \cdot ℃^{-1}$,试求两层炉墙交界面上的温度 t_{w_2}。

2-4-11 一炉壁由三层材料组成,内层是厚度 $\delta_1 = 0.23$ m,$\lambda_1 = 1.2 W \cdot m^{-1} \cdot ℃^{-1}$ 的粘土砖;外层是 $\delta_3 = 0.24$ m,$\lambda_3 = 0.5 W \cdot m^{-1} \cdot ℃^{-1}$ 的红砖;两层中间填以厚度 $\delta_2 = 0.03$ m,$\lambda_2 = 0.1 W \cdot m^{-1} \cdot ℃^{-1}$ 的石棉作为隔热层。炉墙内侧烟气温度为 $t_{f_1} = 1200 ℃$,烟气侧传热系数 $\alpha_{T_1} = 40 W \cdot m^{-2} \cdot ℃^{-1}$,厂房室内空气温度 $t_{f_2} = 20 ℃$,空气侧传热系数 $\alpha_{T_2} = 15 W \cdot m^{-2} \cdot ℃^{-1}$。试求通过该炉墙的散热损失和炉墙内、外表面的温度 t_1 和 t_4。

2-4-12 在并流换热器中,用水冷却油。水的进、出口温度分别为 15 ℃ 和 40 ℃,油的进、出口温度分别为 150 ℃ 和 100 ℃。现因生产任务要求油的出口温度降至 80 ℃,假设油和水的流量、进口温度及物性均不变,若原换热器的管长为 1 m,试求此换热器的管长增至若干米才能满足要求。设换热器的热损失可忽略。

2-4-13 在某一已定尺寸的套管式换热器中,热流体与冷流体逆流换热。热流体进入时为 120 ℃,排出时为 60.5 ℃;冷流体进入时为 20 ℃,排出时为 67.6 ℃,若换热器中热流体进口温度不变,流量不变,且传热系数、物料比热及设备热损失不变,但换热器的换热面积增大一倍,试求冷、热流体排出温度及热流量的变化。

2-4-14 在一列管式换热器中,某液体在管内流过被加热,其进口温度为 20 ℃,出口温度为 70 ℃,流量为 1800 $kg \cdot h^{-1}$,比热为 2.5 $kJ \cdot kg^{-1} \cdot ℃^{-1}$。管外为压力为 176.5 kPa 的饱和水蒸气冷凝。试求蒸汽用量。

2-4-15 在一套管式换热器中,内管是 $\phi165 \times 4.5$ mm 的钢管,内管中热水被冷却,热水流量为 3000 $kg \cdot h^{-1}$,进口温度为 90 ℃,出口温度为 60 ℃,环隙中冷却水进口温度为 20 ℃,出口温度为 45 ℃,总传热系数 $K = 1600 W \cdot m^{-2} \cdot ℃^{-1}$,试求:

(1)冷却水用量;

(2)并流流动时的平均温度差及所需的管子长度;

(3)逆流流动时的平均温度差及所需的管子长度。

2-4-16 有一套管式换热器,内管是 $\phi57 \times 3.5$ mm,外管为 $\phi108 \times 4$ mm,流量为 50 $kg \cdot h^{-1}$ 的空气在内管中流过,从 20 ℃ 被加热至 80 ℃。有效管长为 3 m。套管中有饱和水蒸气

冷凝,其对流传热系数为 10000 W·m^{-2}·℃$^{-1}$,管壁及污垢热阻均可不计,试求饱和水蒸气的温度。

2-4-17　一套管式换热器,管内流体的对流传热系数 $\alpha_1 = 200$ W·m^{-2}·℃$^{-1}$,管外流体的对流传热系数 $\alpha_2 = 350$ W·m^{-2}·℃$^{-1}$。已知流体均在紊流情况下进行换热。试回答:

(1)假设管内流体流速增加一倍;

(2)假设管外流体流速增加一倍。

其他条件不变,试问总传热系数增加多少?(管壁和污垢热阻均可不计)

第三篇
质量传递

1　质量传递概论与传质微分方程

1.1　质量传递概述

1.1.1　传质分离过程

混合物分离是冶金生产中的重要过程。混合物可分为均相和非均相两类。非均相混合物各组分主要依靠力学的,即质点运动与流体力学的原理进行分离。均相混合物各组分依靠物质的传递(分子传递和涡流传递)来实现其分离。因此,统称为传质分离过程。某些非均相混合物也是依靠物质传递达到分离目的,例如湿固体物料中的水分被传递到气相而实现物料的干燥。这些非均相混合物的分离方法(如干燥,浸取)也列入传质分离过程。

传质分离过程可以分为两大类:

(1)平衡分离过程　根据混合物中诸组分在两相间的平衡分配不同来实现混合物的分离,这类分离方法称为平衡分离过程。如蒸馏、吸收、萃取、吸附和干燥等。

(2)速率分离过程　根据混合物中各组分在某种力场的作用下扩散速度不同的性质来实现它们的分离,这类分离方法称为速率分离过程,例如气体扩散、电泳、喷嘴扩散等。

冶金生产中遇到的混合物是多种多样的。它们可以是气体、液体或固体;可以是均相的,也可以是非均相的(例如某些固体混合物);其中各组分的物理化学性质可以相差很大,也可以十分相似;各组分的含量可以相差很大,也可以处于同样数量级。另一方面分离混合物的目的也各不相同,一般说可以分为以下四种情况:

(1)分离　将混合物中各组分完全分开,得到各个纯组分或若干种产品。例如将空气分离而得氧、氮和各种稀有气体;将稀土混合物分离成各稀土纯物质。

(2)提取和回收　从混合物中提取出某种或某几种有用的组分。例如从矿石中提取某种有用的金属;从工厂排放的废料中回收有价值的物质或除去污染环境的有害物质。

(3)纯化　除去混合物中所含的少量杂质,例如铜的电解精炼,以除去少量的贵金属。

(4)浓缩　将含组分很少的稀溶液浓缩。

在冶金工业生产中普遍应用的传质过程有:

① 气体或蒸气的吸收或吸附;

② 气体或蒸气从液体或固体吸收剂中的解吸;

③ 溶剂萃取(包括固 – 液萃取和液 – 液萃取);

④ 液体的蒸馏和精馏;

⑤ 固体的干燥和升华;

⑥ 气体的增湿与减湿;

⑦ 离子交换。

为了有效地进行混合物的分离,必须根据不同的具体情况,采用不同的方法。

1.1.2　质量传递的基本方式

物质在流体相中的扩散可以依靠分子扩散和涡流扩散来实现,它们分别与传热中的热传导和对流传热类似。物质在流体主体与界面间的扩散亦与流体与壁面间的对流传热类似,并称之为对流传质。

依靠物质分子的热运动,物质从一处转移到另一处的过程称为分子扩散。在任何物体中物质的分子始终处于不停的运动之中。由于这种运动,物质可以从一处向另一处扩散。但是,当流体中各处的物质浓度相同时,在任何位置上组分正反方向的扩散速度相同,所以在流体各处没有组分的净转移。如果静止的流体中存在物质的浓度差,那么由于分子扩散,物质乃从浓度高的地方扩散到浓度低的地方。在层流流动的流体中,如果与流向垂直方向上存在浓度差,那么在此方向上物质亦会通过分子扩散从浓度高的地方移向浓度低的地方。在任何涡流流动的流体中,只要存在浓度差,也将有物质通过分子扩散从浓度高处流向低处,只是此时物质的扩散除了依靠分子扩散外,主要是依靠涡流扩散。由此可见,只要存在浓度差就会有分子扩散引起物质传递。

1.1.3　均相物系分离方法的选择

冶金过程中的均相物系的分离在下列几个方面值得注意：

（1）应用新的分离方法和设备　前述的传质过程及设备仅仅反映出目前在冶金工业生产中所采用的，新的分离方法及设备将会不断出现。例如，文丘里管原来只用作流速测量计，但近年来已用作吸收器，效果很好，在工业中已发挥作用。

（2）原有分离方法和设备的强化　这就是要寻求原有设备的最适宜操作条件而充分发挥其潜力。苏联和我国在这方面已做出相当努力而获得一些成功。例如苏联学者 Π. Ε. 波任在研究筛板塔最适宜操作条件时创造了泡沫塔，特别适用于易溶解的气体。与此相似，填料塔若在气体速度足够大的情况下操作，可以大大提高生产能力，这就是乳化塔。

（3）均相物系分离方法的选择　均相物系的分离方法往往不是唯一的，应该根据具体条件选择适当的分离方法。在进行选择时，须考虑下面一些问题：

① 系统和系统内部各物质的性质　这就是说首先应该了解所需分离的系统是那一种均一系统，系统中各物质的溶解度、沸点、温度以及它们和某物质的化学亲和力如何等等。例如，对于由惰性气体中易溶气体所组成的气相均一系统，可以采用吸收的方法；对于温度很低又易于吸附的气体和惰性气体所组成的气相均一系统，可以采用吸附的方法；对于沸点高而易于分解的液相均一系统，可采用水蒸气蒸馏的方法；对于沸点相差很小的液相均一系统，可采用萃取方法等。

② 经济性　所谓经济性即指设备费用、操作费用、动力消耗的多少、是否合算等。对于所选择的设备，应该了解它的能量消耗主要在什么地方。例如蒸馏塔的能量消耗在于加热器中热能的供给和冷凝器中热能的取出；吸收器中能量消耗在克服流体输送的阻力；萃取器中的能量消耗主要在溶剂的混合上等等。掌握了这些特点，就能根据地区和工厂的具体条件进行选择。

③ 分离要求和产品质量　这就是说仅仅需要一般的分离，还是要提纯，产品中究竟允许多少杂质存在等等。根据不同要求进行选择，才能做到最经济，最合理。例如润滑油的脱色，要求不高时，用吸附分离就可以了，不必采用蒸馏。有时，由于某些特殊要求，而选用一种分离方法。例如香精油的提取，如果采用精馏，往往会损失其中某些组分，而使产品质量变化。用萃取法就能大大减少这种损失，所以常常选用萃取法。

上面所讲的一些选择原则，决不是一成不变的，应该灵活掌握和积极地创造性地运用。尤其应该注意到一些可变因素。原料成分是可变的，气温是可变的，处理物状态是可变的，吸收剂的选择是可变的，设备也是可变的。正确地运用这些可变因素，就能够有效地促进生产和技术的发展。

本章讨论传质分离过程的基本原理,分离的基本方法,以及分离设备的基本类型和设计方法。

1.2 扩散速率与传质通量

1.2.1 费克第一定律

分子扩散的速度用单位时间内通过单位截面积物质的量表示,称为分子扩散通量。对于两组分物质,某种组分的分子扩散速度(扩散通量)与该组分在扩散方向上的浓度梯度成正比,此关系在 1855 年由费克在实验的基础上提出,称为费克定律,其数学表达式为:

$$J_A = -D_{AB}\frac{dc_A}{dz} \tag{3-1-1}$$

式中 J_A——混合物中某处组分 A 在 z 方向上的分子扩散通量,$kmol \cdot m^{-2} \cdot s^{-1}$;

$\dfrac{dc_A}{dz}$——混合物中该处组分 A 在 z 方向上的浓度梯度,$kmol \cdot m^{-4}$;

D_{AB}——组分 A 在介质 B 中的扩散系数,$m^2 \cdot s^{-1}$。

因为组分 A 是沿着浓度降低的方向扩散,为使沿此方向的扩散通量 J_A 为正值,式的右侧加负号。

对于组分 B,同样可以写出它的扩散通量 J_B 为:

$$J_B = -D_{BA}\frac{dc_B}{dz} \tag{3-1-2}$$

式中诸符号与式(3-1-1)中的符号意义相同。

对于气体,摩尔浓度可通过分压表示:

$$c_A = \frac{p_A}{RT} \tag{3-1-3}$$

故式(3-1-1)可表示为:

$$J_A = -\frac{D_{AB}}{RT}\frac{dp_A}{dz} \tag{3-1-4}$$

式中 p_A——组分 A 的分压,Pa;

T——气体的温度,K;

R——气体常数,等于 $8314\ J \cdot kmol^{-1} \cdot K^{-1}$。

对于静止的 A,B 两组分的混合气体,设其中存在浓度差,则 A,B 两组分将产生分子扩散。就混合气体中某一截面而言,两组分扩散通量分别为:

$$J_A = -D_{AB}\frac{dc_A}{dz} \tag{3-1-5}$$

$$J_B = -D_{BA}\frac{dc_B}{dz} \tag{3-1-6}$$

它们的扩散方向恰好相反。若气体为理想气体,其中各处温度与压力相同,则气体中各处的总浓度 c_T 均相等:

$$c_T = c_A + c_B = 常数$$

$$\frac{dc_A}{dz} = -\frac{dc_B}{dz} \tag{3-1-7}$$

因为气体处于静止状态,没有整体的流动,所以必须有

$$J_A = -J_B \tag{3-1-8}$$

即

$$J_A = -D_{AB}\frac{dc_A}{dz} = D_{BA}\frac{dc_B}{dz} \tag{3-1-8a}$$

将式(3-1-7)代入式(3-1-8a),可得:

$$D_{AB} = D_{BA} \tag{3-1-9}$$

可见,对于两组分气体混合物,组分 A 在介质 B 中的扩散系数等于组分 B 在介质 A 中的扩散系数。

对于液体混合物,因为通常总浓度 c_T 不是常数,所以组分的扩散系数不存在与上类似的关系。

1.2.2　传质通量

费克定律形式上与动量传递中的牛顿粘性定律和热量传递中的傅立叶导热定律类似,在气体中三者的传递机理也很类似。与动量传递和热量传递类似,费克定律表述的扩散通量也是以流体中某截面为基准的分子扩散通量。实际上讨论相间传质过程时,常常以设备中某个截面为基准(即以空间中的某个截面为基准)来分析通过此截面的传质通量,这里除了按费克定律计算的分子扩散通量外,还包括流体整体流动提供的通量。

如图3-1-1所示,取设备中的截面Ⅰ-Ⅰ讨论。此截面上组分 A 与 B 的浓度与浓度梯度分别为 c_A 和 c_B,dc_A/dz 和 dc_B/dz,则通过截面Ⅰ-Ⅰ组分 A 的传质通量 N_A 为组分 A 的分子扩散通量与流体整体流动引起的组分 A 的通量之和,即

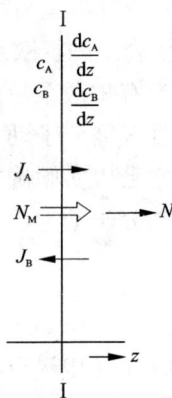

图3-1-1　传质通量

$$N_A = J_A + N_M \frac{c_A}{c_T} \qquad (3-1-10)$$

式中　　N_A——组分 A 的传质通量,$kmol \cdot m^{-2} \cdot s^{-1}$;

　　　　N_M——流体整体流动经过截面 I - I 的通量,$kmol \cdot m^{-2} \cdot s^{-1}$。

同理,组分 B 通过截面 I - I 的传质通量为:

$$N_B = J_B + N_M \frac{c_B}{c_T} \qquad (3-1-11)$$

显然,通过截面 I - I 的组分 A 和 B 的总传质通量 N 为:

$$N = N_M + J_A + J_B \qquad (3-1-12)$$

1.2.3 扩散系数

扩散系数是表征物质扩散传递性质的重要参数,它表示物质分子扩散速度的大小,扩散系数大,表示分子扩散快。扩散系数的单位可根据式(3-1-5)确定,与热传导中的导热系数和流体的运动粘度相同,其单位也是 $m^2 \cdot s^{-1}$。以前出版的文献中常用 $cm^2 \cdot s^{-1}$。

物质的扩散系数不仅取决于它本身,而且还与介质(与它共存的其余物质)、它的浓度以及温度、压力等因素有关。物质在不同条件下的扩散系数一般需要通过实验测定,本章例 3-1-3 将说明如何用实验方法求取物质在气体中的扩散系数。常见物质的扩散系数可在手册中查到。当查不到实验数据时,可以通过实验求取,或者应用适当的半经验公式或经验公式估算。

1.2.3.1 物质在气体中的扩散系数

物质在气体中的扩散系数主要取决于温度、压力和气体组分的性质,当压力不高时扩散系数基本上与物质在气体中的浓度没有关系,表 3-1-1 中列举了若干两组分气体混合物的扩散系数,由表可知,气体中的扩散系数为 $10^{-5} \sim 10^{-4} \, m^2 \cdot s^{-1}$。

当没有扩散系数的实验数据时,可以应用文献上介绍的半经验公式,这些公式都是根据气体分子动力学理论,先经理论推导,然后加以适当修正而得,关系式中的特性常数由实验确定。

根据分子动力学可得:

$$D = b \frac{T^{3/2}}{p(V_A^{1/3} + V_B^{1/3})^2} \sqrt{\frac{1}{M_A} + \frac{1}{M_B}} \qquad (3-1-13)$$

Gilliland(1934 年)用实验确定上式中的常数 b,得

$$D = \frac{4.36 \times 10^{-5} \times T^{3/2}}{p(V_A^{1/3} + V_B^{1/3})^2} \sqrt{\frac{1}{M_A} + \frac{1}{M_B}} \qquad (3-1-14)$$

式中　D——分子扩散系数，$m^2 \cdot s^{-1}$；

　　　p——总压强，kPa；

　　　T——温度，K；

　　　M_A, M_B——分别为 A，B 两组分的分子量；

　　　V_A, V_B——分别为 A，B 两组分在正常沸点下的摩尔体积，$cm^3 \cdot mol^{-1}$。

表 3 - 1 - 1　两组分气体混合物的扩散系数(101.3 kPa)

物　系	温度 /K	扩散系数 $\times 10^4$ /$m^2 \cdot s^{-1}$	物　系	温度 /K	扩散系数 $\times 10^4$ /$m^2 \cdot s^{-1}$
空气 – 氨	273	0.198	空气 – 水	298	0.260
空气 – 苯	298	0.0962	氢 – 氨	293	0.849
空气 – 二氧化碳	273	0.136	氢 – 氧	273	0.697
空气 – 二硫化碳	273	0.0883	氮 – 氨	293	0.241
空气 – 氯	273	0.124	氮 – 乙烯	298	0.163
空气 – 乙醇	298	0.132	氮 – 氢	288	0.743
空气 – 乙醚	293	0.0896	氮 – 氧	273	0.181
空气 – 甲醇	298	0.162	氧 – 氨	293	0.253
空气 – 汞	611	0.473	氧 – 苯	293	0.0939
空气 – 二氧化硫	273	0.122	氧 – 乙烯	293	0.182

　　组分的分子体积可根据正常沸点下液态纯组分的密度求得。表 3 - 1 - 2 中列出一些常见气体的摩尔体积及若干气体原子的摩尔体积。物质的摩尔体积也可以根据组成该物质的原子的摩尔体积按柯普(Koop)加和法则近似估算。

　　【例 3 - 1 - 1】　根据柯普的加和法则估算醋酸(CH_3COOH)的摩尔体积 V。

　　解　从表 3 - 1 - 2 中查得 C，H，O 的摩尔体积分别为 14.8，3.7 和 12 $cm^3 \cdot mol^{-1}$，所以：

$$V = (2 \times 14.8 + 4 \times 3.7 + 2 \times 12) = 68.4 \quad cm^3 \cdot mol^{-1}$$

式(3 - 1 - 14)比较简单，使用方便，但误差较大(可达 20%)。

Hirschbelder 等(1948,1949 年)提出以下估算扩散系数的关系式：

$$D_{AB} = \frac{1.88 \times 10^{-5} T^{3/2}}{p \sigma_{AB}^2 \Omega_D} \sqrt{\frac{1}{M_A} + \frac{1}{M_B}} \qquad (3 - 1 - 15)$$

式中　D, p, T, M_A, M_B 的意义和单位与式(3 - 1 - 14)相同；

　　　σ_{AB}——碰撞直径；组分 A 与 B 的分子碰撞直径按下式计算：

$$\sigma_{AB} = \frac{\sigma_A + \sigma_B}{2} \qquad (3-1-16)$$

Ω_D——碰撞积分,是 KT/ε_{AB} 的函数,其关系见表 $3-1-3$,其中 K 为 Boltzmabn 常数;

ε_{AB}——分子相互作用能参数,可按下式计算:

$$\varepsilon_{AB} = \sqrt{\varepsilon_A \times \varepsilon_B} \qquad (3-1-17)$$

若干物质的 σ 与 ε 值见表 $3-1-4$。

表 3 – 1 – 2　若干气体分子和元素的摩尔体积

气　　体	摩尔体积 /$cm^3 \cdot mol^{-1}$	气　　体	摩尔体积 /$cm^3 \cdot mol^{-1}$
H	3.7	H_2	14.3
C	14.8	O_2	25.6
F	8.7	N_2	31.2
Cl 在一端的,如在 R—Cl 中;	21.6	空气	29.9
居中的,如在 R—CHCl—R 中	24.6	CO	30.7
Br	27	CO_2	34
I	37	SO_2	44.8
N	15.6	NO	23.6
在伯胺中	10.5	N_2O	36.4
在仲胺中	12.0	NH_3	25.8
O	7.4	H_2O	18.9
在甲酯中	9.1	H_2S	32.9
在乙酯及甲、乙醚中	9.9	Cl_2	48.4
在高级酯及醚中	11.0	Br_2	53.2
在酸中	12	I_2	71.5
与 N,S,P 结合	8.3		
S	25.6		
P	27		

Wilke 和 Lec 提出,式($3-1-15$)中常数 1.88×10^{-5} 如用下列关系式求得,则计算值与实验值更加符合。

$$常数 = \left[21.7 - 4.98 \sqrt{\frac{1}{M_A} + \frac{1}{M_B}}\right] \times 10^{-6} \qquad (3-1-18)$$

以上关系式均是在常压和与室温相差不大的条件下得出的,它们只能在中等的压强和温度变化范围内适用。

<table>
<tr><td colspan="2">表 3 - 1 - 3　碰撞积分与 $\dfrac{KT}{\varepsilon}$ 的关系</td><td colspan="3">表 3 - 1 - 4　气体分子的 $\dfrac{\varepsilon}{K}$ 与 σ 的值</td></tr>
<tr><td>$\dfrac{KT}{\varepsilon}$</td><td>Ω_D</td><td>气　　体</td><td>$\dfrac{\varepsilon}{K}/K$</td><td>$\sigma/\text{Å}$</td></tr>
<tr><td>0.4</td><td>2.318</td><td>C_2H_2</td><td></td><td></td></tr>
<tr><td>0.6</td><td>1.877</td><td>空气</td><td>185</td><td>4.221</td></tr>
<tr><td>0.8</td><td>1.612</td><td>苯</td><td>97</td><td>3.617</td></tr>
<tr><td>1.0</td><td>1.439</td><td>CO_2</td><td>440</td><td>5.270</td></tr>
<tr><td>1.2</td><td>1.320</td><td>CO</td><td>190</td><td>3.996</td></tr>
<tr><td>1.6</td><td>1.167</td><td>Cl_2</td><td>110</td><td>3.590</td></tr>
<tr><td>2.0</td><td>1.075</td><td>$CHCl_3$</td><td>357</td><td>4.115</td></tr>
<tr><td>2.4</td><td>1.012</td><td>C_2H_5OH</td><td>327</td><td>5.430</td></tr>
<tr><td>2.6</td><td>0.9878</td><td>F_2</td><td>391</td><td>4.455</td></tr>
<tr><td>3.0</td><td>0.9490</td><td>H_2</td><td>112</td><td>3.653</td></tr>
<tr><td>5.0</td><td>0.8422</td><td>HCl</td><td>33.3</td><td>2.968</td></tr>
<tr><td>10.0</td><td>0.7424</td><td>CH_4</td><td>360</td><td>3.305</td></tr>
<tr><td>20.0</td><td>0.6640</td><td>CH_3OH</td><td>136.5</td><td>3.822</td></tr>
<tr><td>40.0</td><td>0.5960</td><td>NO</td><td>507</td><td>3.585</td></tr>
<tr><td>60.0</td><td>0.5596</td><td>N_2</td><td>119</td><td>3.470</td></tr>
<tr><td>80.0</td><td>0.5352</td><td>O_2</td><td>91.5</td><td>3.681</td></tr>
<tr><td>100.0</td><td>0.5170</td><td>SO_2</td><td>113</td><td>3.433</td></tr>
<tr><td></td><td></td><td>H_2O</td><td>252</td><td>4.290</td></tr>
<tr><td></td><td></td><td></td><td>356</td><td>2.649</td></tr>
</table>

注：$\text{Å} = 10^{-10}\ m$。

当温度、压力变化时,气体扩散系数的变化可根据式(3 - 1 - 14)或(3 - 1 - 15)估算：

$$D = D_0 \left(\frac{p_0}{p}\right)\left(\frac{T}{T_0}\right)^{1.5} \qquad (3 - 1 - 19)$$

式中　D_0——物质在压强 p_0,温度 T_0 时的扩散系数;

　　　　D——物质在压强 p,温度 T 时的扩散系数。

【例 3 - 1 - 2】　估算在 20 ℃ 和 101.3 kPa 下 CO_2 在空气中的扩散系数。

解　(1) 应用式(3 - 1 - 14)：

由表 3 - 1 - 2 查得：$V_{CO_2} = 34$, $V_{空气} = 29.9$,所以　·

$$D = \frac{4.36 \times 10^{-5} \times 293^{1.5}}{101.33 \times (34^{1/3} + 29.9^{1/3})^2} \sqrt{\frac{1}{44} + \frac{1}{29}} = 1.29 \times 10^{-5} \quad m^2 \cdot s^{-1}$$

(2) 应用式(3-1-15):

由表 3-1-4 查得:

$$\sigma_{CO_2} = 3.996, \quad \sigma_{空气} = 3.617$$

所以

$$\sigma_{AB} = \frac{3.996 + 3.617}{2} = 3.806$$

$$\left(\frac{\varepsilon}{K}\right)_{CO_2} = 190$$

$$\left(\frac{\varepsilon}{K}\right)_{空气} = 97$$

所以

$$\frac{\varepsilon_{AB}}{K} = \sqrt{190 \times 97} = 135$$

$$\frac{KT}{\varepsilon_{AB}} = \frac{293}{135} = 2.17$$

由表 3-1-3 的数据估算, Ω_D 为 1.048, 由式(3-1-15)得:

$$D = \frac{1.88 \times 10^{-5} \times 293^{1.5}}{101.33 \times 3.806^2 \times 1.048} \sqrt{\frac{1}{44} + \frac{1}{29}} = 1.46 \times 10^{-4} \quad m^2 \cdot s^{-1}$$

(3) 应用式(3-1-15)与(3-1-18)计算:

$$常数 = \left[21.7 - 4.98 \sqrt{\frac{1}{44} + \frac{1}{29}}\right] \times 10^{-6} = 2.051 \times 10^{-5}$$

则

$$D = 1.59 \times 10^{-5} \quad m^2 \cdot s^{-1}。$$

不同研究者的实验值为 1.547×10^{-5} 与 1.653×10^{-5} $m^2 \cdot s^{-1}$。

1.2.3.2 物质在液体中的扩散系数

物质在液体中的扩散系数与组分的性质、温度、粘度以及浓度有关。

因为液体中的分子比气体中的密集,分子运动不如在气体中自由,所以可以预计物质在液体中的扩散系数要比在气体中小得多。一般两者相差约 $10^4 \sim 10^5$ 倍。但是由于气体中组分的摩尔浓度比液体中小,所以气体中的扩散通量只比液体大 $10 \sim 10^2$ 倍。

表 3-1-5 列举了若干物质在水中的扩散系数。

液体中的扩散系数也可用一些经验公式估算,但是由于液体中分子间的作用比较复杂,理论分析还不够成熟,所以现在估算液体中扩散系数的关系式的可靠性不如气体。

对于很稀的非电解质溶液,物质在液体中的扩散系数可按下式估算:

$$D_{AS} = 7.4 \times 10^{-12} \frac{(aM)^{1/2} T}{\mu V^{0.6}}, \quad m^2 \cdot s^{-1} \qquad (3-1-20)$$

式中　T——温度,K;

　　　　M——溶剂的分子量;

　　　　μ——溶剂的粘度,Pa·s;

　　　　V——溶质的分子体积,$cm^3 \cdot mol^{-1}$;

　　　　a——溶剂的缔合程度。对于水为2.6;对甲醇为1.9;对乙醇为1.5;对不缔合的溶剂(如苯)为1。

表3-1-5　若干物质在水中的扩散系数

溶　　质	温度/℃	浓度/kmol·m^{-3}	扩散系数×10^4/m^2·s^{-1}
Cl$_2$	16	0.12	0.126
HCl	0	9	2.7
		2	0.18
	10	9	0.33
		2.5	0.25
	16	0.5	0.244
NH$_3$	5	3.5	0.124
	15	1.0	0.177
CO$_2$	10	1.0	0.146
	20	1.0	0.177
NaCl	18	0.05	0.126
		0.2	0.121
		1.0	0.124
		3.0	0.136
		5.4	0.154

【例3-1-3】　乙醇水稀溶液,其摩尔浓度为0.05 kmol·m^{-3},溶液在10℃时的粘度为1.45×10^{-3} Pa·s,求乙醇在此溶液中的扩散系数。

　　解　从表3-1-2中查得 C,H,O 的原子体积分别14.8,3.7 和 7.4 cm^3·mol^{-1},所以

$$V_{C_2H_5OH} = 2 \times 14.8 + 6 \times 3.7 + 7.4 = 59.2 \text{ cm}^3 \cdot mol^{-1}$$

$$a = 2.6$$

根据式(3-1-20):

$$D_{AS} = \frac{7.4 \times 10^{-12} \times (2.6 \times 18)^{1/2} \times 283}{1.45 \times 10^{-3} \times 59.2^{0.6}} = 8.5 \times 10^{-7} \quad m^2 \cdot s^{-1}。$$

1.3 传质微分方程

研究有流体参加的传质过程,就如同对流传热过程一样,首先应先考虑流体流动过程,这就涉及到连续性方程与动量方程。对于传质,还应列出传质组分平衡方程。

1.3.1 组分守恒方程

现以一维传质(沿 x 轴方向)为例推导如下:

垂直于 x 轴的 x 处平面组分 A 的摩尔流量:

$$N_x = cx_A u_A dydz \quad \text{kmol} \cdot \text{s}^{-1} \tag{a}$$

式中 c——流体浓度,$\text{kmol} \cdot \text{m}^{-3}$;

x_A——组分 A 的摩尔分数,%;

u_A——含组分 A 的流体的流速,$\text{m} \cdot \text{s}^{-1}$。

通过 $x + \mathrm{d}x$ 处的同样大截面组分 A 的摩尔流量:

$$N_{x+\mathrm{d}x} = \left[cx_A u_A + \frac{\partial}{\partial x}(cx_A u_A)\mathrm{d}x \right]dydz \quad \text{kmol} \cdot \text{m}^{-2} \cdot \text{s}^{-1} \tag{b}$$

在微元体积 $\mathrm{d}x\mathrm{d}y\mathrm{d}z$ 中组分 A 的积累量:

$$dN = N_x - N_{x+\mathrm{d}x} = \left[cx_A u_A - cx_A u_A - \frac{\partial}{\partial x}(cx_A u_A)\mathrm{d}x \right]dydz$$

$$= -\frac{\partial}{\partial x}(cx_A u_A)\mathrm{d}x\mathrm{d}y\mathrm{d}z \tag{c}$$

另一方面,积累的组分将引起微元体内浓度的变化,即

$$dN = \frac{\partial}{\partial \tau}(cx_A)\mathrm{d}x\mathrm{d}y\mathrm{d}z \tag{d}$$

式(c)与(d)合并,则得到

$$\frac{\partial}{\partial \tau}(cx_A) + \frac{\partial}{\partial x}(cx_A u_A) = 0 \tag{3-1-21}$$

上式中 $$\frac{\partial}{\partial \tau}(xc_A) = c\frac{\partial x_A}{\partial \tau} + x_A \frac{\partial c}{\partial \tau} \tag{e}$$

又 $$N_A = cx_A u_A = cx_A u + J_A \tag{f}$$

则 $$\frac{\partial}{\partial x}(cx_A u_A) = \frac{\partial}{\partial x}(cx_A u) + \frac{\partial}{\partial x}J_A = cu\frac{\partial}{\partial x}x_A + x_A \frac{\partial}{\partial x}(cu) - cD\frac{\partial^2 x_A}{\partial x^2} \tag{g}$$

将(e)和(g)代入公式(3-1-21)整理后得到

$$c \frac{\partial x_A}{\partial \tau} + cu \frac{\partial x_A}{\partial x} + x_A \left[\frac{\partial c}{\partial \tau} + \frac{\partial(cu)}{\partial x} \right] = cD \frac{\partial^2 x_A}{\partial x^2}$$

稳定状态下 $\frac{\partial c}{\partial \tau} = 0$，并根据连续性方程 $\frac{\partial(cu)}{\partial x} = 0$

上式成为
$$\frac{\partial x_A}{\partial \tau} + u \frac{\partial x_A}{\partial x} = D \frac{\partial^2 x_A}{\partial x^2} \tag{3-1-22}$$

上式称为组分 A 在 x 方向的连续性方程或对流传质方程。

对于三维传质问题，同样可以推导出

$$\frac{\partial x_A}{\partial \tau} + u_x \frac{\partial x_A}{\partial x} + u_y \frac{\partial x_A}{\partial y} + u_z \frac{\partial x_A}{\partial z} = D \left(\frac{\partial^2 x_A}{\partial x^2} + \frac{\partial^2 x_A}{\partial y^2} + \frac{\partial^2 x_A}{\partial z^2} \right) \tag{3-1-23}$$

上式与对流传热能量微分方程式(2-2-11)的形式完全相同，只是以浓度代替温度。

对于稳态传质，$\frac{\partial x_A}{\partial \tau} = 0$，上式成为

$$u_x \frac{\partial x_A}{\partial x} + u_y \frac{\partial x_A}{\partial y} + u_z \frac{\partial x_A}{\partial z} = D \left(\frac{\partial^2 x_A}{\partial x^2} + \frac{\partial^2 x_A}{\partial y^2} + \frac{\partial^2 x_A}{\partial z^2} \right)$$

公式(3-1-23)中，若流速为零(在固体中)，则

$$\frac{\partial x_A}{\partial \tau} = D \left(\frac{\partial^2 x_A}{\partial x^2} + \frac{\partial^2 x_A}{\partial y^2} + \frac{\partial^2 x_A}{\partial z^2} \right)$$

即成为费克第二定律的不稳定扩散方程。

对于稳定的固相传质，则上式成为

$$D \left(\frac{\partial^2 x_A}{\partial x^2} + \frac{\partial^2 x_A}{\partial y^2} + \frac{\partial^2 x_A}{\partial z^2} \right) = 0 \tag{3-1-24}$$

若 D 为常数，公式(3-1-24)即成为费克第一定律。

1.3.2　边界层传质微分方程

正如对流传热中有边界给热微分方程来描述对流给热系数与流体导热系数或导热热阻间的关系一样，在流体传质中也可建立边界传质微分方程来描述对流传质阻力与扩散阻力间的关系。

相界面对流体的对流传质速率为
$$N_A = k_c (c_{A0} - c_{A\infty}) \tag{1}$$

相界面上组分 A 通过边界层的扩散传质速率为

$$N_A = J_A = -D \left(\frac{\partial c_A}{\partial y} \right)_{y=0} \quad (\text{边界层内 } u = 0) \tag{2}$$

或　　　　　$N_A = \dfrac{J_A}{1 - x_A} = -\dfrac{D}{1 - x_A}\left(\dfrac{\partial c_A}{\partial y}\right)_{y=0}$　　（边界层内 $u \neq 0$）　　　　（3）

将（1）与（2）合并，得边界层传质微分方程

$$k_c = -\dfrac{D}{(c_{A0} - c_{A\infty})}\left(\dfrac{\partial c_A}{\partial y}\right)_{y=0}$$　　　　（3 - 1 - 25）

考虑到反向扩散引起的附加传递［用式（3）］，则

$$k_c = -\dfrac{1}{1 - x_A} \cdot \dfrac{D}{(c_{A\infty} - c_{A0})}\left(\dfrac{\partial c_A}{\partial y}\right)_{y=0}$$　　　　（3 - 1 - 26）

习　题

3 - 1 - 1　将含有水蒸气的空气从 98.07 kPa，298 K 压缩到 980.7 kPa，然后在中间冷却器中进行冷却，测得 323 K 时开始有水冷凝，气体从中间冷却器出来的温度为 303 K，求：

（1）压缩前后以及冷却器出口的混合气体中，水蒸气的质量分数和摩尔分数。

（2）水蒸气冷凝的百分率。

3 - 1 - 2　计算 SO_2 在 38 ℃，98.07 kPa 压力下的空气中的扩散系数。

3 - 1 - 3　计算甲醇在 35 ℃ 的水中的扩散系数。

2 分子传质

2.1 稳态分子传质

2.1.1 等摩尔反向扩散

当两相互相接触,物质在相间进行传递时,从一相的主体到界面将建立起一定浓度分布,在组分扩散的方向,组分的浓度逐渐降低,经过较长时间,过程达稳态,此时各处的浓度保持定值,不再随时间而变化,组分的扩散速度也成为定值。

相间的物质传递有两种典型情况:等摩尔反向扩散和单向扩散,因此单相中的物质传递也有这两种情况。

两组分混合物的精馏过程是等摩尔反向扩散的例子。在该过程中(例如 TiCl₄ $-$SiCl₄ 体系),易挥发的组分从液相向气相传递,难挥发组分则从气相向液相传递,如果两种组分的汽化热相等,那么 1 摩尔难挥发组分从气相冷凝传入液相时所放出的热量恰好使一摩尔易挥发组分从液相气化传入气相。这样,在气、液两相中这两种组分就形成了等摩尔反向扩散。在气相中难挥发的组分从气相主体向气、液界面扩散,易挥发组分从界面向气相主体扩散,两者扩散通量大小相等,方向相反。与此类似,在液相中难挥发组分从气、液界面向液相主体扩散,易挥发组分从液相主体向界面扩散。

现讨论在稳态条件下,两组分(A 和 B)混合物在气相内的传质速度。取界面的气相侧和离界面 z 的两个截面 1 和 2(图 3 $-$ 2 $-$ 1),在该两截面上组分 A 的浓度分别为 c_{A1},c_{A2}(分压分别为 p_{A1},p_{A2}),组分 B 的浓度分别为 c_{B1},c_{B2}(分压分别为 p_{B1},p_{B2}),计算组分 A 和 B 的传质通量。

取截面 1 和 2 之间的空间为系统作物料衡

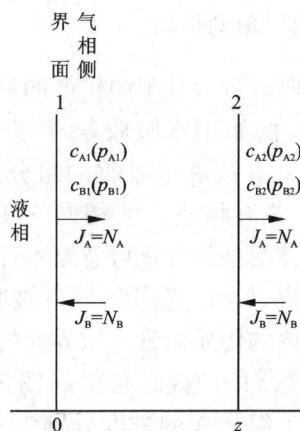

图 3 $-$ 2 $-$ 1 等摩尔反向扩散

算,因系稳态等摩尔反向扩散,通过截面 1 的组分 A 与 B 的传质通量 N_A 与 N_B 应分别等于通过截面 2 的组分 A 与 B 的传质通量,即沿 z 方向的组分 A 和 B 传质通量分别均为常数。另一方面,在截面 1 与 2 之间,没有物质的增减,因此没有流体的整体流动($N_M = 0$),所以根据式(3-1-10),在 z 方向上,通过任意截面的组分 A 的传质通量为:

$$N_A = J_A = -D_{AB}\frac{dc_A}{dz} = -\frac{D_{AB}}{RT}\frac{dp_A}{dz} = 常数 \qquad (3-2-1)$$

由式(3-2-1)可知,$c_A(p_A)$ 随 z 的变化为直线关系。

从截面 1 到截面 2 积分上式,得

$$N_A = \frac{D_{AB}}{z}(c_{A1} - c_{A2}) \qquad (3-2-2)$$

或

$$N_A = \frac{D_{AB}}{zRT}(p_{A1} - p_{A2}) \qquad (3-2-3)$$

同理,对于组分 B 可得:

$$N_B = \frac{D_{BA}}{z}(c_{B1} - c_{B2}) \qquad (3-2-4)$$

或

$$N_B = \frac{D_{BA}}{zRT}(p_{B1} - p_{B2}) \qquad (3-2-5)$$

而

$$N_A = -N_B \qquad (3-2-6)$$

对于液相内的传质,如总浓度 c_T 可视为常数,也可以应用式(3-2-2)与(3-2-4)。

2.1.2　单向扩散

吸收过程是单向扩散的例子。在吸收过程中(例如用水吸收氨—空气混合物中的氨),只有被液体吸收的组分从气相向液相传递,没有物质从液相向气相传递(假设少量液体溶剂的气化可忽略不计)。

现讨论在稳态条件下被吸收组分 A 在气相内的传质通量。取界面气相侧和离界面距离为 z 的两截面 1 和 2(图 3-2-2),该两截面上组分 A 的浓度分别为 c_{A1} 和 c_{A2}(分压分别为 p_{A1}, p_{A2}),组分 B 的浓度分别为 c_{B1} 和 c_{B2}(分压分别为 p_{B1}, p_{B2}),计算组分 A 的传

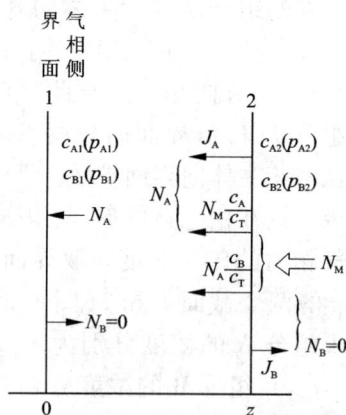

图 3-2-2　单向扩散

质速度。

取截面 1 和 2 之间的空间为系统作物料衡算。因过程为组分 A 的稳态单向扩散,组分 A 通过截面 1 的传质通量应等于通过截面 2 的传质通量。组分 B 通过此两截面的传质通量均为零,所以在截面 1 与 2 之间的任意截面上存在如下关系:

$$N_A = J_A + N_M \frac{c_A}{c_T} \qquad (3-2-7)$$

$$N_B = J_B + N_M \frac{c_B}{c_T} = 0 \qquad (3-2-8)$$

式中 N_M 为气相整体流动形成的混合气体的传质通量,它的产生是由于组分 B 的分子扩散。分析截面 1 与 2 之间的物料衡算情况,在截面 1 上组分 B 因为分子扩散,有一从界面向主体中的分子扩散通量($J_B = -D_{BA}\frac{dc_B}{dz}$),但界面上没有组分 B 的传入。因此,将引起 1 与 2 截面之间组分总浓度(即总压)的降低,这必然引起气相整体向界面方向移动以弥补因组分 B 的分子扩散而减少的量,使其总压保持不变,所以气体整体流动与组分 B 的分子扩散之间必须保持式(3-2-8)所示的关系。N_B 等于零,意即组分 B 在设备空间中没有流动,所以单向扩散也称为停滞介质中的扩散。

由式(3-2-8)和(3-1-8)得:

$$N_M = -J_B \frac{c_T}{c_B} = J_A \frac{c_T}{c_B} \qquad (3-2-9)$$

代入式(3-2-7)得:

$$N_A = J_A \frac{c_T}{c_T - c_A} = -D_{AB}\frac{c_T}{c_T - c_A}\frac{dc_A}{dz} = 常数 \qquad (3-2-10)$$

或

$$N_A = -\frac{D_{AB}}{RT}\frac{p}{p - p_A}\frac{dp_A}{dz} = 常数 \qquad (3-2-11)$$

从截面 1 到截面 2 积分式(3-2-11),可得组分 A 的传质通量 N_A 为:

$$N_A = \frac{D_{AB}p}{zRT}\ln\frac{p - p_{A2}}{p - p_{A1}} \qquad (3-2-12)$$

式中:

$$\ln\frac{p - p_{A2}}{p - p_{A1}} = \ln\left(\frac{p - p_{A2}}{p - p_{A1}}\right) \times \frac{(p - p_{A2}) - (p - p_{A1})}{(p - p_{A2}) - (p - p_{A1})}$$

$$= \ln\left(\frac{p_{B2}}{p_{B1}}\right)\frac{p_{A1} - p_{A2}}{p_{B2} - p_{B1}} = \frac{p_{A1} - p_{A2}}{p_{Bm}} \qquad (3-2-13)$$

式中　p_{Bm}——组分 B 在 1 和 2 两截面上的分压的对数平均值。

将式(3-2-13)代入式(3-2-12)得:

$$N_A = \frac{D_{AB}}{zRT} \frac{p}{p_{Bm}} (p_{A1} - p_{A2}) \qquad (3-2-14)$$

若以浓度代替分压和总压,则得:

$$N_A = \frac{D_{AB}}{z} \frac{c_T}{c_{Bm}} (c_{A1} - c_{A2}) \qquad (3-2-15)$$

等摩尔反向扩散的传质通量计算式(3-2-2)或式(3-2-3)与式(3-2-14)或式(3-2-15)相比较,后者多了一项 p/p_{Bm} 或 c_T/c_{Bm},此项表示单向扩散的传质通量为等摩尔反向扩散的 p/p_{Bm}(或 c_T/c_{Bm})倍。p/p_{Bm} 大于1,组分 A 单向扩散时的传质通量比等摩尔反向扩散时大,其原因是组分 B 在相内的分子扩散而引起的气相整体流动使组分 A 的传质通量随之增大,故 p/p_{Bm}(或 c_T/c_{Bm})称为漂流因子。当组分 A 的浓度较低时,$p_{Bm} \approx p(c_{Bm} \approx c_T)$,则漂流因子接近于1。

对于液相内的传质,如总浓度 c_T 可视为常数,则也可应用式(3-2-15)。

对于非等摩尔反向扩散和单向扩散,也可以根据 N_A 与 N_B 的具体关系和式(3-1-10)~(3-1-11)求出 N_A 与 N_B。

【例 3-2-1】 如图 3-2-3 所示为测定气体中扩散系数的装置,用来测定 328 K 下水蒸气在空气中的扩散系数。将此装置放在 328 K 的恒温箱内,压力为 101.3 kPa,立管内盛水,开始时水面离上端管口的距离为 125 mm,上部管中通过不含水的干燥空气。装置的设计保证水在管中无对流,实验经过 290 h 后,管中水面离上端管口距离从 125 mm 增加到 150 mm,求水蒸气在空气中的扩散系数。

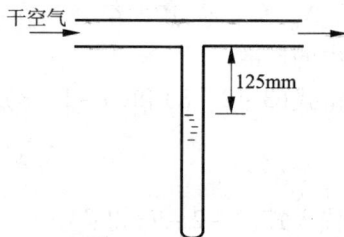

图 3-2-3 例 3-2-1 附图

解 因为立管中水面下降是由于水蒸气并依靠分子扩散通过立管上部传递到流动的空气中所引起的,因此水在空气中的分子扩散通量可以用管中水面下降的速度表示。

$$N_A = \frac{c_{AL} dz}{dt} \qquad (1)$$

式中 c_{AL}——水的摩尔浓度,$kmol \cdot m^{-3}$。

此例为水蒸气的单向扩散,因水面下降很慢,所以实际上可以认为是单向稳态扩散。当水面距上端管口距离为 z 时,根据式(3-2-14),水蒸气的传质通量为:

$$N_A = \frac{c_{AL} dz}{dt} = \frac{D_{AB}}{zRT} \frac{p}{p_{Bm}} (p_{A1} - p_{A2}) \qquad (2)$$

式中　p_{A2}——立管出口处水蒸气分压,等于零;

　　　p_{A1}——水与空气界面上水蒸气的分压,等于 328 K 下水的饱和蒸气压 (15. 73 kPa)。

$$c_{AL} = \frac{985.6}{18} = 54.7 \quad kmol \cdot m^{-3}$$

$$p_{Bm} = \frac{101.33 - (101.33 - 15.73)}{\ln \dfrac{101.33}{101.33 - 15.73}} = 93.20 \quad kPa$$

从 $t = 0\ s, z = 0.125\ m$ 到 $t = 290 \times 3600 = 1.044 \times 10^6\ s, z = 0.15\ m$;对式(2)积分:

$$\int_{0.125}^{0.15} z dz = \frac{D_{AB}}{c_{AL}RT} \frac{p}{p_{Bm}} p_{AL} \int_0^{1.044 \times 10^6} dt$$

$$\frac{1}{2} \times (0.15^2 - 0.125^2) = \frac{D_{AB}}{54.7 \times 8.314 \times 328} \times \frac{101.33}{93.20} \times 15.73 \times 1.044 \times 10^6$$

所以

$$D_{AB} = \frac{1}{2} \times (0.15^2 - 0.125^2) \times \frac{54.7 \times 8.314 \times 328 \times 93.2}{101.33 \times 15.73 \times 1.044 \times 10^6}$$

$$= 2.88 \times 10^{-5} \quad m^2 \cdot s^{-1}$$

2.1.3　多孔固体中的稳态扩散

气体通过金属薄壁的渗透也是稳态扩散传质的一个例子。当气体分子为双原子时,在金属表面处将要发生离解而变为原子,例如

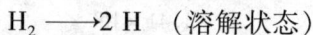

$$H_2 \longrightarrow 2\ \underline{H} \quad (溶解状态)$$

若气体在薄壁两侧维持相同温度和不同的压力 p_1 和 p_2,一般情况下,气体溶解于金属的速率远大于其在金属中的扩散速率,因此,可以认为气体在表面的浓度等于平衡状态的溶解度 S。根据西弗尔特(Sievert)定律,对于壁两侧表面的平衡浓度分别为

$$S_1 = K \sqrt{p_1} \tag{1}$$

$$S_2 = K \sqrt{p_2} \tag{2}$$

式中的 K 包括了溶解分子离解成原子的平衡常数。薄壁两侧的浓度梯度可用压力来表示

$$\frac{dc}{dx} = \frac{S_2 - S_1}{\delta}(\sqrt{p_1} - \sqrt{p_2}) \tag{3-2-16}$$

式中　c——摩尔浓度,$kmol \cdot m^{-3}$;

　　　δ——薄壁厚度,m。

利用费克第一定律,气体穿过薄壁的摩尔扩散速率可写成

$$J = -D\frac{dc}{dx} = \frac{DK}{\delta}(\sqrt{p_1} - \sqrt{p_2})$$

令 $P^* = DK$,P^* 称为渗透率(Permeability),则上式可写成:

$$J = \frac{P^*}{\delta}(\sqrt{p_1} - \sqrt{p_2}) \quad cm^3 \cdot cm^{-2} \cdot s^{-1} \qquad (3-2-17)$$

通常手册中给出 P^* 随温度变化关系的有关数据,即

$$P^* = P_0^* \exp\left\{-\frac{Q_P}{RT}\right\} \qquad (3-2-18)$$

式中　P_0^*——单位厚度和压差为 101325 Pa 下测得的渗透标准体积流量,通常以 cm^3(标态)$\cdot cm^{-2} \cdot s^{-1} \cdot Pa^{-0.5}$ 表示;

Q_p——渗透活化能,$J \cdot mol^{-1}$;

R——8. 32022,$J \cdot mol^{-1} \cdot K^{-1}$。

有关实验数据列于表 3 - 2 - 1。

表 3 - 2 - 1　某些气体 - 金属体系的渗透率

气　体	金　属	$P_0^*/cm^3 \cdot$(标态)$cm^{-2} \cdot s^{-1} \cdot Pa^{-0.5}$	$Q_p/J \cdot mol^{-1}$
H_2	Ni	3.77×10^{-4}	57987
H_2	Cu	$4.71 \sim 7.23 \times 10^{-7}$	$66989 \sim 78293$
H_2	α – Fe	9.11×10^{-6}	35169
H_2	Al	$1.04 \sim 1.32 \times 10^{-3}$	128953
N_2	Fe	1.41×10^{-5}	99646
O_2	Ag	9.11×10^{-6}	94203

【例 3 - 2 - 2】　试估算 350 ℃ 及 8308. 65 kPa 下的氢通过储气瓶的漏损量。已知储气瓶为直径 200 mm、长 1. 8 m 的钢质圆筒,筒壁厚 25 mm。

解　由表 3 - 2 - 1 查得氢在钢中的渗透率参数为

$$P_0^* = 9.11 \times 10^{-6} \ cm^3(标态) \cdot cm^{-2} \cdot s^{-1} \cdot Pa^{-0.5}$$

$$Q_p = 35169 \ J \cdot mol^{-1}$$

350 ℃ 下的渗透率可按公式(3 - 2 - 18)计算:

$$P^* = P_0^* \exp\left\{-\frac{Q_P}{RT}\right\} = 9.11 \times 10^{-6} \exp\left\{-\frac{35169}{8.32022 \times (273 + 350)}\right\}$$

$$= 1.03 \times 10^{-8} \ cm^3 \cdot cm^{-2} \cdot s^{-1} \cdot Pa^{-0.5}$$

按公式(3 - 2 - 17)可求得氢的渗透速率

$$J = \frac{P^*}{\delta}(\sqrt{p_1} - \sqrt{p_2}) = \frac{1.03 \times 10^{-8}}{2.5}(\sqrt{8.30865 \times 10^6} - \sqrt{0})$$

$$= 1.19 \times 10^{-5}\ cm^3 \cdot cm^{-2} \cdot s^{-1}$$

$$J = 4.28 \times 10^{-4}\ m^3 \cdot m^{-2} \cdot h^{-1}$$

筒壁表面积　$F = \pi \times 0.2 \times 1.8 + \frac{\pi}{4} \times 0.2^2 \times 2 = 1.194\ m^2$

漏气量　$Q = 1.194 \times 4.28 \times 10^{-4} = 5.11 \times 10^{-4}\ m^3 \cdot h^{-1}$
$$= 4.56 \times 10^{-5}\ kg \cdot h^{-1}\ H_2$$

2.2　不稳态分子传质

2.2.1　费克第二定律

对于一个只存在分子扩散的混合物中，若浓度场尚未达到稳定平衡状态，这种扩散则属于不稳定扩散。

为简单起见，先讨论沿 x 方向的一维扩散问题。取一厚度为 dx，截面为 dy, dz 的微元体（图 3 - 2 - 4）。

根据质量守恒定律，扩散进出量之差体现为该时间内的浓度变化。

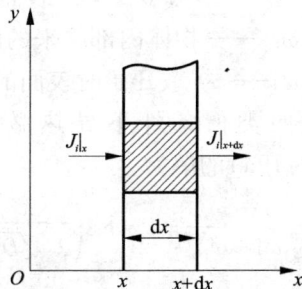

图 3 - 2 - 4　一维不稳态扩散

$$(J_i|_x - J_i|_{x+dx})dydz$$
$$= dxdydz \frac{\partial c_i}{\partial \tau} \tag{a}$$

即
$$-\frac{\partial J_i}{\partial x} = \frac{\partial c_i}{\partial \tau} \tag{b}$$

按费克第一定律
$$J_i = -D\frac{\partial c_i}{\partial x} \tag{c}$$

将（c）微分后代入（b），得
$$\frac{\partial c_i}{\partial \tau} = D\frac{\partial^2 c_i}{\partial x^2} \tag{3-2-19}$$

上式为不稳态扩散传质的基本微分方程，称为费克第二定律，这一方程与无内热源的一维不稳态导热微分方程的形式完全相同。

对于常用质量浓度的固体，一维传质条件下的费克第二定律也可以写成

$$\frac{\partial \omega_i}{\partial \tau} = D \frac{\partial^2 \omega_i}{\partial x^2} \tag{3-2-19a}$$

式中 ω_i——传质组分的质量分率。

2.2.2 表面浓度恒定时半无限体中的扩散

对于固体的扩散,例如钢材的渗碳或脱碳,焊接材料的相互扩散等,因其扩散速率很慢,扩散的范围只限于表面以下很薄的一层,因此,不论材料实际厚度多少,都可视为半无限物体。

当表面浓度恒定时,其开始条件与边界条件如下

开始条件: $\tau = 0, \omega_i(x,0) = \omega_{i\infty}$

边界条件: $\tau > 0, x = \infty, \omega_i(0,\tau) = \omega_{i\infty}$

$\tau > 0, x = 0$(表面), $\omega_i(0,\tau) = \omega_i'$

式中 $\omega_{i\infty}$——物体内部原来的浓度(均匀分布);

ω_i'——扩散开始时表面的浓度,为方便起见,通常都采用质量分率。

仿照类似条件下导热微分方程的解,即应用拉普拉斯变换求出公式(3-2-19a)的解为

$$\frac{\omega_i - \omega_{i\infty}}{\omega_i' - \omega_{i\infty}} = 1 - \mathrm{erf}\left(\frac{x}{2\sqrt{D\tau}}\right) \quad (\mathrm{erf} \text{ 表示 error function 即误差函数})$$

$$\tag{3-2-20}$$

知道了浓度场以后,表面处的瞬时扩散速率则可以按费克第一定律求得,即

$$J_i' = -\rho D \left(\frac{\partial \omega_i}{\partial x}\right)_{x=0} = -\rho D(\omega_i' - \omega_i)\left[-\frac{2}{\sqrt{\pi}}\frac{1}{2\sqrt{D\tau}}\exp\left(-\frac{x^2}{4D\tau}\right)\right]_{x=0}$$

$$= \rho\sqrt{\frac{D}{\pi\tau}}(\omega_i' - \omega_{i\infty}) \quad \mathrm{kg \cdot m^{-2} \cdot h^{-1}} \tag{3-2-21}$$

在 τ_c 时间内通过单位表面所传递的总的物质量为

$$m_i = \int_0^{\tau_c} J_i' \mathrm{d}\tau = 2\rho\sqrt{\frac{D\tau_c}{\pi}}(\omega_i' - \omega_{i\infty}) \quad \mathrm{kg \cdot m^{-2}} \tag{3-2-22}$$

从式(3-2-21)中可以看出,不稳定态扩散传质与稳态扩散传质的规律完全不同,前者不是与扩散系数的一次方成正比,而是与它的平方根成正比,并且随着扩散时间的延长其速率则逐渐变小。

【例3-2-3】 将一块纯铜置于650 ℃的熔锌中,使其表面含锌达到25%并在此条件下保持恒定,求表面以下1.5 mm处含锌达到0.01%时所需时间。

解 650 ℃下锌在铜中的扩散系数由资料查得为 $D = 2.3 \times 10^{-10}\ \mathrm{cm^2 \cdot s^{-1}}$,由于扩散系数极小,完全可以将铜块视为半无限体,利用公式(3-2-20),其中

$$\omega_{Zn} = 0.0001$$

$$\omega_{Zn\infty} = 0, \quad \omega'_{Zn} = 0.25$$

代入公式

$$\frac{\omega_{Zn} - \omega_{Zn\infty}}{\omega'_{Zn} - \omega_{Zn\infty}} = 1 - \text{erf}\left(\frac{x}{2\sqrt{D\tau}}\right)$$

$$\frac{0.0001 - 0}{0.25 - 0} = 1 - \text{erf}\left(\frac{0.15}{2\sqrt{2.3 \times 10^{-10} \times \tau}}\right)$$

$$\text{erf}\left(\frac{0.15}{2\sqrt{2.3 \times 10^{-10} \times \tau}}\right) = 0.9996$$

从误差函数表查得对应于函数值 0.9996 的变量值为 2.5，即

$$\frac{0.15}{2\sqrt{2.3 \times 10^{-10} \times \tau}} = 2.5$$

$$\tau = 3.9 \times 10^6 \text{ s} = 1087 \text{ h}$$

可见此条件下的扩散速率是极小的。

习 题

3 – 2 – 1 多孔介质中气体的扩散与普通气相中的扩散有什么不同？

3 – 2 – 2 温度为 40 ℃的水盛放在高 180 mm、直径 20 mm 的垂直圆管底部，蒸发的水进入大气。大气的温度为 40 ℃，相对湿度 60%，试计算水的蒸发速率。当地大气压力为 0.9807 × 10^5 Pa。

3 – 2 – 3 估算 425 ℃下 SO_2 在空气中的扩散系数，总压为 0.9807 × 10^5 Pa。

3 – 2 – 4 含 0.2% C 的低碳钢在 1000 ℃下（奥氏体区）表面渗碳，如在渗碳气氛中使表面碳浓度维持 1.2% C，求经过 3.5 h 后距表面 0.5 mm 深度处的碳浓度。已查得 1000 ℃下碳在钢中的平均扩散系数为 3.59 × 10^{-7} cm^2 · s^{-1}。

3 对流传质

3.1 涡流扩散

一般分子扩散的速度很小,例如一杯清水中滴入一滴红墨水,红色扩散很慢,这是因为静止的水中物质只依靠分子扩散。为了加速红色的扩散,可以用棒搅拌,此时由于水的质点运动使红色很快扩散。这种依靠流体质点的运动而引起的物质的扩散为涡流扩散。在讨论流体紊流运动时曾经讲到,紊流时流体层间的切应力τ是分子传递与涡流传递两部分作用的结果:

$$\tau = -\mu \frac{\mathrm{d}u}{\mathrm{d}y} - \mu_E \frac{\mathrm{d}u}{\mathrm{d}y} = -(\mu + \mu_E) \frac{\mathrm{d}u}{\mathrm{d}y} \qquad (3-3-1)$$

式中右边前后两项分别表示分子传递与涡流传递所产生的切应力,其中涡流传递表示由于流体流向垂直的方向上流体质点的脉动所引起的动量传递。在流体内的热量传递,也存在类似的关系。

$$q = -\lambda \frac{\mathrm{d}t}{\mathrm{d}y} - \lambda_E \frac{\mathrm{d}t}{\mathrm{d}y} = -(\lambda + \lambda_E) \frac{\mathrm{d}t}{\mathrm{d}y} \qquad (3-3-2)$$

与动量传递和热量传递类似,在紊流流动的流体中,物质的传递也包括两部分,分子扩散传递和涡流扩散传递,前者是由于分子运动所产生,后者则是由于流体质点的运动所产生。所以传质速度可以用类似于式(3-3-1)或(3-3-2)两式的形式表示。

$$N_A = -D \frac{\mathrm{d}c_A}{\mathrm{d}y} - D_E \frac{\mathrm{d}c_A}{\mathrm{d}y} = -(D + D_E) \frac{\mathrm{d}c_A}{\mathrm{d}y} \qquad (3-3-3)$$

上式右侧第二项表示涡流扩散的传质通量。D_E 称为涡流扩散系数。涡流扩散系数表示涡流扩散能力的大小,D_E 大表示在浓度梯度方向上的质点脉动强烈,传质快。与分子扩散系数 D 不同,D_E 不是流体的物理性质,而是流动状态的函数,也就是说与流动系统的几何形状、尺寸、所处的位置、流速以及流体的物理性质等影响流体流态的因素有关。

3.2 膜传质模型

正像流体流动边界层与温度边界层一样,在流体与相界面之间进行传质时,也存在一层浓度边界层。早在 1924 年,刘易斯(W. R. Lewis)与惠特曼(W. Whitman)就提出了流体与界面间传质的阻力完全存在于一紧贴界面的薄膜层内,后来称这一概念为"有效边界层"模型,它具有如下特征:

(1)流体核心与界面上的全部浓度变化都集中在这一薄膜内,薄膜以外的流体中浓度分布均匀;

(2)薄膜内的流体不发生紊乱流混合(属层流),所以界膜内的传质属于分子扩散;

(3)薄膜内浓度分布是稳定的。

根据以上特征,有效边界层厚度可以这样来确定(图 3-3-1):将界面处浓度分布的直线延长,与流体主流区的浓度 c_∞ 线相交,交点与界面的垂直距离即定义为"有效边界层厚度",以 δ'_D 表示(δ'_D 与真正的浓度边界层厚度是有区别的,一般在浓度边界层内浓度分布不是简单的线性关系,因而有效边界层厚度 δ'_D 小于真实的浓度边界层厚度)。

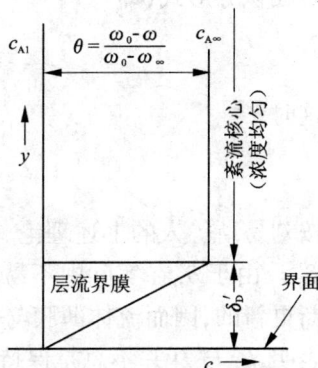

图 3-3-1 界膜模型

根据以上概念,流体与界面间的传质速率可利用二元系中一组分通过静止介质层的传质速率公式来计算:

$$N_A = \frac{J_A}{1 - x_A} \qquad (a)$$

式中 x_A ——组分 A 的摩尔分率。稳定状态下扩散速率 J_A 为

$$J_A = -D\frac{dc_A}{dy} \qquad (b)$$

式(b)代入(a),再沿界膜厚度范围积分,得

$$N_A = \frac{Dc}{\delta'_D}\ln\frac{x_{B\infty}}{x_{B0}} \qquad (c)$$

令 $x_{Bm} = \dfrac{x_{B\infty} - x_{B0}}{\ln\dfrac{x_{B\infty}}{x_{B0}}}$,即组分 B 的对数平均值。

代入式(c)得

$$N_A = \frac{D}{\delta'_D} \frac{c}{x_{Bm}} (x_{B\infty} - x_{B0}) \tag{3-3-4}$$

或
$$N_A = \frac{D}{\delta'_D} \cdot \frac{1}{x_{Bm}} (c_{B\infty} - c_{B0}) \tag{3-3-4a}$$

比较二式得摩尔传质系数：

$$k_c = \frac{D}{\delta'_D x_{Bm}} \tag{3-3-5}$$

若混合物中传质组分 A 的浓度小, $x_A \to 0$, 此时

$$N_A = J_A = -D \frac{dc_A}{dy}$$

写成积分形式, 即

$$N_A = \frac{D}{\delta'_D} (c_{A0} - c_{A\infty})$$

这时

$$k_c = \frac{D}{\delta'_D} \tag{3-3-5a}$$

按刘易斯等人的上述理论, 传质系数与扩散系数成正比, 而反比于有效边界层厚度 δ'_D。由于 δ'_D 在实际中不易确定, 而且从流体力学观点来看, 界面上的流体也是不断更新的, 因而流体薄膜与界面间的传质很难达到确定状态。另外也有很多实验表明, k_c 与 D 并不总是保持一次方的正比关系。可见, 界膜模型(或有效边界层模型)的应用有很大的局限性, 只是对粘性较大的流体, 在不受强烈扰动的情况下与固体表面间的传质才比较适用。

3.3　对流传质模型

流动流体与两相界面之间的传质称为对流传质。在两相传质过程中, 两相的界面有两种情况：

(1)固定界面。气 – 固两相或液 – 固两相间的界面为固体的表面, 所以是固定界面。

(2)流动界面。气 – 液两相和液 – 液两相间的界面为流动界面。

当界面为固定界面时, 例如干燥、吸附、浸取等过程中, 流体与界面之间的质量传递与流体与壁面的对流传热类似。当流体流过固定界面(壁面)并与之进行物质传递时, 从壁面到流体主体分为三层：层流层、过渡层和紊流层(图 3 – 3 – 2)。因此, 从界面到流体主体的传质过程依次分别是：在层流层中, 流体质点没有与界面垂直运动, 物质的传递只依靠分子扩散；在过渡层中存在与界面垂直方向的质点

不强的紊流运动,因此在此层中物质同时依靠分子扩散与涡流扩散来传递;在紊流层中物质也依靠分子扩散和涡流扩散传递,但因质点的涡流脉动比较强烈,分子扩散与涡流扩散比较,微不足道,物质传递主要依靠涡流扩散。与上述诸层中的传递机理相对应,从界面到流体主体存在与速度分布相似的扩散组分的浓度分布。

当界面为流动界面时,因界面也可以自由流动,界面的情况比较复杂,可以随两相接触状态的不同有很大的变化。但在有的条件下(例如湿壁塔),界面的状况与固定界面类似,这时流体与界面间的对流传质情况与上面所述的流体与固定界面间的对流传质类似,因此,目前常常把气 – 液和液 – 液相间的界面也作固定界面处理。

对于图 3 – 3 – 2 所示的传质过程,理论上已知浓度分布就能求得界面与流体间的传质速度。通常把这个传质过程看成是通过膜厚为 δ_e 的分子扩散过程。δ_e 根据以下方法测定,延长层流中的浓度分布线,与流体的主体浓度(平均浓度)线相交。这样就可以应用前面一节导出的计算稳态分子扩散的关系式计算流体与界面间的传质通量。

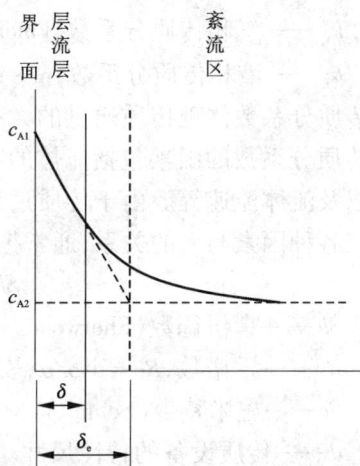

图 3 – 3 – 2 　流体与界面间的对流
传质(浓度分布与当量膜厚)

对于等摩尔反向扩散:在气相中,常用分压表示组分的含量,故有

$$N_A = \frac{D_{AB}}{\delta_e RT}(p_{A1} - p_{A2}) \qquad (3-3-6)$$

在液相中,常用摩尔浓度表示组分的含量,故有

$$N_A = \frac{D_{AB}}{\delta_e}(c_{A1} - c_{A2}) \qquad (3-3-7)$$

对于单向扩散,在气相中:

$$N_A = \frac{D_{AB}}{\delta_e RT} \frac{p}{p_{Bm}}(p_{A1} - p_{A2}) \qquad (3-3-8)$$

在液相中:
$$N_A = \frac{D_{AB}}{\delta_e} \frac{c}{c_{Bm}}(c_{A1} - c_{A2}) \qquad (3-3-9)$$

以上诸式中 δ_e 称为当量膜厚,它是一个虚拟的厚度,但是它与层流层厚度相对应有明确的物理意义。流体的紊流运动愈强烈,层流层愈薄,相应的当量膜厚 δ_e 也

薄,传质阻力小,传质通量大。

实际上为了方便,依照表达对流传热速率的牛顿冷却定律,把上述关系式用下列传质通量方程表示:

气相与界面间:　　　$N_A = k_G(p_A - p_{Ai})$　　　　　　　　　　(3 - 3 - 10)

液相与界面间:　　　$N_A = k_L(c_A - c_{Ai})$　　　　　　　　　　(3 - 3 - 11)

式中　p_A, p_{Ai}——分别为扩散组分 A 在气相主体与界面上的分压,Pa;

　　　c_A, c_{Ai}——分别为扩散组分 A 在液相主体与界面上的浓度,kmol · m^{-3};

　　　k_G——气相传质分系数,kmol · m^{-2} · s^{-1} · Pa^{-1};

　　　k_L——液相传质分系数,m · s^{-1}

传质分系数体现传质通量的大小,它的倒数表示传质阻力。与对流传热类似,影响传质分系数的因素包括流体的物性(密度 ρ、粘度 μ、扩散系数 D),设备的特征尺寸以及流体流速等。由于传质过程的复杂性,目前还只能针对具体过程通过实验确定各种因素与 k 的关系,通常把它们表示成无因次准数的关系式,例如:

$$Sh = f(Re, Sc) \qquad (3 - 3 - 12)$$

式中　Sh——舍伍德数(Sherwood),$Sh = kd/D$;

　　　Re——雷诺数,$Re = d\upsilon\rho/\mu$,表示流动对传质的影响;

　　　Sc——施米特数(Schmit),$Sc = \mu/(\rho D)$,表示物性对传质的影响;

　　　d——传质设备的特性尺寸。

在湿壁塔中(图 3 - 3 - 3),液体沿管壁呈膜状流下,气体自下而上通过管子,根据挥发性液体(如水、甲苯等)气化向气相传递的实验结果得出:

$$Sh = 0.023Re^{0.83}Sc^{0.44} \qquad (3 - 3 - 13)$$

$$Sh = \frac{k_c d}{D}$$

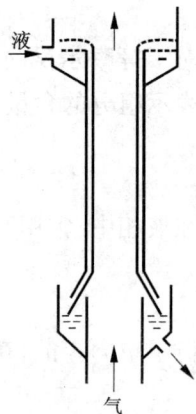

图 3 - 3 - 3　湿壁塔

式中　k_c——以浓度差为推动力的传质分系数;

　　　$k_c = k_G RT \dfrac{p_{Bm}}{p}$;

　　　d——塔内径。

式(3 - 3 - 13)在形式上与流体在管内作紊流时的对流传热系数的准数关系式相似,说明对流传质与对流传热的相似性。

但是与固定界面比较,流动界面的情况更复杂多样,因此,在多数情况下对流传质比对流传热要复杂得多,传质系数与各有关因素之间的关系也更复杂。

因为混合物的组成有不同的表示方法,所以传质通量表达式也可以有不同的形式。

对于气相中的传质,若组成(或推动力)用摩尔分数 y 表示,则

$$N_A = k_G(p_A - p_{Ai}) = k_y(y_A - y_{Ai}) \qquad (3-3-14)$$

式中 k_y——用组分 A 的摩尔分数差表示推动力的气相传质分系数。因为:

$$y_A = \frac{p_A}{p} \qquad (3-3-15)$$

所以

$$k_y = k_G p \qquad (3-3-16)$$

对于液相中的传质,若组成用摩尔分数 x 表示,则

$$N_A = k_L(c_A - c_{Ai}) = k_x(x_A - x_{Ai}) \qquad (3-3-17)$$

$$k_x = k_L c \qquad (3-3-18)$$

【例3-3-1】 计算空气通过淋水的湿壁塔时水气化的气相传质分系数 k_G,已知空气的温度为50 ℃,流速为5 m·s^{-1},压力为98.1 kPa(表压),其中水蒸气的平均分压为2.67 kPa,湿壁塔的内径为50 mm。

解 应用式(3-3-13)

$$k_G = 0.023 \frac{D}{RTd} \frac{p}{p_{Bm}} \left(\frac{dv\rho}{\mu}\right)^{0.83} \left(\frac{\mu}{\rho D}\right)^{0.44}$$

其中:D:查表3-1-1得在101.3 kPa 下25 ℃时水在空气中的扩散系数为 2.6×10^{-5} m^2·s^{-1},根据式(3-1-19):

$$D = 2.6 \times 10^{-5} \times \left(\frac{323}{298}\right)^{1.5} \times \frac{101.3}{101.3 + 98.1}$$
$$= 1.49 \times 10^{-5} \text{ m}^2 \cdot \text{s}^{-1}$$

ρ:因空气中含水较少,可按空气计算:

$$\rho = \frac{29}{22.4} \times \frac{273}{323} \times \frac{199.4}{101.3} = 2.15 \text{ kg} \cdot \text{m}^{-3}$$

μ:查手册,$\mu = 1.96 \times 10^{-5}$ Pa·s;

$$\frac{dv\rho}{\mu} = \frac{0.05 \times 5 \times 2.15}{1.96 \times 10^{-5}} = 27423$$

$$\frac{\mu}{\rho D} = \frac{1.96 \times 10^{-5}}{2.15 \times 1.49 \times 10^{-5}} = 0.61$$

p_{Bm}:50 ℃水的饱和蒸气压 = 12.34 kPa

$$p_{Bm} = \frac{1}{2}(199.4 - 12.34 + 199.4 - 2.67) \text{ kPa} = 191.9 \text{ kPa}$$

所以 $k_G = 0.023 \times \dfrac{1.49 \times 10^{-5}}{8314 \times 323 \times 0.05} \times \dfrac{199.4}{191.9} \times 27600^{0.83} \times 0.65^{0.44}$

$$= 1.059 \times 10^{-8} \text{ kmol} \cdot \text{m}^{-2} \cdot \text{s}^{-1} \cdot \text{Pa}^{-1}$$

3.4 传质系数

前已提到,紊流下的传质很难用理论解析方法求得解答,至今都还只是提出一些经过合理简化的物理模型,然后按此模型进行数学分析,求得相应的解答。这些物理模型也就是关于对流传质机理的各种假说。

正如紊流中的动量传递与热量传递一样,紊流中的传质也可以用相同的形式表示:

紊流的总切应力:

$$\tau_z = \tau + \tau_E = -(\nu + \nu_E)\frac{\partial(\rho u)}{\partial y}$$

紊流中的总传热速率:

$$q_z = q + q_E = -(a + a_E)\frac{\partial(\rho c_P t)}{\partial y}$$

紊流中的总传质速率:

$$N_z = -(D + D_E)\frac{\partial c}{\partial y}, \quad kmol \cdot m^{-2} \cdot s^{-1} \qquad (3-3-19)$$

或
$$n = -\rho(D + D_E)\frac{\partial \omega}{\partial y}, \quad kg \cdot m^{-2} \cdot s^{-1} \qquad (3-3-20)$$

式中 D_E 称为紊流扩散系数(或称涡流扩散系数 Eddy diffusivity),单位与分子扩散系数 D 相同,即 $m^2 \cdot s^{-1}$。而且 D_E 与流体的紊流运动粘度 ν_E 及紊流导温系数 a_E(紊流热扩散系数)具有类似的物理本质与相同的因次,正如紊流运动粘度要比分子运动粘度大数百倍至数千倍,紊流扩散系数比分子扩散系数也要大很多倍,雷诺数(Re)越大,距离壁越远,两者相差越多。根据测定,H_2,CO 及水蒸气在空气中的紊流扩散系数 D_E 约为其分子扩散系数 D 的 100 倍,而 HCl 在水中的紊流扩散系数较分子扩散系数大约高 10^{12} 倍。

理论分析得出,紊流运动粘度、紊流热扩散系数及紊流扩散系数三者都可用普朗特混合长度的平方(l^2)与该点速度梯度的绝对值($\left|\frac{du_x}{dx}\right|$)之乘积表示,因而彼此相等,即

$$D_E = \nu_E = a_E = l^2\left|\frac{du_x}{dx}\right|$$

实际上上述关系只是近似地成立。

为了加深对紊流传递机理的认识,现将三种传递速率比较列在表 3-3-1 中。

表 3 – 3 – 1　动量、热量及质量传递速率比较

名称	仅有分子传递作用	分子传递与紊流传递同时存在	紊流传递为主的高度紊乱状态
动量传递速率 (τ)	$-\nu \dfrac{\partial(\rho u_x)}{\partial y}$（牛顿粘性定律）	$-(\nu+\nu_E)\dfrac{\partial(\rho u_x)}{\partial y}$	$-\nu_E \dfrac{\partial(\rho u_x)}{\partial y}$
热量传递速率 (q)	$-a \dfrac{\partial(\rho c_p t)}{\partial y}$（傅立叶定律）	$-(a+a_E)\dfrac{\partial(\rho c_p t)}{\partial y}$	$-a_E \dfrac{\partial(\rho c_p t)}{\partial y}$
质量传递速率 (N_A)	$-D \dfrac{\partial c_A}{\partial y}$（费克第一定律）	$-(D+D_E)\dfrac{\partial c_A}{\partial y}$	$-D_E \dfrac{\partial c_A}{\partial y}$

对流传质的摩尔传质通量：　$N_A = k_L(c_\infty - c_0)$　　　　　　（3 – 3 – 21a）

将公式(3 – 3 – 19)代入上式，可得摩尔对流传质系数

$$k_L = \frac{-(D+D_E)\dfrac{\partial c}{\partial y}}{c_\infty - c_0}　\text{m} \cdot \text{s}^{-1} \qquad (3-3-21)$$

或利用公式(3 – 3 – 20)，可得质量对流传质系数

$$k = \frac{-\rho(D+D_E)\dfrac{\partial \omega}{\partial y}}{\rho_\infty - \rho_0} = \frac{-(D+D_E)\dfrac{\partial \omega}{\partial y}}{\omega_\infty - \omega_0}　\text{m} \cdot \text{s}^{-1} \qquad (3-3-22)$$

由于紊流扩散系数 D_E 值随流体动力条件变化很大，其数值不容易确定，因而利用公式(3 – 3 – 21)及(3 – 3 – 22)来计算传质速率比较困难。这种公式只用来加深对传递机理的理解及作为各种类似法的概念基础。

习　题

3 – 3 – 1　紊流扩散系数 D_E 与分子扩散系数 D 有何联系和区别?

3 – 3 – 2　20 ℃的水呈薄膜状以 0.25 kg $\cdot$ m^{-2} $\cdot$ s^{-1} 的流量沿一平板垂直流下，平板宽为 0.02 m，长为 0.3 m，流膜与 1 atm，20 ℃的纯 CO_2 气接触，求水对 CO_2 的吸收速率。已知该条件下 CO_2 在水中的饱和浓度 $c_{A0} = 0.039$ kmol $\cdot$ m^{-3}，流膜底层的浓度可视为 0。

3 – 3 – 3　25 ℃的水以 0.3 kg $\cdot$ m^{-2} $\cdot$ s^{-1} 的流量沿内径为 25 mm，长 50 cm 的圆管内壁呈膜状流下，与 1 atm，25 ℃的空气接触，求水中吸收氧气的速率 kg $\cdot$ h^{-1}。氢在该条件下的平衡浓度为 4.86×10^{-6} mol%［提示：可作为平板上的液膜处理］。

3 – 3 – 4　内径 25 mm、长 1 m 的液膜吸收器，内有 1 atm 的含少量 SO_2 的干空气以 6 m $\cdot$ s^{-1} 的速率与液膜平行流动，当气 – 界面温度为 20 ℃时，计算传质系数(现已测得管内摩擦阻力系数为：$\lambda^* = 0.079 Re^{-0.25}$)。

4　相际传质

4.1　相际平衡

混合物的平衡分离过程中,通过人为的加入另一个相,或者变更条件产生一个新相从而形成一个两相体系,利用欲分离的组分在此两相间的分配不同,某些组分在某一相中富集,从而实现其分离。所以组分在两相间的平衡是传质分离过程的热力学基础。

任何一个混合物与另一相接触时,其中的组分就会在两相间传递,最后达到平衡,此时两相中各组分的组成不再发生变化。平衡时组分在两相中的组成关系称为组分在两相间的平衡关系,利用各组分在两相间平衡关系的不同,可以实现混合物的分离。例如在 20 ℃下含 NH_3 空气与水接触时,NH_3 在水、气两相间的平衡关系如图 3-4-1 所示,此曲线叫做平衡线。当气相中 NH_3 的含量(以其分压表示)一定时,平衡时水中含 NH_3 量亦为一定值,例如当气相中 NH_3 的分压为 4.23 kPa 时,水中 NH_3 的平衡组成

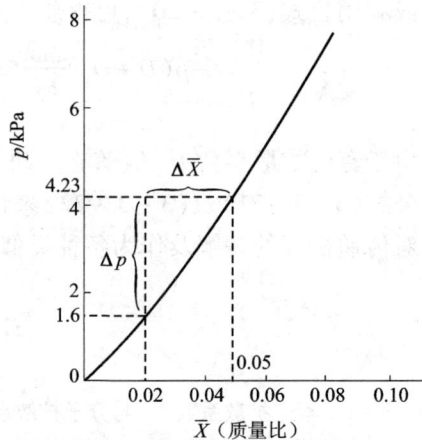

图 3-4-1　NH_3 在空气
与水两相间的平衡关系

为 0.05(质量比),此时,NH_3 在两相间达平衡,不会再发生净的传递。空气中的 O_2 和 N_2 在水中的溶解度很小,可以把它们在水中的浓度视为零。

设想使 NH_3 分压为 4.23 kPa 的含 NH_3 空气与氨组成为 0.02(质量比)的氨水接触,NH_3 在两相间不平衡,水中氨的组成比分压为 4.23 kPa 的含氨空气平衡的水相中的氨组成 0.05(质量比)低,因此氨就向水中传递(被水吸收),使它在水中的含量提高。因为空气几乎不溶于水,也就是说它与 NH_3 在水、气两相间的分配不同,所以加水可以使 NH_3 与空气分离,这个过程称为吸收过程,过程的推动力为

实际体系离开平衡状态的距离,可以用含氨空气与氨水组成的两相体系的状态点 a 与平衡线的水平距离:

$$\Delta \overline{X} = 0.05 - 0.02 = 0.03$$

表示推动力,也可以用 a 点与平衡线的垂直距离:

$$\Delta p = 4.23 - 1.6 = 2.63 \text{ kPa}$$

表示。

再如,苯与甲苯的混合物在 101.3 kPa 的压强下气、液两相平衡时的组成关系(平衡线)如图 3-4-2 所示。图中横坐标表示液相中苯的摩尔分数 x,纵坐标表示气相中苯的摩尔分数 y。由图可知,当液相中苯的组成为 0.5 时气相中苯的组成为 0.7。设想使苯的摩尔分数为 0.5 的苯、甲苯混合液与苯的摩尔分数为 0.5 的苯、甲苯混合气体接触,苯与甲苯在两相间不呈平衡,与含苯 0.5 的苯、甲苯混合液呈现平衡的气相中

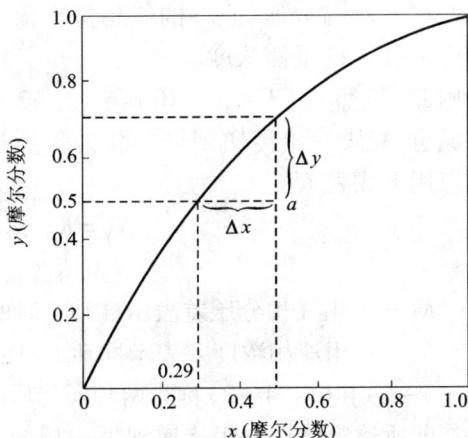

图 3-4-2 苯与甲苯气、液两相平衡关系

苯的摩尔分数应为 0.7,比实际混合气体中苯的摩尔分数高,所以苯要从液相向气相传递。相反地,甲苯要从气相向液相传递。因此,加入苯-甲苯混合气可使液相中甲苯的组成提高,气相中苯的组成提高,苯与甲苯部分地得到分离。上述过程是苯-甲苯精馏过程中发生的传递过程,这个过程的推动力也是实际体系与平衡状态间的距离,可以用相互接触的气、液两相状态点 a 与平衡线之间的垂直距离:$\Delta y = 0.7 - 0.5 = 0.2$ 表示;或者用 a 点与平衡线之间的水平距离:$\Delta x = 0.5 - 0.29 = 0.21$ 表示。

由上面两个例子可知,混合物中诸组分在两相间平衡时分配不同为它们的分离提供了可能性。

4.2 双膜传质理论与总传质系数

前面说到当两相接触时,如组分在两相不呈平衡,组分将从一相传递到另一相,这个过程的推动力可用两相的实际状态与平衡状态的距离表示。例如图 3-4-3 所示的气液体系,组分 A 的分压为 p_A 的气相与浓度为 c_A 的液相接触

时,组分 A 的传递过程的推动力,可以分别表
示为:

$$\Delta p_A = p_A - p_A^*$$

或 $$\Delta c_A = c_A^* - c_A$$

其中 p_A^*——与浓度 c_A 的液相呈平衡的气
相中组分 A 的平衡分压;

c_A^*——与分压为 p_A 的气相呈平衡的
液相中组分 A 的平衡浓度。

因此,仿照式(3 – 3 – 10)与(3 – 3 –
11),组分 A 从一相传递到另一相的传质通
量可以用下式表示:

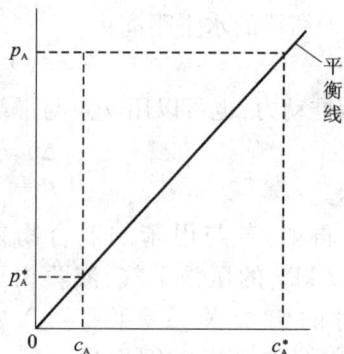

图 3 – 4 – 3   气、液两相传质的推动力

$$N_A = K_G(p_A - p_A^*) \tag{3-4-1}$$

或 $$N_A = K_L(c_A^* - c_A) \tag{3-4-2}$$

式中 K_G——用气相分压差表示推动力时的总传质系数,$kmol \cdot m^{-2} \cdot s^{-1} \cdot Pa^{-1}$;

K_L——用液相浓度差表示推动力时的总传质系数,$m \cdot s^{-1}$。

式(3 – 4 – 1)和(3 – 4 – 2)称为两相间传质的总传质通量方程。

如前所述组分从一相传递到另一相的过程可以分三步进行。对于组分 A 从
气相传递到液相的过程可以分为以下三步:①组分 A 从气相主体扩散到气、液界
面;②在界面上组分 A 由气相转入液相;③组分 A 由液相界面扩散到液相主体。
一般,界面上组分 A 从气相转入液相的过程很快,可以认为两相处于平衡状态,因
此从讨论传质通量的角度看,整个过程主要是①,③两步组成,所以,对于稳态传
质,根据式(3 – 4 – 1),(3 – 4 – 2),得

$$N_A = \frac{p_A - p_A^*}{1/K_G} = \frac{c_A^* - c_A}{1/K_L} = \frac{p_A - p_{Ai}}{1/k_G} = \frac{c_{Ai} - c_A}{1/k_L} \tag{3-4-3}$$

式中 p_{Ai} 和 c_{Ai} 分别为界面上组分 A 在气相中的分压和液相中的浓度,它们处于平
衡状态。如果组分 A 在气、液两相间的平衡关系可表述为:

$$p = \frac{c}{H} \tag{3-4-4}$$

即符合亨利定律,则将式(3 – 4 – 4)代入式(3 – 4 – 3)可得:

$$N_A = \frac{p_A - p_A^*}{1/K_G} = \frac{p_A - p_{Ai}}{1/k_G} = \frac{p_{Ai} - p_A^*}{1/(k_L H)} = \frac{p_A - p_A^*}{1/k_G + 1/(k_L H)} \tag{3-4-5}$$

所以 $$\frac{1}{K_G} = \frac{1}{k_G} + \frac{1}{k_L H} \tag{3-4-6}$$

$$K_G = \frac{1}{1/k_G + 1/(k_L H)} \tag{3-4-7}$$

同理
$$N_A = \frac{c_A^* - c_A}{1/K_L} = \frac{c_A^* - c_{Ai}}{H/k_G} = \frac{c_{Ai} - c_A}{1/k_L} = \frac{c_A^* - c_A}{H/k_G + 1/k_L} \qquad (3-4-8)$$

所以
$$\frac{1}{K_L} = \frac{H}{k_G} + \frac{1}{k_L} \qquad (3-4-9)$$

$$K_L = \frac{1}{H/k_G + 1/k_L} \qquad (3-4-10)$$

由上可知,总传质系数与两相传质分系数之间的关系与传热系数和对流传热系数之间的关系颇为相似。

如果组成用摩尔分数表示,则可以得出如下的传质通量方程:
$$N_A = K_x(x_A - x_A^*) \qquad (3-4-11)$$

或
$$N_A = K_y(y_A^* - y_A) \qquad (3-4-12)$$

式中　K_x——用液相摩尔分数表示推动力的总传质系数,kmol · m^{-2} · s^{-1};

　　　K_y——用气相摩尔分数表示推动力的总传质系数,kmol · m^{-2} · s^{-1}。

K_x 和 K_y 与传质系数 k_x 和 k_y 也存在与式(3-4-7)和(3-4-10)类似的关系。

在两相传质中,因为界面浓度难以确定,所以实际上应用式(3-4-1),(3-4-2),(3-4-11)和(3-4-12)等形式的总传质通量方程进行微分接触式设备的计算。

4.3　传质过程的物料衡算基本方程

相平衡关系只是表达某一物系处于平衡状态时两相之间的函数关系。在实际进行的物质传递过程中,物系状态一定是偏离平衡状态的,否则过程就会终止。实际过程进行状态的数学描述,即两相实际组成的函数关系,需要通过物料衡算的方法来建立。

对于传质过程的物料衡算,衡算物质的量较之衡算质量更为便利,物料衡算包括总的物料衡算和某一组分的衡算。

4.3.1　总的物料衡算基本方程

对于某一确定物系内任意物质的传递过程,若以单位时间(t)为基准,其总的物料衡算方程为:
$$F_1 - F_2 = \frac{dn}{dt} \qquad (3-4-13)$$

式中　F_1——物料流入系统的摩尔速率;

F_2——物料流出系统的摩尔速率;

$\dfrac{\mathrm{d}n}{\mathrm{d}t}$——系统内物料的累积速率。

对于稳定过程,则物系内物料的累积速率为零,总的物料衡算方程可简化为

$$F_1 - F_2 = 0 \qquad\qquad (3-4-13a)$$

4.3.2　着眼组分 B_i 的物料衡算

在物质传递过程中,除物料的总体流动外,组成物料的各组分还要发生相际转移,还必需对其中某一组分 B_i——即所谓着眼组分进行物料衡算。

在确定的物系内,若以单位时间(t)为基准,则对于某一着眼组分 B_i 的物料衡算基本方程为

$$F_{i,1} - F_{i,2} = \frac{\mathrm{d}n_i}{\mathrm{d}t} \qquad\qquad (3-4-14)$$

对于稳定过程,则

$$F_{i,1} - F_{i,2} = 0 \qquad\qquad (3-4-14a)$$

上述物料衡算的依据仍然是质量守恒定律。由衡算得到的基本方程也不算复杂,但在某些特定过程和条件下,物料衡算基本方程可演化为形式各异的,表征过程特征的各种操作特征方程。这些操作特征方程尽管形式各异,但都是物料衡算及其基本方程在各种特定条件下的具体形式。

习　题

3-4-1　干湿球温度计测量空气湿度的原理是什么?怎样编制干湿温度对照表?

3-4-2　如何判断某一多相化学反应属化学反应控制或扩散控制?

3-4-3　用干湿球温度计测定空气湿度,总压为 1×10^5 Pa,干球温度 30 ℃,湿球 20 ℃,求空气比湿。已知 $Sc/Pr = 0.85$,空气平均定压比热 $c_p = 1.013$ kJ · kg^{-1} · K^{-1}。

3-4-4　流量为 0.6(标准)m^3 · s^{-1} 的空气,自露点 21 ℃冷却到露点为 4.5 ℃,问必须除去多少水气?干燥后的流量为多少(标准)m^3 · s^{-1}?(已知 21 ℃时水的饱和蒸气压为 2500 Pa,4.5 ℃时水的饱和蒸气压为 850 Pa)

5 动量、热量与质量传递的类似性

5.1 分子传递的基本定律

如物系中存在着速度、温度和浓度梯度,则分别发生动量、热量和质量的传递现象。动量、热量和质量传递,既可由分子的微观运动引起,也可由漩涡混合造成的流体微团的宏观运动引起。前者称为分子传递,后者称为涡流传递。由分子运动引起的动量传递,可采用牛顿粘性定律描述;由分子运动引起的热量传递为热传导的一种形式,可采用傅立叶定律描述;而由分子运动引起的质量传递称为分子扩散,则采用费克定律描述。牛顿粘性定律、傅立叶定律和费克定律都是描述分子运动引起的传递现象的基本定律。

5.1.1 牛顿粘性定律

工程技术中所遇到的流体均为实际流体。实际流体与所谓"理想"流体的一个根本区别,在于前者具有粘性而后者则无粘性。因此,当理想流体运动时,两个互相接触的流体层之间不会产生切应力。此外,理想流体流过固体壁面时,还会产生滑脱现象。但当实际流体运动时,由于粘性作用,流体层之间会产生切应力,而且当其流过固体壁面时,它会附着于壁面上而不滑脱。

如图 3-5-1 所示,设想在静止的流体中放置两块彼此平行的无限大平板,上板静止,下板以恒速向右运动,于是紧贴在运动平板表面上(即 $y=0$ 的一层流体,将跟随着平板一起运动,并获得一定量的沿 x 方向的动量(x——动量)。由于实际流体存在粘性,所以板面上的这层流体必然会将其动量的一部分

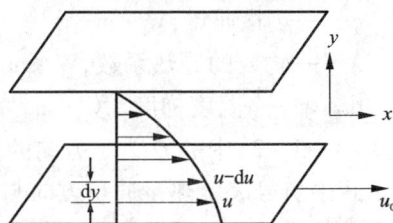

图 3-5-1 粘性与动量传递图

传递给与之毗邻的上层流体,而使后者亦沿 x 方向运动起来。当然,后者的流速要低一些。由此可知,x 方向产生运动,最后建立一个一定的速度分布。如流速不大时,两板间的流体作层流流动,此时由于动量传递而使两流体层之间产生切应力

（单位面积上的内摩擦力）。实验证明,切应力与速度梯度成正比,用公式表示为：

$$\tau = -\mu \frac{\mathrm{d}u_x}{\mathrm{d}y} \qquad\qquad (3-5-1)$$

式中　τ——切应力,Pa;

　　　μ——动力粘度（粘度）,Pa·s;

　　　$\mathrm{d}u_x/\mathrm{d}y$——速度梯度,$\mathrm{s}^{-1}$。

　　式（3-5-1）称为牛顿粘性定律（Newton's law of viscosity）。切应力 τ 是作用在与 y 方向相垂直的单位面积上的力,它由 x 动量在 y 方向上的通量而产生。式中的负号表示动量通量的方向与速度梯度的方向相反,即动量朝着速度降低的方向传递。比例常数 μ 为流体的动力粘度,一般简称为粘度。

　　式（3-5-83）中的 τ 仅表示流体沿 x 方向作一维流动时, x 动量在 y 方向传递的动量通量所引起的一个力。流体作三维流动时,流体的表面应力将有9个之多,上述的力只是其中的一个分量。

　　粘度是流体的一种物理性质,它仅为流体的状态（压力、温度、组成）的函数,与切应力或速度梯度无关。气体的粘度随温度的升高而增加;液体的粘度随温度的升高而降低。所有液体的粘度与同温度下该液体变为蒸气状态的粘度相比要高得多。理想气体的粘度与压力无关,但实际气体和液体的粘度一般随压力的升高而增加。

5.1.2　傅立叶定律

　　对于导热现象,可采用傅立叶定律（Fourier's law）描述,对 y 方向的一维导热,有：

$$q = \frac{Q}{A} = -\lambda \frac{\mathrm{d}t}{\mathrm{d}y} \qquad\qquad (3-5-2)$$

式中　q——热量通量,$\mathrm{W}\cdot\mathrm{m}^{-2}$;

　　　λ——物质的导热系数,$\mathrm{W}\cdot\mathrm{m}^{-1}$;$\mathrm{^\circ\!C}^{-1}$;

　　　$\mathrm{d}t/\mathrm{d}y$——温度梯度,$\mathrm{^\circ\!C}\cdot\mathrm{m}^{-1}$。

　　式（3-5-2）中的 Q 为 y 方向的热流量, A 为垂直于热流方向（ y 方向）的导热面积。式中负号表示热量通量方向与温度梯度的方向相反,即热量是朝着温度降低的方向传递的。

　　导热系热 λ 也是物质的物理性质,不同物质的 λ 值差别很大。对于同一物质,导热系数主要是温度的函数,压力对它的影响不大,但气体的导热系数在高压或真空下则受压力的影响。对于同一物质, λ 值可以随不同方向变化,若 λ 值与方向无关,则在此情况下的导热称为各向同性导热。

5.1.3　费克定律

在混合物中若各组分存在浓度梯度时,则发生分子扩散。对于两组分系统,分子扩散所产生的质量通量,可用下式描述:

$$j_A = -D_{AB}\frac{d\rho_A}{dy}\qquad\qquad(3-5-3)$$

式中　j_A——组分 A 的质量通量,kmol·m^{-2}·s^{-1};

$\quad\quad D_{AB}$——组分 A 在组分 B 中的扩散系数,m^{-2}·s^{-1};

$\quad\quad d\rho_A/dy$——组分 A 的质量浓度(密度)梯度,kg·m^{-4}。

式(3-5-3)为费克定律(Fick's law)的一种表达形式。式中 j_A 为组分 A 在单位时间内通过与扩散方向(y 方向)垂直方向上的单位面积的质量。式中负号表示质量通量的方向与浓度梯度的方向相反,即组分 A 朝着浓度降低的方向传递。扩散系数 D_{AB} 与组分的种类、温度、组成等因素有关。

由牛顿粘性定律、傅立叶定律和费克定律的数学表达式(3-5-1)、(3-5-2)、(3-5-3)可以看出,动量、热量与质量传递过程的规律存在着许多类似性,即:各过程所传递的物理量都与其相应的强度因素的梯度成正比,并且都沿着负梯度(降度)的方向传递。各式中的系数只是状态的函数,与传递的物理量或梯度无关。因此,通常将粘度、导热系数和分子扩散系数均视为表达传递性质或速率的物性常数。上述三式中,由于传递的物理量与相应的梯度之间均存在线性关系,故这三个定律又常称为分子传递的线性现象定律。

5.2　动量通量、热量通量与质量通量的普遍表达式

5.2.1　动量通量表达式

假设所研究的流体为不可压缩流体,即密度 ρ 为常数,则牛顿粘性定律式(3-5-1)便可写成如下形式:

$$\tau = -\frac{\mu d(\rho u_x)}{\rho dy} = -\nu\frac{d(\rho u_x)}{dy}\qquad\qquad(3-5-4)$$

及　　　　　　　　　　$$\nu = \frac{\mu}{\rho}\qquad\qquad(3-5-5)$$

式中　τ——切应力或动量通量,其单位为:

$$[\tau] = \left[\frac{N}{m^2}\right] = \left[\frac{kg\cdot m/s^2}{m^2}\right] = [kg\cdot m^{-1}\cdot s^{-2}]$$

ν——运动粘度或称动量扩散系数,其单位为:

$$[\upsilon] = \left[\frac{\mu}{\rho}\right] = \left[\frac{kg}{m \cdot s}\right]\left[\frac{m^3}{kg}\right] = [m^2 \cdot s^{-1}]$$

ρu_x——动量浓度,其单位为:

$$[\rho u_x] = \left[\frac{kg}{m^3}\right]\left[\frac{m}{s}\right] = [kg \cdot m^{-2} \cdot s^{-1}]$$

$d(\rho u_x)/dy$——动量浓度梯度,其单位为:

$$\left[\frac{\rho u_x}{y}\right] = [kg \cdot m^{-3} \cdot s^{-1}]$$

由式(3-5-4)及各量的单位可以看出,切应力τ为单位时间(s)通过单位面积(m^2)的动量($kg \cdot m \cdot s^{-1}$),故切应力可表示动量通量,它等于运动粘度(动量扩散系数)($m^2 \cdot s^{-1}$)乘以动量浓度梯度($kg \cdot m^{-3} \cdot s^{-1}$)的负值,写成文字方程为:

(动量通量) = -(动量扩散系数)×(动量浓度梯度)

5.2.2 热量通量表达式

对于物性常数λ,c_p和ρ均为恒值的导热问题,傅立叶定律式(3-5-2)可改写成下式:

$$q = -\frac{\lambda}{\rho c_p}\frac{d(\rho c_p t)}{dy} = -a\frac{d(\rho c_p t)}{dy} \qquad (3-5-6)$$

及

$$a = \frac{\lambda}{\rho c_p} \qquad (3-5-7)$$

式中 q——热量通量,其单位为:$[q] = [J \cdot m^{-2} \cdot s^{-1}]$

a——导温系数或称热量扩散系数,其单位为:

$$[a] = \frac{[\lambda]}{[\rho][c_p]} = \left[\frac{J}{m \cdot s \cdot K}\right]\left[\frac{m^3}{kg}\right]\left[\frac{kg \cdot K}{J}\right] = [m^2 \cdot s^{-1}]$$

$\rho c_p t$——热量浓度,其单位为:$[\rho c_p t] = \left[\frac{kg}{m^3}\right]\left[\frac{J}{kg \cdot K}\right][K] = [J \cdot m^{-3}]$

$d(\rho c_p t)/dy$——热量浓度梯度,其单位为:$\left[\frac{\rho c_p t}{y}\right] = [J \cdot m^{-4}]$

由式(3-5-6)以及各量的单位可以看出,傅立叶定律亦可理解为热量通量($J \cdot m^{-2} \cdot s^{-1}$)等于热量扩散系数($m^2 \cdot s^{-1}$)与热量浓度梯度($J \cdot m^{-4}$)乘积的负值,用文字方程表示为:

(热量通量) = -(热量扩散系数)×(热量浓度梯度)

5.2.3 质量通量表达式

对于费克定律式(3-5-3)中各量的物理意义和单位可直接进行分析:

$$j_A = -D_{AB}\frac{d\rho_A}{dy} \tag{3-5-3}$$

式中　j_A——组分 A 的质量通量,其单位为:$[j_A]=[kg \cdot m^{-2} \cdot s^{-1}]$

　　　D_{AB}——组分 A 的质量扩散系数,其单位为:$[D_{AB}]=[m^2 \cdot s^{-1}]$

　　　ρ_A——组分 A 的密度或质量浓度,其单位为:$[\rho_A]=[kg \cdot m^{-3}]$

　　　$d(\rho_A)/dy$——质量浓度梯度,其单位为:$\left[\dfrac{\rho_A}{y}\right]=[kg \cdot m^{-4}]$

因此,费克定律式(3-5-3)亦可理解为组分 A 的质量通量($kg \cdot m^{-2} \cdot s^{-1}$)等于质量扩散系数($m^2 \cdot s^{-1}$)与质量浓度梯度($kg \cdot m^{-4}$)乘积的负值,用文字方程表示为:

(质量通量)= -(质量扩散系数)×(质量浓度梯度)

通过以上对于动量通量、热量通量和质量通量的分析,可得到如下几点结论:

(1) 动量、热量和质量传递通量,均等于各自量的扩散系数与各自量浓度梯度乘积的负值,故三种分子传递过程可用一个普遍的表达式来表述,即:

(通量)= -(扩散系数)×(浓度梯度)

(2) 动量、热量和质量扩散系数 ν、a、D_{AB} 具有相同的因次,其单位为 $m^2 \cdot s^{-1}$。

(3) 通量为单位时间内通过与传递方向相垂直的单位面积上的动量、热量和质量,各量的传递方向均与该量的浓度梯度方向相反,故通量的普遍表达式中有一"负"号。

通常将通量等于扩散系数乘以浓度梯度的方程称为现象方程(phenomenological equation),它是一种关联所观察现象的经验方程。动量、热量和质量传递过程有统一的、类似的现象方程。

动量扩散系数(运动粘度)ν、热量扩散系数(导温系数)a 和质量扩散系数 D_{AB} 可分别采用式(3-5-4)、(3-5-6)和(3-5-3)定义,三者的定义式均为微分方程。

动量、热量和质量浓度梯度分别表示该量传递的推动力。对于各量传递的方向和梯度方向可作如下规定:沿坐标轴(y 轴)的方向为传递的正方向,即当 y 值增加时,速度、温度和组分 A 浓度的值都降低,但依梯度的定义,其相应量增加的方向为梯度的正方向,故此处坐标的相反方向($-y$)即为梯度的正方向,亦即传递方向与梯度方向相反。因此,现象方程中有"负"号时表示传递方向与坐标轴方向相同而梯度与坐标轴方向相反;反之,现象方程中有"正"号时,表示传递方向与坐标轴方向相反,而梯度方向与坐标轴方向相同。

【例3-5-1】　已知一圆柱形固体由外表面向中心导热,试写出沿径向的导热现象方程。

解　由于温度值沿 r 方向增加,因而温度梯度的方向与半径 r 的方向相同,而导热方向与 r 的方向相反,故傅立叶定律的右侧应取正号,即:$q_r = \lambda \dfrac{dt}{dr}$

上式写成现象方程为:$q_r = \dfrac{\lambda}{\rho c_p} \dfrac{d(\rho c_p t)}{dr} = a \dfrac{d(\rho c_p t)}{dr}$

5.3　涡流传递的类似性

上述的分子传递基本定律或现象方程是用来描述分子无规则运动所产生的传递过程的,在固体中、静止或层流流动的流体内才会产生这种传递过程。在紊流流体中,由于存在着大大小小的漩涡运动,所以除分子传递外,还有涡流传递存在。漩涡的运动和交换,会引起流体微团的混合,从而可使动量、热量和质量的传递过程大大加剧。在流体紊动十分强烈的情况下,涡流传递的强度大大地超过分子传递的强度。此时,动量、热量和质量传递的通量也可以仿照分子传递的现象方程(3-5-4)、(3-5-6)和(3-5-3)作如下处理。

对于涡流动量通量,可写成:

$$\tau_E = -\nu_E \frac{d(\rho u_x)}{dy} \qquad (3-5-8)$$

式中　τ_E——涡流切应力或雷诺应力;

　　　ν_E——涡流粘度。

涡流热量通量,可写成:

$$q_E = -a_E \frac{d(\rho c_p t)}{dy} \qquad (3-5-9)$$

式中　a_E——涡流热量扩散系数。

组分 A 的涡流质量通量,可写成:

$$j_{AE} = -D_E \frac{d\rho_A}{dy} \qquad (3-5-10)$$

式中　D_E——涡流质量扩散系数。

式(3-5-8)、(3-5-9)和(3-5-10)中,涡流传递的动量通量、热量通量和质量通量 τ_E, q_E, j_{AE} 的因次分别与分子传递时相应的通量 τ, q, j_A 的因次相同,它们的单位分别为 $N \cdot m^{-2}, J \cdot m^{-2} \cdot s^{-1}, kg \cdot m^{-2} \cdot s^{-1}$。各涡流扩散系数 ν_E, a_E, D_E 的因次也与分子扩散系数 ν, a, D 的因次相同,单位为 $m^2 \cdot s^{-1}$。在涡流传递过程中,ν_E, a_E 和 D_E 的数量级相同。因此,可采用类比的方法研究动量、热量与质量传递过程,在许多场合,可以采用类似的数学模型来描述三类传递过程的规律。在研究过程中已得悉这三类传递过程的某些物理量之间还有关联关系。

　　需要注意的是:分子扩散系数 ν, a 和 D 是物质的物理性质常数,它们仅与温度、压力及组成等因素有关。但涡流扩散系数 ν_E, a_E 和 D_E 则与流体的性质无关,而与紊流程度、流体在流道中所处的位置、边壁粗糙度等因素有关。因此,涡流扩散系数较难确定。

　　表 3 - 5 - 1 中列出了三种情况下的传递通量表达式。

表 3 - 5 - 1　动量、热量和质量传递的通量表达式

	仅有分子运动的传递过程	以涡流运动为主的传递过程	兼有分子运动和涡流运动的传递过程
动量通量	$\tau = -\nu \dfrac{\mathrm{d}(\rho u_x)}{\mathrm{d}y}$	$\tau_E = -\nu_E \dfrac{\mathrm{d}(\rho u_x)}{\mathrm{d}y}$	$\tau_t = -(\nu + \nu_E)\dfrac{\mathrm{d}(\rho u_x)}{\mathrm{d}y}$
热量通量	$q = -a \dfrac{\mathrm{d}(\rho c_p t)}{\mathrm{d}y}$	$q_E = -a_E \dfrac{\mathrm{d}(\rho c_p t)}{\mathrm{d}y}$	$q_t = -(a + a_E)\dfrac{\mathrm{d}(\rho c_p t)}{\mathrm{d}y}$
质量通量	$j_A = -D_{AB} \dfrac{\mathrm{d}\rho_A}{\mathrm{d}y}$	$j_{AE} = -D_E \dfrac{\mathrm{d}\rho_A}{\mathrm{d}y}$	$j_{At} = -(D + D_E)\dfrac{\mathrm{d}\rho_A}{\mathrm{d}y}$

习　题

　　3 - 5 - 1　试比较对流传质系数与对流传热系数的定义及异同点。

　　3 - 5 - 2　在一内径为 45 mm 的湿壁塔中,用 NaOH 水溶液来吸收空气中的少量 CO_2,塔中温度为 38 ℃,压力为 45 kPa(表压),空气流速为 3.5 m·s^{-1},其中 CO_2 的平均分压为 6.0 kPa,试求气相传质分系数 k_G 与 k_Y。

　　3 - 5 - 3　试根据式(3 - 5 - 4)、(3 - 5 - 6)和(3 - 5 - 3)讨论动量传递、热量传递和质量传递三者之间的类似性。

　　3 - 5 - 4　试分别证明现象方程式(3 - 5 - 4)、(3 - 5 - 6)和(3 - 5 - 3)中各式等号两侧的因次一致。质量、长度、时间、温度的因次分别以 M、L、T 和 θ 表示。

6 传质分离过程的基本操作方法和两类设备

两相混合物接触进行传质分离时,根据体系平衡情况和分离要求的不同可以采用几种不同的操作方法。

6.1 单级接触操作和理论级数

以液液萃取过程为例来说明。摩尔比为 x_{Ai} 的组分 A 的水溶液,用有机溶剂来提取其中的组分 A,有机溶剂中组分 A 的原始摩尔比为 y_{Ai}。组分 A 在两液相中的平衡关系如图 3 – 6 – 1 所示。将此两液相放在一个槽中,搅拌均匀,水溶液中的组分 A 向有机相转移,经过一定时间,两相分开,这种操作称为单级接触操作。现分析此操作过程中组分 A 的转移和两相组成的变化情况。开始时两相的状态点为 a 点,组分 A 在水相中的摩尔比为 x_{Ai},与其呈平衡的有机相的组成应为 y_{Ai}^*,实际有机相中的组成为 y_{Ai},低于平衡值,所以组分 A 要向有机相中转移,使其在有机相中的组成提高,也就是说向平衡状态移动,此时过程的推动力为:

$$\Delta y_{Ai} = y_{Ai}^* - y_{Ai} \qquad (3-6-1)$$

同理,也可以用

$$\Delta x_{Ai} = x_{Ai} - x_{Ai}^* \qquad (3-6-1a)$$

来表示过程的推动力。由于组分 A 从水相传递到有机相,水相中组分 A 的组成下降,有机相中组分 A 的组成增高。在任何时刻组分 A 在两相中的组成关系都可以用物料衡算确定。根据组分 A 的衡算,从水相中传出的组分 A 的量等于进入有机相的组分 A 的量:

$$L(x_{Ai} - x_A) = S(y_A - y_{Ai}) \qquad (3-6-2)$$

式中　L——水相中水的摩尔数,即除组分 A 以外的惰性物质的摩尔数;

　　　S——有机相中溶剂的摩尔数,即除组分 A 以外的惰性物质的摩尔数;

　　　x_A、y_A——分别为在任意时刻水相与有机相中组分 A 的摩尔比。

在图 3 – 6 – 1 中,式(3 – 6 – 2)为经过 (x_{Ai}, y_{Ai}) 点,斜率为 $-L/S$ 的直线 ae,此线称为过程的操作线。由图可知,随着组分 A 从水相向有机相传递过程的进行,两相的状态点沿 ae 线按箭头所示方向转移。任意时刻,例如状态点 M,两相传质的推动力为 Δy 或 Δx,可见随着过程的进行,传质推动力逐渐减小。这个过程的终

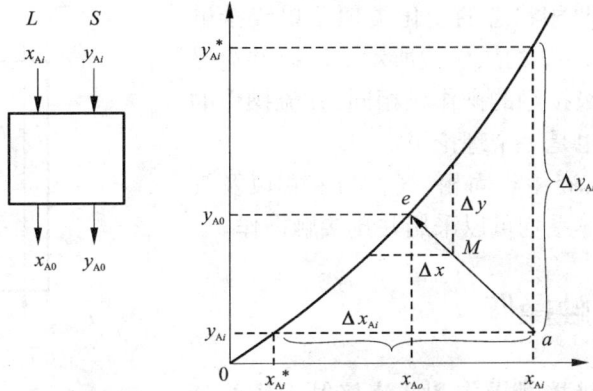

图 3 – 6 – 1　单级接触操作

点是两相达到平衡,此时两相的状态点为操作线与平衡线的交点(e 点)。这一两相接触进行物质传递最后达到平衡的一级设备称为一个理论级,这个过程的结果,部分组分 A 从水相中分离出来,所以理论级是传质分离过程中能实现一定分离效果的基本单元。每个理论级所能达到的分离效果与两相量比、平衡关系以及两相的原始组成等因素有关。后面将会讲到,在传质分离过程中可以用为了达到一定的分离要求所需的理论级数(有时称理论板数)来表示一个分离过程的难易程度和分离要求的高低。分离要求高,体系难分离,则分离所需的理论级数多;反之,体系易分离或分离要求低,则分离所需的理论级数少。

　　单级接触最终两相达到平衡,即达到一个理论级的分离程度,需要很长的(理论上需无限长)时间,所以实际上是不可能的。通常在一定的接触时间内两相间组分 A 的转移只能进行到一定程度,例如进行到 M 点,M 点离平衡点的距离,表示该实际单级接触操作与一个理论级的差距,这种差距通常用级效率表示。

　　以上所述的单级接触操作是间歇进行的,液相与液相和液相与固相所形成的两相体系可以采用这种操作方式。

6.2　并流接触操作

　　单级接触操作也可以连续进行,这就是并流接触操作。仍以前面讲的萃取过程为例,令两相并流流入传质设备(如填料塔或管道一类设备),在并行流动过程中两相接触,组分 A 从水相转移到有机相(图 3 – 6 – 2),从进口到出口水相中组分 A 的组成由 x_{Ai} 降到 x_{A0},有机相中组分 A 的组成从 y_{Ai} 提高到 y_{A0},这一过程相当于间歇操作的单级接触操作经历了一定时间,所以从设备入口到出口两相状态的变化类似于单级接触操作,也如图 3 - 6 - 2 的操作线所示。所以并流操作的操作线与单级接触的操作线相同,并流操作的分离效果的极限也是一个理论级。

液相与液相、液相与固相、气相与液相以及气相与固相等两相体系均可以采用并流接触操作。

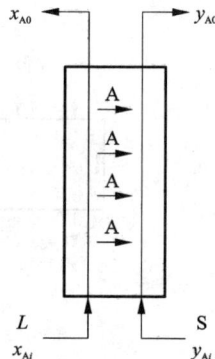

图 3 - 6 - 2 并流接触操作

6.3 逆流接触操作

如上所述单级接触操作和并流接触操作的分离极限是一个理论级,因此一般说除了根据相平衡关系特别容易分离的体系以外,单级接触和并流接触操作的分离效果都是不高的,它们不能使混合物达到比较完全的分离。为了使混合物在较经济的条件下(对萃取过程主要表现为较小的溶剂用量,即较小的溶剂比 S/L)实现较完全的分离,可以采用逆流接触操作,所以逆流操作是传质分离过程的应用最普遍的操作方法。

逆流接触操作有连续逆流与多级逆流两种。

6.3.1 连续逆流操作

图 3 - 6 - 3 是两相连续逆流操作的示意图。过程可以在立式塔(例如填料塔)中进行。以前面所说的液液萃取为例,A 的组成为 x_{Ai} 的水溶液从塔顶加入,自上而下流动,用来提取的不含组分 A 或含组分 A 很少的有机溶剂(组分 A 的摩尔比为 y_{Ai})从塔底进入,自下而上流动,与水溶液接触,组分 A 从水相传递到有机相。只要有机相与水相的流量比适当大,塔底流出的水相中组分 A 的浓度 x_{A0} 就有可能降低到接近于与有机相入口组成呈平衡的组成 x_{Ai}。

在逆流接触过程中,任意截面上接触的两相中组分 A 的组成 x_A 和 y_A 可以根据从塔顶到该截面,即图 3 - 6 - 3 中虚线所示系统的物料衡算确定。对于稳态操作,从水溶液中传出的组分 A 的量等于进入有机溶剂中的组分 A 的量,即

$$L(x_{Ai} - x_A) = S(y_{A0} - y_{Ai}) \tag{3 - 6 - 3}$$

此式表示塔中任意截面上水相组成与有机相组成的关系,它在 $y - x$ 图上为一通过 (x_{Ai}, y_{A0}) 点,斜率为 S/L 的直线,称为逆流接触操作的操作线。分析操作线上任意点 C 的情况:与水相呈平衡的有机相中组分 A 的组成应为 y_A^*,比实际有机相的组成 y_A 高(或者说与有机相呈平衡的水相中组分 A 的组成 x_A^* 比实际水相的组成 x_A 低),所以组分 A 从水相向有机相传递,过程的推动力可用 $\Delta y = y_A^* - y_A$ 或 $\Delta x = x_A^*$

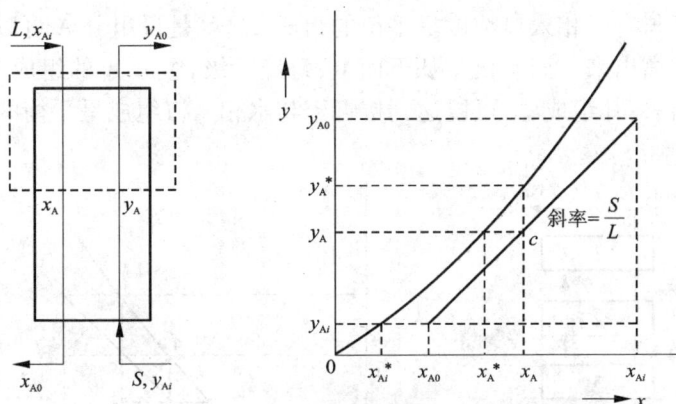

图 3-6-3 连续逆流操作

$-x_A^*$ 表示。从整个塔来看,从上到下操作线与平衡线之间的垂直或水平距离表示塔中各截面上的传质推动力,因此从上到下组分 A 不断从水相向有机相传递,只要塔有足够的高度,水溶液出口的组成 x_{A0} 就可以降低到很低的程度。塔愈高,水溶液出口的 x_{A0} 愈低,从水相中分离出来的组分 A 愈多,组分 A 的分离愈完全。

6.3.2 多级逆流操作

多级逆流操作的流程如图 3-6-4 所示(N 级)。从总体上看,多级逆流操作中两相流向与连续逆流相同,其所能达到的分离效果亦与连续逆流相当,各级间相遇两相的组成关系也如式(3-6-3)所示,也就是说总体上它的操作线也与连续逆流相同(见图 3-6-4),但是,两者的作用机理以及所用设备和处理问题的方法有些不同。

原始水溶液与从第 2 级出来的有机相一起进入第 1 级,在其中两相接触,此时两相的状态如 a 点(x_{Ai}、y_{A2})所示,因为与组成为 y_{A2} 的有机相呈平衡的水相平衡组成应为 x_{A2},小于 x_{Ai},所以两相不平衡,组分 A 要从水相传递到有机相。在这一级中组分 A 的传递和两相组成的变化过程,如同单级接触(见图 3-6-1)一样,如 ae 线所示,最终两相达到平衡,这一级为一个理论级。这一个理论级的操作结果使水相组成从 x_{Ai} 降低到 x_{A1},有机相组成从 y_{A2} 提高到 y_{A0}。组成为 y_{A0} 的有机相与组成为 x_{A1} 的水相分别离开第 1 级,前者为顶部流出的有机相,后者流入第 2 级。在第 2 级进行与第 1 级类似的过程,如图 3-5-4 中的 bd 线所示,组成为 x_{A1} 的水相与第 3 级上来的组成为 y_{A3} 的有机相接触,组分 A 从水相传递到有机相,最终两相达到平衡,结果水相组成从 x_{A1} 降低到 x_{A2},有机相组成从 y_{A3} 提高到 y_{A2}。这样水相从上而下,每经一级,组分 A 的组成降低一点,最后从第 N 级出去,其组成 x_{AN} 可以达到接近于与有机相入口浓度呈平衡的组成 ,这就是说组分 A 可以比较完全的从水溶液中分离出来。而有机相从下而上,每经一级,组分 A 的组成提高一点,最后从第 1 级出去,其组成 y_{A1} 可以达到接近于与水相入口组成呈平衡的组成 y_{Ai}^*。

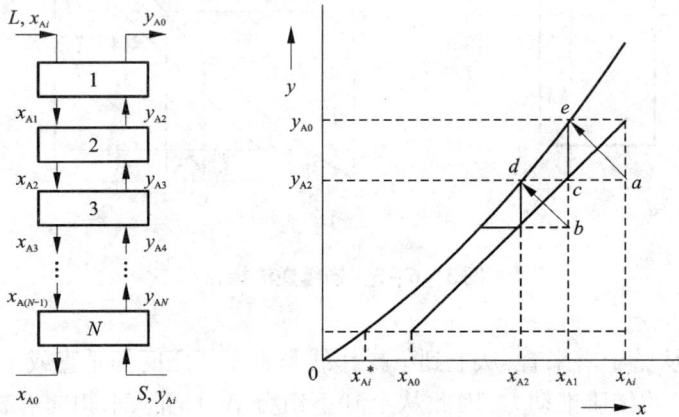

图 3 − 6 − 4 多级逆流操作

多级逆流操作所用理论级数愈多,组分 A 从水相中分离出来的愈多,组分 A 的分离愈完全;另一方面,为了使混合物达到一定的分离程度,所需理论级数愈多,表示过程的分离愈困难。

多级逆流的级数与连续逆流的塔高相对应,级数多相当于塔高。

6.4 错流接触操作

错流接触操作的流程如图 3 − 6 − 5 所示。以萃取过程为例,水溶液依次流经 1,2,3,…诸级,在每一级中加入组成为 y_{Ai} 的新有机溶剂,每一级中两相接触组分 A 从水相传递到有机相,最终两相达到平衡,而后分别流出。每一级中两相状态的变化分别如图 3 − 6 − 5 中的 ae, bf, cg 线所示。

错流接触操作也可以在一级中半连续进行。例如湿物料的流态化干燥(半连续操作),将湿物料放入流态化干燥器中,然后连续通热空气进行干燥,直到湿物料中水含量降低到要求值为止。单级鼓泡吸收器也属于这种操作。

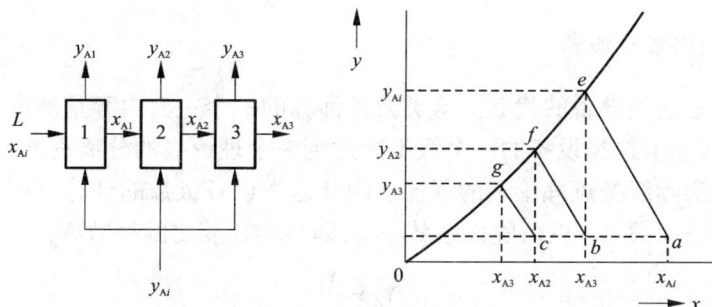

图 3 – 6 – 5　错流接触操作

6.5　传质分离过程的两种方法和两类设备

上一节讲到的单级接触与并流操作和多级逆流与连续逆流操作分别表示分析与处理传质分离过程的两种方法,即分级接触操作(或称级操作)与微分接触操作。

单级接触操作为分级接触操作,并流操作为微分接触操作,它们的操作情况与分离效果类似,它们的作用极限均是两相达到平衡,因此可以得到同样的分离效果。不同的是单级接触操作需要很长的时间两相才能达到平衡(即达到一个理论级),而并流接触操作则需要经过很高的塔或很长的管道两相才能达到平衡。

多级逆流为分级接触操作,连续逆流操作作为微分接触操作,它们总的流向和分离效果类似,多级逆流操作数的多少相当于连续逆流操作塔的高低。这两种操作的操作线也是相同的。但是,这两种操作中两相相互作用的机理不同,对于连续逆流操作,在任何截面上相遇的两相互相接触,进行传质,这就是说相遇的两相即为作用的两相,因此操作线上每一个点都代表某一截面上相遇和相互作用的两相的组成关系,此点(例如图 3 – 6 – 3 中的 c 点)与平衡线的水平或垂直距离表示两相间传质的推动力。多级逆流则不然,在任意两级间相遇的两相(对应于操作线上的一个点,例如图 3 – 6 – 4 中的 c 点)并不是相互作用的两相,从第 2 级出来的组成为 y_{A2} 的有机相不是与第 1 级出来的组成为 x_{A1} 的水溶液接触,而是与进入第 1 级的组成为 x_{Ai} 的水相接触,进行传质,因此过程的推动力不是多级逆流操作线与平衡线间的距离。在多级逆流系统中每一级内两相作用的推动力,例如在 1 级中两相作用过程的传质推动力为 ae 线上不同点与平衡线间的垂直或水平距离。

与上述两种方法相对应,传质分离设备的两种基本类型为:分级接触式设备和微分接触式设备。

6.5.1　分级接触式设备

板式塔是这类设备的代表。这类设备计算的一个主要内容是确定实际需要的级数,因为实际上这类设备的一个级不能达到一个理论级的分离程度,所以常用级效率来表示实际级接近理论级的程度。因此这类设备级数的计算过程是先算出分离所需的理论级数 N_T,然后除以级效率 η,即得实际需要的级数 N_p。

$$N_p = \frac{N_T}{\eta} \qquad\qquad (3-6-4)$$

例如某一设备的级效率为 0.5,意即此设备的一个级相当于半个理论级,两个实际级相当于一个理论级,因此如果分离所需的理论级数为 N_T,则实际所需级数:

$$N_p = \frac{N_T}{0.5} = 2N_T$$

在板式塔中通常把理论级称为理论板。

6.5.2　微分接触式设备

填料塔是这类设备的代表。这类设备计算的一个主要内容是应用传质通量方程确定分离所需的填料层高(即塔高)。

微分接触式设备也可以应用级操作的处理方法进行设计计算,此时引用当量高度(或等板高度)的概念。微分接触设备当量高度的含义是:两相在高为 1 个当量高度 H_e 的设备(如填料层)内进行传质的分离效果相当于 1 个理论级,因此设备所需的高度 H 为:

$$H = N_T H_e \qquad\qquad (3-6-5)$$

在后续的《火法冶金设备》及《湿法冶金设备》中,将根据具体的冶金过程来详细讨论相应的冶金设备。

习　题

3-6-1　从质量传递的观点来分析比较逆流接触操作与并流接触操作的异同点。

3-6-2　说明分级接触式设备的级效率的意义,设备的级效率与哪些因素有关?

3-6-3　微分接触式设备为什么要引进当量高度的概念? 试述当量高度与级效率的关系。

附 录

I 流体的物性参数

I -1 干空气的物性参数（1.013×10^5 Pa）

温 度 t /℃	密 度 ρ /kg·m⁻³	比 热 c_p /kJ·kg⁻¹·K⁻¹	导热系数 $\lambda \times 10^2$ /W·m⁻¹·K⁻¹	导温系数 $a \times 10^5$ /m²·s⁻¹	粘 度 $\mu \times 10^5$ /Pa·s	运动粘度 $\nu \times 10^6$ /m²·s⁻¹	普兰特数 Pr
-50	1.584	1.013	2.034	1.27	1.46	9.23	0.727
-40	1.515	1.013	2.115	1.38	1.52	10.04	0.723
-30	1.453	1.013	2.196	1.49	1.57	10.80	0.724
-20	1.395	1.009	2.278	1.62	1.62	11.60	0.717
-10	1.342	1.009	2.359	1.74	1.67	12.43	0.714
0	1.293	1.005	2.440	1.88	1.72	13.28	0.708
10	1.247	1.005	2.510	2.01	1.77	14.16	0.708
20	1.205	1.005	2.591	2.14	1.81	15.06	0.686
30	1.165	1.005	2.673	2.29	1.86	16.00	0.701
40	1.128	1.005	2.754	2.43	1.91	16.96	0.696
50	1.093	1.005	2.824	2.57	1.96	17.95	0.697
60	1.060	1.005	2.893	2.72	2.01	18.97	0.698
70	1.029	1.009	2.963	3.86	2.06	20.02	0.701
80	1.000	1.009	3.044	3.02	2.11	21.08	0.699
90	0.972	1.009	3.126	3.19	2.15	22.10	0.693
100	0.966	1.009	3.207	3.36	2.19	23.13	0.695
120	0.898	1.009	3.335	3.68	2.29	25.45	0.692
140	0.854	1.013	3.486	4.03	2.37	27.80	0.688
160	0.815	1.017	3.637	4.39	2.45	30.09	0.685
180	0.779	1.022	3.777	4.75	2.53	32.49	0.684
200	0.746	1.026	3.928	5.14	2.60	34.85	0.679

温度 t /℃	密度 ρ /kg·m^{-3}	比热 c_p /kJ·kg^{-1}·K^{-1}	导热系数 $\lambda \times 10^2$ /W·m^{-1}·K^{-1}	导温系数 $a \times 10^5$ /m^2·s^{-1}	粘度 $\mu \times 10^5$ /Pa·s	运动粘度 $\nu \times 10^6$ /m^2·s^{-1}	普兰特数 Pr
250	0.674	1.038	4.625	6.10	2.74	40.61	0.666
300	0.615	1.047	4.602	7.16	2.97	48.33	0.675
350	0.566	1.059	4.904	8.19	3.14	55.46	0.677
400	0.524	1.068	5.206	9.31	3.31	63.09	0.679
500	0.456	1.093	5.740	11.53	3.62	79.38	0.689
600	0.404	1.114	6.217	13.83	3.91	96.89	0.700
700	0.362	1.135	6.700	16.34	4.18	115.4	0.707
800	0.329	1.156	7.170	18.88	4.43	134.8	0.714
900	0.301	1.172	7.623	21.62	4.67	155.1	0.719
1000	0.277	1.185	8.064	24.59	4.90	177.1	0.719
1100	0.257	1.197	8.494	27.63	5.12	193.3	0.721
1200	0.239	1.210	9.145	31.65	5.35	233.7	0.717

I－2 水的物性参数(饱和线的水)

温度 t /℃	压力 $p \times 10^{-5}$ /Pa	密度 ρ /kg·m^{-3}	焓 i /J·kg^{-1}	比热 c_p /kJ·kg^{-1}·K^{-1}	导热系数 $\lambda \times 10^2$ /W·m^{-1}·K^{-1}	导温系数 $a \times 10^5$ /m^2·s^{-1}	粘度 $\mu \times 10^5$ /Pa·s	运动粘度 $\nu \times 10^6$ /m^2·s^{-1}	体积膨胀系数 $\beta \times 10^4$ /K^{-1}	表面张力 $\sigma \times 10^3$ /N·m^{-1}	普兰特数 Pr
0	0.00608	999.9	0	4.212	55.08	1.31	178.78	1.789	-0.63	75.61	13.66
10	0.0123	999.7	42.04	4.191	57.45	1.37	130.53	1.306	+0.70	74.14	9.52
20	0.0233	998.2	83.90	4.183	59.85	1.43	100.42	1.006	1.82	72.67	7.01
30	0.0425	995.7	125.69	4.174	61.76	1.49	80.12	0.805	3.21	71.20	5.42
40	0.0738	992.2	167.51	4.174	63.38	1.53	65.32	0.659	3.87	69.63	4.30
50	0.126	988.1	209.30	4.174	64.78	1.57	54.92	0.556	4.49	67.67	3.54
60	0.199	983.2	251.12	4.178	65.94	1.61	46.98	0.478	5.11	66.20	2.98
70	0.312	977.8	292.99	4.187	66.76	1.63	40.60	0.415	5.70	64.33	2.53
80	0.474	971.8	334.94	4.195	67.45	1.66	35.50	0.365	6.32	62.57	2.21
90	0.701	965.3	376.98	4.208	68.04	1.66	31.48	0.326	6.95	60.71	1.95
100	1.01	958.4	410.10	4.220	68.27	1.69	28.24	0.295	7.52	58.84	1.75
110	1.43	951.0	461.34	4.238	68.50	1.70	25.89	0.272	8.08	56.88	1.60
120	1.99	943.1	503.67	4.260	68.62	1.71	23.73	0.252	8.64	54.82	1.47
130	2.70	934.8	546.38	4.266	68.62	1.72	21.77	.0233	9.17	52.82	1.35
140	3.62	926.1	589.08	4.287	68.50	1.73	20.10	0.217	9.72	50.70	1.26
150	4.76	917.0	632.20	4.312	68.38	17.3	18.63	0.203	10.3	48.64	1.18

续上表

温度 t /℃	压力 $p \times 10^{-5}$ /Pa	密 度 ρ /kg·m^{-3}	焓 i /J·kg^{-1}	比 热 c_p /kJ·kg^{-1}·K^{-1}	导热系数 $\lambda \times 10^2$ /W·m^{-1}·K^{-1}	导温系数 $a \times 10^5$ /m^2·s^{-1}	粘 度 $\mu \times 10^5$ /Pa·s	运动粘度 $\nu \times 10^6$ /m^2·s^{-1}	体积膨 胀系数 $\beta \times 10^4$ /K^{-1}	表面张力 $\sigma \times 10^3$ /N·m^{-1}	普兰 特数 Pr
160	6.18	907.4	675.33	4.346	68.21	1.73	17.36	0.191	10.7	46.58	1.11
170	7.92	897.3	719.29	4.379	67.86	1.73	16.28	0.181	11.3	45.33	1.05
180	10.03	886.9	763.25	4.417	67.40	1.72	15.30	0.173	11.9	42.27	1.00
190	12.55	876.0	807.63	4.460	66.93	1.71	14.42	0.165	12.6	40.01	0.96
200	15.55	863.0	852.43	4.505	66.24	1.70	13.63	0.158	13.3	37.66	0.93
210	19.18	852.8	897.65	4.555	65.48	1.69	13.04	0.153	14.1	35.40	0.91
220	23.20	840.3	943.71	4.614	64.49	1.66	12.46	0.148	14.8	33.15	0.89
230	27.98	827.3	990.18	4.681	63.68	1.64	11.97	0.145	15.9	30.99	0.88
240	33.48	813.6	1037.49	4.756	62.75	1.62	11.47	0.141	16.8	28.54	0.87
250	39.78	799.0	1085.64	4.844	61.71	1.59	10.98	0.137	18.1	26.19	0.86
260	46.95	784.0	1135.04	4.949	60.43	1.56	10.59	0.135	19.7	23.73	0.87
270	55.06	767.9	1185.28	5.070	59.92	1.51	10.20	0.133	21.6	21.48	0.88
280	64.20	750.7	1236.28	5.229	57.41	1.46	9.81	0.131	23.7	19.12	0.89
290	74.46	732.3	1289.95	5.485	55.78	1.39	9.42	0.129	26.2	16.87	0.93
300	85.92	712.5	1344.80	5.736	53.92	1.32	9.12	0.128	29.2	14.42	0.97
310	98.78	691.1	1402.16	6.071	52.29	1.25	8.83	0.128	32.9	12.06	1.02
320	13.00	667.1	1462.03	6.573	50.55	1.15	8.53	0.128	38.2	9.81	1.11
330	128.70	640.2	1526.19	7.243	48.73	1.04	8.14	0.127	43.3	7.67	1.22
340	146.09	610.1	1594.75	8.164	45.67	0.92	7.75	0.127	53.4	5.67	1.38
350	165.38	574.4	1671.37	9.504	43.00	0.79	7.26	0.126	66.8	3.82	1.60
360	186.75	528.0	1761.39	13.984	39.51	0.54	6.67	0.126	109	2.02	2.36
370	210.41	450.5	1892.43	40.319	33.70	0.19	5.69	0.126	264	0.471	6.80

I -3 几种常见气体的物性参数(1.013 × 10^5 Pa)

温 度 t /℃	密 度 ρ /kg·m^{-3}	比 热 c_p /kJ·kg^{-1}·K^{-1}	导热系数 $\lambda \times 10^2$ /W·m^{-1}·K^{-1}	导温系数 $a \times 10^5$ /m^2·s^{-1}	动力粘度 $\mu \times 10^5$ /Pa·s	运动粘度 $\nu \times 10^6$ /m^2·s^{-1}	普兰特数 Pr
			一氧化碳（CO）				
0	1.250	1.040	2.33	1.79	16.57	13.3	0.740
100	0.916	1.045	3.01	3.14	20.69	22.6	0.713
200	0.723	1.058	3.65	4.97	24.42	33.9	0.708
300	0.596	1.080	4.26	6.61	27.95	47.0	0.709
400	0.508	1.106	4.85	8.64	31.19	61.8	0.711
500	0.442	1.132	5.41	10.80	24.42	78.0	0.726

温度 t /℃	密度 ρ /kg·m^{-3}	比热 c_p /kJ·kg^{-1}·K^{-1}	导热系数 $\lambda \times 10^2$ /W·m^{-1}·K^{-1}	导温系数 $a \times 10^5$ /m^2·s^{-1}	动力粘度 $\mu \times 10^5$ /Pa·s	运动粘度 $\nu \times 10^6$ /m^2·s^{-1}	普兰特数 Pr
600	0.392	1.157	5.97	13.17	37.36	96.0	0.727
700	0.351	1.179	6.50	15.72	40.40	115	0.732
800	0.317	1.190	7.01	18.53	43.25	135	0.739
900	0.291	1.216	7.55	21.33	45.99	157	0.740
1000	0.268	1.230	8.06	24.47	48.74	180	0.744
二氧化碳（CO_2）							
0	1.977	0.815	1.47	0.91	14.02	7.09	0.780
100	1.447	0.914	2.28	1.72	18.24	12.6	0.733
200	1.143	0.993	3.09	2.73	22.36	19.2	0.715
300	0.944	1.057	3.91	3.92	26.78	27.3	0.712
400	0.802	1.110	4.72	5.31	30.20	36.7	0.709
500	0.698	1.155	5.49	6.83	33.93	47.2	0.713
600	0.618	1.192	6.21	8.56	37.66	58.3	0.723
700	0.555	1.223	6.88	10.17	41.09	71.4	0.730
800	0.502	1.249	7.51	12.00	44.62	85.3	0.741
900	0.460	1.272	8.09	13.86	48.15	100	0.757
1000	0.423	1.290	8.63	15.81	51.48	116	0.770
二氧化硫（SO_2）							
0	2.926	0.607	0.84	0.47	12.06	4.12	0.874
100	2.140	0.661	1.23	0.87	16.08	7.52	0.863
200	1.690	0.712	1.66	1.24	20.00	11.8	0.856
300	1.395	0.754	2.12	2.01	23.83	17.1	0.848
400	1.187	0.783	2.58	2.78	27.53	23.3	0.834
500	1.033	0.808	3.07	3.67	31.26	30.4	0.822
600	0.916	0.825	3.58	4.72	35.00	38.3	0.806
700	0.892	0.837	4.10	5.97	38.64	46.8	0.788
800	0.743	0.850	4.63	7.33	42.17	56.7	0.774
900	0.681	0.858	5.19	8.89	45.70	67.2	0.755
1000	0.626	0.867	5.76	10.61	49.23	78.6	0.740

I－4　饱和水蒸气的物性参数

温　度 t /℃	压　力 p×10⁻⁴/Pa （绝对气压）	蒸汽的比容 /m³·kg⁻¹	蒸汽的密度 /kg·m⁻³	焓/kJ·kg⁻¹		汽化热 /kJ·kg⁻¹
				液　体	蒸　汽	
0	0.0608	206.5	0.00484	0	2491.3	2491.3
5	0.0827	147.1	0.00680	20.94	2500.9	2480.0
10	0.1226	106.4	0.00940	41.87	2510.5	2468.6
15	0.1706	77.9	001283	62.81	2520.6	2457.8
20	0.2334	58.0	0.01719	83.74	2530.1	2446.3
25	0.3167	43.40	0.02304	104.68	2538.6	2435.0
30	0.4246	32.93	0.03036	125.60	2549.5	2423.7
35	0.5619	25.25	0.03960	146.55	2559.1	2412.6
40	0.7377	19.55	0.05114	167.47	2568.7	2401.1
45	0.9580	15.28	0.06543	188.42	2577.9	2389.5
50	1.258	12.054	0.0830	209.34	2587.6	2378.1
55	1.574	9.589	0.1043	230.29	2596.8	2366.5
60	1.992	7.687	0.1301	251.21	2606.3	2355.1
65	2.501	6.209	0.1611	272.16	2615.6	2343.4
70	3.115	5.052	0.1976	293.08	2624.4	2331.2
75	3.854	4.139	0.2416	314.03	2633.5	2319.7
80	4.736	3.414	0.3929	334.94	2642.4	2307.3
85	5.786	2.832	0.3531	355.90	2651.2	2295.3
90	7.011	2.365	0.4229	376.81	2660.0	2283.1
95	8.453	1.985	0.5039	397.77	2668.8	2271.0
100	10.13	1.675	0.5970	418.68	2677.2	2258.4
105	12.08	1.421	0.7036	439.64	2685.1	2245.5
110	14.33	1.212	0.8254	460.97	2693.5	2232.4
115	16.91	1.038	0.9635	82.32	2702.5	2219.0
120	19.86	0.893	1.1199	503.67	2708.9	2205.2
125	23.22	0.7715	1.296	525.02	2716.5	2193.1
130	27.02	0.6693	1.494	546.38	2723.9	2177.6
135	31.30	0.5831	1.715	565.25	2731.2	2163.3
140	36.14	0.5096	1.962	589.08	2737.8	2148.7
145	41.56	0.4469	2.238	610.85	2744.6	2134.5
150	47.61	0.3933	2.543	632.21	2750.7	2118.5
160	61.81	0.3075	3.252	675.75	2762.9	2087.1
170	79.23	0.2431	4.113	719.29	2773.3	2054.0

续上表

温 度 t /℃	压 力 $p \times 10^{-4}$/Pa （绝对气压）	蒸汽的比容 /m³·kg⁻¹	蒸汽的密度 /kg·m⁻³	焓/kJ·kg⁻¹		汽化热 /kJ·kg⁻¹
				液 体	蒸 汽	
180	100.3	0.1944	5.145	763.25	2782.6	2019.3
190	125.5	0.1568	5.378	807.63	2790.1	1982.5
200	155.4	0.1276	7.840	852.01	2795.5	1943.5
210	191.7	0.1045	9.567	897.23	2799.3	1902.1
220	232.0	0.0862	11.60	942.45	2801.0	1858.5
230	279.8	0.07155	13.98	988.50	2800.1	1811.6
240	334.7	0.05967	16.76	1034.56	2796.8	1762.2
250	397.6	0.04998	20.01	1081.45	2790.1	1708.6
260	469.2	0.04199	23.82	1128.76	2788.9	1652.1
270	550.2	0.03538	28.27	1176.91	2760.3	1591.4
280	621.9	0.02988	33.47	1225.48	2752.0	1526.5
290	744.1	0.02525	39.60	1274.46	2732.3	1457.8
300	859.0	0.02131	46.93	1325.54	2708.0	1382.5
310	987.5	0.01799	55.59	1378.71	2608.0	1301.3
320	1130	0.01516	65.95	1436.07	2648.2	1212.1
330	1288	0.01273	78.53	1446.78	2610.5	1116.7
340	1461	0.01064	93.98	1562.93	2568.6	1005.7
350	1653	0.00884	113.2	1632.20	2516.7	880.5
360	1866	0.00716	139.6	1729.15	2442.6	713.4
370	2103	0.00585	171.0	1888.25	2301.9	411.1
374	2206	0.0310	322.6	2098.0	2098.0	

Ⅱ　泵的规格(摘录)

Ⅱ-1　B型水泵性能表

泵型号	流量 /m³·h⁻¹	扬程 /m	转数 /r·min⁻¹	功率/kW 轴	功率/kW 电机	效率 /%	允许吸上真空度 /m	叶轮直径 /mm	泵的净质量 /kg	与BA型对照
2B31	10 20 30	34.5 30.8 24	2900	1.87 2.60 3.07	4 (4.5)	50.6 64 63.5	8.7 7.2 5.7	162	35	2BA-6
2B31A	10 20 30	28.5 25.2 20	2900	1.45 2.06 2.54	3 (2.8)	54.5 65.6 64.1	8.7 7.2 5.7	148	35	2BA-6A
2B31B	10 20 25	22 18.8 16.3	2900	1.10 1.56 1.73	2.2 (2.8)	54.9 65 64	8.7 7.2 6.6	132	35	2BA-6B
2B19	11 17 22	21 18.5 16	2900	1.10 1.47 1.66	2.2 (2.8)	56 68 66	8.0 6.8 6.0	127	36	2BA-9
2B19A	10 17 22	16.8 15 13	2900	0.85 1.06 1.23	1.5 (1.7)	54 65 63	8.1 7.3 6.5	117	36	2BA-9A
2B19B	10 15 20	13 12 10.3	2900	10.66 0.82 0.91	1.5 (1.7)	51 60 62	8.1 7.6 6.8	106	36	2BA-9B
2B57	30 45 60 70	62 57 50 44.5	2900	9.3 11 12.3 13.3	17 (20)	54.4 63.5 66.3 64	7.7 6.7 5.6 4.4	218	116	3BA-6
3B57A	30 40 50 60	45 41.6 37.5 30	2900	6.65 7.30 7.98 8.80	10 (14)	55 62 64 59	7.5 7.1 6.4	192	116	3BA-6A
3B33	30 45 55	35.6 32.6 28.8	2900	4.60 5.56 6.25	7.5 (7.0)	62.5 71.5 68.2	7.0 5.0 3.0	168	50	3BA-9
3B33A	25 35 45	26.2 25 22.5	2900	2.83 3.35 3.87	5.5 (4.5)	63.7 70.8 71.2	7.0 6.4 5.0	145	50	3BA-9A
3B19	32.4 45 52.2	21.5 18.8 15.6	2900	2.5 2.88 2.96	4 (4.5)	76 80 75	6.5 5.5 5.0	132	41	3BA-13

泵型号	流量 /$m^3 \cdot h^{-1}$	扬程 /m	转数 /$r \cdot min^{-1}$	功率/kW		效率 /%	允许吸上真空度 /m	叶轮直径 /mm	泵的净质量 /kg	与 BA 型对照
				轴	电机					
3B19A	29.5 39.6 48.6	17.4 15 12	2900	1.86 2.02 2.15	3 (2.8)	75 80 74	6.0 5.0 4.5	120	41	3BA – 13A
3B19B	28.0 34.2 41.5	13.5 12.0 9.5	2900	1.57 1.63 1.73	2.2 (2.8)	63 65 62	5.5 5.0 4.0	110	41	3BA – 13B
4B91	65 90 115	98 91 81	2900	27.6 32.8 37.1	55	63 63 68.5	7.1 6.2 5.1	272	130	4BA – 6
4B91A	65 85 105	82 76 69.5	2900	22.9 26.1 29.1	40	63.2 67.5 68.5	7.1 6.4 5.5	250	138	4BA – 6A
4B54	70 90 109 120	59 54.2 47.8 43	2900	17.5 19.3 20.6 21.4	30 (28)	64.5 69 69 66	5.0 4.5 3.8 3.5	218	116	4BA – 8
4B54A	70 90 109	48 43 36.8	2900	13.6 15.6 16.8	20 (22)	67 69 65	5.0 4.5 3.8	200	116	4BA – 8A
4B35	65 90 120	37.7 34.6 28	2900	9.25 10.8 12.3	17 (14)	72 78 74.5	6.7 5.8 3.3	178	108	4BA – 12
4B35A	60 85 110	31.6 28.6 23.3	2900	7.4 8.7 9.5	13 (14)	70 76 73.5	6.9 6.0 4.5	163	108	4BA – 12A
4B20	65 90 110	22.6 20 17.1	2900	5.32 6.36 6.93	10	75 78 74	5	143	59	4BA – 18
4B20A	60 80 95	17.2 15.2 13.2	2900	3.80 4.35 4.80	5.5 (7)	74 76 71.1	5	130	59	4BA – 18A
4B15	54 79 99	17.6 14.8 10	2900	3.69 4.10 4.00	5.5 (4.5)	70 78 67	5	126	44	4BA – 25
4B15A	50 72 86	14 11 8.5	2900	2.80 2.87 2.78	4 (4.5)	68.5 75 72	5	114	44	4BA – 25A

Ⅱ-2　Y型离心泵性能表

型　号	流量 /m³·h⁻¹	扬程 /m	转速 /r·min⁻¹	功率/kW 轴	功率/kW 电机	效率 /%	气蚀余量 /m	泵壳许用应力 /kN·m⁻²	结构形式	备　注
50Y-60	12.5	60	2950	5.95	11	35	2.3	1570/2550	单级悬臂	泵壳许用应力
50Y-60A	11.2	49	2950	4.27	8			1570/2550	单级悬臂	内的分子表示
50Y-60B	9.9	38	2950	2.93	5.5	35		1570/2550	单级悬臂	第Ⅰ类材料相
50Y-60×2	12.5	120	2950	11.7	15	35	2.3	2158/3138	两级悬臂	应的许用应力
50Y-60×2A	11.7	105	2950	9.55	15			2158/3138	两级悬臂	数;分母表示
50Y-60×2B	10.8	90	2950	7.65	11			2185/3138	两级悬臂	Ⅱ、Ⅲ类材料
50Y-60×2C	9.9	75	2950	5.9	8			2185/3138	两级悬臂	相应的许用应
65Y-60	25	60	2950	7.5	11	55	2.6	1570/2550	单级悬臂	力数。
65Y-60A	22.5	49	2950	5.5	8			1570/2550	单级悬臂	
65Y-60B	19.8	38	2950	3.75	5.5			1570/2550	单级悬臂	
65Y-100	25	100	2950	17.0	32	40	2.6	1570/2550	单级悬臂	
65Y-100A	23	85	2950	13.3	20			1570/2550	单级悬臂	
65Y-100B	21	70	2950	10.0	15			1570/2550	单级悬臂	
65Y-100×2	25	200	2950	34	55	40	2.6	2942/3923	两级悬臂	
65Y-100×2A	23.3	175	2950	27.8	40			2942/3923	两级悬臂	
65Y-100×2B	21.6	150	2950	22.0	32			2942/3923	两级悬臂	
65Y-100×2C	19.8	125	2950	16.8	20			2942/3923	两级悬臂	
80Y-60	50	60	2950	12.8	15	64	3.0	1570/2550	单级悬臂	
80Y-60A	45	49	2950	9.4	11			1570/2550	单级悬臂	
80Y-60B	39.5	38	2950	6.5	8			1570/2550	单级悬臂	
80Y-100	50	100	2950	22.7	32	60	3.0	1961/2942	单级悬臂	
80Y-100A	45	85	2950	18.0	25			1961/2942	单级悬臂	
80Y-100B	39.5	70	2950	12.6	20			1961/2942	单级悬臂	
80Y-100×2	50	200	2950	45.4	75	60	3.0	2942/3923	两级悬臂	
80Y-100×2A	46.6	175	2950	37.0	55	60	3.0	2942/3923	两级悬臂	
80Y-100×2B	43.2	150	2950	29.5	40			2942/3923	两级悬臂	
80Y-100×2C	39.6	125	2950	22.7	32			2942/3923	两级悬臂	

注:与介质接触的受温度影响的零件,根据介质的性质需要采用的材料分为三类(泵的结构相同),第Ⅰ类材料不耐硫腐蚀,操作温度在 -20℃~200℃之间;第Ⅱ类材料不耐硫腐蚀,温度在 -45℃~400℃之间;第Ⅲ类材料耐硫腐蚀,温度在 -45℃~200℃之间。

Ⅲ　常见气体的黑度及其修正系数

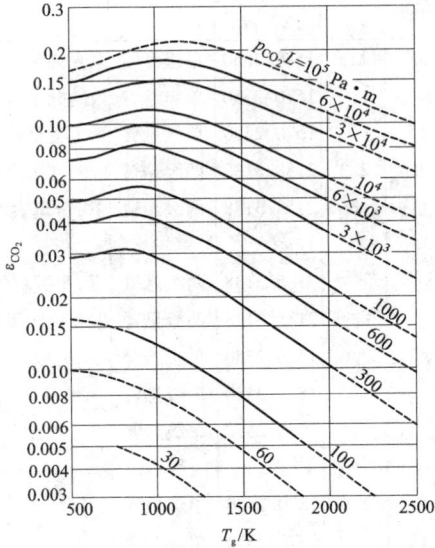

图Ⅲ-1　二氧化碳的黑度 ε_{CO_2}

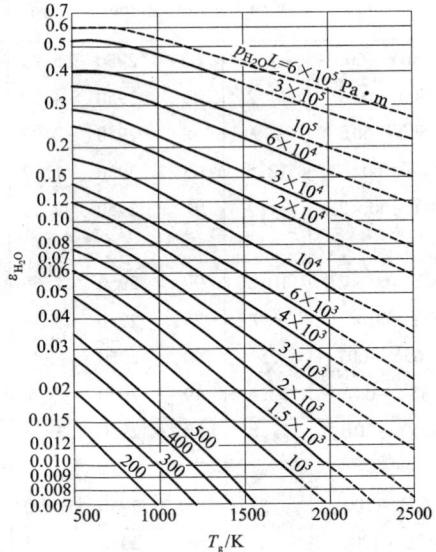

图Ⅲ-2　水蒸气的黑度 ε_{H_2O}

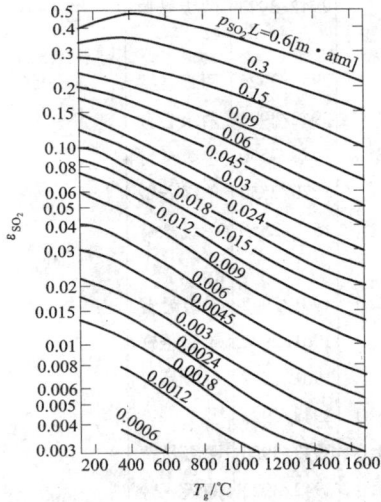

图Ⅲ-3　二氧化硫的黑度 ε_{SO_2}

$(p_{总} = 1.013 \times 10^5\,Pa)$

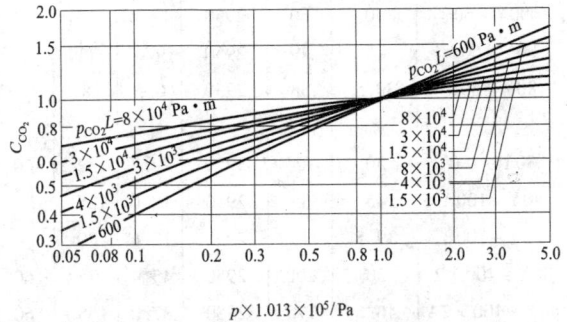

图Ⅲ-4　修正系数 C_{CO_2}

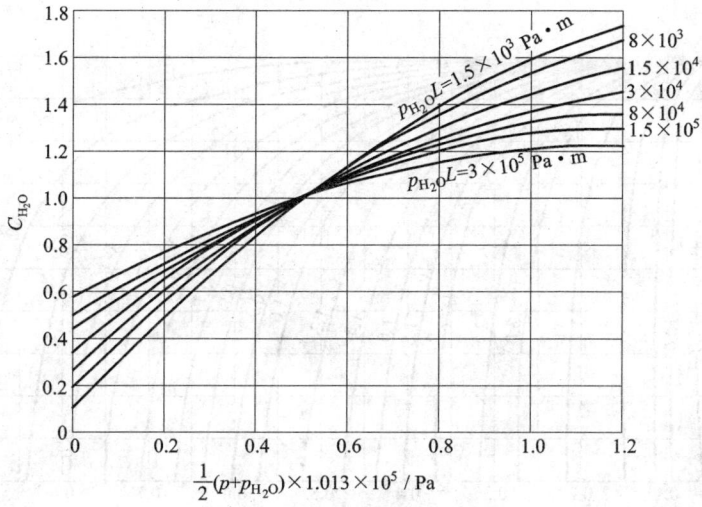

图Ⅲ-5　修正系数 C_{H_2O}

Ⅳ　对数平均温度差校正系数 $\varepsilon_{\Delta t}$ 值

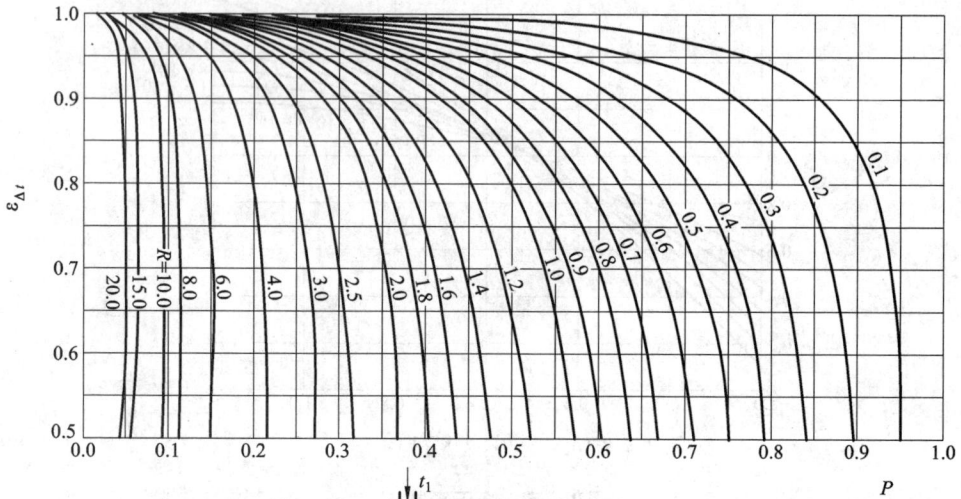

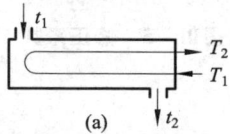

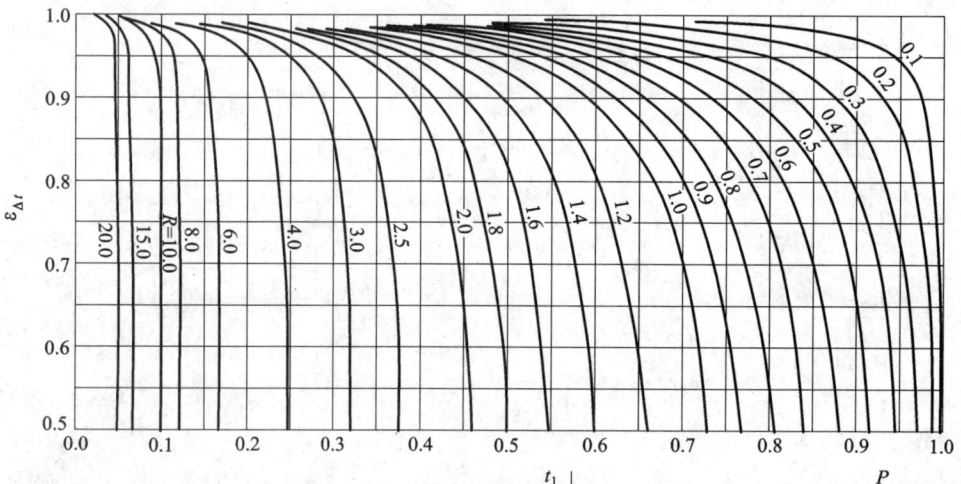

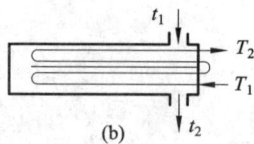

（a）单壳程；　（b）二壳程

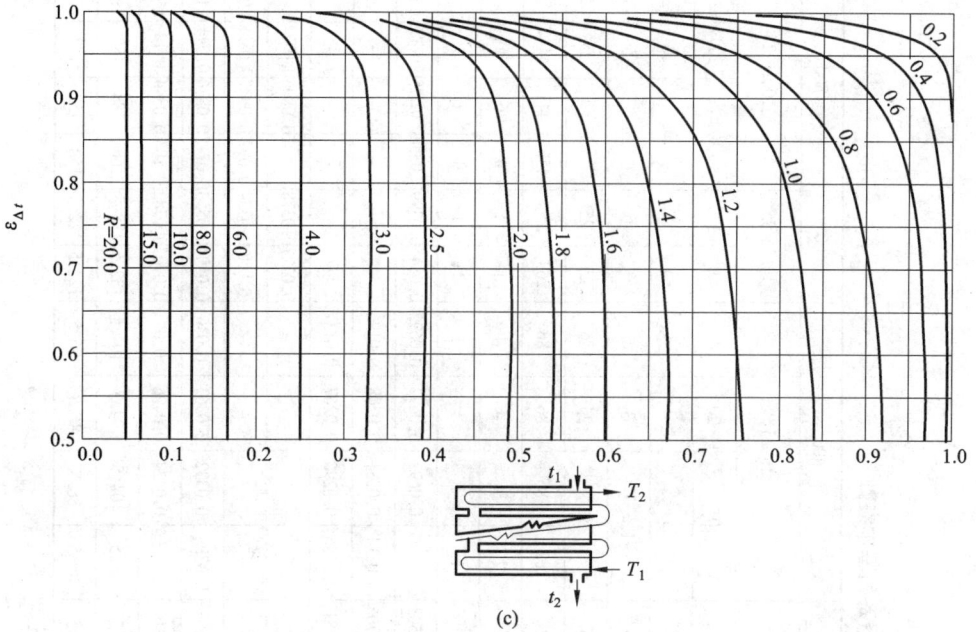

(c)

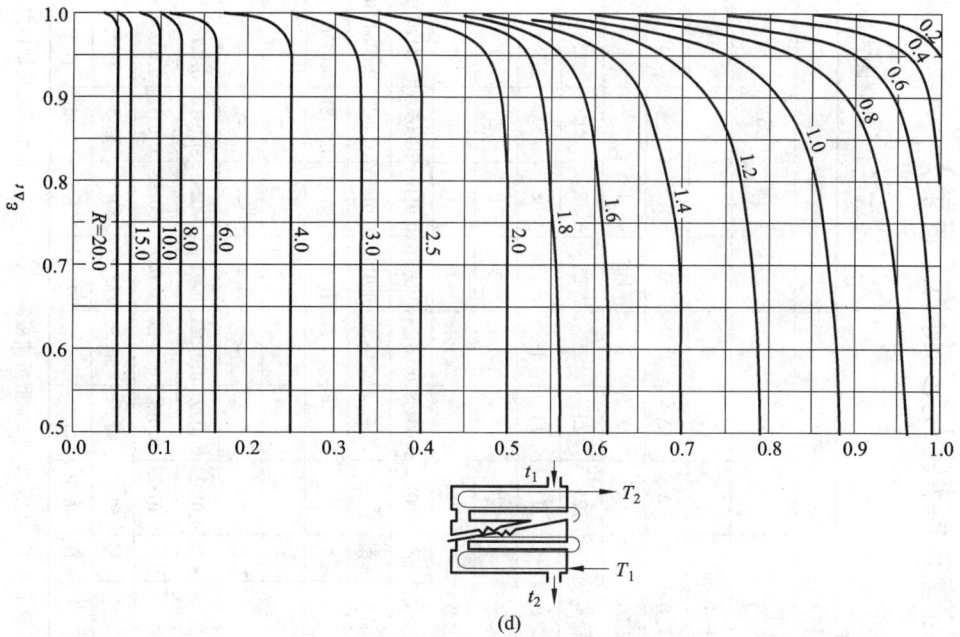

(d)

（c）三壳程　　（d）四壳程

V　列管式换热器系列标准(摘录)

V - 1　补偿圈式换热器系列基本参数

参数	159	159	159	273	273	273	273	400	400	400	400	600	600	800	800	800	800
外壳直径 d/mm	159			273				400				600		800			
公称压力 p_p/kg·cm^{-2}	25			25				16,25				10,16,25		1,10,16,25			
公称面积 A_p/m²	1	2	3	3	4	5	7	10	10	20	40	60	120	100	200	200	230
管子排列方法*	△	△	△	△	△	△	△	△	△	△	△	△	△	△	△	△	△
管长 l/m	1.5	2	1.5	1.5	2	2	3	1.5	1.5	3	6	3	6	3	6	6	6
管子外径 d_0/mm	25	25	25	25	25	25	25	25	25	25	25	25	25	25	25	25	25
管子总数 N	13	13	32	32	38	38	32	102	86	86	86	269	254	456	444	444	505
管程数	1	1	2	2	1	1	2	2	4	4	4	1	2	6	6	6	1
壳程数	1	1	1	1	1	1	1	1	1	1	1	1	1	1	1	1	1
管程通道截面积/m²	0.00408	0.00408	0.00503	0.00503	0.01196	0.01196	0.00503	0.01605	0.0692	0.0692	0.0692	0.0845	0.0399	0.0358	0.0325	0.0235	0.1574
壳程通道截面积/m²　折流板间距 150mm　a型	0.01024	0.01295	0.0156	0.0156	0.01435	0.017	0.01705	0.0214	0.0231	0.0208	0.0196	—	—	—	—	—	—
150mm　b型	0.01325	0.015	0.0165	0.0181	0.0161	0.0181	0.0181	0.0286	0.0267	0.0137	—	—	—	—	—	—	—
300mm　a型	—	0.01223	0.0273	0.0232	0.0312	0.0232	0.0197	0.0308	0.013	0.0363	0.036	0.0504	0.053	0.0606	0.0806	0.0724	0.0594
300mm　b型	—	0.01295	0.029	0.0282	0.0332	0.0316	0.0316	0.0427	0.0406	0.05	0.0553	0.097	0.0662	0.0898	0.074	0.08364	
600mm　a型	—	—	—	—	—	—	—	—	—	0.036	0.05	0.0707	0.0534	0.0718	0.094	0.094	0.0774
600mm　b型	—	—	—	—	—	—	—	—	—	0.05	—	0.0782	0.097	0.0876	0.105	0.14	0.1092
折流板切去弓形缺口高度/mm　a型	50.5	50.5	85.5	80.5	80.5	85.5	93.5	104.5	104.5	104.5	104.5	132.5	138.5	166	188	188	177
折流板切去弓形缺口高度/mm　b型	46.5	46.5	71.5	71.5	71.5	71.5	71.5	86.5	86.5	86.5	86.5	122.5	122.5	158	152	152	158

＊：△表示管子为正三角形排列。a型折流板缺口上下排列。b型折流板缺口左右排列。

Ⅴ-2　浮头式换热器系列基本参数

外壳道 D/mm	325		400					500				600			
公称压力 p_a/MPa	4.0	4.0	4.0	4.0	2.5	2.5	1.6,2.5,4.0	1.6,2.5,4.0	1.6,2.5,4.0	1.6,2.5	1.6,2.5	1.6,2.5,4.0	1.6,2.5,4.0	1.6,2.5,4.0	1.6,2.5,4.0
公称面积 A_P/m²	10	20	20	15	25	32	32	65	65	50	50	95	95	130	130
管子排列方法*	△	◇	◇	◇	△	◇	◇	◇	◇	◇	◇	◇	◇	△	△
管子 l/m	3	3	3	3	6	6	6	6	6	3	3	6	6	6	6
管子外径 d_0/mm	19	25	25	25	19	25	25	25	25	25	25	25	25	19	19
管子总数 N	76	36	44	72	138	72	140	124	120	208	208	208	192	372	368
管程数	2	2	2	2	2	4	2	2	4	2	4	2	4	2	4
壳程数	1	1	1	1	1	1	1	1	1	1	1	1	1	1	1
管程通道截面积/m²	0.0067	0.00566	0.00691	0.0113	0.01216	0.00566	0.022	0.01948	0.00942	0.03265	0.01634	0.03265	0.0151	0.0329	0.0162
壳程通道截面积/m²　折流板间距 mm　150	0.0155	0.0189	0.01584	0.0269	0.01843	0.02575	0.0359	0.0315	0.0315	0.0452	0.0455	0.0402	0.0398	0.03015	0.03015
200	0.0177	0.0201	0.0117	0.0284	0.0207	0.0283	0.0380	0.0358	0.0358	0.0487	0.0484	0.044	0.0438	0.0342	0.0342
300	0.0224	0.02225	0.0201	0.0315	0.0246	0.0327	0.0420	0.0437	0.0437	0.0538	0.0534	0.0510	0.0051	0.0414	0.0414
450	-	-	-	-	-	-	-	-	-	0.0603	0.0599	0.0614	0.0614	0.0518	0.0518
480	0.027	0.0242	0.0242	0.0352	-	0.0394	0.0475	0.0543	0.0543	-	-	-	-	-	-
折流板切去弓形缺口高度 mm	79	79	61	70	79	79	99	113.5	113.5	118	119	119	119	117.5	117.5

*：△表示管子为正三角形排列。◇表示管子为正方形排列。

主要参考文献

1. 沈颐身,李保卫,吴懋林. 冶金传输原理基础(冶金反应工程学丛书). 北京：冶金工业出版社,2000

2. 梅炽. 冶金传递过程原理. 长沙：中南工业大学出版社,1987.9

3. 苏华钦. 冶金传输原理. 南京：东南大学出版社,1989.12

4. 张先棹. 冶金传输原理. 北京：冶金工业出版社,1988.10

5. 戴锅生. 传热学. 北京：高等教育出版社,2001.5

6. 姚仲鹏,王瑞君,张习军. 传热学. 北京：北京理工大学出版社,1995.12

7. 杨世铭. 传热学基础. 北京：高等教育出版社,1991.5

8. 王致清. 流体力学基础. 北京：高等教育出版社,1987

9. 朱一锟. 流体力学基础. 北京：北京航空航天大学出版社,1990

10. 蒋维钧等. 化工原理. 北京：清华大学出版社,1992.12

11. 姚玉英等. 化工原理. 天津：天津科学技术出版社,1993.10

12. 张少明. 粉体工程. 北京：中国建材工业出版社,1994.8

13. G. H. Geiger, *et al*. Transport Phenomena in Metallurgy. New York：Addison Wesley,1973

14. T. Sherwood, *et al*. Mass Transfer. New York：McGraw-Hill,1975